●浙江大学数学系列丛书

高等代数

（上　册）

黄正达　李　方
温道伟　汪国军　编著

ZHEJIANG UNIVERSITY PRESS
浙江大学出版社

序

为了弘扬浙江大学数学系的优良传统和学风，适应当代数学研究和教学的发展，2004年起浙江大学数学系组织力量对本科生课程设置和教材进行了重要改革，尤其是对数学系主干课程如数学分析、高等代数、解析几何、实变函数、常微分方程、科学计算、概率论等的教材进行了重新编写，并在浙江大学出版社出版浙江大学数学系列丛书。这是本套系列丛书的第一部分。

丛书的主要特点：

一、加强基础，突出普适性。丛书在内容取舍上，对数学核心内容不仅不削弱，反而有所加强，尤其注重数学基本理论、基本方法的训练。同时，为了适应浙江大学"宽口径"的学生培养制度，对数学应用、数学试验等内容也给予了高度关注。

二、关注前沿理论，强调创新。丛书试图从现代数学的观点审视和选择经典的内容，以新的视角来处理传统的数学内容，使丛书更加适合浙江大学教学改革的需要，适合通才教育的培养目标。

三、注重实践，突出适用性。丛书出版以前，有的作为讲义或正式出版物在浙江大学数学系试用过多次，使丛书的内容和框架、结构比较完善。同时，为了适合不同层次的学生合理取舍，丛书在内容选取上，为学生进一步学习准备了丰富的材料。

在编写过程中，数学系教授们征求了许多学生的意见，并希望能够在教学使用过程中对这套教材作进一步完善。今后我们还会对其他课程的教材进行相应的改革。

为了这套丛书的编写和发行，浙江大学数学系的许多教授和出版社的编辑投入了巨大的精力，我在此对他们表示衷心的感谢。

刘克峰

浙江大学数学系主任

2008年2月

前　言

高等代数课程是数学学科的主要基础课程之一，它和数学分析、空间解析几何组成数学专业大一学生的三门重要基础课程(俗称老三高)。该课程主要由多项式因式分解理论和线性代数两个部分组成。线性代数部分不仅仅对于数学学科非常重要，它也构成了非数学专业类学生的一门重要的基础课程。高等代数内容中的这两个部分都与方程求解这样一个既古老又具现实意义的问题有着千丝万缕的联系，其历史一直可追溯到《九章算术》时代。

正是因为课程的基础性和重要性，在共和国成立至今的半个多世纪里，国内出版了不少高等代数教程，其间闪烁着许多专家的真知灼见。传统意义下的以先多项式因式分解理论后线性代数内容为次序的教材以及将代数和解析几何内容合为一体的教材是其中的代表。传统意义下的教材使得传授的理论体系相对严密，而后一种体系更多的是强调了代数的几何本质。但这些模式的局限是它们把数学专业的该课程和非数学专业对该课程的需要完全分割开来。

浙江大学于2007年开始实施大类招生和大类培养的模式，它要求一年级新生不分专业，高年级时学生可以在一定范围之内选择合适的专业，使本科学生在确定自己最后主修专业前多了一次宝贵的选择机会。这就要求我们建立高等代数课程新的教学模式，使之既要满足以后不选数学学科的学生的教学内容的需要，同时又要符合以后选择数学学科作为专业的学生对该课程的完整要求。因此，更新传统教材中的体系使之符合我们新的模式，势在必行。这正是本书的出版目的。

为了适应体系的改变，我们对高等代数课程重新组织、融合内容下了些工夫，这样的重组融合既要在理论逻辑上自然，也要让不同需求的学生分别在上册和下册的学习中达到自己的需求。无论是上册还是下册的内容，在学习标准和严密性的要求上，都力争做到不低于传统数学专业的要求。我们在本课程上的这些创新尝试是否成功，还有待读者的检验。

本书分两册，上册涵盖了公共线性代数课程的基本内容，下册为给选择数学作为主修专业的学生传授的内容。两册包含数学专业高等代数课程的所有内容。

上册共分8章，我们以最古老的线性方程组的求解作为教程的开始，并以此为主线，逐次引进矩阵、行列式、矩阵秩、矩阵的运算、线性空间、欧氏空间、矩阵的特征值与特征向量、线性映射初步等相关概念和内容；最后论及二次型，用代数的观点来看解析几何中的二次齐次曲面的构成和类型判断。我们力争从最简单直观的内容开始，循序渐进，由简及难，方便学生的自学。

我们也尝试将矩阵的特征值理论和线性变换相关的内容分割开来，并将线性变换加强为线性映射，方便师生在教学过程中对教学内容的增删。本教材既适用于对数学基础要求较高的专业，也适合于其他对数学要求一般的（少学时）专业。上完本册的全部内容需要64学时。

本书在撰写和出版过程中，得到了学校、理学院、数学系同仁的大力支持，特别是陈杰诚副院长和系副主任李胜宏教授的关心和帮助，葛根年教授、董烈钊副教授、吴志祥副教授、乔虎生博士、朱海燕博士为本书提出了宝贵的建议，数学系部分研究生在内容校对和文字打印上提供了帮助，更有理学院2007级同学所给予的大力协助和对讲义初稿中不可避免的错误给予的理解。借此一角，谨向他们表示衷心的感谢。书中难免有疏漏之处，谨请各位专家、读者指正。

作　者
2008年仲夏

目录

第1章　线性方程组

线性方程组的求解涉及众多领域. 比如, 石油勘探、电子科技、航空航天、天气预报以及几何中多条直线是否交于一点的判别都和线性方程组的求解紧密相关. 本章中, 我们将讨论数域上线性方程组求解的基本理论, 包括线性方程组有解与无解的判别、解的表达形式.

§1.1　数　域

数集是数学理论中的一种常见集合. 通常, 我们用$\mathbb{C},\mathbb{R},\mathbb{Q}$及$\mathbb{Z}$分别表示全体复数、全体实数、全体有理数及全体整数所构成的数集. 数之间可以进行加法、减法、乘法与除法(如果除数非零)这四个基本运算. 不同数集中的两个数(可以取作相同)关于上述四个运算的表现不尽相同. 如果我们把某个数集中任意两个数(可以取作相同)经过某运算(如果运算可以进行)所得的新数仍然在该数集中的现象称为该数集关于该运算是**封闭**的, 那么, $\mathbb{C},\mathbb{R}$和$\mathbb{Q}$关于数的加法、减法、乘法及除法均是封闭的, 而$\mathbb{Z}$关于数的加法、减法和乘法封闭, 但关于除法却是不封闭的.

在代数学中, 我们将数的集合依据运算性质的不同进行分类. 在本书中, 我们关注一类特殊的数集——数域.

定义1　设$\mathbb{P}$是一个至少含有两个不同数的数集. 若$\mathbb{P}$关于数的加法、减法、乘法及除法是封闭的, 则我们称$\mathbb{P}$是一个**数域**.

例1　$\mathbb{C},\mathbb{R},\mathbb{Q}$是数域, $\mathbb{Z}$不是数域.

例2　设p是素数, 试证明$\mathbb{Q}(\sqrt{p})\triangleq\{a+b\sqrt{p}|a,\ b\in\mathbb{Q}\}$是一个数域.

证明　只要验证$\mathbb{Q}(\sqrt{p})$关于数的加法、减法、乘法及除法封闭即可. 对于任意给定的数$a+b\sqrt{p},\ c+d\sqrt{p}\in\mathbb{Q}(\sqrt{p})$, 我们有

$$(a+b\sqrt{p})\pm(c+d\sqrt{p})=(a\pm c)+(b\pm d)\sqrt{p}\in\mathbb{Q}(\sqrt{p})$$

及

$$(a+b\sqrt{p})(c+d\sqrt{p})=(ac+bdp)+(ad+bc)\sqrt{p}\in\mathbb{Q}(\sqrt{p}).$$

又若$c+d\sqrt{p}\neq0$, 则$c-d\sqrt{p}\neq0$且$c^2-d^2p\neq0$, 于是

$$\begin{aligned}\frac{a+b\sqrt{p}}{c+d\sqrt{p}} &= \frac{(a+b\sqrt{p})(c-d\sqrt{p})}{(c+d\sqrt{p})(c-d\sqrt{p})}\\ &= \frac{ac-bdp}{c^2-d^2p}+\frac{bc-ad}{c^2-d^2p}\sqrt{p}\in\mathbb{Q}(\sqrt{p}),\end{aligned}$$

故$\mathbb{Q}(\sqrt{p})$关于加、减、乘、除均封闭,因而它是一个数域. □

由于当p, q为互异素数时, $\mathbb{Q}(\sqrt{p}) \neq \mathbb{Q}(\sqrt{q})$(习题2), 因而数域有无穷多个. 其中的有理数域$\mathbb{Q}$具有如下性质.

定理 1 记数域的全体所形成的集合为Λ, 则$\mathbb{Q} = \bigcap\limits_{S\in\Lambda} S$.

证明 显然

$$\mathbb{Q} \supseteq \bigcap_{S\in\Lambda} S. \tag{1}$$

又任取$S \in \Lambda$, 则存在$a \in S$ 且$a \neq 0$, 故$1 = \dfrac{a}{a} \in S$及$0 = 1 - 1 \in S$, 依S关于加法及除法的封闭性, 我们有全体整数、进而全体有理数都在S中, 即$\mathbb{Q} \subseteq S$. 由S的任意性得

$$\mathbb{Q} \subseteq \bigcap_{S\in\Lambda} S. \tag{2}$$

(1)和(2)说明

$$\mathbb{Q} = \bigcap_{S\in\Lambda} S.$$

定理得证 □

定理1说明有理数域$\mathbb{Q}$是任何一个数域的一个子集. 我们也说$\mathbb{Q}$是最小的数域.

§1.2 求解线性方程组的Gauss消元法

设m, n为正整数, 数域$\mathbb{P}$上的n元线性方程组通常如下表述:

$$\begin{cases} a_{11}x_1 + a_{12}x_2 + \cdots + a_{1n}x_n = b_1, \\ a_{21}x_1 + a_{22}x_2 + \cdots + a_{2n}x_n = b_2, \\ \qquad \vdots \\ a_{m1}x_1 + a_{m2}x_2 + \cdots + a_{mn}x_n = b_m, \end{cases} \tag{3}$$

这里$x_i \in \mathbb{P}$ $(i = 1, 2, \cdots, n)$ 为**未知量**; $a_{ij} \in \mathbb{P}$及$b_i \in \mathbb{P}$ $(i = 1, 2, \cdots, m, j = 1, 2, \cdots, n)$ 为事先确定的数. 当取定$1 \leq i \leq m, 1 \leq j \leq n$ 时, 我们称$a_{ij}x_j$为第i个方程的第j个**项**, 称a_{ij}为第i个方程中未知量x_j或者项$a_{ij}x_j$的**系数**, 称b_i为第i 个方程的**常数项**. 设$c_1, c_2, \cdots, c_n$为数域$\mathbb{P}$中的n个数, 如果以$x_1 = c_1, x_2 = c_2, \cdots, x_n = c_n$代入线性方程组(3)后, 按照数的运算性质使得方程组中每个方程的等式均成立, 则称$x_1 = c_1, x_2 = c_2, \cdots, x_n = c_n$为线性方程组(3)的一个(或一组)**解**. 称方程组(3)的所有解所组成的集合为方程组(3)的**解集**. 当方程组(3)中$b_1 = b_2 = \cdots = b_m = 0$时, 称之为**齐次线性方程组**; 否则, 称之为**非齐次线性方程组**.

数域$\mathbb{P}$上几个具有相同未知量个数的线性方程组被称为是**同解的**, 如果这几个线性方程组具有相同的解集.

为求出(3)的解, 我们需要利用以下三类**线性方程组的初等变换**:

- **互换: 交换两个方程或两个项(常数项除外)在方程组中的位置**.

  设s, t为满足$1 \leq s, t \leq m$的两个相异整数, 交换(3)中第s个方程和第t个方

程的位置是指从(3)得到一个新的线性方程组的过程. 该新的线性方程组除去第s个方程和第t个方程分别为(3)的第t个方程和第s个方程外, 其余位置上的方程均与(3)中相同位置上的方程相同.

设s, t为满足$1 \leq s, t \leq n$的两个相异整数,交换(3)中第s个项和第t个项的位置是指从(3)得到一个新的线性方程组的过程. 对每一满足$1 \leq i \leq m$的整数i, 该新线性方程组的第i个方程除去其第s个项和第t个项分别为(3)的第i个方程的第t个项和第s个项外, 其余各项均与(3)的第i个方程中相同位置上的项相同.

- **倍乘: 用一个非零常数乘以某个方程**.

  设s为满足$1 \leq s \leq m$的一个正整数, $c \in \mathbb{P}$为非零常数, 将c乘以(3)中第s个方程是指从(3)得到一个新的线性方程组的过程. 该新的线性方程组除去第s个方程换为如下方程
  $$ca_{s1}x_1 + ca_{s2}x_2 + \cdots + ca_{sn}x_n = cb_s$$
  外, 其余位置上的方程均与(3)中相同位置上的方程相同.

- **倍加: 将一个方程乘以一个常数后加到另一个方程上去**.

  设i, j为满足$1 \leq i, j \leq m$的两个相异正整数, $c \in \mathbb{P}$为常数, 将c乘以(3)中第i个方程后加到第j个方程上去是指从(3)得到一个新的线性方程组的过程. 该新的线性方程组除去第j个方程换为如下方程
  $$(a_{j1} + ca_{i1})x_1 + (a_{j2} + ca_{i2})x_2 + \cdots + (a_{jn} + ca_{in})x_n = b_j + cb_i$$
  外, 其余位置上的方程均与(3)中相同位置上的方程相同.

请读者自行验证下述引理成立.

引理 1 初等变换前后的两个线性方程组是同解的.

定理 2 若不考虑变量次序的变化, 数域$\mathbb{P}$上任意一个形如(3)的线性方程组均可经有限次初等变换化为数域$\mathbb{P}$上如下形式的与之同解的**阶梯形**线性方程组

$$\begin{cases} b_{11}x_1 + b_{12}x_2 + \cdots + b_{1r}x_r + \cdots + b_{1n}x_n = c_1, \\ \qquad\quad b_{22}x_2 + \cdots + b_{2r}x_r + \cdots + b_{2n}x_n = c_2, \\ \qquad\qquad\qquad \ddots \qquad \vdots \qquad \ddots \qquad \vdots \qquad\quad \vdots \\ \qquad\qquad\qquad\qquad b_{rr}x_r + \cdots + b_{rn}x_n = c_r, \\ \qquad\qquad\qquad\qquad\qquad\qquad\quad 0 = c_{r+1}, \\ \qquad\qquad\qquad\qquad\qquad\qquad\quad 0 = 0, \\ \qquad\qquad\qquad\qquad\qquad\qquad\qquad \vdots \\ \qquad\qquad\qquad\qquad\qquad\qquad\quad 0 = 0, \end{cases} \tag{4}$$

这里(4)中左下角空白部分表示相关项的系数全为零[①], r为满足$0 \leq r \leq \min\{m, n\}$的某个正整数. 我们约定: 当$r = 0$时, (4)中等号左端所有项的系数全为零; 当$r \neq 0$时, $b_{11}, b_{22}, \cdots, b_{rr}$均不为零; 当$r = m$时, (4)中形如$0 = c_{r+1}$及$0 = 0$的方程不出现.

① 若不特别指明, 线性方程组表达式中的空白部分均表示该部分相关项的系数全为零.

证明 当(3)只含有一个方程即$m=1$时, 如果该方程等号左端所有项的系数均为零, 那么(3)已经是(4)当$r=0$时的形状; 如果该方程等号左端项的系数不全为零, 那么交换其中一个系数不为零的项和第1项的位置, 所得到的新的线性方程组在不考虑变量次序变化的前提下即为(4)当$r=1$时的形状. 依引理1, (3)与(4)同解.

假设定理当$m=k$时成立, 则当$m=k+1$时, 如果(3)中每个方程等号左端所有项的系数均为零, 那么当(3)中每个方程等号右端的常数项全为零时, (3)本身就是(4)当$r=0$时的形状; 当(3)中有某个方程等号右端的常数项不为零时, 我们可通过互换该方程和第一个方程的位置, 然后利用倍加变换将(3)中其余右端常数项不为零的方程(若有这样的方程)全化为$0=0$的形式(请读者自行写出相应的初等变换形式), 此时, (3)化为了(4)当$r=0$时的形状. 依引理1, (3)与(4)同解.

如果(3)中方程等号左端项的系数不全为零, 那么, 通过若干次互换(请读者自行写出相应的互换形式), 总可以将(3)化为一个线性方程组, 该线性方程组的第一个方程的第1项的系数不为零. 由引理1, 该线性方程组与原线性方程组同解. 基于此, 在不考虑变量次序变化的前提下, 我们不妨假设(3)中$a_{11}\neq 0$. 于是, 通过如下的倍加变换:

$$\text{第}i\text{个方程}+(-\frac{a_{i1}}{a_{11}})\times\text{第1个方程},\qquad i=2,3,\cdots,m,$$

我们将(3)化为如下与之同解的线性方程组:

$$\begin{cases} a_{11}x_1+a_{12}x_2+\cdots+a_{1n}x_n=b_1,\\ \boxed{\begin{array}{l} a_{22}^{(1)}x_2+\cdots+a_{2n}^{(1)}x_n=b_2^{(1)},\\ \qquad\vdots\\ a_{m2}^{(1)}x_2+\cdots+a_{mn}^{(1)}x_n=b_m^{(1)}, \end{array}} \end{cases}$$

其中$a_{ij}^{(1)}=a_{ij}-\frac{a_{i1}}{a_{11}}a_{1j}\in\mathbb{P}, 2\leq i\leq m, 2\leq j\leq n.$

上式虚框中的部分是数域$\mathbb{P}$上的一个由k(即$m-1$)个方程所组成的线性方程组, 依假设它和一个形如(4)的线性方程组同解. 在不考虑变量次序变化的前提下, 如果我们将该形如(4)的线性方程组记为

$$\begin{cases} b_{22}x_2+\cdots+b_{2r}x_r+\cdots+b_{2n}x_n=c_2,\\ \qquad\ddots\qquad\vdots\qquad\ddots\qquad\vdots\qquad\vdots\\ \qquad\qquad b_{rr}x_r+\cdots+b_{rn}x_n=c_r,\\ \qquad\qquad\qquad\qquad 0=c_{r+1},\\ \qquad\qquad\qquad\qquad 0=0,\\ \qquad\qquad\qquad\qquad\quad\vdots\\ \qquad\qquad\qquad\qquad 0=0, \end{cases}$$

其中$b_{ij}\in\mathbb{P}, c_i\in\mathbb{P}, 2\leq i\leq r, 2\leq j\leq n, 0\leq r-1\leq k=m-1$. 记$c_1=b_1$, 那么(3)与

下述线性方程组

$$\begin{cases} a_{11}x_1 + a_{12}x_2 + \cdots + a_{1r}x_r + \cdots + a_{1n}x_n = c_1, \\ \qquad b_{22}x_2 + \cdots + b_{2r}x_r + \cdots + b_{2n}x_n = c_2, \\ \qquad\qquad \ddots \quad \vdots \quad \ddots \quad \vdots \quad \vdots \\ \qquad\qquad\qquad b_{rr}x_r + \cdots + b_{rn}x_n = c_r, \\ \qquad\qquad\qquad\qquad 0 = c_{r+1}, \\ \qquad\qquad\qquad\qquad 0 = 0, \\ \qquad\qquad\qquad\qquad \vdots \\ \qquad\qquad\qquad\qquad 0 = 0 \end{cases}$$

同解(若不考虑变量次序的变化). 此即为(4)形式的线性方程组.

综上所述, 当$m = k + 1$时, 不论(3)中等号左端项的系数是否全为零, 我们总能通过线性方程组的初等变换化(3)为与之同解的形为(4)的线性方程组, 因此, 定理当$m = k + 1$时依然成立. 依数学归纳法, 定理成立. □

进而, 我们还可通过对(4)实施数乘和倍加线性方程组的初等变换, 将(4)化为形式更为简单的同解线性方程组.

请读者自行验证如下推论.

推论 1 若不考虑变量次序的变化, 数域$\mathbb{P}$上任意一个形如(3)的线性方程组均可经初等变换化为数域$\mathbb{P}$上与之同解的具有如下形式的阶梯形线性方程组

$$\begin{cases} x_1 + \qquad\qquad + c_{1\,r+1}x_{r+1} + \cdots + c_{1n}x_n = d_1, \\ \quad x_2 + \qquad + c_{2\,r+1}x_{r+1} + \cdots + c_{2n}x_n = d_2, \\ \qquad\qquad \vdots \\ \qquad\qquad x_r + c_{r\,r+1}x_{r+1} + \cdots + c_{rn}x_n = d_r, \\ \qquad\qquad\qquad\qquad 0 = d_{r+1}, \\ \qquad\qquad\qquad\qquad 0 = 0, \\ \qquad\qquad\qquad\qquad \vdots \\ \qquad\qquad\qquad\qquad 0 = 0 \end{cases} \tag{5}$$

同解, 其中r为满足$0 \le r \le \min\{m, n\}$的某个正整数. 我们约定: 当$r = 0$时, (5)中等号左端所有项的系数全为零; 当$r = m$时, (5)中形如$0 = d_{r+1}$及$0 = 0$的方程不出现.

依定理2或推论1, 我们得到

定理 3 若数域$\mathbb{P}$上的线性方程组(3)经初等变换化为了线性方程组(5), 则

1) 线性方程组(3)有解$\Longleftrightarrow d_{r+1} = 0$或$r = m$. 线性方程组(3)无解$\Longleftrightarrow d_{r+1} \neq 0$.

2) 当线性方程组(3)有解时,

(a)(3)有唯一解$\iff r=n$. 当(3)有唯一解时, 该唯一解为

$$x_1=d_1,\ x_2=d_2,\ \cdots,\ x_n=d_n.$$

(b)(3)有无穷多个解$\iff r<n$. 当(3)有无穷多个解时, 解具有形式

$$\begin{cases} x_1=d_1-c_{1\ r+1}t_1-c_{1\ r+2}t_2-\cdots-c_{1n}t_{n-r},\\ x_2=d_2-c_{2\ r+1}t_1-c_{2\ r+2}t_2-\cdots-c_{2n}t_{n-r},\\ \qquad\vdots\\ x_r=d_r-c_{r\ r+1}t_1-c_{r\ r+2}t_2-\cdots-c_{rn}t_{n-r},\\ x_{r+1}=t_1,\\ x_{r+2}=t_2,\\ \qquad\vdots\\ x_n=t_{n-r}, \end{cases} \tag{6}$$

这里$t_1,t_2,\cdots,t_{n-r}$为$\mathbb{P}$中任意数.

容易验证, 当$t_1,\cdots,t_{n-r}$取遍$\mathbb{P}$中所有数时, (6)确定了(3)的所有解. 通常, 我们称(6)为(3)的**通解**, 称(6)中的$x_{r+1},x_{r+2},\cdots,x_n$为**自由未知量**, 称(6)中的$t_1,t_2,\cdots,t_{n-r}$为**自由变量**.

请大家注意, 定理3中在有解无解的判断中起着重要的作用的整数r实际上就是阶梯形线性方程组(4)或(5)中系数不全为零的方程的个数.

在定理2的证明中, 我们实际上涉及了方程组中项的互换或者是改变了未知量在方程组中的次序. 如果我们对项不进行互换位置的操作, 那么(4)为如下的一般形式

$$\begin{cases} b_{1j_1}x_{j_1}+\cdots+b_{1j_2}x_{j_2}+\cdots+b_{1j_r}x_{j_r}+\cdots+b_{1n}x_n=c_1,\\ \qquad\qquad b_{2j_2}x_{j_2}+\cdots+b_{2j_r}x_{j_r}+\cdots+b_{2n}x_n=c_2,\\ \qquad\qquad\qquad\vdots\qquad\ddots\qquad\vdots\qquad\vdots\\ \qquad\qquad\qquad\qquad b_{rj_r}x_{j_r}+\cdots+b_{rn}x_n=c_r,\\ \qquad\qquad\qquad\qquad\qquad 0=c_{r+1},\\ \qquad\qquad\qquad\qquad\qquad 0=0,\\ \qquad\qquad\qquad\qquad\qquad\quad\vdots\\ \qquad\qquad\qquad\qquad\qquad 0=0, \end{cases} \tag{7}$$

其中r为满足$0\le r\le\min\{m,n\}$的某个正整数. 当$r\ne0$时, $1\le j_1<j_2<\cdots<j_r$. 与r有关的其余约定方式同前. 相应地, (5)及(6)也有类似的表达式, 请读者自行写出.

当(3)为齐次线性方程组, 即(3)为如下形式

$$\begin{cases} a_{11}x_1+a_{12}x_2+\cdots+a_{1n}x_n=0,\\ a_{21}x_1+a_{22}x_2+\cdots+a_{2n}x_n=0,\\ \qquad\vdots\\ a_{m1}x_1+a_{m2}x_2+\cdots+a_{mn}x_n=0 \end{cases} \tag{8}$$

时, (3)(即(8))一定有解. 事实上, $x_1 = x_2 = \cdots = x_n = 0$是其一个解. 通常, 我们称之为齐次线性方程组的**零解**而称其它的解(若有)为**非零解**.

作为定理2及定理3的特殊情形, 我们有

推论 2 数域$\mathbb{P}$上的任何一个形式为(8)的齐次线性方程组均可经有限次初等变换化为$\mathbb{P}$上与之同解的具有如下形式的齐次线性方程组(若不考虑变量次序的变化)

$$\begin{cases} x_1 + \qquad\qquad +c_{1\ r+1}x_{r+1} + \cdots + c_{1n}x_n = 0, \\ \quad x_2 + \qquad\quad +c_{2\ r+1}x_{r+1} + \cdots + c_{2n}x_n = 0, \\ \qquad\qquad \vdots \\ \qquad\qquad x_r + c_{r\ r+1}x_{r+1} + \cdots + c_{rn}x_n = 0, \\ \qquad\qquad\qquad\qquad 0 = 0, \\ \qquad\qquad\qquad\qquad \vdots \\ \qquad\qquad\qquad\qquad 0 = 0, \end{cases} \tag{9}$$

其中r为满足$0 \le r \le \min\{m, n\}$的某个正整数(我们约定: 当$r = 0$时, (9)中等号左端所有项的系数全为零; 当$r = m$时, (9)中形如$0 = 0$的方程不出现). 当且仅当$r = n$时线性方程组(8)仅有零解; 当且仅当$r < n$时线性方程组(8)有非零解. 当线性方程组(8)有非零解时, 其通解为

$$\begin{cases} x_1 = -c_{1\ r+1}t_1 - c_{1\ r+2}t_2 - \cdots - c_{1n}t_{n-r}, \\ x_2 = -c_{2\ r+1}t_1 - c_{2\ r+2}t_2 - \cdots - c_{2n}t_{n-r}, \\ \quad \vdots \\ x_r = -c_{r\ r+1}t_1 - c_{r\ r+2}t_2 - \cdots - c_{rn}t_{n-r}, \\ x_{r+1} = t_1, \\ x_{r+2} = t_2, \\ \quad \vdots \\ x_n = t_{n-r}, \end{cases} \tag{10}$$

这里$t_1, t_2, \cdots, t_{n-r}$为$\mathbb{P}$中任意数.

读者可以自行写出(9)及(10)在不改变变量次序时的一般形式.

尽管我们称上述将对(3)的求解通过线性方程组的初等变换化为对同解的、形式简单的阶梯形方程组求解的方法称为**Gauss消元法**, 但是, 《九章算术》中早已经有了消元方法的雏形, 只不过我们的祖先是用文字而不是用字母来表述求解的过程.

读者还可以自行验算, 中学教材中求解线性方程组(3)的变量替换等方法均可统一为用Gauss消元法来表达. Gauss消元法解线性方程组的本质就是将线性方程组的求解转化为同解的形式相对简单的线性方程组的求解.

为简便记, 在对线性方程组的初等变换过程中, 我们将互换第s个方程与第t个方程

位置的过程记作R_{st}, 将互换第s个项与第t个项位置的操作记作C_{st}, 将非零常数c倍乘第s个方程的过程记作cR_s, 将常数c乘以第t个方程后加到第s个方程上去的倍加过程记作R_s+cR_t.

例 3 解线性方程组

$$\begin{cases} x_1+5x_2-x_3=-1, \\ x_1-2x_2+x_3=3, \\ 3x_1+8x_2-x_3=1. \end{cases}$$

解 对方程组实施初等变换

$$\begin{cases} x_1+5x_2-x_3=-1, \\ x_1-2x_2+x_3=3, \\ 3x_1+8x_2-x_3=1. \end{cases} \xrightarrow[R_3-3R_1]{R_2-R_1} \begin{cases} x_1+5x_2-x_3=-1, \\ -7x_2+2x_3=4, \\ -7x_2+2x_3=4. \end{cases}$$

$$\xrightarrow{R_3-R_2} \begin{cases} x_1+5x_2-x_3=-1, \\ -7x_2+2x_3=4, \\ 0=0. \end{cases} \xrightarrow[R_1-5R_2]{(-\frac{1}{7})\times R_2} \begin{cases} x_1 \quad +\dfrac{3}{7}x_3=\dfrac{13}{7}, \\ x_2-\dfrac{2}{7}x_3=-\dfrac{4}{7}, \\ 0=0. \end{cases}$$

由于$r=2, n=3, d_{r+1}=0$, 故依定理3, 方程组有解且其通解为

$$\begin{cases} x_1=\dfrac{13}{7}-\dfrac{3}{7}t, \\ x_2=-\dfrac{4}{7}+\dfrac{2}{7}t, \\ x_3=t, \end{cases} \qquad \text{其中}t\text{为}\mathbb{P}\text{中任意数.}$$

□

诚然, 上例中带着未知量的消元过程是累赘的. 因此, 寻求简化消元过程的表达方式是必要的.

§1.3 矩阵的定义及形式

矩阵是由英国数学家 A. Cayley 和 J.J. Sylvester于19世纪出, 是数学理论中的一个重要概念. 当今, 它在经济、气象、能源、电子计算机、信电等众多领域中有着广泛的应用.

定义 2 设m, n是两个正整数, 我们称由$\mathbb{P}$中的mn个数$a_{ij}(i=1,2,\cdots,m, j=1,2,\cdots,n)$所形成的如下形式的数阵

$$(a_{ij})_{m\times n} \triangleq \begin{pmatrix} a_{11} & a_{12} & \cdots & a_{1n} \\ a_{21} & a_{22} & \cdots & a_{2n} \\ \vdots & \vdots & \ddots & \vdots \\ a_{m1} & a_{m2} & \cdots & a_{mn} \end{pmatrix}$$

为$\mathbb{P}$上的一个$m \times n$ **矩阵**.

通常, 我们用大写英文字母来表示矩阵, 比如$\boldsymbol{A} \triangleq (a_{ij})_{m\times n}$. 我们也用记号$\boldsymbol{A}_{m\times n}$来强调矩阵$\boldsymbol{A}$共有$m$个行和$n$个列.

矩阵各行从上到下分称第1行, 第2行, $\cdots$, 第m行, 各列从左到右分称第1列, 第2列, $\cdots$, 第n列. 称$a_{ij}(i=1,2,\cdots,m, j=1,2,\cdots,n)$为矩阵$\boldsymbol{A}$的位于第$i$行与第$j$列交叉位置处的**元素**. 元素全为实数的矩阵称为**实矩阵**, 当我们在复数域范围里考察一个矩阵时, 我们称矩阵为**复矩阵**. 元素全为零的$m \times n$矩阵记作$\boldsymbol{O}_{m\times n}$, 称之为**零矩阵**. 当$m = n$时, 称$\boldsymbol{A}$为$\boldsymbol{n}$ **阶方阵**并记作$\boldsymbol{A} = (a_{ij})_n$. 通常, 我们将由$\mathbb{P}$上所有$m \times n$矩阵所形成的集合记作$\mathbb{P}^{m\times n}$.

为了理论上的表述方便, 或者为了简化计算等的需要, 有时, 我们需要对矩阵进行分块, 形成**分块矩阵**. 以下我们通过例子来说明分块矩阵的形成. 设

$$\boldsymbol{A} = \left(\begin{array}{cc:ccc} 1 & 3 & 0 & 5 & 1 \\ 4 & 2 & 3 & 8 & 0 \\ \hdashline 0 & 2 & 0 & 0 & 0 \\ 3 & 1 & 0 & 0 & 0 \end{array}\right),$$

利用虚线将上述4×5矩阵$\boldsymbol{A}$分成四块, 并记

$$\boldsymbol{A}_{11} = \begin{pmatrix} 1 & 3 \\ 4 & 2 \end{pmatrix}, \ \boldsymbol{A}_{12} = \begin{pmatrix} 0 & 5 & 1 \\ 3 & 8 & 0 \end{pmatrix}, \ \boldsymbol{A}_{21} = \begin{pmatrix} 0 & 2 \\ 3 & 1 \end{pmatrix}, \ \boldsymbol{A}_{22} = \begin{pmatrix} 0 & 0 & 0 \\ 0 & 0 & 0 \end{pmatrix}.$$

则$\boldsymbol{A}$可看成为由矩阵$\boldsymbol{A}_{11}, \boldsymbol{A}_{12}, \boldsymbol{A}_{21}$和$\boldsymbol{A}_{22}$所组成, 并可写为

$$\boldsymbol{A} = \begin{pmatrix} \boldsymbol{A}_{11} & \boldsymbol{A}_{12} \\ \boldsymbol{A}_{21} & \boldsymbol{A}_{22} \end{pmatrix} \text{ 或 } \boldsymbol{A} = \begin{pmatrix} \begin{pmatrix} 1 & 3 \\ 4 & 2 \end{pmatrix} & \begin{pmatrix} 0 & 5 & 1 \\ 3 & 8 & 0 \end{pmatrix} \\ \begin{pmatrix} 0 & 2 \\ 3 & 1 \end{pmatrix} & \begin{pmatrix} 0 & 0 & 0 \\ 0 & 0 & 0 \end{pmatrix} \end{pmatrix}.$$

我们称上述形式的矩阵为$\boldsymbol{A}$的一个2×2分块矩阵, 称$\boldsymbol{A}_{ij}(i=1,2, j=1,2)$为$\boldsymbol{A}$的子块.

一般地

定义 3 设$\boldsymbol{A}$是数域$\mathbb{P}$上的$m \times n$矩阵, 沿行的方向自上而下将行分成s个部分, 沿列的方向从左到右将列分成t个部分, 从而将$\boldsymbol{A}$分划成st个子部分, 设$\boldsymbol{A}_{kl}(k = 1,\cdots,s, l=1,\cdots,t)$表示由行的第$k$个部分与列的第$l$个部分交叉处的元素保持原来位置关系不变所形成的矩阵(通常, 称之为$\boldsymbol{A}$的**子块**). 我们称$\boldsymbol{A}$的另一种表达形式$(\boldsymbol{A}_{kl})_{s\times t}$为$\boldsymbol{A}$的一个$s \times t$ **分块矩阵**.

§1.4 矩阵的初等变换与Gauss消元法

矩阵的初等变换是矩阵理论的重要工具, 它也能体现线性方程组Gauss消元法的

本质. 习惯上, 我们称矩阵中某两行(列)中同列(同行)元素为这两个行(列)的**对应元素**.

定义 4 矩阵的**初等变换**是指矩阵的**初等行变换**和**初等列变换**, 矩阵的初等行(列)变换是指对矩阵实施如下之一的变换.

互换: 仅交换矩阵的某两个行(列)对应元素的位置且保持矩阵其余元素及其位置均不变而形成一个新矩阵的过程. 记第s 行(列)与第t 行(列)的互换为$R_{st}(C_{st})$.

倍乘: 将矩阵的某个行(列)的每一个元素均乘以同一个非零常数c后仍然放在原来的位置且保持矩阵其余元素及其位置均不变而形成一个新矩阵的过程. 记第s 行(列)每一个元素均乘以非零常数c的倍乘为$cR_s(cC_s)$. 我们也称用c去倍乘第s 行(列).

倍加: 将某个行(列)的每一个元素乘以同一常数加到另一行(列)与之对应的元素上去且保持矩阵其余元素及其位置均不变而形成一个新矩阵的过程. 有时, 我们也称之为c乘以第t 行(列)加到第s 行(列)上去. 记第t 行(列)的各元素乘以c 加到第s 行(列)对应元素上去的倍加为$R_s + cR_t(C_s + cC_t)$.

以下我们研究矩阵的初等变换与线性方程组求解的关系. 取出§1.2节中线性方程组(3) 等号左端的所有未知量的系数, 保持它们在线性方程组中的相对位置关系不变便可构成矩阵

$$\boldsymbol{A} \triangleq (a_{ij})_{m\times n} = \begin{pmatrix} a_{11} & a_{12} & \cdots & a_{1n} \\ a_{21} & a_{22} & \cdots & a_{2n} \\ \vdots & \vdots & \ddots & \vdots \\ a_{m1} & a_{m2} & \cdots & a_{mn} \end{pmatrix}.$$

通常, 我们称$\boldsymbol{A}$ 为线性方程组(3) 的**系数矩阵**. 若将(3) 的常数项也加以考虑, 则可构成矩阵

$$\bar{\boldsymbol{A}} \triangleq \left(\begin{array}{cccc:c} a_{11} & a_{12} & \cdots & a_{1n} & b_1 \\ a_{21} & a_{22} & \cdots & a_{2n} & b_2 \\ \vdots & \vdots & \ddots & \vdots & \vdots \\ a_{m1} & a_{m2} & \cdots & a_{mn} & b_m \end{array}\right) \quad \left(\text{或记作} \quad \bar{\boldsymbol{A}} = \left(\begin{array}{c:c} & b_1 \\ \boldsymbol{A} & \vdots \\ & b_m \end{array}\right)\right).$$

通常, 我们称$\bar{\boldsymbol{A}}$ 为系数矩阵$\boldsymbol{A}$ 的**增广矩阵**.

于是, 线性方程组(3) 经Gauss消元法化为(5)的过程就可简化为对(3)的增广矩阵$\bar{\boldsymbol{A}}$实施若干初等行变换及对其前n个列实施若干列的互换化为(5)的增广矩阵的过程:

$$\bar{\boldsymbol{A}} \xrightarrow[\text{前}n\text{个列间的列互换}]{\text{初等行变换}} \left(\begin{array}{ccccccc:c} 1 & & & & c_{1\,r+1} & \cdots & c_{1n} & d_1 \\ & 1 & & & c_{2\,r+1} & \cdots & c_{2n} & d_2 \\ & & \ddots & & \vdots & & \vdots & \vdots \\ & & & 1 & c_{r\,r+1} & \cdots & c_{rn} & d_r \\ & & & & & & & d_{r+1} \\ & & & & & & & \\ & & & & & & & \end{array}\right), \tag{11}$$

这里, 箭头右端矩阵是(5)的系数矩阵的增广矩阵, 其空白处的元素均为零(仿推理1, 我们约定: 当$r=0$时, 其前n个列全为零; 当$r=m$时, d_{r+1}所在行及其以下的行均不再出现). 相应于(3)经Gauss消元法化为(4)或(7)的过程, 也有类似于(11)的式子成立, 请读者自行写出.

诚然, 利用矩阵的初等变换过程来刻画线性方程组的Gauss消元过程, 简化了表达方式. 这样的表达式也使得我们可以方便地利用计算机实施线性方程组的数值求解.

例 4 利用矩阵的初等变换重新求解例3.

解 对线性方程组的系数矩阵的增广矩阵$\bar{A}$实施初等行变换:

$$\bar{A}=\begin{pmatrix}1&5&-1&-1\\1&-2&1&3\\3&8&-1&1\end{pmatrix}\xrightarrow[R_3-3R_1]{R_2-R_1}\begin{pmatrix}1&5&-1&-1\\0&-7&2&4\\0&-7&2&4\end{pmatrix}$$

$$\xrightarrow[R_1+\frac{5}{7}R_2]{R_3-R_2}\begin{pmatrix}1&0&\frac{3}{7}&\frac{13}{7}\\0&-7&2&4\\0&0&0&0\end{pmatrix}\xrightarrow{(-\frac{1}{7})\times R_2}\begin{pmatrix}1&0&\frac{3}{7}&\frac{13}{7}\\0&1&-\frac{2}{7}&-\frac{4}{7}\\0&0&0&0\end{pmatrix},$$

得同解线性方程组

$$\begin{cases}x_1\qquad+\dfrac{3}{7}x_3=\dfrac{13}{7},\\ \qquad x_2-\dfrac{2}{7}x_3=-\dfrac{4}{7},\\ \qquad\qquad 0=0,\end{cases}\quad 或\quad\begin{cases}x_1=\dfrac{13}{7}-\dfrac{3}{7}x_3,\\ x_2=-\dfrac{4}{7}+\dfrac{2}{7}x_3,\\ 0=0.\end{cases}$$

由于$r=2, n=3, d_{r+1}=0$, 故依定理3, 原线性方程组有解且其通解为

$$\begin{cases}x_1=\dfrac{13}{7}-\dfrac{3}{7}t,\\ x_2=-\dfrac{4}{7}+\dfrac{2}{7}t,\\ x_3=t,\end{cases}\qquad 其中t为\mathbb{P}中任意数.$$

□

在实际计算中, 我们也常不改变未知量的次序.

例 5 解线性方程组

$$\begin{cases}x_1+2x_2-x_3+x_4=1,\\ x_1+2x_2\qquad -x_4=3,\\ -x_1-2x_2+3x_3-5x_4=3.\end{cases}$$

解 对线性方程组系数矩阵的增广矩阵$\bar{A}$实施初等行变换:

$$\bar{A}=\begin{pmatrix}1&2&-1&1&1\\1&2&0&-1&3\\-1&-2&3&-5&3\end{pmatrix}\xrightarrow[R_3+R_1]{R_2-R_1}\begin{pmatrix}1&2&-1&1&1\\0&0&1&-2&2\\0&0&2&-4&4\end{pmatrix}$$

$$\xrightarrow[R_3-2R_2]{R_1+R_2}\begin{pmatrix}1&2&0&-1&3\\0&0&1&-2&2\\0&0&0&0&0\end{pmatrix},$$

得同解线性方程组

$$\begin{cases}x_1+2x_2 \quad -x_4=3,\\ x_3-2x_4=2,\\ 0=0,\end{cases}$$

由于$r=2$, $n=4$, $d_{r+1}=0$, 故依定理3, 原线性方程组有解且其通解为

$$\begin{cases}x_1=3-2t_1+t_2,\\ x_2=t_1,\\ x_3=2+2t_2,\\ x_4=t_2,\end{cases}\qquad \text{其中}t_1,t_2\text{为}\mathbb{P}\text{中任意数}.$$

□

例 6 问a,b为何值时, 线性方程组

$$\begin{cases}x_1+x_2+x_3+x_4=0,\\ x_2+2x_3+2x_4=1,\\ -x_2+(a-3)x_3-2x_4=b,\\ 3x_1+2x_2+x_3+ax_4=-1\end{cases}$$

无解、有唯一解、有无穷多个解? 当线性方程组有唯一解时, 求出该唯一解; 当线性方程组有无穷多个解时, 求出其通解.

解 在本题中, $n=4$. 对线性方程组系数矩阵的增广矩阵$\bar{\boldsymbol{A}}$施以初等行变换

$$\bar{\boldsymbol{A}}=\begin{pmatrix}1&1&1&1&0\\0&1&2&2&1\\0&-1&a-3&-2&b\\3&2&1&a&-1\end{pmatrix}\xrightarrow{R_4-3R_1}\begin{pmatrix}1&1&1&1&0\\0&1&2&2&1\\0&-1&a-3&-2&b\\0&-1&-2&a-3&-1\end{pmatrix}$$

$$\xrightarrow[R_4+R_2]{R_3+R_2}\begin{pmatrix}1&1&1&1&0\\0&1&2&2&1\\0&0&a-1&0&b+1\\0&0&0&a-1&0\end{pmatrix}.$$

当$a\neq 1$时, $r=4=n$, 依定理3, 原线性方程组有唯一解. 该解为

$$x_1=\frac{-a+b+2}{a-1},\ x_2=\frac{a-2b-3}{a-1},\ x_3=\frac{b+1}{a-1},\ x_4=0.$$

当$a=1$时, 上述最后一个矩阵为

$$\begin{pmatrix} 1 & 1 & 1 & 1 & 0 \\ 0 & 1 & 2 & 2 & 1 \\ 0 & 0 & 0 & 0 & b+1 \\ 0 & 0 & 0 & 0 & 0 \end{pmatrix},$$

由于$r=2, d_{r+1}=b+1$, 故

1) 当$a=1$且$b\neq -1$时, $d_{r+1}\neq 0$, 依定理3, 原线性方程组无解.

2) 当$a=1$且$b=-1$时, $d_{r+1}=0, r<n$, 依定理3, 原线性方程组有无穷多个解. 此时, 原线性方程组同解于

$$\begin{cases} x_1 \quad\quad - x_3 - x_4 = -1, \\ \quad x_2 + 2x_3 + 2x_4 = 1, \\ \quad\quad\quad\quad\quad 0 = 0, \\ \quad\quad\quad\quad\quad 0 = 0, \end{cases}$$

故原线性方程组的通解为

$$\begin{cases} x_1 = -1 + t_1 + t_2, \\ x_2 = 1 - 2t_1 - 2t_2, \\ x_3 = t_1, \\ x_4 = t_2, \end{cases} \quad \text{其中} t_1, t_2 \text{为} \mathbb{P} \text{任意数.}$$

□

在本章中, 我们利用线性方程组的初等变换统一了中学阶段所用的线性方程组各种求解过程, 利用矩阵的初等变换简化了线性方程组求解过程的表达方式. 至此, 线性方程组的求解似乎已彻底解决, 其实不然, 还有更深刻的内容需要我们研究. 回顾Gauss消元过程或者对线性方程组系数矩阵的增广矩阵所实施的初等变换过程, 我们可以看到线性方程组(5)中的与非零方程的个数相关或者与(11) 中右侧矩阵非零行数相关的数r 在最终回答方程组是否有解, 在有解时如何确定解的过程中起着重要的作用. r产生于消元过程或矩阵的初等变换过程中, 自然要问: r 是否与消元过程(或矩阵初等变换过程)相关? 或者, r 是否为消元过程(或矩阵初等变换过程)的不变量? 这涉及矩阵的一个重要概念——**秩**. 我们将在后续章节中研究它.

注 若仅就线性方程组的求解而言, (4), (5), (7)及(9)中的方程“0 = 0”都可以去掉. 我们保留这样的方程, 仅仅是为了将线性方程组的求解与矩阵理论相关联, 这样的关联是有益的.

习 题

若无特别说明, 本章习题所涉及的线性方程组均指数域$\mathbb{P}$上的线性方程组.

1. 设$i=\sqrt{-1}$, 试判断下列各数集是否构成数域.

(1) $\mathbb{Q}(\sqrt{3}i)=\{a+b\sqrt{3}i|a,b$为任意有理数$\}$.

(2) $\mathbb{P}=\{a+b\,i|a$为任意有理数$,b$为实数$\}$.

2. 设p, q为不同素数, 试证明$\mathbb{Q}(\sqrt{p})\neq\mathbb{Q}(\sqrt{q})$, 其中$\mathbb{Q}(\sqrt{p})$, $\mathbb{Q}(\sqrt{q})$的意义见本章例2.

3. 解下列线性方程组.

(1) $\begin{cases}2x_1-x_2+2x_3=3,\\x_1-x_2-x_3=-1,\\3x_1+x_2+x_3=5;\end{cases}$ (2) $\begin{cases}2x_1+4x_2+x_3+x_4=5,\\-x_1-2x_2-2x_3+x_4=-4,\\x_1+2x_2-x_3+2x_4=1;\end{cases}$

(3) $\begin{cases}x_1+x_2-x_3-x_4=1,\\2x_1+x_2+x_3+x_4=4,\\4x_1+3x_2-x_3-x_4=6,\\x_1+2x_2-4x_3-4x_4=-1;\end{cases}$ (4) $\begin{cases}2x_1+x_2-x_3+x_4=1,\\3x_1-2x_2+2x_3-3x_4=2,\\5x_1+x_2-x_3+2x_4=-1,\\2x_1-x_2+x_3-3x_4=4;\end{cases}$

(5) $\begin{cases}x_1+2x_2+3x_3-x_4=1,\\3x_1+2x_2+x_3-x_4=1,\\2x_1+3x_2+x_3+x_4=1,\\2x_1+2x_2+2x_3-x_4=1,\\5x_1+5x_2+2x_3=2;\end{cases}$ (6) $\begin{cases}x_1-x_3+x_5=0,\\x_2-x_4+x_6=0,\\x_1-x_2+x_5-x_6=0,\\x_2-x_3+x_6=0,\\x_1-x_4+x_5=0;\end{cases}$

(7) $\begin{cases}x_1-x_2+5x_3-x_4=0,\\x_1+x_2-2x_3+3x_4=0,\\3x_1-x_2+8x_3+x_4=0,\\x_1+3x_2-9x_3+7x_4=0;\end{cases}$ (8) $\begin{cases}x_1-2x_2+3x_3-4x_4=0,\\x_2-x_3-x_4=0,\\x_1+3x_2-3x_4=0,\\x_1-4x_2+3x_3-2x_4=0.\end{cases}$

4. 解下列线性方程组.

(1) $\begin{cases}2x_1-x_2-x_3=2,\\x_1-2x_2+x_3=a,\\x_1+x_2-2x_3=a^2;\end{cases}$ (2) $\begin{cases}x_1+x_2+x_3+x_4+x_5=1,\\3x_1+2x_2+x_3+x_4-3x_5=a,\\x_2+2x_3+2x_4+6x_5=3,\\5x_1+4x_2+3x_3+3x_4-x_5=b.\end{cases}$

5. 试证明线性方程组

$$\begin{cases}x_1-x_2=a_1,\\x_2-x_3=a_2,\\x_3-x_4=a_3,\\x_4-x_5=a_4,\\x_5-x_1=a_5\end{cases}$$

有解的充要条件是$a_1+a_2+a_3+a_4+a_5=0$. 有解时求其(通)解.

6. 试问λ取何值时, 线性方程组

$$\begin{cases} \lambda x_1 + x_2 + x_3 = 1, \\ x_1 + \lambda x_2 + x_3 = \lambda, \\ x_1 + x_2 + \lambda x_3 = \lambda^2 \end{cases}$$

无解？有唯一解？有无穷多个解？有解时求其(通)解.

7. 试问k_1, k_2 各取何值时, 线性方程组

$$\begin{cases} x_1 + x_2 + 2x_3 + 3x_4 = 1, \\ x_1 + 3x_2 + 6x_3 + x_4 = 3, \\ 3x_1 - x_2 - k_1 x_3 + 15x_4 = 3, \\ x_1 - 5x_2 - 10x_3 + 12x_4 = k_2 \end{cases}$$

无解？有唯一解？有无穷多个解？有解时求其(通)解.

8. 设$\boldsymbol{A}$是一个矩阵, $\boldsymbol{A} = (\boldsymbol{A}_{ij})_{s\times t}$是$\boldsymbol{A}$的一个$s \times t$分块矩阵. 试判断下列论断正确与否.

(1) 分块矩阵$(\boldsymbol{A}_{ij})_{s\times t}$中同一行的子块的行数是相同的;

(2) 分块矩阵$(\boldsymbol{A}_{ij})_{s\times t}$中同一行的子块的列数是相同的;

(3) 分块矩阵$(\boldsymbol{A}_{ij})_{s\times t}$中同一列的子块的行数是相同的;

(4) 分块矩阵$(\boldsymbol{A}_{ij})_{s\times t}$中同一列的子块的列数是相同的.

9. 设$\boldsymbol{A} = (\boldsymbol{A}_{ij})_{2\times 2}$是矩阵$\boldsymbol{A}$的一个$2 \times 2$分块矩阵. 已知子块

$$\boldsymbol{A}_{11} = \begin{pmatrix} 1 & 0 \\ 0 & 1 \end{pmatrix},$$

且已知子块$\boldsymbol{A}_{12}$, $\boldsymbol{A}_{21}$及$\boldsymbol{A}_{22}$必取自于下列矩阵

$$\begin{pmatrix} 1 & 2 & 3 \\ 4 & 5 & 6 \\ 7 & 8 & 9 \end{pmatrix}, \quad \begin{pmatrix} 1 & 2 & 3 \\ 4 & 5 & 6 \end{pmatrix}, \quad \begin{pmatrix} 1 & 2 \\ 4 & 5 \\ 7 & 8 \end{pmatrix},$$

求矩阵$\boldsymbol{A}$.

10. 试证明对矩阵实施一次初等变换R_{ij}等同于对矩阵实施了有限次倍加变换及倍乘变换.

11. 试用矩阵的初等变换解本章习题第3题中的线性方程组.

12. 试证明方程个数小于未知量个数的齐次线性方程组必有无穷多个解.

13. 试问命题“方程个数小于未知量个数的线性方程组必有无穷多个解”是否成立？若成立, 请证明之; 若否, 试给出一个反例.

补 充 题

1. 设$\mathbb{P}_1$ 及$\mathbb{P}_2$ 是两个数域, 试证明

   (1) $\mathbb{P}_1 \cap \mathbb{P}_2$ 是一个数域.

   (2) $\mathbb{P}_1 \cup \mathbb{P}_2$ 是一个数域当且仅当$\mathbb{P}_1 \subseteq \mathbb{P}_2$ 或$\mathbb{P}_2 \subseteq \mathbb{P}_1$.

2. 设$\mathbb{P}$是一个数域, 且$\mathbb{R} \subseteq \mathbb{P} \subseteq \mathbb{C}$. 试证明$\mathbb{P} = \mathbb{R}$或$\mathbb{P} = \mathbb{C}$.

3. 设$\mathbb{P}$是一个数域, 且$\sqrt{3} \in \mathbb{P}$. 试证明$\mathbb{Q}(\sqrt{3}) \subseteq \mathbb{P}$(即证$\mathbb{Q}(\sqrt{3})$是包含$\sqrt{3}$的最小数域).

4*. 设p, q 是两个正整数, 令$\mathbb{P}$ 为由一切形如$a + b\sqrt{p} + c\sqrt{q} + d\sqrt{pq}$ 的数作成的集合(其中a, b, c, d 为任意有理数). 试证明$\mathbb{P}$ 是一个数域.

5. 如果线性方程组
$$\begin{cases} x_1 + x_2 + x_3 = 1, \\ x_1 + 2x_2 + 3x_3 = 2, \\ 2x_1 + 3x_2 + \lambda x_3 = 3 \end{cases}$$
有无穷多个解, 试求λ的值及方程组的通解.

6. 设空间中的三张平面
$$\begin{aligned} l_1: &\quad x_1 + ax_2 + bx_3 = 0, \\ l_2: &\quad 2x_1 + x_2 + x_3 = 0, \\ l_3: &\quad 3x_1 + (a+1)x_2 + (2-b)x_3 = 2 \end{aligned}$$
有一公共点$(-1,\ 1,\ 1)$, 试求a和b的值及这三张平面的所有公共点.

7. 试给出线性方程组
$$\begin{cases} x_1 - x_2 = a_1, \\ x_2 - x_3 = a_2, \\ \qquad \vdots \\ x_{n-1} - x_n = a_{n-1}, \\ x_n - x_1 = a_n \end{cases}$$
有解的一个充要条件, 并证明之.

8. 解齐次线性方程组
$$\begin{cases} x_2 + x_3 + x_4 + \cdots + x_{n-1} + x_n = 0, \\ x_1 + x_3 + x_4 + \cdots + x_{n-1} + x_n = 0, \\ x_1 + x_2 + x_4 + \cdots + x_{n-1} + x_n = 0, \\ \qquad \vdots \\ x_1 + x_2 + x_3 + \cdots + x_{n-2} + x_{n-1} = 0, \end{cases}$$
其中$n > 1$.

第 2 章　行列式与矩阵的秩

矩阵的秩是矩阵理论的一个重要概念, 它由J.J. Sylvester于1861年引入. 矩阵的秩将贯穿本书的始终. 在本书中, 它由行列式来定义. 在本章中, 我们介绍行列式的基本理论以及矩阵的秩的定义, 感受矩阵的秩在线性方程组的求解理论中所发挥的作用.

§2.1　$n-$ 排列

设$n \geq 1$为一整数, 一个$n-$ **排列**是指由$1, 2, \cdots, n$这n个数所形成的一个有序数列, 这n个数中的每个数在数列中出现且仅出现一次. 一个$n-$排列通常记作$i_1 i_2 \cdots i_n$. 依排列组合理论知, 对于给定的n, 共有$n!$个互不相同的$n-$ 排列.

设$i_1 i_2 \cdots i_n$是一个$n-$排列, 若存在$1 \leq s < t \leq n$使得$i_s > i_t$, 则称i_s与i_t构成该$n-$ 排列的一个**逆序**(或者**逆序对**). $i_1 i_2 \cdots i_n$的逆序(或者逆序对)的总数目称为该$n-$ 排列的**逆序数**, 记作$\tau(i_1 i_2 \cdots i_n)$.

若记$\tau(i_j)$表示$n-$排列$i_1 i_2 \cdots i_n$中排在i_j后的比i_j小的数的个数($1 \leq j \leq n-1$), 则

$$\tau(i_1 i_2 \cdots i_n) = \tau(i_1) + \tau(i_2) + \cdots + \tau(i_{n-1}) = \sum_{j=1}^{n-1} \tau(i_j).$$

若记$\tau'(i_j)$表示$n-$排列$i_1 i_2 \cdots i_n$中排在i_j之前的比i_j大的数的数目($2 \leq j \leq n$), 则

$$\tau(i_1, i_2 \cdots i_n) = \tau'(i_2) + \cdots + \tau'(i_n) = \sum_{j=2}^{n} \tau'(i_j).$$

比如, 5–排列53412 的逆序数$\tau(53412) = 8$. $n-$ 排列$123 \cdots n$的逆序数$\tau(123 \cdots n) = 0$. 通常, 我们称$123 \cdots n$为一个**标准排列**或**自然序排列**.

若$n-$ 排列$i_1 i_2 \cdots i_n$的逆序数$\tau(i_1 i_2 \cdots i_n)$为奇数, 则称$n-$排列$i_1 i_2 \cdots i_n$为一个**奇排列**, 否则称之为**偶排列**.

交换一个$n-$排列中两个数的位置, 且保持该$n-$排列中其它数的位置不变而形成一个新的$n-$ 排列的过程称为一次**对换**.

定理 1　一次对换改变$n-$ 排列的奇偶性.

证明　设$n-$排列

$$i_1 \cdots i_s \cdots i_t \cdots i_n \tag{1}$$

经对换第s个和第t个位置上的数得

$$i_1 \cdots i_t \cdots i_s \cdots i_n, \tag{2}$$

这里$s < t$. 我们证明(1)与(2)的奇偶性不同. 证明分两步.

第一步: 设$t = s+1$, 即(2)是由(1)经一次相邻数i_s和i_{s+1}的对换所得. 于是

$$\tau(i_1\cdots i_{s+1}i_s\cdots i_n) = \begin{cases} \tau(i_1\cdots i_s i_{s+1}\cdots i_n) - 1, & i_s > i_{s+1}, \\ \tau(i_1\cdots i_s i_{s+1}\cdots i_n) + 1, & i_s < i_{s+1}, \end{cases}$$

故(1)与(2)具有不同的奇偶性, 即这样的对换改变了$n-$ 排列的奇偶性.

第二步: 设$t \geq s+2$, 则(2)可看成先在(1) 中把i_s 逐次与相邻的后一个数对换, 经$t-s$ 次对换化为$n-$ 排列

$$i_1\cdots i_{s-1}i_{s+1}\cdots i_t i_s\cdots i_n, \tag{3}$$

然后在(3)中将i_t 逐次与前一个相邻的数对换, 经$t-s-1$ 次对换所形成, 故共经过了$2(t-s)-1$次对换. 依第一步的结论, 我们共改变了奇数次个奇偶性. 因此, (2)的奇偶性与(1)不同, 即$n-$ 排列的奇偶性已改变. 定理得证. □

§2.2 方阵的行列式

尽管本书将行列式归结为方阵的行列式, 然而, 行列式早在矩阵引入前160多年就已由日本数学家关孝和(Seki Kowa)和德国数学家G.W. Leibniz在研究线性方程组的求解过程中引入. 本书所用的n阶行列式的定义由瑞典数学家G.Cramer形成.

定义 1 设$\boldsymbol{A} = (a_{ij})_n$ 是数域$\mathbb{P}$ 上的一个n 阶方阵. $\boldsymbol{A}$ 的**n 阶行列式**(也记作$|\boldsymbol{A}|$或者$|a_{ij}|_n$) 定义为:

$$\begin{vmatrix} a_{11} & a_{12} & \cdots & a_{1n} \\ \vdots & \vdots & \ddots & \vdots \\ a_{i1} & a_{i2} & \cdots & a_{in} \\ \vdots & \vdots & \ddots & \vdots \\ a_{n1} & a_{n2} & \cdots & a_{nn} \end{vmatrix} \triangleq \sum_{j_1j_2\cdots j_n} (-1)^{\tau(j_1j_2\cdots j_n)} a_{1j_1}a_{2j_2}\cdots a_{nj_n}, \tag{4}$$

这里$j_1j_2\cdots j_n$ 表示一个$n-$ 排列, $\sum\limits_{j_1j_2\cdots j_n}$ 表示对所有的$n-$ 排列求和.

对于一个矩阵(未必是方阵)而言, 有时候我们还需要考虑其部分元素所形成的**矩阵的子式**. $\mathbb{P}^{m\times n}$ 中的某个矩阵的一个**k阶子式** $(1 \leq k \leq \min\{m,n\})$ 是指由该矩阵的k个行和k 个列交叉位置上的元素保持其相对位置关系不变所形成的k 阶矩阵的行列式. 显然, 该矩阵共有$C_m^k C_n^k$ 个k阶子式. 当矩阵是n阶方阵时, 该矩阵的任意一个$k(1 \leq k \leq n)$ 阶子式也称为是该矩阵的**行列式的 k阶子式**.

本章中, 如果没有特别的说明, 我们所说的行列式总是指某个数域$\mathbb{P}$上的一个n阶方阵的行列式.

依定义1可知, $|\boldsymbol{A}|$ 实际上定义了一个由n^2 个变量所确定的函数. 通常称(4)中等号

左侧行列式中连接a_{11}和a_{nn}的直线为行列式的**主对角线**，连接a_{1n}和a_{n1}的直线为行列式的**副对角线**.

例 1 一阶行列式$|a_{11}|_1 = a_{11}$，请大家注意它与数的绝对值的区别.

例 2 二阶行列式的计算. 此时，$n = 2$，共有2 个2– 排列，它们分别为12 和21，故

$$\begin{vmatrix} a_{11} & a_{12} \\ a_{21} & a_{22} \end{vmatrix} = (-1)^{\tau(12)}a_{11}a_{22} + (-1)^{\tau(21)}a_{12}a_{21}$$
$$= a_{11}a_{22} - a_{12}a_{21}.$$

二阶行列式计算的直观解释：若用主副对角线来划分二阶行列式的元素(参见图1(a))，则二阶行列式的值等于主对角线上的元素之积减去副对角线上元素之积.

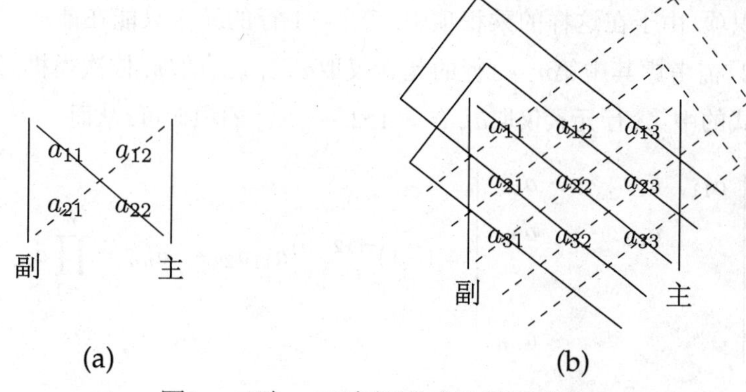

图1. 二阶、三阶行列式计算示意图

例 3 三阶行列式的计算. 此时，$n = 3$，所有的3– 排列共6个，分别为123, 132, 213, 231, 312, 321，故

$$\begin{vmatrix} a_{11} & a_{12} & a_{13} \\ a_{21} & a_{22} & a_{23} \\ a_{31} & a_{32} & a_{33} \end{vmatrix} = \begin{array}{l} (-1)^{\tau(123)}a_{11}a_{22}a_{33} + (-1)^{\tau(132)}a_{11}a_{23}a_{32} \\ +(-1)^{\tau(213)}a_{12}a_{21}a_{33} + (-1)^{\tau(231)}a_{12}a_{23}a_{31} \\ +(-1)^{\tau(312)}a_{13}a_{21}a_{32} + (-1)^{\tau(321)}a_{13}a_{22}a_{31} \end{array}$$
$$= (a_{11}a_{22}a_{33} + a_{13}a_{21}a_{32} + a_{12}a_{23}a_{31}) - (a_{13}a_{22}a_{31} + a_{11}a_{23}a_{32} + a_{12}a_{21}a_{33}).$$

三阶行列式计算的直观解释：若用实直线与虚直线分别表示三阶行列式的主对角线与副对角线，按主对角线方向(实线)及副对角线方向(虚线)划分行列式的元素(参见图1(b))，则三阶行列式的值可以看成为三条实线(主对角线方向)上元素积之和减去三条虚线(副对角线方向)上元素积之和.

注 虽然二阶和三阶行列式的计算具有非常直观的解释，但四阶以上的行列式却没有这样类似的容易记忆的直观解释.

例 4 试证

$$\begin{vmatrix} a_{11} & a_{12} & \cdots & a_{1n} \\ & a_{22} & \cdots & a_{2n} \\ & & \ddots & \vdots \\ & & & a_{nn} \end{vmatrix} = \prod_{i=1}^{n} a_{ii} = \begin{vmatrix} a_{11} & & & \\ a_{21} & a_{22} & & \\ \vdots & \vdots & \ddots & \\ a_{n1} & a_{n2} & \cdots & a_{nn} \end{vmatrix},$$

这里, 主对角线一侧的空白表示该部分元素均为0, 记号“$\prod$”表示全体同类因子的乘积. 我们通常称上式左边的行列式为**上三角(形)行列式**, 而称右边的行列式为**下三角(形)行列式**.

证明　我们先证明第一个等式成立. 依据定义1, 对于所讨论的行列式, (4)中参加求和的乘积项中, 最后一行元素不取a_{nn} 的项的值均为零, 故只需考虑第n 行元素仅取a_{nn} 的乘积项. 由于在这样的乘积项中, 第$n-1$ 行的元素只能在前$n-1$ 个列中选取, 故仿上, 只需考虑其中第$n-1$行的元素仅取$a_{n-1,n-1}$的项. 依次类推, 知只需考虑行列式展开式的中第i 行元素仅取a_{ii} $(i=1,2,\cdots,n)$ 的项即可. 从而

$$\begin{vmatrix} a_{11} & a_{12} & \cdots & a_{1n} \\ & a_{22} & \cdots & a_{2n} \\ & & \ddots & \vdots \\ & & & a_{nn} \end{vmatrix} = (-1)^{\tau(12\cdots n)} a_{11}a_{22}\cdots a_{nn} = \prod_{i=1}^{n} a_{ii}.$$

类似可证

$$\begin{vmatrix} a_{11} & & & \\ a_{21} & a_{22} & & \\ \vdots & \vdots & \ddots & \\ a_{n1} & a_{n2} & \cdots & a_{nn} \end{vmatrix} = (-1)^{\tau(12\cdots n)} a_{11}a_{22}\cdots a_{nn} = \prod_{i=1}^{n} a_{ii}.$$

□

例 5　设$\boldsymbol{A}\in\mathbb{P}^{s\times s}, \boldsymbol{B}\in\mathbb{P}^{t\times t}, \boldsymbol{C}\in\mathbb{P}^{t\times s}, \boldsymbol{O}\in\mathbb{P}^{s\times t}$, 试证明$\begin{vmatrix} \boldsymbol{A} & \boldsymbol{O} \\ \boldsymbol{C} & \boldsymbol{B} \end{vmatrix} = |\boldsymbol{A}||\boldsymbol{B}|$.

证明　设$\boldsymbol{A}=(a_{ij})_{s\times s}, \boldsymbol{B}=(b_{ij})_{t\times t}$, 依行列式的定义以及$\boldsymbol{O}$在行列式中的位置, 我们有

$$\begin{aligned} \begin{vmatrix} \boldsymbol{A} & \boldsymbol{O} \\ \boldsymbol{C} & \boldsymbol{B} \end{vmatrix} &= \sum_{j_1j_2\cdots j_s(q_1+s)(q_2+s)\cdots(q_t+s)} (-1)^{\tau(j_1j_2\cdots j_s(q_1+s)(q_2+s)\cdots(q_t+s))} \\ &\quad \cdot a_{1j_1}a_{2j_2}\cdots a_{sj_s}b_{1q_1}b_{2q_2}\cdots b_{tq_t}, \qquad (5) \\ &= \sum_{j_1j_2\cdots j_s}\sum_{q_1q_2\cdots q_t} (-1)^{\tau(j_1j_2\cdots j_s(q_1+s)(q_2+s)\cdots(q_t+s))} \\ &\quad \cdot a_{1j_1}a_{2j_2}\cdots a_{sj_s}b_{1q_1}b_{2q_2}\cdots b_{tq_t}, \end{aligned}$$

这里$j_1j_2\cdots j_s$ 和$q_1q_2\cdots q_t$ 分别为$s-$排列和$t-$排列. 由于

$$\tau(j_1j_2\cdots j_s(q_1+s)(q_2+s)\cdots(q_t+s))=\tau(j_1j_2\cdots j_s)+\tau(q_1q_2\cdots q_t),$$

依(5), 我们有

$$\begin{aligned}\begin{vmatrix}\boldsymbol{A} & \boldsymbol{O}\\ \boldsymbol{C} & \boldsymbol{B}\end{vmatrix} &= \sum_{j_1j_2\cdots j_s}\sum_{q_1q_2\cdots q_t}\left((-1)^{\tau(j_1j_2\cdots j_s)}a_{1j_1}a_{2j_2}\cdots a_{sj_s}\right)\\ &\qquad\cdot\left((-1)^{\tau(q_1q_2\cdots q_t)}b_{1q_1}b_{2q_2}\cdots b_{tq_t}\right)\\ &=\left(\sum_{j_1j_2\cdots j_s}(-1)^{\tau(j_1j_2\cdots j_s)}a_{1j_1}a_{2j_2}\cdots a_{sj_s}\right)\\ &\qquad\cdot\left(\sum_{q_1q_2\cdots q_t}(-1)^{\tau(q_1q_2\cdots q_t)}b_{1q_1}b_{2q_2}\cdots b_{tq_t}\right)\\ &=|\boldsymbol{A}||\boldsymbol{B}|.\end{aligned}\tag{6}$$

□

诚然, 如果按(4)来计算一个n 阶的行列式, 则共需要$(n-1)n!$ 次乘法. 当n 足够大时, 除去特殊的一些情形之外, 由于计算量过大使得行列式的求值在人工操作下实际上是无法完成的. 因此, 需要研究行列式的一些性质来简化计算. 为此目的, 我们先讨论(4) 的几种等价形式.

引理 1 设$s<t$为两个正整数, $n-$排列$i_1\cdots i_t\cdots i_s\cdots i_n$和$j_1\cdots j_t\cdots j_s\cdots j_n$分别由$n-$排列$i_1\cdots i_s\cdots i_t\cdots i_n$和$j_1\cdots j_s\cdots j_t\cdots j_n$ 经过对换第s个和第t个位置上的数所得, 则

$$(-1)^{\tau(i_1\cdots i_s\cdots i_t\cdots i_n)+\tau(j_1\cdots j_s\cdots j_t\cdots j_n)}=(-1)^{\tau(i_1\cdots i_t\cdots i_s\cdots i_n)+\tau(j_1\cdots j_t\cdots j_s\cdots j_n)}.$$

定理 2 (4)有如下等价形式.

$$\begin{aligned}|\boldsymbol{A}| &\xlongequal{\text{选定行码的某一}n\text{-排列}i_1i_2\cdots i_n}\sum_{j_1j_2\cdots j_n}(-1)^{\tau(i_1i_2\cdots i_n)+\tau(j_1j_2\cdots j_n)}a_{i_1j_1}a_{i_2j_2}\cdots a_{i_nj_n}\\ &\xlongequal{\text{选定列码的某一}n\text{-排列}j_1j_2\cdots j_n}\sum_{i_1i_2\cdots i_n}(-1)^{\tau(i_1i_2\cdots i_n)+\tau(j_1j_2\cdots j_n)}a_{i_1j_1}a_{i_2j_2}\cdots a_{i_nj_n}\\ &\xlongequal{\text{列的自然序排列}}\sum_{i_1i_2\cdots i_n}(-1)^{\tau(i_1i_2\cdots i_n)}a_{i_11}a_{i_22}\cdots a_{i_nn}.\end{aligned}\tag{7}$$

证明 在这里, 我们只证明第一个等式, 其他两个等式的证明是类似的. 为方便计, 我们记互换一个$n-$排列中第s个和第t个位置上的数而形成一个新$n-$排列的过程为“$s\leftrightarrow t$” (当$s\neq t$时即为对换).

当$n-$排列$i_1i_2\cdots i_n$选定时, 任取(4)等号右端中的项$(-1)^{\tau(j_1j_2\cdots j_n)}a_{1j_1}a_{2j_2}\cdots a_{nj_n}$, 由于数的乘法满足交换律, 依引理1, 我们有

$$\begin{aligned}&(-1)^{\tau(j_1j_2\cdots j_n)}a_{1j_1}a_{2j_2}\cdots a_{nj_n}\\ &\qquad=\!=\!=(-1)^{\tau(12\cdots i_1\cdots n)+\tau(j_1j_2\cdots j_{i_1}\cdots j_n)}a_{1j_1}a_{2j_2}\cdots a_{i_1j_{i_1}}\cdots a_{nj_n}\end{aligned}$$

$$\xlongequal{1\leftrightarrow i_1}(-1)^{\tau(i_1 2\cdots 1\cdots n)+\tau(j_{i_1}j_2\cdots j_1\cdots j_n)}a_{i_1j_{i_1}}a_{2j_2}\cdots a_{1j_1}\cdots a_{nj_n}$$
$$\xlongequal{2\leftrightarrow i_2}\cdots\cdots$$
$$\xlongequal{n\leftrightarrow i_n}(-1)^{\tau(i_1i_2\cdots i_n)+\tau(j_{i_1}j_{i_2}\cdots j_{i_n})}a_{i_1j_{i_1}}a_{i_2j_{i_2}}\cdots a_{i_nj_{i_n}},$$

其中, 第一个等式中的$12\cdots i_1\cdots n$为标准排列. 据此, 我们有

$$\begin{aligned}|A| &= \sum_{j_{i_1}j_{i_2}\cdots j_{i_n}}(-1)^{\tau(i_1i_2\cdots i_n)+\tau(j_{i_1}j_{i_2}\cdots j_{i_n})}a_{i_1j_{i_1}}a_{i_2j_{i_2}}\cdots a_{i_nj_{i_n}}\\ &= \sum_{j_1j_2\cdots j_n}(-1)^{\tau(i_1i_2\cdots i_n)+\tau(j_1j_2\cdots j_n)}a_{i_1j_1}a_{i_2j_2}\cdots a_{i_nj_n}.\end{aligned}$$

(7)的第一个等式得证. □

§2.3 行列式的性质

在本节中, 我们总假设$\boldsymbol{A}$是数域$\mathbb{P}$上的n阶方阵. 将$\boldsymbol{A}$绕主对角线旋转180°(即将$\boldsymbol{A}$的行与列互换)形成了一个新的矩阵, 通常, 我们称该矩阵为$\boldsymbol{A}$的**转置矩阵**, 记作$\boldsymbol{A}^{\mathrm{T}}$或者$\boldsymbol{A}'$. 称$|\boldsymbol{A}^{\mathrm{T}}|$(或者$|\boldsymbol{A}'|$)为$|\boldsymbol{A}|$的**转置行列式**.

性质 1 $|\boldsymbol{A}|=|\boldsymbol{A}^{\mathrm{T}}|$(或者$|\boldsymbol{A}|=|\boldsymbol{A}'|$), 即转置不改变行列式的值.

证明 设$\boldsymbol{A}=(a_{ij})_{n\times n}$, $\boldsymbol{A}^{\mathrm{T}}=(b_{ij})_{n\times n}$, 则$b_{ij}=a_{ji}$, $i,j=1,2,\cdots,n$. 于是依定理2(或(7)),

$$\begin{aligned}|\boldsymbol{A}^{\mathrm{T}}| &= |b_{ij}|_n=\sum_{j_1j_2\cdots j_n}(-1)^{\tau(j_1j_2\cdots j_n)}b_{1j_1}b_{2j_2}\cdots b_{nj_n}\\ &= \sum_{j_1j_2\cdots j_n}(-1)^{\tau(j_1\cdots j_n)}a_{j_11}a_{j_22}\cdots a_{j_nn}\\ &= |\boldsymbol{A}|\end{aligned}$$

成立. □

性质1说明行列式的行与列是对称的, 即关于行成立的性质, 关于列也同时成立. 基于此, 在本节行列式性质的证明中, 我们仅证明行相关的性质.

性质 2 (互换) 若交换行列式中某两行(列)对应元素的位置, 则行列式的值变号.

证明 设将$\boldsymbol{A}=(a_{ij})_{n\times n}$交换其第$s$行和第$t$行对应元素的位置后所得到的矩阵为$\boldsymbol{B}=(b_{ij})_{n\times n}$. 不妨设$s<t$, 则

$$b_{ij}=\begin{cases}a_{ij}, & i\neq s,\quad i\neq t,\\ a_{sj}, & i=t,\\ a_{tj}, & i=s,\end{cases}\qquad i,j=1,2,\cdots,n.$$

于是依定理2(或(7)),

$$\begin{aligned}|\boldsymbol{B}| &= \sum_{j_1\cdots j_s\cdots j_t\cdots j_n}(-1)^{\tau(j_1\cdots j_s\cdots j_t\cdots j_n)}b_{1j_1}\cdots b_{sj_s}\cdots b_{tj_t}\cdots b_{nj_n}\\ &= \sum_{j_1\cdots j_s\cdots j_t\cdots j_n}(-1)^{\tau(j_1\cdots j_s\cdots j_t\cdots j_n)}a_{1j_1}\cdots a_{tj_s}\cdots a_{sj_t}\cdots a_{nj_n}\end{aligned}$$

$$= (-1)^{\tau(1\cdots t\cdots s\cdots n)} \sum_{j_1\cdots j_s\cdots j_t\cdots j_n} (-1)^{\tau(1\cdots t\cdots s\cdots n)+\tau(j_1\cdots j_s\cdots j_t\cdots j_n)} a_{1j_1}\cdots a_{tj_s}\cdots a_{sj_t}\cdots a_{nj_n}$$

$$= -|\boldsymbol{A}|,$$

这里$1\cdots t\cdots s\cdots n$为对换自然序排列中的第$s$个和第$t$ 个元素的位置所形成的新的$n-$排列. □

推论 1 若行列式的某两行(列)的对应位置的元素均相同, 则行列式的值为零.

性质 3 (倍乘) 以常数c乘以行列式的某一行(列)的每一个元素所形成的新行列式的值等于c 乘以原行列式的值.

证明 设$\boldsymbol{A}=(a_{ij})_n$, 任取整数$s$满足$1\leq s\leq n$, 用$c$ 去乘以$\boldsymbol{A}=(a_{ij})_n$ 的第s 行的每个元素得

$$\boldsymbol{B}=\begin{pmatrix} a_{11} & a_{12} & \cdots & a_{1n} \\ \vdots & \vdots & \ddots & \vdots \\ ca_{s1} & ca_{s2} & \cdots & ca_{sn} \\ \vdots & \vdots & \ddots & \vdots \\ a_{n1} & a_{n2} & \cdots & a_{nn} \end{pmatrix}.$$

依行列式的定义,

$$\begin{aligned} |\boldsymbol{B}| &= \sum_{j_1\cdots j_s\cdots j_n} (-1)^{\tau(j_1\cdots j_s\cdots j_n)} a_{1j_1}\cdots(ca_{sj_s})\cdots a_{nj_n} \\ &= c\sum_{j_1\cdots j_s\cdots j_n} (-1)^{\tau(j_1\cdots j_s\cdots j_n)} a_{1j_1}\cdots a_{sj_s}\cdots a_{nj_n} \\ &= c|\boldsymbol{A}|. \end{aligned}$$

□

性质 4 若行列式的某行(列)元素均是另一行(列)对应元素的c 倍, 则行列式值为零.

证明 令$\boldsymbol{A}=(a_{ij})_n$, 不妨设$1\leq s<t\leq n$ 且$a_{sj}=ca_{tj}, j=1,2,\cdots,n$. 则依推论1及性质3,

$$|\boldsymbol{A}|=\begin{vmatrix} a_{11} & a_{12} & \cdots & a_{1n} \\ \vdots & \vdots & \ddots & \vdots \\ ca_{t1} & ca_{t2} & \cdots & ca_{tn} \\ \vdots & \vdots & \ddots & \vdots \\ a_{t1} & a_{t2} & \cdots & a_{tn} \\ \vdots & \vdots & \ddots & \vdots \\ a_{n1} & a_{n2} & \cdots & a_{nn} \end{vmatrix} = c\begin{vmatrix} a_{11} & a_{12} & \cdots & a_{1n} \\ \vdots & \vdots & \ddots & \vdots \\ a_{t1} & a_{t2} & \cdots & a_{tn} \\ \vdots & \vdots & \ddots & \vdots \\ a_{t1} & a_{t2} & \cdots & a_{tn} \\ \vdots & \vdots & \ddots & \vdots \\ a_{n1} & a_{n2} & \cdots & a_{nn} \end{vmatrix} = 0.$$

□

性质 5 (分拆) 若对于满足$1\leq s\leq n$的整数s, 行列式$|a_{ij}|_n$ 的第s 行(列)的元

素$a_{sj}=b_{sj}+c_{sj}$ $(a_{js}=b_{js}+c_{js})$, $j=1,2,\cdots,n$, 则关于行成立

$$\begin{vmatrix} a_{11} & a_{12} & \cdots & a_{1n} \\ \vdots & \vdots & \ddots & \vdots \\ b_{s1}+c_{s1} & b_{s2}+c_{s2} & \cdots & b_{sn}+c_{sn} \\ \vdots & \vdots & \ddots & \vdots \\ a_{n1} & a_{n2} & \cdots & a_{nn} \end{vmatrix} = \begin{vmatrix} a_{11} & a_{12} & \cdots & a_{1n} \\ \vdots & \vdots & \ddots & \vdots \\ b_{s1} & b_{s2} & \cdots & b_{sn} \\ \vdots & \vdots & \ddots & \vdots \\ a_{n1} & a_{n2} & \cdots & a_{nn} \end{vmatrix} + \begin{vmatrix} a_{11} & a_{12} & \cdots & a_{1n} \\ \vdots & \vdots & \ddots & \vdots \\ c_{s1} & c_{s2} & \cdots & c_{sn} \\ \vdots & \vdots & \ddots & \vdots \\ a_{n1} & a_{n2} & \cdots & a_{nn} \end{vmatrix}.$$

关于列成立

$$\begin{vmatrix} a_{11} & \cdots & b_{1s}+c_{1s} & \cdots & a_{1n} \\ a_{21} & \cdots & b_{2s}+c_{2s} & \cdots & a_{2n} \\ \vdots & \ddots & \vdots & \ddots & \vdots \\ a_{n1} & \cdots & b_{ns}+c_{ns} & \cdots & a_{nn} \end{vmatrix} = \begin{vmatrix} a_{11} & \cdots & b_{1s} & \cdots & a_{1n} \\ a_{21} & \cdots & b_{2s} & \cdots & a_{2n} \\ \vdots & \ddots & \vdots & \ddots & \vdots \\ a_{n1} & \cdots & b_{ns} & \cdots & a_{nn} \end{vmatrix} + \begin{vmatrix} a_{11} & \cdots & c_{1s} & \cdots & a_{1n} \\ a_{21} & \cdots & c_{2s} & \cdots & a_{2n} \\ \vdots & \ddots & \vdots & \ddots & \vdots \\ a_{n1} & \cdots & c_{ns} & \cdots & a_{nn} \end{vmatrix}.$$

上述等式两侧的行列式中，第s行(列)以外相同位置的元素均相同.

证明 依行列式定义,

$$\begin{aligned} |\boldsymbol{A}| &= \sum_{j_1\cdots j_s\cdots j_n} (-1)^{\tau(j_1\cdots j_s\cdots j_n)} a_{1j_1}\cdots a_{sj_s}\cdots a_{nj_n} \\ &= \sum_{j_1\cdots j_s\cdots j_n} (-1)^{\tau(j_1\cdots j_s\cdots j_n)} a_{1j_1}\cdots (b_{sj_s}+c_{sj_s})\cdots a_{nj_n} \\ &= \sum_{j_1\cdots j_s\cdots j_n} (-1)^{\tau(j_1\cdots j_s\cdots j_n)} a_{1j_1}\cdots b_{sj_s}\cdots a_{nj_n} \\ &\qquad + \sum_{j_1\cdots j_s\cdots j_n} (-1)^{\tau(j_1\cdots j_s\cdots j_n)} a_{1j_1}\cdots c_{sj_s}\cdots a_{nj_n} \\ &= \begin{vmatrix} a_{11} & a_{12} & \cdots & a_{1n} \\ \vdots & \vdots & \ddots & \vdots \\ b_{s1} & b_{s2} & \cdots & b_{sn} \\ \vdots & \vdots & \ddots & \vdots \\ a_{n1} & a_{n2} & \cdots & a_{nn} \end{vmatrix} + \begin{vmatrix} a_{11} & a_{12} & \cdots & a_{1n} \\ \vdots & \vdots & \ddots & \vdots \\ c_{s1} & c_{s2} & \cdots & c_{sn} \\ \vdots & \vdots & \ddots & \vdots \\ a_{n1} & a_{n2} & \cdots & a_{nn} \end{vmatrix}. \end{aligned}$$

□

性质 6 (倍加) 行列式的某行(列)的每一个元素均乘以常数c后加到另一行(列)的对应元素上去所形成的新行列式与原行列式同值.

证明 设矩阵$\boldsymbol{A}=(a_{ij})_{n\times n}$的第$t$行各元素乘以$c$加到第$s$行对应元素上去后所得到的矩阵为$\boldsymbol{B}=(b_{ij})_{n\times n}$. 当$1\leq s<t\leq n$时, 有

$$b_{ij}=\begin{cases} a_{ij}, & i\neq s, \\ a_{sj}+ca_{tj}, & i=s, \end{cases} \qquad i,j=1,2,\cdots,n.$$

则依据性质4和性质5,

$$|\boldsymbol{B}|=\begin{vmatrix} a_{11} & a_{12} & \cdots & a_{1n} \\ \vdots & \vdots & \ddots & \vdots \\ a_{s1}+ca_{t1} & a_{s2}+ca_{t2} & \cdots & a_{sn}+ca_{tn} \\ \vdots & \vdots & \ddots & \vdots \\ a_{t1} & a_{t2} & \cdots & a_{tn} \\ \vdots & \vdots & \ddots & \vdots \\ a_{n1} & a_{n2} & \cdots & a_{nn} \end{vmatrix}$$

$$=\begin{vmatrix} a_{11} & a_{12} & \cdots & a_{1n} \\ \vdots & \vdots & \ddots & \vdots \\ a_{s1} & a_{s2} & \cdots & a_{sn} \\ \vdots & \vdots & \ddots & \vdots \\ a_{t1} & a_{t2} & \cdots & a_{tn} \\ \vdots & \vdots & \ddots & \vdots \\ a_{n1} & a_{n2} & \cdots & a_{nn} \end{vmatrix}+\begin{vmatrix} a_{11} & a_{12} & \cdots & a_{1n} \\ \vdots & \vdots & \ddots & \vdots \\ ca_{t1} & ca_{t2} & \cdots & ca_{tn} \\ \vdots & \vdots & \ddots & \vdots \\ a_{t1} & a_{t2} & \cdots & a_{tn} \\ \vdots & \vdots & \ddots & \vdots \\ a_{n1} & a_{n2} & \cdots & a_{nn} \end{vmatrix}=|\boldsymbol{A}|,$$

结论成立. 同理可证, 结论当$1 \le t < s \le n$时亦成立. □

习惯上, 我们采用类似于矩阵初等变换的记号来表示行列式中相关的行列变化.

例 6 计算

$$D=\begin{vmatrix} 3 & 1 & -1 & 2 \\ -5 & 1 & 3 & -4 \\ 2 & 0 & 1 & -1 \\ 1 & -5 & 3 & -3 \end{vmatrix}.$$

解

$$D \xlongequal{C_{12}} -\begin{vmatrix} 1 & 3 & -1 & 2 \\ 1 & -5 & 3 & -4 \\ 0 & 2 & 1 & -1 \\ -5 & 1 & 3 & -3 \end{vmatrix} \xlongequal[R_4+5R_1]{R_2-R_1} -\begin{vmatrix} 1 & 3 & -1 & 2 \\ 0 & -8 & 4 & -6 \\ 0 & 2 & 1 & -1 \\ 0 & 16 & -2 & 7 \end{vmatrix}$$

$$\xlongequal{R_{23}} \begin{vmatrix} 1 & 3 & -1 & 2 \\ 0 & 2 & 1 & -1 \\ 0 & -8 & 4 & -6 \\ 0 & 16 & -2 & 7 \end{vmatrix} \xlongequal[R_4-8R_2]{R_3+4R_2} \begin{vmatrix} 1 & 3 & -1 & 2 \\ 0 & 2 & 1 & -1 \\ 0 & 0 & 8 & -10 \\ 0 & 0 & -10 & 15 \end{vmatrix}$$

$$\xlongequal{R_4+\frac{5}{4}R_3} \begin{vmatrix} 1 & 3 & -1 & 2 \\ 0 & 2 & 1 & -1 \\ 0 & 0 & 8 & -10 \\ 0 & 0 & 0 & \frac{5}{2} \end{vmatrix}=40.$$

□

例 7 计算

$$D=\begin{vmatrix}1&2&3&4\\2&3&4&1\\3&4&1&2\\4&1&2&3\end{vmatrix}.$$

解

$$D=\begin{vmatrix}1&2&3&4\\2&3&4&1\\3&4&1&2\\4&1&2&3\end{vmatrix}\xlongequal[R_4-4R_1]{R_2-2R_1 \atop R_3-3R_1}\begin{vmatrix}1&2&3&4\\0&-1&-2&-7\\0&-2&-8&-10\\0&-7&-10&-13\end{vmatrix}$$

$$=-2\begin{vmatrix}1&2&3&4\\0&-1&-2&-7\\0&1&4&5\\0&-7&-10&-13\end{vmatrix}\xlongequal[R_4-7R_2]{R_3+R_2}-2\begin{vmatrix}1&2&3&4\\0&-1&-2&-7\\0&0&2&-2\\0&0&4&36\end{vmatrix}$$

$$\xlongequal{R_4-2R_3}-2\begin{vmatrix}1&2&3&4\\0&-1&-2&-7\\0&0&2&-2\\0&0&0&40\end{vmatrix}=160.$$

□

例 8 简化行列式

$$\begin{vmatrix}b+c&c+a&a+b\\b_1+c_1&c_1+a_1&a_1+b_1\\b_2+c_2&c_2+a_2&a_2+b_2\end{vmatrix}.$$

解

$$\begin{vmatrix}b+c&c+a&a+b\\b_1+c_1&c_1+a_1&a_1+b_1\\b_2+c_2&c_2+a_2&a_2+b_2\end{vmatrix}$$

$$\xlongequal[\text{列分拆}]{\text{按第一}}\begin{vmatrix}b&c+a&a+b\\b_1&c_1+a_1&a_1+b_1\\b_2&c_2+a_2&a_2+b_2\end{vmatrix}+\begin{vmatrix}c&c+a&a+b\\c_1&c_1+a_1&a_1+b_1\\c_2&c_2+a_2&a_2+b_2\end{vmatrix}$$

$$=\begin{vmatrix}b&c+a&a\\b_1&c_1+a_1&a_1\\b_2&c_2+a_2&a_2\end{vmatrix}+\begin{vmatrix}c&a&a+b\\c_1&a_1&a_1+b_1\\c_2&a_2&a_2+b_2\end{vmatrix}$$

$$
= \begin{vmatrix} b & c & a \\ b_1 & c_1 & a_1 \\ b_2 & c_2 & a_2 \end{vmatrix} + \begin{vmatrix} c & a & b \\ c_1 & a_1 & b_1 \\ c_2 & a_2 & b_2 \end{vmatrix}
$$

$$
= 2\begin{vmatrix} a & b & c \\ a_1 & b_1 & c_1 \\ a_2 & b_2 & c_2 \end{vmatrix}.
$$

□

§2.4 Laplace定理

本节讨论行列式的递推性质——按某些行(列)展开行列式，它本质上就是对行列式定义中的展开式实施同类项的合并.

一、行列式按某行(列)展开

给定n阶方阵$\boldsymbol{A}=(a_{ij})_n$，记划去元素$a_{ij}$所在的第$i$行及第$j$列的所有元素后剩余下来的元素保持它们原有的相对位置关系不变所形成的$n-1$阶方阵为$\boldsymbol{B}_{ij}$，$i,j=1,2,\cdots,n$.

定义 2 我们称行列式$M_{ij}\triangleq|\boldsymbol{B}_{ij}|$为元素$a_{ij}$的**余子式**，称$A_{ij}\triangleq(-1)^{i+j}M_{ij}$为$a_{ij}$的**代数余子式**.

显然，行列式的每一个元素的余子式实际上就是该行列式的一个$n-1$阶子式.

定理 3 对每一满足$1\le i\le n$的整数i,

$$
|\boldsymbol{A}| = a_{i1}A_{i1}+a_{i2}A_{i2}+\cdots+a_{in}A_{in}=\sum_{k=1}^{n}a_{ik}A_{ik}\ (\text{称为}|\boldsymbol{A}|\text{按第}i\text{行展开}) \tag{8}
$$

$$
= a_{1i}A_{1i}+a_{2i}A_{2i}+\cdots+a_{ni}A_{ni}=\sum_{k=1}^{n}a_{ki}A_{ki}\ (\text{称为}|\boldsymbol{A}|\text{按第}i\text{列展开}). \tag{9}
$$

证明 共分三步.

第一步 我们证明当

$$
\boldsymbol{A}=\begin{pmatrix} a_{11} & 0 & 0 & \cdots & 0 \\ a_{21} & a_{22} & a_{23} & \cdots & a_{2n} \\ \vdots & \vdots & \vdots & \ddots & \vdots \\ a_{n1} & a_{n2} & a_{n3} & \cdots & a_{nn} \end{pmatrix}
$$

时，(8)当$i=1$时成立. 事实上，当矩阵$\boldsymbol{A}$具有上述形式时，按行列式定义有

$$
\begin{aligned}
|\boldsymbol{A}| &= \sum_{1j_2\cdots j_n}(-1)^{\tau(1j_2\cdots j_n)}a_{11}a_{2j_2}\cdots a_{nj_n} \\
&= a_{11}\sum_{1j_2\cdots j_n}(-1)^{\tau(1j_2\cdots j_n)}a_{2j_2}\cdots a_{nj_n},
\end{aligned} \tag{10}
$$

这里$2\le j_s\le n$, $s=2,3,\cdots,n$. 由于

$$\boldsymbol{B}_{11}=(b_{ij})_{(n-1)\times(n-1)},\quad b_{ij}=a_{i+1\ j+1},\quad i,j=1,2,\cdots,n-1,$$

因此,

$$\begin{aligned}|\boldsymbol{B}_{11}| &= \sum_{l_1l_2\cdots l_{n-1}}(-1)^{\tau(l_1l_2\cdots l_{n-1})}b_{1l_1}\cdots b_{n-1\ l_{n-1}}\\ &= \sum_{l_1l_2\cdots l_{n-1}}(-1)^{\tau(l_1l_2\cdots l_{n-1})}a_{2\ l_1+1}\cdots a_{n\ l_{n-1}+1}\\ &= \sum_{(j_2-1)\cdots(j_n-1)}(-1)^{\tau((j_2-1)(j_3-1)\cdots(j_n-1))}a_{2j_2}a_{3j_3}\cdots a_{nj_n}.\end{aligned} \tag{11}$$

又因为

$$(-1)^{\tau(1j_2j_3\cdots j_n)}=(-1)^{\tau((j_2-1)(j_3-1)\cdots(j_n-1))}$$

而排列$(j_2-1)(j_3-1)\cdots(j_n-1)$的总数目与$n-$排列$1j_2j_3\cdots j_n$的总数目相同, 由(10)和(11)得

$$\begin{aligned}|\boldsymbol{A}| &= a_{11}\sum_{1j_2\cdots j_n}(-1)^{\tau(1j_2\cdots j_n)}a_{2j_2}\cdots a_{nj_n}\\ &= a_{11}\sum_{(j_2-1)\cdots(j_n-1)}(-1)^{\tau((j_2-1)(j_3-1)\cdots(j_n-1))}a_{2j_2}a_{3j_3}\cdots a_{nj_n}\\ &= a_{11}|\boldsymbol{B}_{11}|\\ &= a_{11}A_{11}.\end{aligned}$$

第二步 我们证明当

$$\boldsymbol{A}=\begin{pmatrix} a_{11} & \cdots & a_{1\ j-1} & a_{1j} & a_{1\ j+1} & \cdots & a_{1n}\\ \vdots & \ddots & \vdots & \vdots & \vdots & \ddots & \vdots\\ 0 & \cdots & 0 & a_{ij} & 0 & \cdots & 0\\ \vdots & \ddots & \vdots & \vdots & \vdots & \ddots & \vdots\\ a_{n1} & \cdots & a_{n\ j-1} & a_{nj} & a_{n\ j+1} & \cdots & a_{nn}\end{pmatrix},\quad 1\le i,j\le n,$$

时, 按第i行的展开式(8)成立.

相应于矩阵中的元素a_{ij},

$$\boldsymbol{B}_{ij}=\begin{pmatrix} a_{11} & \cdots & a_{1\ j-1} & a_{1\ j+1} & \cdots & a_{1n}\\ \vdots & \ddots & \vdots & \vdots & \ddots & \vdots\\ a_{i-1\ 1} & \cdots & a_{i-1\ j-1} & a_{i-1\ j+1} & \cdots & a_{i-1\ n}\\ a_{i+1\ 1} & \cdots & a_{i+1\ j-1} & a_{i+1\ j+1} & \cdots & a_{i+1\ n}\\ \vdots & \ddots & \vdots & \vdots & \ddots & \vdots\\ a_{n1} & \cdots & a_{n\ j-1} & a_{n\ j+1} & \cdots & a_{nn}\end{pmatrix}.$$

逐次交换行列式$|\boldsymbol{A}|$的第i行与第$i-1$行, 第$i-2$行, $\cdots$, 第1行的位置, 再逐次交换第j列与第$j-1$列, 第$j-2$列, $\cdots$, 第1列的位置, 依性质2, 我们有

$$|\boldsymbol{A}| = (-1)^{i+j-2}\begin{vmatrix} a_{ij} & 0 & \cdots & 0 \\ \vdots & & \boldsymbol{B}_{ij} & \\ & & & \end{vmatrix},$$

由第一步所证明的结论得

$$\begin{aligned}|\boldsymbol{A}| &= (-1)^{i+j}a_{ij}|\boldsymbol{B}_{ij}| \\ &= a_{ij}(-1)^{i+j}M_{ij} \\ &= a_{ij}A_{ij}.\end{aligned}$$

第三步 当矩阵$\boldsymbol{A}_n = (a_{ij})_n$为一般形式时, 任取满足$1 \le i \le n$的整数$i$, 由于

$$|\boldsymbol{A}| = \begin{vmatrix} a_{11} & a_{12} & \cdots & a_{1n} \\ \vdots & \vdots & \ddots & \vdots \\ a_{i1} + \underbrace{0+\cdots+0}_{n-1}, & 0 + a_{i2} + \underbrace{0+\cdots+0}_{n-2} & \cdots & \underbrace{0+\cdots+0}_{n-1} + a_{in} \\ \vdots & \vdots & \ddots & \vdots \\ a_{n1} & a_{n2} & \cdots & a_{nn} \end{vmatrix},$$

依行列式的性质5及第二步所证明的结论得

$$\begin{aligned}|\boldsymbol{A}| &= \begin{vmatrix} a_{11} & a_{12} & \cdots & a_{1n} \\ \vdots & \vdots & \ddots & \vdots \\ a_{i1} & 0 & \cdots & 0 \\ \vdots & \vdots & \ddots & \vdots \\ a_{n1} & a_{n2} & \cdots & a_{nn} \end{vmatrix} + \begin{vmatrix} a_{11} & a_{12} & \cdots & a_{1n} \\ \vdots & \vdots & \ddots & \vdots \\ 0 & a_{i2} & \cdots & 0 \\ \vdots & \vdots & \ddots & \vdots \\ a_{n1} & a_{n2} & \cdots & a_{nn} \end{vmatrix} \\ &\quad + \cdots + \begin{vmatrix} a_{11} & a_{12} & \cdots & a_{1n} \\ \vdots & \vdots & \ddots & \vdots \\ 0 & 0 & \cdots & a_{in} \\ \vdots & \vdots & \ddots & \vdots \\ a_{n1} & a_{n2} & \cdots & a_{nn} \end{vmatrix} \\ &= a_{i1}A_{i1} + a_{i2}A_{i2} + \cdots + a_{in}A_{in},\end{aligned}$$

(8)得证. 依行列式的行列对称性, (9)亦成立. □

进一步, 有如下重要公式

$$\sum_{k=1}^{n} a_{ik}A_{jk} = \begin{cases} |\boldsymbol{A}|, & i = j, \\ 0, & i \ne j. \end{cases} \quad 1 \le i, j \le n. \tag{12}$$

事实上, 当$i = j$ 时, (12)的第一部分即为定理2 的结论. 当$i \ne j$ 时, (12)中等号左

边项等于一个新的行列式值. 该新行列式是将$|\boldsymbol{A}|$ 的第j 行元素由第i 行的对应元素替换所成. 新行列式由于其第i 行与第j 行对应元素均相同而取值为0, 故公式成立.

例 9 计算

$$D=\begin{vmatrix}1&2&3&4\\1&0&1&2\\3&-1&-1&0\\1&2&0&-5\end{vmatrix}.$$

解

$$D\xlongequal[R_4+2R_3]{R_1+2R_3}\begin{vmatrix}7&0&1&4\\1&0&1&2\\3&-1&-1&0\\7&0&-2&-5\end{vmatrix}=(-1)\times(-1)^{3+2}\begin{vmatrix}7&1&4\\1&1&2\\7&-2&-5\end{vmatrix}$$

$$\xlongequal[R_3+2R_2]{R_1-R_2}\begin{vmatrix}6&0&2\\1&1&2\\9&0&-1\end{vmatrix}$$

$$=1\times(-1)^{2+2}\begin{vmatrix}6&2\\9&-1\end{vmatrix}$$

$$=-24.$$

例 10 试证明若$n\geq 2$, 则

$$D_n=\begin{vmatrix}1&1&\cdots&1\\x_1&x_2&\cdots&x_n\\x_1^2&x_2^2&\cdots&x_n^2\\\vdots&\vdots&\ddots&\vdots\\x_1^{n-1}&x_2^{n-1}&\cdots&x_n^{n-1}\end{vmatrix}=\prod_{1\leq j<i\leq n}(x_i-x_j).$$

通常称D_n 为**Vandermonde (范德蒙德) 行列式.**

证明

$$D_n\xlongequal[\substack{\vdots\\R_2-x_nR_1}]{\substack{R_n-x_nR_{n-1}\\R_{n-1}-x_nR_{n-2}}}\begin{vmatrix}1&1&\cdots&1&1\\x_1-x_n&x_2-x_n&\cdots&x_{n-1}-x_n&0\\x_1^2-x_1x_n&x_2^2-x_2x_n&\cdots&x_{n-1}^2-x_{n-1}x_n&0\\\vdots&\vdots&\ddots&\vdots&\vdots\\x_1^{n-1}-x_1^{n-2}x_n&x_2^{n-1}-x_2^{n-2}x_n&\cdots&x_{n-1}^{n-1}-x_{n-1}^{n-2}x_n&0\end{vmatrix},$$

将上式右端先按第n 列展开, 再提出各列公因子可得

$$D_n = (-1)^{1+n}(x_1 - x_n)(x_2 - x_n)\cdots(x_{n-1} - x_n)\begin{vmatrix} 1 & 1 & \cdots & 1 \\ x_1 & x_2 & \cdots & x_{n-1} \\ x_1^2 & x_2^2 & \cdots & x_{n-1}^2 \\ \vdots & \vdots & \ddots & \vdots \\ x_1^{n-2} & x_2^{n-2} & \cdots & x_{n-1}^{n-2} \end{vmatrix}$$

$$= (x_n - x_1)(x_n - x_2)\cdots(x_n - x_{n-1})D_{n-1},$$

这里D_{n-1} 为$n-1$ 阶的范德蒙德行列式.

同理,

$$D_{n-1} = (x_{n-1} - x_1)(x_{n-1} - x_2)\cdots(x_{n-1} - x_{n-2})D_{n-2}.$$

如此递推下去, 最后得

$$\begin{aligned} D_n =&(x_n - x_1)(x_n - x_2)\cdots(x_n - x_{n-2})(x_n - x_{n-1}) \\ &(x_{n-1} - x_1)(x_{n-1} - x_2)\cdots(x_{n-1} - x_{n-2}) \\ &\vdots \\ &(x_2 - x_1) \\ =& \prod_{1\le i<j\le n}(x_j - x_i). \end{aligned}$$

□

例 11 计算

$$D_n = \begin{vmatrix} a+x_1 & a & \cdots & a \\ a & a+x_2 & \cdots & a \\ \vdots & \vdots & \ddots & \vdots \\ a & a & \cdots & a+x_n \end{vmatrix}.$$

解 按最后一列, 把D_n 分拆成两个行列式的和.

$$D_n = \begin{vmatrix} a+x_1 & a & \cdots & a & a \\ a & a+x_2 & \cdots & a & a \\ \vdots & \vdots & \ddots & \vdots & \vdots \\ a & a & \cdots & a+x_{n-1} & a \\ a & a & \cdots & a & a \end{vmatrix}$$

$$+ \begin{vmatrix} a+x_1 & a & \cdots & a & 0 \\ a & a+x_2 & \cdots & a & 0 \\ \vdots & \vdots & \ddots & \vdots & \vdots \\ a & a & \cdots & a+x_{n-1} & 0 \\ a & a & \cdots & a & x_n \end{vmatrix}$$

$$
\begin{aligned}
&= \begin{vmatrix} x_1 & 0 & \cdots & 0 & a \\ 0 & x_2 & \cdots & 0 & a \\ \vdots & \vdots & \ddots & \vdots & \vdots \\ 0 & 0 & \cdots & x_{n-1} & a \\ 0 & 0 & \cdots & 0 & a \end{vmatrix} + x_n D_{n-1} \\
&= x_1 x_2 \cdots x_{n-1} a + x_n D_{n-1}. \\
&= a \prod_{\substack{j=1 \\ j\neq n}}^{n} x_j + x_n D_{n-1}.
\end{aligned}
$$

同理,

$$
D_{n-1} = x_1 x_2 \cdots x_{n-2} a + x_{n-1} D_{n-2} = a \prod_{\substack{j=1 \\ j\neq n-1}}^{n-1} x_j + x_{n-1} D_{n-2},
$$

$$
\cdots\cdots,
$$

$$
D_2 = x_1 a + x_2 D_1,
$$

故

$$
\begin{aligned}
D_n &= x_1 x_2 \cdots x_n + a(x_1 x_2 \cdots x_{n-1} + x_1 x_3 \cdots x_n + \cdots + x_2 x_3 \cdots x_n) \\
&= \prod_{j=1}^{n} x_j + a \sum_{i=1}^{n} \prod_{\substack{j=1 \\ j\neq i}}^{n} x_j.
\end{aligned}
$$

□

当$m=n$时, 第1章§1.2 中的线性方程组(3)为如下形式:

$$
\begin{cases} a_{11}x_1 + a_{12}x_2 + \cdots + a_{1n}x_n = b_1, \\ a_{21}x_1 + a_{22}x_2 + \cdots + a_{2n}x_n = b_2, \\ \qquad\qquad \vdots \\ a_{n1}x_1 + a_{n2}x_2 + \cdots + a_{nn}x_n = b_n. \end{cases} \tag{13}
$$

它的系数矩阵的行列式为

$$
D = \begin{vmatrix} a_{11} & a_{12} & \cdots & a_{1n} \\ a_{21} & a_{22} & \cdots & a_{2n} \\ \vdots & \vdots & \ddots & \vdots \\ a_{n1} & a_{n2} & \cdots & a_{nn} \end{vmatrix}.
$$

通常, 我们称D为方程组(13) 的**系数行列式**.

例 12 (**Cramer 法则**) 线性方程组(13)当其系数行列式$D \neq 0$时有且仅有唯一解:

$$
x_j = \frac{D_j}{D}, \quad j = 1, 2, \cdots, n, \tag{14}
$$

其中D_j $(j=1,2,\cdots,n)$ 是将系数行列式D中的第j列元素$a_{1j}, a_{2j}, \cdots, a_{nj}$对应地换为方程组的常数项$b_1, b_2, \cdots, b_n$后所得到的行列式.

证明 为证(14) 是线性方程组(13)的解, 只需把它代入线性方程组(13) 的每一个方程, 如果每一个方程的等号两端都相等, 则说明(14) 是线性方程组(13) 的一个解.

任取$1 \le i \le n$, 将(14) 代入线性方程组(13) 的第i 个方程的左端, 并把D_j 按照第j列$(j = 1, 2, \cdots, n)$展开, 得

$$
\begin{aligned}
& a_{i1}\frac{D_1}{D} + a_{i2}\frac{D_2}{D} + \cdots + a_{in}\frac{D_n}{D} \\
&= \frac{1}{D}(a_{i1}D_1 + a_{i2}D_2 + \cdots + a_{in}D_n) \\
&= \frac{1}{D}(a_{i1}\sum_{i=1}^{n} b_iA_{i1} + a_{i2}\sum_{i=1}^{n} b_iA_{i2} + \cdots + a_{in}\sum_{i=1}^{n} b_iA_{in}) \\
&= \frac{1}{D}(b_1\sum_{j=1}^{n} a_{ij}A_{1j} + b_2\sum_{j=1}^{n} a_{ij}A_{2j} + \cdots + b_i\sum_{j=1}^{n} a_{ij}A_{ij} + \cdots + b_n\sum_{j=1}^{n} a_{ij}A_{nj}).
\end{aligned}
$$

由(12) 知, 上式右端括号中只有b_i 的系数是D , 而其他b_k $(k \ne i)$ 的系数都是零, 故

$$a_{i1}\frac{D_1}{D} + a_{i2}\frac{D_2}{D} + \cdots + a_{in}\frac{D_n}{D} = \frac{1}{D}(b_iD) = b_i, \quad i = 1, 2, \cdots, n.$$

这说明(14) 是线性方程组(13) 的解.

下证解的唯一性. 任给线性方程组(13) 的一个解

$$x_1 = c_1,\ x_2 = c_2,\ \cdots,\ x_n = c_n, \tag{15}$$

只需证(15) 与(14) 相同即可.

将(15) 代入线性方程组(13), 得

$$
\begin{cases}
a_{11}c_1 + a_{12}c_2 + \cdots + a_{1n}c_n = b_1, \\
a_{21}c_1 + a_{22}c_2 + \cdots + a_{2n}c_n = b_2, \\
\qquad\vdots \\
a_{n1}c_1 + a_{n2}c_2 + \cdots + a_{nn}c_n = b_n.
\end{cases} \tag{16}
$$

将行列式

$$c_1D = \begin{vmatrix} a_{11}c_1 & a_{12} & \cdots & a_{1n} \\ a_{21}c_1 & a_{22} & \cdots & a_{2n} \\ \vdots & \vdots & \ddots & \vdots \\ a_{n1}c_1 & a_{n2} & \cdots & a_{nn} \end{vmatrix}$$

的第$2, 3, \cdots, n$ 列分别乘以$c_2, c_3, \cdots, c_n$ 后都加到第1 列, 得

$$c_1D = \begin{vmatrix} a_{11}c_1 + a_{12}c_2 + \cdots + a_{1n}c_n & a_{12} & \cdots & a_{1n} \\ a_{21}c_1 + a_{22}c_2 + \cdots + a_{2n}c_n & a_{22} & \cdots & a_{2n} \\ \vdots & \vdots & \ddots & \vdots \\ a_{n1}c_1 + a_{n2}c_2 + \cdots + a_{nn}c_n & a_{n2} & \cdots & a_{nn} \end{vmatrix}.$$

由(16),

$$c_1 D = \begin{vmatrix} b_1 & a_{12} & \cdots & a_{1n} \\ b_2 & a_{22} & \cdots & a_{2n} \\ \vdots & \vdots & \ddots & \vdots \\ b_n & a_{n2} & \cdots & a_{nn} \end{vmatrix} = D_1.$$

因$D \neq 0$, 所以$c_1 = \dfrac{D_1}{D}$. 同理可证, $c_2 = \dfrac{D_2}{D}, \cdots, c_n = \dfrac{D_n}{D}$. 这样, 我们证明了(13) 的任一个解实际上都是(14), 即(13) 的解是唯一的. □

二、行列式按多行(列)展开

设$|\boldsymbol{A}|$为数域$\mathbb{P}$上的一个n阶行列式, 若它的一个k阶子式所选取的行和列分别是第$i_1, i_2, \cdots, i_k$ 行及第$j_1, j_2, \cdots, j_k$ 列, 其中$1 \leq i_1 < i_2 < \cdots < i_k \leq n, 1 \leq j_1 < j_2 < \cdots < j_k \leq n$. 则记该$k$ 阶子式为$D\begin{pmatrix} i_1\, i_2 \cdots i_k \\ j_1\, j_2 \cdots j_k \end{pmatrix}$.

划去$|\boldsymbol{A}|$的第$i_1, i_2, \cdots, i_k$ 行, 第$j_1, j_2, \cdots, j_k$ 列后, $|\boldsymbol{A}|$ 余下的部分保持元素之间的相对位置关系不变将形成$|\boldsymbol{A}|$的一个$n-k$ 阶的子式. 通常, 我们称这个$n-k$阶的子式为$D\begin{pmatrix} i_1\, i_2 \cdots i_k \\ j_1\, j_2 \cdots j_k \end{pmatrix}$ 的**余子式**并记作$M\begin{pmatrix} i_1\, i_2 \cdots i_k \\ j_1\, j_2 \cdots j_k \end{pmatrix}$. 我们称

$$A\begin{pmatrix} i_1\, i_2 \cdots i_k \\ j_1\, j_2 \cdots j_k \end{pmatrix} \triangleq (-1)^{i_1+i_2+\cdots+i_k+j_1+j_2+\cdots+j_k} M\begin{pmatrix} i_1\, i_2 \cdots i_k \\ j_1\, j_2 \cdots j_k \end{pmatrix}$$

为$D\begin{pmatrix} i_1\, i_2 \cdots i_k \\ j_1\, j_2 \cdots j_k \end{pmatrix}$ 的**代数余子式**.

例如, $D\begin{pmatrix} 1\ 3 \\ 2\ 4 \end{pmatrix} = \begin{vmatrix} a_{12} & a_{14} \\ a_{32} & a_{34} \end{vmatrix}$ 是4阶行列式$\begin{vmatrix} a_{11} & a_{12} & a_{13} & a_{14} \\ a_{21} & a_{22} & a_{23} & a_{24} \\ a_{31} & a_{32} & a_{33} & a_{34} \\ a_{41} & a_{42} & a_{43} & a_{44} \end{vmatrix}$ 的一个二阶子式, 而$M\begin{pmatrix} 1\ 3 \\ 2\ 4 \end{pmatrix} = \begin{vmatrix} a_{21} & a_{23} \\ a_{41} & a_{43} \end{vmatrix}$ 及$A\begin{pmatrix} 1\ 3 \\ 2\ 4 \end{pmatrix} = (-1)^{1+3+2+4} M\begin{pmatrix} 1\ 3 \\ 2\ 4 \end{pmatrix} = M\begin{pmatrix} 1\ 3 \\ 2\ 4 \end{pmatrix}$ 分别是$D\begin{pmatrix} 1\ 3 \\ 2\ 4 \end{pmatrix}$ 的余子式及代数余子式.

若k 个行已选定, 则基于该k 个行所能构成的k 阶子式共有C_n^k 个. 不难知, 子式的余子式及其代数余子式的概念是元素的余子式及其代数余子式的推广.

进一步, 我们有

引理 2 设$|A|$为n阶行列式, $1\le j_1<j_2<\cdots<j_k\le n$, 则

$$\sum_{p_1p_2\cdots p_n\in\mathcal{K}}(-1)^{\tau(p_1p_2\cdots p_n)}a_{1p_1}a_{2p_2}\cdots a_{np_n}=D\begin{pmatrix}1&2&\cdots&k\\ j_1&j_2&\cdots&j_k\end{pmatrix}A\begin{pmatrix}1&2&\cdots&k\\ j_1&j_2&\cdots&j_k\end{pmatrix},$$

这里

$$\mathcal{K}=\{p_1p_2\cdots p_n\mid p_1p_2\cdots p_n为n-排列且\,p_i\in\{j_1,j_2,\cdots,j_k\},1\le i\le k\}.$$

证明 在A的前k个行中, 保持第$j_1,j_2,\cdots,j_k$列中的元素不变, 将其余元素均替换为0得

$$B=\begin{pmatrix} & & a_{1j_1} & & a_{1j_2} & & a_{1j_k} & & \\ & & \vdots & & \vdots & & \vdots & & \\ & & a_{kj_1} & & a_{kj_2} & & a_{kj_k} & & \\ a_{k+1\,1} & \cdots & a_{k+1\,j_1} & \cdots & a_{k+1\,j_2} & \cdots & a_{k+1\,j_k} & \cdots & a_{k+1\,n}\\ \vdots & \cdots & \vdots & \cdots & \vdots & \cdots & \vdots & \cdots & \vdots\\ a_{n1} & \cdots & a_{nj_1} & \cdots & a_{nj_2} & \cdots & a_{nj_k} & \cdots & a_{nn}\end{pmatrix},$$

则依行列式定义,

$$\sum_{p_1p_2\cdots p_n\in\mathcal{K}}(-1)^{\tau(p_1p_2\cdots p_n)}a_{1p_1}a_{2p_2}\cdots a_{np_n}=|B|. \tag{17}$$

将$|B|$的第$j_1,j_2,\cdots,j_k$列逐次与前一列互换位置分别变为第$1,2,\cdots,k$列, 则

$$|B|=(-1)^{j_1+j_2+\cdots+j_k-\frac{k(k+1)}{2}}\left|\begin{array}{cccc|c} a_{1j_1} & a_{1j_2} & \cdots & a_{1j_k} & \\ \vdots & \vdots & \ddots & \vdots & O\\ a_{kj_1} & a_{kj_2} & \cdots & a_{kj_k} & \\ \hline & & * & & C\end{array}\right|,$$

其中$|C|$即为$|B|$的子式$D\begin{pmatrix}1\,2\cdots k\\ j_1\,j_2\,\cdots\,j_k\end{pmatrix}$的余子式. 由本章例5得

$$\begin{aligned}|B|&=(-1)^{j_1+j_2+\cdots+j_k-\frac{k(k+1)}{2}}D\begin{pmatrix}1\,2\cdots k\\ j_1\,j_2\cdots j_k\end{pmatrix}|C|\\ &=D\begin{pmatrix}1\,2\cdots k\\ j_1\,j_2\,\cdots\,j_k\end{pmatrix}A\begin{pmatrix}1\,2\cdots k\\ j_1\,j_2\,\cdots\,j_k\end{pmatrix}.\end{aligned}\tag{18}$$

由(17)及(18), 引理得证. □

定理 4 (Laplace 定理) 设$|A|$ 是一个n 阶行列式, k 为整数$(1\le k\le n)$, $1\le$

$i_1 < i_2 < \cdots < i_k \leq n$, 则

$$|\boldsymbol{A}| = \sum_{1\leq j_1<j_2<\cdots<j_k\leq n} D\begin{pmatrix} i_1\, i_2\, \cdots\, i_k \\ j_1\, j_2\, \cdots\, j_k \end{pmatrix} A\begin{pmatrix} i_1\, i_2\, \cdots\, i_k \\ j_1\, j_2\, \cdots\, j_k \end{pmatrix} \tag{19}$$

(按第i_1, i_2, $\cdots$, i_k行展开)

或

$$|\boldsymbol{A}| = \sum_{1\leq j_1<j_2<\cdots<j_k\leq n} D\begin{pmatrix} j_1\, j_2\, \cdots\, j_k \\ i_1\, i_2\, \cdots\, i_k \end{pmatrix} A\begin{pmatrix} j_1\, j_2\, \cdots\, j_k \\ i_1\, i_2\, \cdots\, i_k \end{pmatrix} \tag{20}$$

(按第i_1, i_2, $\cdots$, i_k列展开)

证明 不妨设$\boldsymbol{A} = (a_{ij})_n$. 依行列式行列性质对称性, 我们只需证明(19)即可. (19)的证明分两步.

第一步: 特殊情形的证明. 在这里, 我们证明(19)当$i_j = j$, $j = 1, 2, \cdots, k$时成立. 任取$1 \leq j_1 < j_2 < \cdots < j_k \leq n$, 令

$$\mathcal{K}_{j_1 j_2 \cdots j_k} \triangleq \left\{ p_1 p_2 \cdots p_n \mid p_1 p_2 \cdots p_n \text{为} n-\text{排列且 } p_i \in \{j_1, j_2, \cdots, j_k\}, 1 \leq i \leq k \right\},$$

则共有C_n^k个$\mathcal{K}_{j_1 j_2 \cdots j_k}$. 由引理2, 对每一组$1 \leq j_1 \leq j_2 \leq \cdots \leq j_k \leq n$ 均有

$$\sum_{p_1 p_2 \cdots p_n \in \mathcal{K}_{j_1 j_2 \cdots j_k}} (-1)^{\tau(p_1 p_2 \cdots p_n)} a_{1p_1} a_{2p_2} \cdots a_{np_n} = D\begin{pmatrix} 1\ 2\ \cdots\ k \\ j_1\, j_2\, \cdots\, j_k \end{pmatrix} A\begin{pmatrix} 1\ 2\ \cdots\ k \\ j_1\, j_2\, \cdots\, j_k \end{pmatrix}.$$

于是, 依行列式的定义,

$$\begin{aligned} |\boldsymbol{A}| &= \sum_{p_1 p_2 \cdots p_n} (-1)^{\tau(p_1 p_2 \cdots p_n)} a_{1p_1} a_{2p_2} \cdots a_{np_n} \\ &= \sum_{1\leq j_1<j_2<\cdots<j_k\leq n} \left[\sum_{p_1 p_2 \cdots p_n \in \mathcal{K}_{j_1 j_2 \cdots j_k}} (-1)^{\tau(p_1 p_2 \cdots p_n)} a_{1p_1} a_{2p_2} \cdots a_{np_n} \right] \\ &= \sum_{1\leq j_1<j_2<\cdots<j_k\leq n} D\begin{pmatrix} 1\ 2\ \cdots\ k \\ j_1\, j_2\, \cdots\, j_k \end{pmatrix} A\begin{pmatrix} 1\ 2\ \cdots\ k \\ j_1\, j_2\, \cdots\, j_k \end{pmatrix}. \end{aligned}$$

这说明(19)当$i_j = j, j = 1, 2, \cdots, k$时成立.

第二步: 一般情形的证明. 此时, 我们将$|\boldsymbol{A}|$的第$i_1, i_2, \cdots, i_k$行逐次与前一行互换位置, 分别换至第$1, 2, \cdots, k$行得行列式$|\boldsymbol{B}|$, 则

$$|\boldsymbol{A}| = (-1)^{i_1+i_2+\cdots+i_k-\frac{k(k+1)}{2}} |\boldsymbol{B}|. \tag{21}$$

对于每组数$1 \leq j_1 < j_s < \cdots < j_k \leq n$, 记由行列式$|\boldsymbol{B}|$的第$1, 2, \cdots, k$行与第$j_1, j_2, \cdots, j_k$列交叉位置处的元素所构成的$k-$阶子式为$D_{\boldsymbol{B}}\begin{pmatrix} 1\ 2\ \cdots\ k \\ j_1\, j_2\, \cdots\, j_k \end{pmatrix}$并记该子式的余子式为$M_{\boldsymbol{B}}\begin{pmatrix} 1\ 2\ \cdots\ k \\ j_1\, j_2\, \cdots\, j_k \end{pmatrix}$, 则

$$D\begin{pmatrix} i_1\, i_2 \cdots i_k \\ j_1\, j_2 \cdots j_k \end{pmatrix} = D_{\boldsymbol{B}}\begin{pmatrix} 1\ 2\ \cdots\ k \\ j_1\, j_2 \cdots j_k \end{pmatrix},\quad M\begin{pmatrix} i_1\, i_2 \cdots i_k \\ j_1\, j_2 \cdots j_k \end{pmatrix} = M_{\boldsymbol{B}}\begin{pmatrix} 1\ 2\ \cdots\ k \\ j_1\, j_2 \cdots j_k \end{pmatrix}.$$

于是, 由第一步所证的结论得

$$\begin{aligned} |\boldsymbol{B}| &= \sum_{1\le j_1<j_2<\cdots<j_k\le n} D_{\boldsymbol{B}}\begin{pmatrix} 1\ 2\ \cdots\ k \\ j_1\, j_2 \cdots j_k \end{pmatrix}(-1)^{j_1+j_2+\cdots+j_k+\frac{k(k+1)}{2}} M_{\boldsymbol{B}}\begin{pmatrix} 1\ 2\ \cdots\ k \\ j_1\, j_2 \cdots j_k \end{pmatrix} \\ &= \sum_{1\le j_1<j_2<\cdots<j_k\le n} D\begin{pmatrix} i_1\, i_2 \cdots i_k \\ j_1\, j_2 \cdots j_k \end{pmatrix}(-1)^{j_1+j_2+\cdots+j_k+\frac{k(k+1)}{2}} M\begin{pmatrix} i_1\, i_2 \cdots i_k \\ j_1\, j_2 \cdots j_k \end{pmatrix}. \end{aligned}$$

将上式代入(21), 我们有

$$|\boldsymbol{A}| = \sum_{1\le j_1<j_2<\cdots<j_k\le n} D\begin{pmatrix} i_1\, i_2 \cdots i_k \\ j_1\, j_2 \cdots j_k \end{pmatrix} A\begin{pmatrix} i_1\, i_2 \cdots i_k \\ j_1\, j_2 \cdots j_k \end{pmatrix},$$

即(19)成立. 定理得证. □

例 13 试证明 $\begin{vmatrix} \boldsymbol{O}_{s\times t} & \boldsymbol{A}_{s\times s} \\ \boldsymbol{B}_{t\times t} & \boldsymbol{C}_{t\times s} \end{vmatrix} = (-1)^{st}|\boldsymbol{A}||\boldsymbol{B}|$

证明 在由前s个行的元素所形成的所有s阶子式中, 取非零值的仅可能是$|\boldsymbol{A}|$. 依Laplace 定理, 将等号左端行列式按前s行展开得:

$$\begin{vmatrix} \boldsymbol{O}_{s\times t} & \boldsymbol{A}_{s\times s} \\ \boldsymbol{B}_{t\times t} & \boldsymbol{C}_{t\times s} \end{vmatrix} = |\boldsymbol{A}|(-1)^{1+\cdots+s+(t+1)+\cdots+(t+s)}|\boldsymbol{B}| = (-1)^{st}|\boldsymbol{A}||\boldsymbol{B}|.$$

□

同理可得

$$\begin{vmatrix} \boldsymbol{C}_{s\times t} & \boldsymbol{A}_{s\times s} \\ \boldsymbol{B}_{t\times t} & \boldsymbol{O}_{t\times s} \end{vmatrix} = (-1)^{st}|\boldsymbol{A}||\boldsymbol{B}|.$$

§2.5 矩阵的秩

矩阵的秩是矩阵理论的一个重要概念, 它将贯穿于本课程的学习. 在本节中, 我们定义矩阵的秩, 并讨论其基本性质.

定义 3 我们称$\mathbb{P}^{m\times n}$中的矩阵$\boldsymbol{A}$的非零子式的最高阶数r为$\boldsymbol{A}$的**秩**, 记作$r(\boldsymbol{A}) = r$. 若矩阵的所有子式均为零, 则称该矩阵的秩为零, 记作$r(\boldsymbol{A}) = 0$.

我们有$0 \le r(\boldsymbol{A}) \le \min\{m, n\}$. 显然$r(\boldsymbol{A}) = 0 \Longleftrightarrow \boldsymbol{A}$为零矩阵.

例 14 设 $\boldsymbol{A} = \begin{pmatrix} 1 & 2 & 0 & 0 \\ 0 & 1 & 3 & 0 \\ 0 & 0 & 0 & 0 \end{pmatrix}$, 则$\boldsymbol{A}$有一个二阶的非零子式$\begin{vmatrix} 1 & 2 \\ 0 & 1 \end{vmatrix}$, 而其所有的三阶子式全为0, 因此, $|\boldsymbol{A}|$的非零子式的最高阶为2, 得$r(\boldsymbol{A}) = 2$.

依定义3, 不难推知

定理 5 设$\boldsymbol{A}\in\mathbb{P}^{m\times n}$, $1\le s\le\min\{m,n\}$, 则

1) $r(\boldsymbol{A})\ge s \iff$ 至少存在一个$\boldsymbol{A}$的非零的s阶子式.

2) $r(\boldsymbol{A})\le s-1 \iff \boldsymbol{A}$的所有$s$阶子式(若有)全为零.

$\iff \boldsymbol{A}$的所有$k(k\ge s)$阶子式(若有)全为零.

依据该定理, 读者很容易推得如下$r(A)$的等价定义:

定义3′ 设r为正整数, $\boldsymbol{A}\in\mathbb{P}^{m\times n}$, 若存在$\boldsymbol{A}$的一个非零的$r$阶子式, 而$\boldsymbol{A}$的所有$r+1$阶子式(若有)全为零, 则称$r$为$\boldsymbol{A}$的**秩**, 记作$r(\boldsymbol{A})=r$. 若矩阵的所有子式均为零, 则称该矩阵的秩为零, 记作$r(\boldsymbol{A})=0$.

关于矩阵的秩, 我们有如下重要结论.

定理 6 矩阵的秩是矩阵初等变换的不变量.

证明 若矩阵为零矩阵, 则结论显然成立. 以下我们仅讨论非零矩阵时的情形. 我们先对三种初等行变换分别验证.

1) 设$\boldsymbol{A}\xrightarrow{R_{st}}\boldsymbol{B}$.

此时, $\boldsymbol{B}$的任意一个$r(\boldsymbol{A})+1$子式(若有)只能有如下三种可能:(i) 不含$\boldsymbol{B}$的第s行和第t行的任何元素. 这样的子式实际上就是$\boldsymbol{A}$的一个同阶子式. (ii) 同时含有$\boldsymbol{B}$的第s行和第t行的元素. 这样的子式实际上是$\boldsymbol{A}$的某个同阶子式交换第s行和第t行所得. (iii) 仅含$\boldsymbol{B}$的第s行和第t行中某一行中的元素. 不难推知, $\boldsymbol{B}$的仅含第s行(第t行)元素的子式是$\boldsymbol{A}$的某个仅含第t行(第s行)而不含第s行(第t行)元素的子式经过若干次行的互换所得.

上述分析说明$\boldsymbol{B}$的$r(\boldsymbol{A})+1$阶子式(若有)必全为零, 故$r(\boldsymbol{B})\le r(\boldsymbol{A})$. 但是, $\boldsymbol{A}$亦可以看成为$\boldsymbol{B}$互换第s行和第t行所得, 故$r(\boldsymbol{A})\le r(\boldsymbol{B})$. 从而$r(\boldsymbol{A})=r(\boldsymbol{B})$.

2) 设$\boldsymbol{A}\xrightarrow{cR_s}\boldsymbol{B}$, $(c\ne 0)$.

此时, $\boldsymbol{B}$的任一个子式有两种可能: (i) 它不含第s行元素. 这样的子式实际上也是$\boldsymbol{A}$的一个同阶子式. (ii) 它含有第s行元素. 这样的子式是$\boldsymbol{A}$的含有其第s行元素的某个同阶子式的c倍. 仿照1)的分析, 不难知$r(\boldsymbol{A})=r(\boldsymbol{B})$.

3) 设$\boldsymbol{A}\xrightarrow{R_s+cR_t}\boldsymbol{B}$.

此时, $\boldsymbol{B}$的任一个$r(\boldsymbol{A})+1$阶子式(若有)有如下二种可能: (i) 它含有第s行元素. 这样的$r(\boldsymbol{A})+1$阶子式其值为

$$\begin{vmatrix}\vdots\\ R_s+cR_t\\ \vdots\end{vmatrix}\overset{\S 2.3\text{性质}5}{=\!=\!=}\begin{vmatrix}\vdots\\ R_s\\ \vdots\end{vmatrix}+c\begin{vmatrix}\vdots\\ R_t\\ \vdots\end{vmatrix}.$$

上式等号右端的第一个行列式是$\boldsymbol{A}$的一个$r(\boldsymbol{A})+1$阶子式, 而第二个行列式是$\boldsymbol{A}$的某

个$r(A)+1$阶子式经过若干次行互换所得, 它们的值全为零, 故

$$\begin{vmatrix} \vdots \\ R_s + cR_t \\ \vdots \end{vmatrix} = 0.$$

(ii) 它不含有第s 行元素. 这样的$r(A)+1$阶子式实际上就是$\boldsymbol{A}$ 的$r(\boldsymbol{A})+1$阶子式, 因而其值为零. 综上分析, $\boldsymbol{B}$ 的所有$r(\boldsymbol{A})+1$阶子式(若有)全为零, 故$r(\boldsymbol{B}) \le r(\boldsymbol{A})$. 但

$$\boldsymbol{B} \xrightarrow{R_s+(-c)R_t} \boldsymbol{A},$$

同理$r(\boldsymbol{A}) \le r(\boldsymbol{B})$, 从而$r(\boldsymbol{B}) = r(\boldsymbol{A})$.

上述讨论说明初等行变换不改变非零矩阵的秩. 同样可以验证初等列变换亦不改变非零矩阵的秩.

综上所述, 初等变换不改变矩阵的秩, 即秩是矩阵初等变换的不变量. □

依据定理6, 我们可以构造利用矩阵的初等变换来计算非零矩阵秩的方法. 仿照§1.4节中对线性方程组系数矩阵的增广阵所实施的方法, 我们可推知对于$\mathbb{P}^{m\times n}$中的任一个矩阵$\boldsymbol{A}_{m\times n}$, 均存在整数$0 \le r \le \min\{m,n\}$, 使得

$$\boldsymbol{A} \xrightarrow[\text{列的互换}]{\text{有限次初等行变换}} \begin{pmatrix} c_{11} & c_{12} & \cdots & c_{1r} & \cdots & c_{1n} \\ & c_{22} & \cdots & c_{2r} & \cdots & c_{2n} \\ & & \ddots & \vdots & \ddots & \vdots \\ & & & c_{rr} & \cdots & c_{rn} \\ & & & & & \\ & & & & & \end{pmatrix}, \tag{22}$$

这里空白处的元素均为零(我们约定: 当$r \ge 1$时, $\prod\limits_{i=1}^{r} c_{ii} \ne 0$; 当$r=0$时, 右侧矩阵为零矩阵), 或者

$$\boldsymbol{A} \xrightarrow[\text{行变换}]{\text{有限次初等}} \begin{pmatrix} c_{1i_1} & \cdots & c_{1i_2} & \cdots & c_{1i_3} & \cdots & c_{1i_r} & \cdots & c_{1n} \\ & & c_{2i_2} & \cdots & c_{2i_3} & \cdots & c_{2i_r} & \cdots & c_{2n} \\ & & & & c_{3i_3} & \cdots & c_{3i_r} & \cdots & c_{3n} \\ & & & & & \ddots & \vdots & \ddots & \vdots \\ & & & & & & c_{ri_r} & \cdots & c_{rn} \\ & & & & & & & & \\ & & & & & & & & \end{pmatrix}, \tag{23}$$

这里空白处的元素均为零(我们约定: 当$r \ge 1$时, $\prod\limits_{j=1}^{r} c_{ji_j} \ne 0$, 当$r=0$时, 右侧矩阵为零矩阵).

不难验证(22) 与(23) 箭头右端矩阵的秩为r, 因此$r(\boldsymbol{A}) = r$.

(22) 或(23) 是计算$r(\boldsymbol{A})$ 的有效方法, 有兴趣的读者可以估算出求$r(\boldsymbol{A})$ 的乘除法次数最多为$\sum_{i=1}^{N}(i-1)i=\dfrac{N(N+1)(N-1)}{3}=O(N^3)$, 其中, $N=\max\{m,n\}$.

当$r\geq 1$时, 我们称(22) 或(23) 箭头右端的矩阵为**阶梯形矩阵**, 而称(22)中的非零元素$c_{11},c_{22},\cdots,c_{rr}$ 或(23)中的非零元素$c_{1i_1},c_{2i_2},\cdots,c_{ri_r}$ 为**阶梯头**. 阶梯头的特征是其左侧、下侧以及左下侧的元素全为零. **阶梯形矩阵的秩就是矩阵中阶梯头的数目**.

例 15 设$\bar{\boldsymbol{A}}$ 为§1.4 中例5 的系数矩阵的增广矩阵, 求$r(\bar{\boldsymbol{A}})$.

解 对$\bar{\boldsymbol{A}}$ 仅实施行变换得:

$$\bar{\boldsymbol{A}}=\begin{pmatrix}1&2&-1&1&1\\1&2&0&-1&3\\-1&-2&3&-5&3\end{pmatrix}\xrightarrow[R_3+R_1]{R_2-R_1}\begin{pmatrix}1&2&-1&1&1\\0&0&1&-2&2\\0&0&2&-4&4\end{pmatrix}$$

$$\xrightarrow[R_3-2R_2]{R_1+R_2}\begin{pmatrix}1&2&0&-1&3\\0&0&1&-2&2\\0&0&0&0&0\end{pmatrix}\xrightarrow{C_{23}}\begin{pmatrix}1&0&2&-1&3\\0&1&0&-2&2\\0&0&0&0&0\end{pmatrix}.$$

上式第二行的左端及右端矩阵分别为(23)及(22) 所示的形状, 故$r(\bar{\boldsymbol{A}})=2$. □

§2.6 矩阵的秩与线性方程组解的状态

在本节中, 我们回答§1.4最后一段中所提出的问题：阶梯形线性方程组中与非零方程的个数相关的数r 是否与线性方程组的消元过程相关?

由§1.4 (11) 知, r 是线性方程组系数矩阵$\boldsymbol{A}$ 的秩, 即$r(\boldsymbol{A})=r$. 若$d_{r+1}=0$, 则$r(\bar{\boldsymbol{A}})=r$; 若$d_{r+1}\neq 0$, 则$r(\bar{\boldsymbol{A}})=r+1$. 依本章定理6知, r 与线性方程组的消元过程无关. 因此, 不管用什么样的消元过程, 所得阶梯形线性方程组中非零方程的个数都是一样的. 即r是消元过程的不变量.

重写§1.2中数域$\mathbb{P}$ 上的线性方程组(3)如下:

$$\begin{cases}a_{11}x_1+a_{12}x_2+\cdots+a_{1n}x_n=b_1,\\a_{21}x_1+a_{22}x_2+\cdots+a_{2n}x_n=b_2,\\\qquad\vdots\\a_{m1}x_1+a_{m2}x_2+\cdots+a_{mn}x_n=b_m,\end{cases}\tag{24}$$

这里$a_{ij}\in\mathbb{P}(i=1,2,\cdots,m,j=1,2,\cdots,n)$, $b_i\in\mathbb{P}(i=1,2,\cdots,m)$, 令

$$\boldsymbol{A}=(a_{ij})_{m\times n},\quad \bar{\boldsymbol{A}}=\left(\begin{array}{c|c}\boldsymbol{A}&\begin{matrix}b_1\\\vdots\\b_m\end{matrix}\end{array}\right).$$

则第1章定理3中判定线性方程组是否有解的部分可以等价地写成:

定理 7 设$\boldsymbol{A}$与$\bar{\boldsymbol{A}}$分别表示线性方程组(24)的系数矩阵及其增广矩阵, 则

1) 线性方程组(24)有解 $\Longleftrightarrow r(\boldsymbol{A})=r(\bar{\boldsymbol{A}})$. 线性方程组(24)无解 $\Longleftrightarrow r(\boldsymbol{A})<r(\bar{\boldsymbol{A}})$.

2) 当线性方程组(24)有解时,

(a)(24)有唯一解 $\Longleftrightarrow r(\boldsymbol{A})=$ 未知量的个数n. (此时称矩阵$\boldsymbol{A}$列满秩)

(b)(24)有无穷多个解 $\Longleftrightarrow r(\boldsymbol{A})<$ 未知量的个数n.

由定理7及第1章的定理3, 不难知对于一个有解的线性方程组来说, **自由未知量的个数+系数矩阵的秩= 未知量的总数**.

请读者自行写出利用矩阵的秩所描述的齐次线性方程组仅有零解和有非零解的相应的结论.

例 16 问a, b 为何值时, 线性方程组

$$\begin{cases} x_1+x_2+x_3+x_4=0, \\ x_2+2x_3+2x_4=1, \\ -x_2+(a-3)x_3-2x_4=b, \\ 3x_1+2x_2+x_3+ax_4=-1, \end{cases}$$

有唯一解, 无解, 有无穷多个解?

解 本题即§1.4 的例6. 对线性方程组系数矩阵的增广矩阵实施初等行变换①:

$$\bar{\boldsymbol{A}}=\begin{pmatrix} 1 & 1 & 1 & 1 & 0 \\ 0 & 1 & 2 & 2 & 1 \\ 0 & -1 & a-3 & -2 & b \\ 3 & 2 & 1 & a & -1 \end{pmatrix} \xrightarrow{R_4-3R_1} \begin{pmatrix} 1 & 1 & 1 & 1 & 0 \\ 0 & 1 & 2 & 2 & 1 \\ 0 & -1 & a-3 & -2 & b \\ 0 & -1 & -2 & a-3 & -1 \end{pmatrix} \xrightarrow[R_4+R_2]{R_3+R_2} \begin{pmatrix} 1 & 1 & 1 & 1 & 0 \\ 0 & 1 & 2 & 2 & 1 \\ 0 & 0 & a-1 & 0 & b+1 \\ 0 & 0 & 0 & a-1 & 0 \end{pmatrix}.$$

当$a\neq 1$ 时, $r(\boldsymbol{A})=r(\bar{\boldsymbol{A}})=4=$ 未知量的个数, 故线性方程组有唯一解.

当$a=1$ 且$b\neq -1$ 时, $r(\boldsymbol{A})=2$, $r(\bar{\boldsymbol{A}})=3$, 即$r(\boldsymbol{A})<r(\bar{\boldsymbol{A}})$, 故线性方程组无解.

① 请读者注意, 解线性方程组时, 我们仅实施初等行变换以及列的互换, 且最后一列不参加列的互换.

当$a=1$且$b=-1$时, $r(\boldsymbol{A})=r(\bar{\boldsymbol{A}})=2<$未知量的个数, 故此时线性方程组有无穷多个解. □

例 17 当$m=n$时, 线性方程组(24)有唯一解$\Longleftrightarrow r(\boldsymbol{A})=n$(此时称$\boldsymbol{A}$是**满秩**的), 这里$\boldsymbol{A}$为(24)的系数矩阵.

证明 当$m=n$时, 方程组(24)即为本章§2.4的例12所提及的线性方程组. 若(24)有唯一解, 则由定理7, $r(\boldsymbol{A})=r(\bar{\boldsymbol{A}})=n$. 反之, 若$r(\boldsymbol{A})=n$, 则$\boldsymbol{A}$的非零子式的最高阶为$n$, 因而, $|\boldsymbol{A}|\neq 0$, 由Cramer法则, (24)有唯一解. 得证. □

请读者关注本章中的例12 (即Cramer法则) 与例17所涉及事项之间的联系.

§2.7 矩阵秩的进一步讨论

首先, 我们有

定理 8 矩阵增加一行(列), 矩阵的秩不变或者增加1.

证明 在增加了一行(列)所形成的新矩阵经初等变换后所得的阶梯形矩阵中, 阶梯头的数目或者不变, 或者增加1个. 即矩阵的秩不变或者增加1. □

接下来, 我们讨论矩阵经初等变换后所能化为的最简形式.

定理 9 设$\mathbb{P}$是数域, $\boldsymbol{A}\in\mathbb{P}^{m\times n}$, 则$r(\boldsymbol{A})=r \Longleftrightarrow \boldsymbol{A}$可经有限步初等变换化为$\begin{pmatrix}\boldsymbol{E}_r & \boldsymbol{O}\\ \boldsymbol{O} & \boldsymbol{O}\end{pmatrix}$, 即

$$\boldsymbol{A}\xrightarrow{\text{有限步初等变换}}\begin{pmatrix}\boldsymbol{E}_r & \boldsymbol{O}\\ \boldsymbol{O} & \boldsymbol{O}\end{pmatrix},$$

这里

$$\begin{pmatrix}\boldsymbol{E}_r & \boldsymbol{O}\\ \boldsymbol{O} & \boldsymbol{O}\end{pmatrix}=\boldsymbol{O},\ \text{若}r=0;\quad \boldsymbol{E}_r=\begin{pmatrix}1 & & & \\ & 1 & & \\ & & \ddots & \\ & & & 1\end{pmatrix}_{r\times r},\ \text{若}1\leq r\leq\min\{m,n\}.$$

证明 “$\Longrightarrow$” 当$r=0$时结论是显然的. 以下我们假设$r\neq 0$. 由§2.5的(22), $\boldsymbol{A}$可经有限步初等变换化为阶梯形矩阵

$$\boldsymbol{B}=\begin{pmatrix}c_{11} & c_{12} & \cdots & c_{1r} & \cdots & c_{1n}\\ & c_{22} & \cdots & c_{2r} & \cdots & c_{2n}\\ & & \ddots & \vdots & \ddots & \vdots\\ & & & c_{rr} & \cdots & c_{rn}\\ & & & & & \end{pmatrix},$$

这里$\prod\limits_{i=1}^{r}c_{ii}\neq 0$, 上式中空白部分的元素均为零. 进一步, 若令$d_{ij}=\dfrac{c_{ij}}{c_{ii}}(i=1,2,\cdots,r,j=$

$1,\cdots,n$. 则

$$B \xrightarrow{\frac{1}{c_{ii}}R_i} \begin{pmatrix} 1 & d_{12} & \cdots & d_{1r} & d_{1\,r+1} & \cdots & d_{1n} \\ & 1 & \cdots & d_{2r} & d_{2\,r+1} & \cdots & d_{2n} \\ & & \ddots & \vdots & \vdots & \ddots & \vdots \\ & & & 1 & d_{r\,r+1} & \cdots & d_{rn} \\ & & & & & & \\ & & & & & & \end{pmatrix}$$

$$\xrightarrow[\substack{j=i,\cdots,n,\\ i=1,2,\cdots,r,}]{C_j-d_{ij}C_i} \begin{pmatrix} E_r & O \\ O & O \end{pmatrix}.$$

必要性得证.

“$\Longleftarrow$” 由于矩阵$\begin{pmatrix} E_r & O \\ O & O \end{pmatrix}$的秩为$r$, 而初等变换不改变矩阵的秩, 故$A$与$\begin{pmatrix} E_r & O \\ O & O \end{pmatrix}$等秩, 故$r(A)=r$. 充分性得证. □

通常, 当$r(A)=r$时, 我们称$\begin{pmatrix} E_r & O \\ O & O \end{pmatrix}$为$A$的**标准形**. 任何一个矩阵的标准形均是唯一的.

最后, 依据矩阵的秩, 我们引入矩阵相抵的概念.

定义 4 设$\mathbb{P}$为数域, $A\in\mathbb{P}^{m\times n}$, $B\in\mathbb{P}^{m\times n}$, 若$r(A)=r(B)$, 则称$A$与$B$是**相抵的**, 记作$A\overset{R}{\sim}B$.

我们有

定理 10 $A\overset{R}{\sim}B \iff A$可经过有限次初等变换化为$B$.

证明 “$\Longleftarrow$” 此时, 依定理6, $r(A)=r(B)$, 即$A\overset{R}{\sim}B$.

“$\Longrightarrow$” 设$r(A)=r$, 由于$A\overset{R}{\sim}B$, 故$r(A)=r(B)=r$, 从而

$$A\xrightarrow{\text{初等变换过程 I}}\begin{pmatrix} E_r & O \\ O & O \end{pmatrix},\quad B\xrightarrow{\text{初等变换过程 II}}\begin{pmatrix} E_r & O \\ O & O \end{pmatrix}.$$

因而

$$A\xrightarrow{\text{初等变换过程 I}}\begin{pmatrix} E_r & O \\ O & O \end{pmatrix}\xrightarrow{\text{初等变换过程 II 的逆向变换过程}}B.$$

必要性得证. □

不难验证, 若A,B,C均为$\mathbb{P}^{m\times n}$中的矩阵, 则

自反性 $A\overset{R}{\sim}A$.

对称性 若$A\overset{R}{\sim}B$, 则$B\overset{R}{\sim}A$.

传递性 若$\boldsymbol{A} \overset{R}{\sim} \boldsymbol{B}, \boldsymbol{B} \overset{R}{\sim} \boldsymbol{C}$,则$\boldsymbol{A} \overset{R}{\sim} \boldsymbol{C}$.

数学上, 我们称满足自反性、对称性和传递性的关系为一个**等价关系**①. 上述定理说明矩阵的相抵形成一个等价关系, 我们称该关系为矩阵的**相抵(等价)关系**.

如果将$\mathbb{P}^{m\times n}$中秩相同的矩阵归为一类, 则依据定理10, $\mathbb{P}^{m\times n}$中的任一个矩阵属于且仅属于其中的一个类, 我们称这样所得的类为矩阵的**相抵(等价)类**. 按此分类, $\mathbb{P}^{m\times n}$中的矩阵共可分为$\min\{m,n\}+1$个相抵(等价)类. 与$\begin{pmatrix} \boldsymbol{E}_r & \boldsymbol{O} \\ \boldsymbol{O} & \boldsymbol{O} \end{pmatrix}$同类的矩阵的秩为$r(r=0,1,\cdots,\min\{m,n\})$.

习 题

1. 计算以下排列的逆序数, 从而确定它们的奇偶性.

   (1) 135786492. (2) 76254813.

   (3) $135\cdots(2n-1)(2n)(2n-2)(2n-4)\cdots 2$.

   (4) $147\cdots(3n-2)258\cdots(3n-1)369\cdots(3n)$.

2. 选择i与j使

   (1) $52i4167j9$成奇排列.

   (2) $217i86j54$成偶排列.

3. 设$n-$排列$i_1i_2\cdots i_{n-1}i_n$的逆序数为k, 试求排列$i_ni_{n-1}\cdots i_2i_1$的逆序数.

4. 试通过对换把排列12345变成54321.

5. 试证明在所有的$n-$排列中, 奇排列和偶排列的个数相等, 并求出奇(偶)排列的个数.

6. 确定7阶行列式$|a_{ij}|$中下列各项前面的符号.

   (1) $a_{12}a_{21}a_{34}a_{45}a_{53}a_{66}a_{77}$.

   (2) $a_{25}a_{34}a_{51}a_{72}a_{66}a_{17}a_{43}$.

7. 试证明$\begin{vmatrix} a_{11} & \cdots & a_{1,n-1} & a_{1n} \\ a_{21} & \cdots & a_{2,n-1} & \\ \vdots & \begin{smallmatrix} & \cdot \\ \cdot & \end{smallmatrix} & & \\ a_{n1} & & & \end{vmatrix} = \begin{vmatrix} & & & a_{1n} \\ & & a_{2,n-1} & a_{2n} \\ & \begin{smallmatrix} & \cdot \\ \cdot & \end{smallmatrix} & \vdots & \vdots \\ a_{n1} & \cdots & a_{n,n-1} & a_{nn} \end{vmatrix}$, 并求其值.

① 等价关系的更加严密的定义将在后续的课程中阐述. 请读者关注本教材中所出现的几种不同等价关系所具备的相同特征.

8. 用定义计算下列行列式的值.

(1) $\begin{vmatrix} a_{11} & 0 & 0 & a_{14} \\ 0 & a_{22} & a_{23} & 0 \\ 0 & a_{32} & a_{33} & 0 \\ a_{41} & 0 & 0 & a_{44} \end{vmatrix}$.　(2) $\begin{vmatrix} a_1 & a_2 & a_3 & a_4 & a_5 \\ b_1 & b_2 & b_3 & b_4 & b_5 \\ c_1 & c_2 & 0 & 0 & 0 \\ d_1 & d_2 & 0 & 0 & 0 \\ e_1 & e_2 & 0 & 0 & 0 \end{vmatrix}$.

(3) $\begin{vmatrix} 0 & 1 & 0 & \cdots & 0 \\ 0 & 0 & 2 & \cdots & 0 \\ \vdots & \vdots & \vdots & \ddots & \vdots \\ 0 & 0 & 0 & \cdots & n-1 \\ n & 0 & 0 & \cdots & 0 \end{vmatrix}$.　(4) $\begin{vmatrix} 1 & 1 & \cdots & 1 & 1 \\ 1 & 1 & \cdots & 1 & 1 \\ \vdots & \vdots & \ddots & \vdots & \vdots \\ 1 & 1 & \cdots & 1 & 1 \\ 1 & 1 & \cdots & 1 & 1 \end{vmatrix}_n$.

9. 计算下列行列式的值.

(1) $\begin{vmatrix} 1998 & 1999 & 2000 \\ 2001 & 2002 & 2003 \\ 2004 & 2005 & 2006 \end{vmatrix}$.　(2) $\begin{vmatrix} a-b-c & 2a & 2a \\ 2b & b-a-c & 2b \\ 2c & 2c & c-a-b \end{vmatrix}$.

(3) $\begin{vmatrix} a^2 & (a+1)^2 & (a+2)^2 & (a+3)^2 \\ b^2 & (b+1)^2 & (b+2)^2 & (b+3)^2 \\ c^2 & (c+1)^2 & (c+2)^2 & (c+3)^2 \\ d^2 & (d+1)^2 & (d+2)^2 & (d+3)^2 \end{vmatrix}$.

(4) $\begin{vmatrix} 7 & 2 & 2 & 2 & 2 \\ 2 & 7 & 2 & 2 & 2 \\ 2 & 2 & 7 & 2 & 2 \\ 2 & 2 & 2 & 7 & 2 \\ 2 & 2 & 2 & 2 & 7 \end{vmatrix}$.　(5) $\begin{vmatrix} a & b & \cdots & b & b \\ b & a & \cdots & b & b \\ \vdots & \vdots & \ddots & \vdots & \vdots \\ b & b & \cdots & a & b \\ b & b & \cdots & b & a \end{vmatrix}_n$.

(6) $\begin{vmatrix} 1 & -1 & \cdots & -1 & -1 \\ 1 & 1 & \cdots & -1 & -1 \\ \vdots & \vdots & \ddots & \vdots & \vdots \\ 1 & 1 & \cdots & 1 & -1 \\ 1 & 1 & \cdots & 1 & 1 \end{vmatrix}_n$.　(7) $\begin{vmatrix} a_1 & -a_1 & 0 & \cdots & 0 \\ 0 & a_2 & -a_2 & \cdots & 0 \\ \vdots & \vdots & \ddots & \ddots & \vdots \\ 0 & 0 & \cdots & a_n & -a_n \\ b & b & \cdots & b & b \end{vmatrix}$.

(8) $\begin{vmatrix} 2a_1-\sum\limits_{i=1}^n a_i & 2a_1 & 2a_1 & \cdots & 2a_1 \\ 2a_2 & 2a_2-\sum\limits_{i=1}^n a_i & 2a_2 & \cdots & 2a_2 \\ 2a_3 & 2a_3 & 2a_3-\sum\limits_{i=1}^n a_i & \cdots & 2a_3 \\ \vdots & \vdots & \vdots & \ddots & \vdots \\ 2a_n & 2a_n & 2a_n & \cdots & 2a_n-\sum\limits_{i=1}^n a_i \end{vmatrix}$.

10. 试证明

(1) $\begin{vmatrix} a_1+kb_1 & b_1+c_1 & c_1 \\ a_2+kb_2 & b_2+c_2 & c_2 \\ a_3+kb_3 & b_3+c_3 & c_3 \end{vmatrix} = \begin{vmatrix} a_1 & b_1 & c_1 \\ a_2 & b_2 & c_2 \\ a_3 & b_3 & c_3 \end{vmatrix}$.

(2) $\begin{vmatrix} a_1-b_1 & a_1-b_2 & \cdots & a_1-b_n \\ a_2-b_1 & a_2-b_2 & \cdots & a_2-b_n \\ \vdots & \vdots & \ddots & \vdots \\ a_n-b_1 & a_n-b_2 & \cdots & a_n-b_n \end{vmatrix} = 0(n>2)$.

11. 设x_1, x_2, x_3是复多项式$f(x)=x^3+px+q$的3个根, 试计算

$$\begin{vmatrix} x_1 & x_2 & x_3 & 1 \\ 2x_2 & 2x_3 & 2x_1 & 2 \\ 3x_3 & 3x_1 & 3x_2 & -6 \\ 4 & 4 & 4 & -8 \end{vmatrix}.$$

12. 计算下列行列式的值.

(1) $\begin{vmatrix} 1 & 2 & 2 & \cdots & 2 \\ 2 & 2 & 2 & \cdots & 2 \\ 2 & 2 & 3 & \cdots & 2 \\ \vdots & \vdots & \vdots & \ddots & \vdots \\ 2 & 2 & 2 & \cdots & n \end{vmatrix}$.

(2) $\begin{vmatrix} 1 & 2 & 3 & \cdots & n \\ 2 & 3 & 4 & \cdots & 1 \\ 3 & 4 & 5 & \cdots & 2 \\ \vdots & \vdots & \vdots & \ddots & \vdots \\ n & 1 & 2 & \cdots & n-1 \end{vmatrix}$.

(3) $\begin{vmatrix} x & y & 0 & \cdots & 0 & 0 \\ 0 & x & y & \cdots & 0 & 0 \\ 0 & 0 & x & \cdots & 0 & 0 \\ \vdots & \vdots & \vdots & \ddots & \vdots & \vdots \\ 0 & 0 & 0 & \cdots & x & y \\ y & 0 & 0 & \cdots & 0 & x \end{vmatrix}_n$.

(4) $\begin{vmatrix} x & a & a & \cdots & a & a \\ b & x & a & \cdots & a & a \\ b & b & x & \cdots & a & a \\ \vdots & \vdots & \vdots & \ddots & \vdots & \vdots \\ b & b & b & \cdots & x & a \\ b & b & b & \cdots & b & x \end{vmatrix}_n$.

(5) $\begin{vmatrix} 0 & 1 & 0 & 0 & \cdots & 0 & 0 \\ 1 & 0 & 1 & 0 & \cdots & 0 & 0 \\ 0 & 1 & 0 & 1 & \cdots & 0 & 0 \\ 0 & 0 & 1 & 0 & \cdots & 0 & 0 \\ \vdots & \vdots & \vdots & \vdots & & \vdots & \vdots \\ 0 & 0 & 0 & 0 & \cdots & 0 & 1 \\ 0 & 0 & 0 & 0 & \cdots & 1 & 0 \end{vmatrix}_n$.　(6) $\begin{vmatrix} x & -1 & 0 & \cdots & 0 & 0 \\ 0 & x & -1 & \cdots & 0 & 0 \\ 0 & 0 & x & \cdots & 0 & 0 \\ \vdots & \vdots & \vdots & \ddots & \vdots & \vdots \\ 0 & 0 & 0 & \cdots & x & -1 \\ a_n & a_{n-1} & a_{n-2} & \cdots & a_2 & a_1+x \end{vmatrix}$.

(7) $\begin{vmatrix} 1 & 1 & 1 & \cdots & 1 \\ 2 & 2^2 & 2^3 & \cdots & 2^n \\ 3 & 3^2 & 3^3 & \cdots & 3^n \\ \vdots & \vdots & \ddots & & \vdots \\ n & n^2 & n^3 & \cdots & n^n \end{vmatrix}$.　(8) $\begin{vmatrix} 1 & 1 & 1 & 1 \\ 1 & 2 & -2 & x \\ 1 & 4 & 4 & x^2 \\ 1 & 8 & -8 & x^3 \end{vmatrix}$.

(9) $\begin{vmatrix} 1 & 0 & 0 & 0 & 0 & 0 \\ e & 2 & 0 & 0 & 0 & 0 \\ f & g & 3 & 0 & 0 & 0 \\ b_{11} & b_{12} & b_{13} & 0 & 0 & 1 \\ b_{21} & b_{22} & b_{23} & 0 & 2 & u \\ b_{31} & b_{32} & b_{33} & 3 & v & t \end{vmatrix}$.　(10) $\begin{vmatrix} 1 & b & c & 0 & 0 & 0 \\ 0 & 0 & 3 & 0 & 0 & 0 \\ a_{11} & a_{12} & a_{13} & 0 & 2 & d \\ a_{21} & a_{22} & a_{23} & 0 & 0 & 1 \\ a_{31} & a_{32} & a_{33} & 3 & e & f \\ 0 & 2 & g & 0 & 0 & 0 \end{vmatrix}$.

13. 设$D_n = \begin{vmatrix} 1 & 2 & 3 & \cdots & n-1 & n \\ 1 & 1 & 0 & \cdots & 0 & 0 \\ 1 & 0 & 1 & \cdots & 0 & 0 \\ \vdots & \vdots & \vdots & \ddots & \vdots & \vdots \\ 1 & 0 & 0 & \cdots & 1 & 0 \\ 1 & 0 & 0 & \cdots & 0 & 1 \end{vmatrix}$，试计算$D_n$及$t_1A_{11}+t_2A_{12}+\cdots+t_nA_{1n}$，

这里A_{1j}为D_n的第1行第j列元素的代数余子式$(i=1,2,\cdots,n)$.

14. 计算行列式

$$\begin{vmatrix} 1 & 1 & \cdots & 1 & 1 \\ x_1 & x_2 & \cdots & x_{n-1} & x_n \\ \vdots & \vdots & \ddots & \vdots & \vdots \\ x_1^{n-2} & x_2^{n-2} & \cdots & x_{n-1}^{n-2} & x_n^{n-2} \\ x_1^n & x_2^n & \cdots & x_{n-1}^n & x_n^n \end{vmatrix}.$$

15. 试证明n次多项式$f(x)=a_nx^n+a_{n-1}x^{n-1}+\cdots+a_1x+a_0$(其中$a_n\neq 0$)最多只有$n$个互异的根.

16. 用Cramer法则求解下列方程组.

$$(1)\begin{cases} x_1+2x_2-x_3+3x_4=2,\\ 2x_1-x_2+3x_3-2x_4=7,\\ 3x_2-x_3+x_4=6,\\ x_1-x_2+x_3+4x_4=-4.\end{cases}$$

$$(2)\begin{cases} x+y+z=1,\\ x+\varepsilon y+\varepsilon^2 z=\varepsilon,\\ x+\varepsilon^2 y+\varepsilon z=\varepsilon^2,\end{cases}$$

其中ε为三次单位原根,即$\varepsilon\neq 1$且$\varepsilon^3=1$的复数.

17. 利用定义3验证$r(\boldsymbol{A})=r(\boldsymbol{A}^{\mathrm{T}})$, $\forall\boldsymbol{A}\in\mathbb{P}^{m\times n}$.

18. 试求下列矩阵的秩.

$$(1)\begin{pmatrix}1&2&3&4\\1&-2&4&5\\1&10&1&2\end{pmatrix}.\qquad (2)\begin{pmatrix}0&1&1&-1&2\\0&2&-2&-2&0\\0&-1&-1&1&1\\1&1&0&1&-1\end{pmatrix}.$$

$$(3)\begin{pmatrix}1&0&1&0&0\\1&1&0&0&0\\0&1&1&0&0\\0&0&1&1&0\\0&1&0&1&1\end{pmatrix}.\qquad (4)\begin{pmatrix}1&1&2&-2\\1&3&-k&-2k\\1&-1&6&0\end{pmatrix}.$$

19. 设$\boldsymbol{A}$为数域$\mathbb{P}$上的n阶方阵, 试证明$r(\boldsymbol{A})=n\iff|\boldsymbol{A}|\neq 0$.

20. 利用矩阵秩的概念, 试写出齐次线性方程组仅有零解与有非零解的充要条件.

21. 试用矩阵的秩与方程组的关系理论重新做第1章习题中的第3题, 第1章补充题中的第5题及第8题.

22. 试问a, b, c 满足什么条件时, 线性方程组

$$\begin{cases} x+y+z=a+b+c,\\ ax+by+cz=a^2+b^2+c^2,\\ bcx+acy+abz=3abc\end{cases}$$

有唯一解. 试求出该解.

23. 试证明

$$\max\{r(\boldsymbol{A}),\ r(\boldsymbol{B})\} \le\ r\left(\begin{pmatrix} \boldsymbol{A} \\ \boldsymbol{B} \end{pmatrix}\right) \le r(\boldsymbol{A}) + r(\boldsymbol{B}).$$

24. 试用初等变换将下列矩阵化为标准形.

$$(1)\ \begin{pmatrix} 3 & 2 & -4 \\ 3 & 2 & -4 \\ 1 & 2 & -1 \end{pmatrix}. \qquad (2)\ \begin{pmatrix} 1 & -1 & 2 & 1 & 0 \\ 2 & -2 & 4 & 3 & 0 \\ 4 & 0 & 7 & 3 & 2 \end{pmatrix}.$$

补 充 题

1. 设排列$i_1 i_2 \cdots i_n$的逆序数为k.

   (1) 试证明可经过k次对换, 把$i_1 i_2 \cdots i_n$变成排列$12 \cdots n$.

   (2) 试问上述对换是不是最少次数的对换?

2. 试证明如果数域$\mathbb{P}$上的n阶方阵$\boldsymbol{A}$的元素全为2或-2, 则2^{2n-1}整除$|\boldsymbol{A}|$.

3. 计算下列行列式.

$$(1)\ \begin{vmatrix} 1+x_1^2 & x_2x_1 & \cdots & x_nx_1 \\ x_1x_2 & 1+x_2^2 & \cdots & x_nx_2 \\ \vdots & \vdots & \ddots & \vdots \\ x_1x_n & x_2x_n & \cdots & 1+x_n^2 \end{vmatrix}. \quad (2)\ \begin{vmatrix} 1 & 2 & 3 & \cdots & n-1 & n \\ a & 1 & 2 & \cdots & n-2 & n-1 \\ a & a & 1 & \cdots & n-3 & n-2 \\ \vdots & \vdots & \vdots & \ddots & \vdots & \vdots \\ a & a & a & \cdots & 1 & 2 \\ a & a & a & \cdots & a & 1 \end{vmatrix}.$$

$$(3)\ \begin{vmatrix} a & a & \cdots & a & a & x \\ a & a & \cdots & a & x & b \\ a & a & \cdots & x & b & b \\ \vdots & \vdots & & \vdots & \vdots & \vdots \\ a & x & \cdots & b & b & b \\ x & b & \cdots & b & b & b \end{vmatrix}_n. \quad (4^*)\ \begin{vmatrix} x_1 & a & a & \cdots & a & a \\ b & x_2 & a & \cdots & a & a \\ b & b & x_3 & \cdots & a & a \\ \vdots & \vdots & \vdots & \ddots & \vdots & \vdots \\ b & b & b & \cdots & x_{n-1} & a \\ b & b & b & \cdots & b & x_n \end{vmatrix}_n.$$

$$(5)\ \begin{vmatrix} a_0+a_1 & a_1 & 0 & \cdots & 0 & 0 \\ a_1 & a_1+a_2 & a_2 & \cdots & 0 & 0 \\ 0 & a_2 & a_2+a_3 & \cdots & 0 & 0 \\ \vdots & \vdots & \vdots & \ddots & \vdots & \vdots \\ 0 & 0 & 0 & \cdots & a_{n-2}+a_{n-1} & a_{n-1} \\ 0 & 0 & 0 & \cdots & a_{n-1} & a_{n-1}+a_n \end{vmatrix}.$$

(6) $\begin{vmatrix} 2^n-2 & 2^{n-1}-2 & 2^{n-2}-2 & \cdots & 2^2-2 \\ 3^n-3 & 3^{n-1}-3 & 3^{n-2}-3 & \cdots & 3^2-3 \\ 4^n-4 & 4^{n-1}-4 & 4^{n-2}-4 & \cdots & 4^2-4 \\ \vdots & \vdots & \vdots & \ddots & \vdots \\ n^n-n & n^{n-1}-n & n^{n-2}-n & \cdots & n^2-n \end{vmatrix}$.

(7*) $\begin{vmatrix} 1 & 2 & 3 & 4 & \cdots & n-1 & n \\ 1 & 1 & 2 & 3 & \cdots & n-2 & n-1 \\ 1 & x & 1 & 2 & \cdots & n-3 & n-2 \\ 1 & x & x & 1 & \cdots & n-4 & n-3 \\ \vdots & \vdots & \vdots & \vdots & \ddots & \vdots & \vdots \\ 1 & x & x & x & \cdots & 1 & 2 \\ 1 & x & x & x & \cdots & x & 1 \end{vmatrix}$ $(n \geq 3)$.

(8*) $\begin{vmatrix} a_0 & a_1 & \cdots & a_n \\ a_1 & a_2 & \cdots & a_0 \\ \vdots & \vdots & \ddots & \vdots \\ a_n & a_0 & \cdots & a_{n-1} \end{vmatrix}$ ($n+1$阶**循环矩阵**的行列式), 其中$a_0, a_1, \cdots a_n \in \mathbb{C}$.

(9*) $\begin{vmatrix} 1 & 1 & \cdots & 1 \\ \cos a_1 & \cos a_2 & \cdots & \cos a_n \\ \vdots & \vdots & \ddots & \vdots \\ \cos(n-1)a_1 & \cos(n-1)a_2 & \cdots & \cos(n-1)a_n \end{vmatrix}$, 其中$a_1, a_2, \cdots a_n \in \mathbb{C}$.

4*. 设将n阶行列式$D = |a_{ij}|_n$的所有元素a_{ij}用关于副对角线对称的元素替换后所得的行列式记为D_1. 试证明$D = D_1$.

5. 设$n(n > 1)$阶行列式$D = |a_{ij}|_n = 4$, 且D中各列元素之和均为3, 并记元素a_{ij}的代数余子式为A_{ij}. 试求$\sum\limits_{i=1}^{n}\sum\limits_{j=1}^{n} A_{ij}$.

6. 将n 阶行列式D 的每个元素减去它同行的所有其它元素而得到的行列式记为D_1, 试证明

$$D_1 = (2-n)2^{n-1}D.$$

7. 试求通过平面上点$M_1(1,\ -1)$, $M_2(1,\ 0)$, $M_3(-1,\ 0)$, $M_4(1,\ 1)$, $M_5(-1,\ 1)$的二次曲线的方程.

8. 设线性方程组$\boldsymbol{AX} = \boldsymbol{b}$ 的系数矩阵$\boldsymbol{A}$的秩等于矩阵$\boldsymbol{B} = \begin{pmatrix} \boldsymbol{A} & \boldsymbol{b} \\ \boldsymbol{b}^{\mathrm{T}} & 0 \end{pmatrix}$的秩, 试证

明该线性方程组有解.

9. 已知n阶行列式$D=|a_{ij}|_n\neq 0$, 试证明线性方程组

$$\begin{cases} a_{11}x_1+a_{12}x_2+\cdots+a_{1,n-1}x_{n-1}=a_{1n}, \\ a_{21}x_1+a_{22}x_2+\cdots+a_{2,n-1}x_{n-1}=a_{2n}, \\ \vdots \\ a_{n1}x_1+a_{n2}x_2+\cdots+a_{n,n-1}x_{n-1}=a_{nn} \end{cases}$$

无解.

10. 已知$a\neq\pm b$, 试证明线性方程组

$$\begin{cases} ax_1+bx_{2n}=1, \\ ax_2+bx_{2n-1}=1, \\ \quad\vdots \\ ax_n+bx_{n+1}=1, \\ bx_n+ax_{n+1}=1, \\ \quad\vdots \\ bx_2+ax_{2n-1}=1, \\ bx_1+ax_{2n}=1 \end{cases}$$

有唯一解. 并求该解.

11.* 平面上4点$M_1(a_1, b_1)$, $M_2(a_2, b_2)$, $M_3(a_3, b_3)$, $M_4(a_4, b_4)$ 在同一圆周上的充要条件是什么？

12. 试证明线性方程组

$$\begin{cases} a_{11}x_1+a_{12}x_2+\cdots+a_{1n}x_n=b_1, \\ a_{21}x_1+a_{22}x_2+\cdots+a_{2n}x_n=b_2, \\ \vdots \\ a_{n1}x_1+a_{n2}x_2+\cdots+a_{nn}x_n=b_n, \\ a_{n+1\,1}x_1+a_{n+1\,2}x_2+\cdots+a_{n+1\,n}x_n=b_{n+1} \end{cases}$$

有解的必要条件是行列式

$$\begin{vmatrix} a_{11} & a_{12} & \cdots & a_{1n} & b_1 \\ a_{21} & a_{22} & \cdots & a_{2n} & b_2 \\ \vdots & \vdots & \ddots & \vdots & \vdots \\ a_{n1} & a_{n2} & \cdots & a_{nn} & b_n \\ a_{n+1\,1} & a_{n+1\,2} & \cdots & a_{n+1\,n} & b_{n+1} \end{vmatrix}=0.$$

试举一例说明这条件不是充分的.

13. 设a, b, c均不为零, 且互异, 试证明平面上的3条不同直线

$$l_1: \quad ax+by+c=0,$$
$$l_2: \quad bx+cy+a=0,$$
$$l_3: \quad cx+ay+b=0$$

相交于一点的充要条件为$a+b+c=0$.

14. 空间中的n个平面

$$\pi_i: A_ix+B_iy+C_iz+D_i=0,\ (i=1,\ 2,\ \cdots,\ n)$$

通过同一条直线的充要条件是什么?

第 3 章　矩阵的运算

矩阵理论是线性代数重要的组成部分. 我们已经看到, 矩阵的秩在线性方程组的求解中扮演了重要的角色. 实际上, 在科学技术、经济生活等众多领域中, 矩阵都有着广泛的应用. 本章我们讨论矩阵的基本运算及其相关理论.

§3.1　矩阵的基本运算

在本节中, 我们讨论矩阵的加减法、数乘、乘法、转置运算及其运算规律.

众所周知, 数的运算依靠表示两数相等的符号“ $=$ ”来接续. 本节, 我们从建立与之相类似的概念——矩阵的相等开始.

定义 1　设$\boldsymbol{A}=(a_{ij})_{m\times n}\in\mathbb{P}^{m\times n}$, $\boldsymbol{B}=(b_{ij})_{s\times t}\in\mathbb{P}^{s\times t}$, 如果$m=s,n=t$ 且$a_{ij}=b_{ij}(i=1,2,\cdots,m,j=1,2,\cdots,n)$, 则称$\boldsymbol{A}$ 与$\boldsymbol{B}$ **相等**. 通常, 当$\boldsymbol{A}$ 与$\boldsymbol{B}$ 相等时, 我们记作$\boldsymbol{A}=\boldsymbol{B}$.

一、矩阵的加法与减法运算

定义 2　设$\boldsymbol{A}=(a_{ij})_{m\times n}\in\mathbb{P}^{m\times n}$, $\boldsymbol{B}=(b_{ij})_{m\times n}\in\mathbb{P}^{m\times n}$, $\mathbb{P}^{m\times n}$ 中的一个矩阵$\boldsymbol{C}=(c_{ij})_{m\times n}$ 被称为是$\boldsymbol{A}$ 与$\boldsymbol{B}$ 的**和**, 如果$c_{ij}=a_{ij}+b_{ij}(i=1,2,\cdots,m,j=1,2,\cdots,n)$. 此时记$\boldsymbol{C}\triangleq\boldsymbol{A}+\boldsymbol{B}$. 通常我们称这样的运算过程为矩阵的**加法运算**.

不难验证, 上述定义的加法运算满足

交换律 $\boldsymbol{A}+\boldsymbol{B}=\boldsymbol{B}+\boldsymbol{A}$.

结合律 $(\boldsymbol{A}+\boldsymbol{B})+\boldsymbol{C}=\boldsymbol{A}+(\boldsymbol{B}+\boldsymbol{C})$.

这里$\boldsymbol{A},\boldsymbol{B},\boldsymbol{C}$ 为$\mathbb{P}^{m\times n}$ 中的任意三个矩阵.

定义 3　称矩阵$\boldsymbol{C}=(c_{ij})_{m\times n}\in\mathbb{P}^{m\times n}$为$\boldsymbol{A}$ 与$\boldsymbol{B}$ 所得的**差**, 如果$c_{ij}=a_{ij}-b_{ij}\,(i=1,2,\cdots,m,j=1,2,\cdots,n)$. 此时, 记$\boldsymbol{C}\triangleq\boldsymbol{A}-\boldsymbol{B}$. 通常我们称这样的运算过程为矩阵的**减法运算**.

例 1　$\mathbb{P}^{n\times 1}$ 中的加法与减法.

解　设

$$\begin{pmatrix} x_1\\ x_2\\ \vdots\\ x_n \end{pmatrix}\in\mathbb{P}^{n\times 1},\quad \begin{pmatrix} y_1\\ y_2\\ \vdots\\ y_n \end{pmatrix}\in\mathbb{P}^{n\times 1},$$

则

$$\begin{pmatrix} x_1 \\ x_2 \\ \vdots \\ x_n \end{pmatrix} \pm \begin{pmatrix} y_1 \\ y_2 \\ \vdots \\ y_n \end{pmatrix} = \begin{pmatrix} x_1 \pm y_1 \\ x_2 \pm y_2 \\ \vdots \\ x_n \pm y_n \end{pmatrix}.$$

□

通常, 我们称$\mathbb{P}^{n\times 1}$中的一个矩阵为一个n **元(列)向量**, 而称该矩阵第i行的元素为该向量的**第i个分量**(类似地, 我们称$\mathbb{P}^{1\times n}$中的一个矩阵为一个n **元(行)向量**, 而称该矩阵第i列的元素为该向量的**第i个分量**). 读者不难发现当$\mathbb{P}=\mathbb{R}$, $n=2,3$时, 上述定义的加法实际上就是中学物理中力的三角形合成法则或者是实二维坐标系下(实平面)、实三维坐标系下(实三维空间)向(矢)量的三角形合成法则.

与数的减法运算一样, 矩阵的减法运算也可以由矩阵的加法运算来定义(见§4.1).

二、矩阵的数乘运算

定义 4 设$\boldsymbol{A}=(a_{ij})_{m\times n}\in\mathbb{P}^{m\times n}$, $c\in\mathbb{P}$, 我们称$\mathbb{P}^{m\times n}$中的一个矩阵$\boldsymbol{C}=(c_{ij})_{m\times n}$为**$c$与$\boldsymbol{A}$的积**, 如果$c_{ij}=ca_{ij}$, $i=1,2,\cdots,m$, $j=1,2,\cdots,n$. 通常, 我们记$\boldsymbol{C}\triangleq c\boldsymbol{A}$并称这样的运算过程为数$c$与矩阵$\boldsymbol{A}$的**数量乘法运算**或者**数乘运算**.

例 2 在$\mathbb{P}^{n\times 1}$中, 有

$$c\begin{pmatrix} x_1 \\ x_2 \\ \vdots \\ x_n \end{pmatrix} = \begin{pmatrix} cx_1 \\ cx_2 \\ \vdots \\ cx_n \end{pmatrix}, \quad c\in\mathbb{P}.$$

这可以看成为向(矢)量的“放大”或“缩小”c倍的运算.

通常, 我们将$(-1)\boldsymbol{A}$记作$-\boldsymbol{A}$, 即$-\boldsymbol{A}\triangleq(-1)\boldsymbol{A}$.

不难推知, 数乘运算具有如下运算规律:

“结合律” $c_1(c_2\boldsymbol{A})=(c_1c_2)\boldsymbol{A}=c_2(c_1\boldsymbol{A})$.

分配律 $c_1(\boldsymbol{A}+\boldsymbol{B})=c_1\boldsymbol{A}+c_1\boldsymbol{B}$, $(c_1+c_2)\boldsymbol{A}=c_1\boldsymbol{A}+c_2\boldsymbol{A}$.

行列式 如果$\boldsymbol{A}$是n阶方阵, 则$|c_1\boldsymbol{A}|=c_1^n|\boldsymbol{A}|$.

这里$\boldsymbol{A},\boldsymbol{B}$是$\mathbb{P}^{m\times n}$中的任意两个矩阵, c_1,c_2为$\mathbb{P}$中的任意两个数.

三、矩阵的乘法运算

定义 5 称$\mathbb{P}^{m\times n}$中矩阵$\boldsymbol{C}=(c_{ij})_{m\times n}$为$\mathbb{P}^{m\times s}$中的矩阵$\boldsymbol{A}=(a_{ij})_{m\times s}$与$\mathbb{P}^{s\times n}$中矩阵$\boldsymbol{B}=(b_{ij})_{s\times n}$的**积**, 并记作$\boldsymbol{C}\triangleq\boldsymbol{AB}$或$\boldsymbol{C}\triangleq\boldsymbol{A}\cdot\boldsymbol{B}$, 如果

$$c_{ij}=a_{i1}b_{1j}+a_{i2}b_{2j}+\cdots+a_{is}b_{sj}=\sum_{k=1}^{s}a_{ik}b_{kj}, \quad \begin{array}{l} i=1,2,\cdots,m, \\ j=1,2,\cdots,n. \end{array} \tag{1}$$

通常, 我们称这样的运算过程为矩阵的**乘法运算**.

(1)表示c_{ij}是矩阵$\boldsymbol{A}$的第i行与矩阵$\boldsymbol{B}$的第j列对应元素乘积之和. 矩阵乘积运算可如下示意:

$$\begin{pmatrix} c_{11} & \cdots & c_{1j} & \cdots & c_{1n} \\ \vdots & \ddots & \vdots & \ddots & \vdots \\ c_{i1} & \cdots & \boxed{c_{ij}} & \cdots & c_{in} \\ \vdots & \ddots & \vdots & \ddots & \vdots \\ c_{m1} & \cdots & c_{mj} & \cdots & c_{mn} \end{pmatrix} = \begin{pmatrix} a_{11} & \cdots & a_{1j} & \cdots & a_{1s} \\ \vdots & \ddots & \vdots & \ddots & \vdots \\ a_{i1} & \cdots & a_{ij} & \cdots & a_{is} \\ \vdots & \ddots & \vdots & \ddots & \vdots \\ a_{m1} & \cdots & a_{mj} & \cdots & a_{ms} \end{pmatrix} \begin{pmatrix} b_{11} & \cdots & b_{1j} & \cdots & b_{1n} \\ \vdots & \ddots & \vdots & \ddots & \vdots \\ b_{i1} & \cdots & b_{ij} & \cdots & b_{in} \\ \vdots & \ddots & \vdots & \ddots & \vdots \\ b_{s1} & \cdots & b_{sj} & \cdots & b_{sn} \end{pmatrix}.$$

例 3 设

$$\boldsymbol{A} = \begin{pmatrix} 1 & -1 \\ -1 & 1 \end{pmatrix}, \quad \boldsymbol{B} = \begin{pmatrix} 1 & 1 \\ -1 & -1 \end{pmatrix}, \quad \boldsymbol{C} = \begin{pmatrix} 2 & 0 \\ 0 & -2 \end{pmatrix}.$$

求$\boldsymbol{AB}, \boldsymbol{AC}$及$\boldsymbol{BA}$.

解

$$\boldsymbol{AB} = \begin{pmatrix} 1 & -1 \\ -1 & 1 \end{pmatrix}\begin{pmatrix} 1 & 1 \\ -1 & -1 \end{pmatrix} = \begin{pmatrix} 2 & 2 \\ -2 & -2 \end{pmatrix},$$

$$\boldsymbol{AC} = \begin{pmatrix} 1 & -1 \\ -1 & 1 \end{pmatrix}\begin{pmatrix} 2 & 0 \\ 0 & -2 \end{pmatrix} = \begin{pmatrix} 2 & 2 \\ -2 & -2 \end{pmatrix},$$

$$\boldsymbol{BA} = \begin{pmatrix} 1 & 1 \\ -1 & -1 \end{pmatrix}\begin{pmatrix} 1 & -1 \\ -1 & 1 \end{pmatrix} = \begin{pmatrix} 0 & 0 \\ 0 & 0 \end{pmatrix}.$$

□

例 4 §1.2中线性方程组(3)的矩阵表示.

解 设$\boldsymbol{A} = (a_{ij})_{m\times n}$ 为该线性方程组的系数矩阵, $\boldsymbol{X} = \begin{pmatrix} x_1 \\ x_2 \\ \vdots \\ x_n \end{pmatrix}, \boldsymbol{b} = \begin{pmatrix} b_1 \\ b_2 \\ \vdots \\ b_m \end{pmatrix}$, 则该线性方程组的矩阵形式为$\boldsymbol{AX} = \boldsymbol{b}$.

我们也称满足$\boldsymbol{AX_0} = \boldsymbol{b}$的$n$元列向量$\boldsymbol{X}_0$为方程组的**解** (或**解向量**). □

例 5 线性替换(线性替换的概念请见§8.1)的矩阵表示.

解 设$x_i \in \mathbb{P}(i = 1, 2, \cdots, m), y_i \in \mathbb{P}(i = 1, 2, \cdots, s), z_i \in \mathbb{P}(i = 1, 2, \cdots, n)$, $a_{ij} \in \mathbb{P}(i = 1, 2, \cdots, m, j = 1, 2, \cdots, s), b_{ij} \in \mathbb{P}, (i = 1, 2, \cdots, s, j = 1, 2, \cdots, n)$, 且

$$\begin{cases} x_1 = a_{11}y_1 + a_{12}y_2 + \cdots + a_{1s}y_s, \\ x_2 = a_{21}y_1 + a_{22}y_2 + \cdots + a_{2s}y_s, \\ \qquad \vdots \\ x_m = a_{m1}y_1 + a_{m2}y_2 + \cdots + a_{ms}y_s, \end{cases} \qquad \begin{cases} y_1 = b_{11}z_1 + b_{12}z_2 + \cdots + b_{1n}z_n, \\ y_2 = b_{21}z_1 + b_{22}z_2 + \cdots + b_{2n}z_n, \\ \qquad \vdots \\ y_s = b_{s1}z_1 + b_{s2}z_2 + \cdots + b_{sn}z_n. \end{cases}$$

将左边表达式中的$y_1, y_2, \cdots, y_s$由右边的表达式替换, 则可得

$$\begin{cases} x_1 = c_{11}z_1 + c_{12}z_2 \cdots + c_{1n}z_n, \\ x_2 = c_{21}z_1 + c_{22}z_2 \cdots + c_{2n}z_n, \\ \quad\vdots \\ x_m = c_{m1}z_1 + c_{m2}z_2 \cdots + c_{mn}z_n, \end{cases}$$

其中, $c_{ij} \in \mathbb{P}(i = 1, 2, \cdots, m, j = 1, 2, \cdots, n)$.

若令

$$\boldsymbol{A} = (a_{ij})_{m\times s},\ \boldsymbol{B} = (b_{ij})_{s\times n},\ \boldsymbol{C} = (c_{ij})_{m\times n},$$

$$\boldsymbol{X} = \begin{pmatrix} x_1 \\ x_2 \\ \vdots \\ x_m \end{pmatrix},\ \boldsymbol{Y} = \begin{pmatrix} y_1 \\ y_2 \\ \vdots \\ y_s \end{pmatrix},\ \boldsymbol{Z} = \begin{pmatrix} z_1 \\ z_2 \\ \vdots \\ z_n \end{pmatrix},$$

则可以验证

$$\boldsymbol{X} = \boldsymbol{AY}, \quad \boldsymbol{Y} = \boldsymbol{BZ}. \quad \boldsymbol{X} = \boldsymbol{CZ}, \quad \boldsymbol{C} = \boldsymbol{AB}.$$

□

容易验证矩阵乘法具有以下运算规律:

无交换律 一般地, $\boldsymbol{AB} \neq \boldsymbol{BA}$ (见例3).

结合律 $(\boldsymbol{AB})\boldsymbol{C} = \boldsymbol{A}(\boldsymbol{BC})$.

分配律 $\boldsymbol{A}(\boldsymbol{B}+\boldsymbol{C}) = \boldsymbol{AB} + \boldsymbol{AC}$, $(\boldsymbol{B}+\boldsymbol{C})\boldsymbol{A} = \boldsymbol{BA} + \boldsymbol{CA}$.

"结合律" $c(\boldsymbol{AB}) = (c\boldsymbol{A})\boldsymbol{B} = \boldsymbol{A}(c\boldsymbol{B})$.

无消去律 "$\boldsymbol{AB} = \boldsymbol{O} \Rightarrow \boldsymbol{A} = \boldsymbol{O}$或$\boldsymbol{B} = \boldsymbol{O}$" 及 "$\boldsymbol{AB} = \boldsymbol{AC} \Rightarrow \boldsymbol{A} = \boldsymbol{O}$或$\boldsymbol{B} = \boldsymbol{C}$"均不成立(见例3).

这里$\boldsymbol{A}, \boldsymbol{B}$ 及$\boldsymbol{C}$ 分别是在$\mathbb{P}^{m\times n}$, $\mathbb{P}^{n\times s}$ 及$\mathbb{P}^{s\times t}$ 中任取的矩阵, c 为在$\mathbb{P}$ 中任取的数.

通常, 如果存在非零矩阵$\boldsymbol{A}$与$\boldsymbol{B}$满足$\boldsymbol{AB} = \boldsymbol{O}$, 则称$\boldsymbol{A}$为**左零因子**, 称$\boldsymbol{B}$ 为**右零因子**.

例 6 设$\boldsymbol{A} = (a_{ij})_{m\times n} \in \mathbb{P}^{m\times n}$,

$$\boldsymbol{B} = \begin{pmatrix} \lambda_1 & & & \\ & \lambda_2 & & \\ & & \ddots & \\ & & & \lambda_m \end{pmatrix}_{m\times m} \in \mathbb{P}^{m\times m},$$

$$\boldsymbol{C} = \begin{pmatrix} \mu_1 & & & \\ & \mu_2 & & \\ & & \ddots & \\ & & & \mu_n \end{pmatrix}_{n\times n} \in \mathbb{P}^{n\times n},$$

求$\boldsymbol{BA}, \boldsymbol{AC}$.

解

$$BA = \begin{pmatrix} \lambda_1 a_{11} & \lambda_1 a_{12} & \cdots & \lambda_1 a_{1n} \\ \lambda_2 a_{21} & \lambda_2 a_{22} & \cdots & \lambda_2 a_{2n} \\ \vdots & \vdots & \ddots & \vdots \\ \lambda_m a_{m1} & \lambda_m a_{m2} & \cdots & \lambda_m a_{mn} \end{pmatrix},$$

$$AC = \begin{pmatrix} \mu_1 a_{11} & \mu_2 a_{12} & \cdots & \mu_n a_{1n} \\ \mu_1 a_{21} & \mu_2 a_{22} & \cdots & \mu_n a_{2n} \\ \vdots & \vdots & \ddots & \vdots \\ \mu_1 a_{m1} & \mu_2 a_{m2} & \cdots & \mu_n a_{mn} \end{pmatrix}.$$

□

通常, 我们称主对角线以外的元素均为零的方阵为**对角阵**. 数域$\mathbb{P}$上主对角线元素为$\lambda_1, \lambda_2, \cdots, \lambda_n$的$n$阶对角阵记作$\mathrm{diag}(\lambda_1, \lambda_2, \cdots, \lambda_n)$, 即

$$\mathrm{diag}(\lambda_1, \lambda_2, \cdots, \lambda_n) \triangleq \begin{pmatrix} \lambda_1 & & & \\ & \lambda_2 & & \\ & & \ddots & \\ & & & \lambda_n \end{pmatrix}.$$

特别地, 当上式中的主对角线元素$\lambda_1 = \lambda_2 = \cdots = \lambda_n = \lambda$时, 相应的对角阵称为$n$**阶数量阵**. 若例6中的$B$和$C$分别是主对角元素均为$\lambda$和$\mu$的数量阵, 则$BA = \lambda A$, $AC = \mu A$. 从乘法效果上来说这相当于数乘运算的效果.

特别地, 主对角线元素均为1的n阶对角阵称为n **阶单位矩阵**, 记作

$$E_n \triangleq \mathrm{diag}(1, 1, \cdots, 1) = \begin{pmatrix} 1 & & & \\ & 1 & & \\ & & \ddots & \\ & & & 1 \end{pmatrix}_{n\times n}.$$

依例6有

$$E_m A_{m\times n} = A_{m\times n}, \quad A_{m\times n} E_n = A_{m\times n}. \ \forall A_{m\times n} \in \mathbb{P}^{m\times n}$$

从乘法效果上看, 单位矩阵在矩阵乘法中的作用类似于数字1 在数的乘法中所起的作用.

当$A \in \mathbb{P}^{n\times n}$时, 对任意整数$k$, 记号

$$A^k \triangleq \begin{cases} \overbrace{AA\cdots A}^{\text{共}k\text{个相乘}}, & k > 0, \\ E, & k = 0 \end{cases}$$

是有意义的. 通常, 我们称之为A的k次**幂**.

关于方阵乘积的行列式, 我们有如下重要结论.

定理 1 若A和B均为$\mathbb{P}^{n\times n}$中的矩阵, 则$|AB| = |A||B|$.

证明 设$\boldsymbol{A}=(a_{ij})_{n\times n}, \boldsymbol{B}=(b_{ij})_{n\times n}, \boldsymbol{C}=\boldsymbol{AB}$, 则

$$|\boldsymbol{A}||\boldsymbol{B}|=\begin{vmatrix} \boldsymbol{A} & \boldsymbol{O} \\ (-1)\boldsymbol{E} & \boldsymbol{B} \end{vmatrix} = \begin{vmatrix} a_{11} & \cdots & a_{1n} & 0 & \cdots & 0 \\ \vdots & & \vdots & \vdots & \ddots & \vdots \\ a_{n1} & \cdots & a_{nn} & 0 & \cdots & 0 \\ -1 & & & b_{11} & \cdots & b_{1n} \\ & \ddots & & \vdots & \ddots & \vdots \\ & & -1 & b_{n1} & \cdots & b_{nn} \end{vmatrix}$$

$$\xlongequal[j=1,2,\cdots,n]{C_{n+j}+\sum\limits_{i=1}^{n} b_{ij}C_i} \begin{vmatrix} \boldsymbol{A} & \boldsymbol{C} \\ (-1)\boldsymbol{E} & \boldsymbol{O} \end{vmatrix} = |\boldsymbol{C}| = |\boldsymbol{AB}|.$$

□

例 7 设$\boldsymbol{AB}+\boldsymbol{E}=\boldsymbol{O}$, $|\boldsymbol{A}|=2$, 求$|\boldsymbol{B}|$.

解 由$\boldsymbol{AB}+\boldsymbol{E}=\boldsymbol{O}$得$\boldsymbol{AB}=(-1)\boldsymbol{E}$, 从而$|\boldsymbol{A}||\boldsymbol{B}|=|(-1)\boldsymbol{E}|$, 故

$$|\boldsymbol{B}|=\frac{1}{|\boldsymbol{A}|}|(-1)\boldsymbol{E}|=\frac{1}{2}(-1)^n.$$

□

四、矩阵的转置运算

设$\boldsymbol{A}=(a_{ij})_{m\times n}\in\mathbb{P}^{m\times n}$, $\boldsymbol{B}=(b_{ij})_{n\times m}\in\mathbb{P}^{n\times m}$, 如果$b_{ij}=a_{ji}(i=1,2,\cdots,n,$ $j=1,2,\cdots,m)$, 则我们称$\boldsymbol{B}$是$\boldsymbol{A}$的**转置矩阵**, 记作$\boldsymbol{B}\triangleq\boldsymbol{A}^{\mathrm{T}}$或$(\boldsymbol{B}\triangleq\boldsymbol{A}')$. 我们也称上述运算过程为矩阵的转置运算.

不难验证, 数域$\mathbb{P}$上矩阵的转置运算具有以下运算规律.

1) $(\boldsymbol{A}^{\mathrm{T}})^{\mathrm{T}}=\boldsymbol{A}$.

2) $(\boldsymbol{A}\pm\boldsymbol{B})^{\mathrm{T}}=\boldsymbol{A}^{\mathrm{T}}\pm\boldsymbol{B}^{\mathrm{T}}$.

3) $(c\boldsymbol{A})^{\mathrm{T}}=c\boldsymbol{A}^{\mathrm{T}} \quad (c\in\mathbb{P})$.

4) $(\boldsymbol{AB})^{\mathrm{T}}=\boldsymbol{B}^{\mathrm{T}}\boldsymbol{A}^{\mathrm{T}}$.

5) $r(\boldsymbol{A})=r(\boldsymbol{A}^{\mathrm{T}})$.

6) 当矩阵$\boldsymbol{A}$是方阵时, $|\boldsymbol{A}|=|\boldsymbol{A}^{\mathrm{T}}|$.

这里$\boldsymbol{A},\boldsymbol{B}$是$\mathbb{P}^{m\times n}$中的任意两个矩阵, c为$\mathbb{P}$中的任意数.

§3.2 矩阵求逆

数的除法可以化为数与另一数的倒数之积. 矩阵中与倒数相类似的概念是逆矩阵, 利用它, 我们可以对一部分矩阵实施类似于数的除法的一种运算. 在本节中, 我们讨论逆矩阵概念的形成、相关特性及其计算.

众所周知, 对于给定的数a, 如果存在数b使得$ab=1=ba$, 则我们称b是a的倒数. 我们知道这样的b是唯一的并可记作$a^{-1}=b$. 类似地,

定义 6 设$\boldsymbol{A}$是$\mathbb{P}^{n\times n}$中的一个方阵, $\boldsymbol{E}$为$\mathbb{P}^{n\times n}$中的单位矩阵, 若存在$\mathbb{P}^{n\times n}$中

的方阵$\boldsymbol{B}$使得

$$\boldsymbol{AB}=\boldsymbol{E}=\boldsymbol{BA} \tag{2}$$

则我们称$\boldsymbol{A}$ 是**可逆的**(或是**非退化的** 或是**非奇异的**), 并称$\boldsymbol{B}$ 为其**逆矩阵**. 如果对所有的$\boldsymbol{B}\in\mathbb{P}^{n\times n}$, (2)均不成立, 则我们称$\boldsymbol{A}$是**不可逆的** (或是**退化的** 或是**奇异的**).

显然, 若n阶矩阵$\boldsymbol{A}$, $\boldsymbol{B}$使得(2)成立, 则$\boldsymbol{A}$, $\boldsymbol{B}$ 均可逆.

定理 2 若数域$\mathbb{P}$上的n 阶方阵$\boldsymbol{A}$ 可逆, 则$\boldsymbol{A}$的逆矩阵唯一.

证明 事实上, 若存在数域$\mathbb{P}$上的n 阶矩阵$\boldsymbol{B}$ 和$\boldsymbol{C}$ 使得

$$\boldsymbol{AB}=\boldsymbol{BA}=\boldsymbol{E},\quad \boldsymbol{AC}=\boldsymbol{CA}=\boldsymbol{E},$$

则

$$\boldsymbol{B}=\boldsymbol{BE}=\boldsymbol{B}(\boldsymbol{AC})=(\boldsymbol{BA})\boldsymbol{C}=\boldsymbol{EC}=\boldsymbol{C}.$$

唯一性得证. □

通常, 当数域$\mathbb{P}$上的方阵$\boldsymbol{A}$可逆时, 我们记$\boldsymbol{A}$的唯一逆矩阵为$\boldsymbol{A}^{-1}$.

定理 3 设$\boldsymbol{A}$是数域$\mathbb{P}$上的n 阶方阵, 则$\boldsymbol{A}$可逆$\Longleftrightarrow |\boldsymbol{A}|\neq 0\Longleftrightarrow r(\boldsymbol{A})=n$ (即$\boldsymbol{A}$ **满秩**).

证明 第二个充要条件是已知的(第二章习题19). 以下只证明第一个充要条件.

"$\Longrightarrow$" 若$\boldsymbol{A}$ 可逆, 则依定义6, 存在$\boldsymbol{B}\in\mathbb{P}^{n\times n}$使得$\boldsymbol{AB}=\boldsymbol{E}$. 由定理1知,

$$|\boldsymbol{A}||\boldsymbol{B}|=|\boldsymbol{E}|=1,$$

故

$$|\boldsymbol{A}|\neq 0.$$

"$\Longleftarrow$" 令

$$\boldsymbol{A}^*=\begin{pmatrix} A_{11} & A_{21} & \cdots & A_{n1}\\ A_{12} & A_{22} & \cdots & A_{n2}\\ \vdots & \vdots & \ddots & \vdots\\ A_{1n} & A_{2n} & \cdots & A_{nn}\end{pmatrix}, \tag{3}$$

这里A_{ij}是$\boldsymbol{A}$ 的第i行和第j列交叉位置上元素的代数余子式$(i,j=1,2,\cdots,n)$, 则

$$\boldsymbol{AA}^*=\boldsymbol{A}^*\boldsymbol{A}=|\boldsymbol{A}|\boldsymbol{E}. \tag{4}$$

于是, 当$|\boldsymbol{A}|\neq 0$ 时, 有

$$\boldsymbol{A}(\frac{1}{|\boldsymbol{A}|}\boldsymbol{A}^*)=(\frac{1}{|\boldsymbol{A}|}\boldsymbol{A}^*)\boldsymbol{A}=\boldsymbol{E}.$$

依定义6及定理2, $\boldsymbol{A}$可逆, 且$\frac{1}{|\boldsymbol{A}|}\boldsymbol{A}^*$ 即为$\boldsymbol{A}$ 的逆矩阵, 即$\boldsymbol{A}^{-1}=\frac{1}{|\boldsymbol{A}|}\boldsymbol{A}^*$. □

定理3不仅告诉我们判定矩阵可逆的条件, 而且告诉了我们逆矩阵的构造方法. 通常我们称(3) 所定义的$\boldsymbol{A}^*$ 为$\boldsymbol{A}$ 的**伴随矩阵**.

定理 4 设$\boldsymbol{A}$, $\boldsymbol{B}$ 为数域$\mathbb{P}$ 上的n 阶方阵, 若$\boldsymbol{AB}=\boldsymbol{E}$或$\boldsymbol{BA}=\boldsymbol{E}$, 则$\boldsymbol{A}$ 可逆且$\boldsymbol{A}^{-1}=\boldsymbol{B}$.

证明 若$\boldsymbol{AB}=\boldsymbol{E}$或$\boldsymbol{BA}=\boldsymbol{E}$, 则$|\boldsymbol{A}||\boldsymbol{B}|=|\boldsymbol{E}|=1$, 故$|\boldsymbol{A}|\neq 0$, 依定理3, $\boldsymbol{A}$ 可逆或$\boldsymbol{A}^{-1}$ 存在, 且

$$\boldsymbol{A}^{-1}=\boldsymbol{A}^{-1}\boldsymbol{E}=\boldsymbol{A}^{-1}(\boldsymbol{AB})=(\boldsymbol{A}^{-1}\boldsymbol{A})\boldsymbol{B}=\boldsymbol{EB}=\boldsymbol{B}.$$

□

由定理4, 我们可知, 要验证矩阵$\boldsymbol{B}$是否为矩阵$\boldsymbol{A}$的逆矩阵, 只要验证定义6中左右两个等式中的任意一个即可, 从而减少了验证时所需要的计算量.

请读者自行验证, 当数域$\mathbb{P}$上的矩阵$\boldsymbol{A}$和$\boldsymbol{B}$可逆时, 下述运算规律成立.

1) $(\boldsymbol{A}^{-1})^{-1}=\boldsymbol{A}$.

2) $(\boldsymbol{AB})^{-1}=\boldsymbol{B}^{-1}\boldsymbol{A}^{-1}$.

3) $(c\boldsymbol{A})^{-1}=\dfrac{1}{c}\boldsymbol{A}^{-1}, \quad (c\in\mathbb{P},\ c\neq 0)$.

4) $(\boldsymbol{A}^{\mathrm{T}})^{-1}=(\boldsymbol{A}^{-1})^{\mathrm{T}}$.

5) $|\boldsymbol{A}^{-1}|=|\boldsymbol{A}|^{-1}$.

当$\boldsymbol{A}$可逆时, 对任意整数k, 我们记

$$\boldsymbol{A}^{-k}\triangleq \overbrace{\boldsymbol{A}^{-1}\boldsymbol{A}^{-1}\cdots\boldsymbol{A}^{-1}}^{\text{共}k\text{个相乘}}.$$

例 8 已知$\boldsymbol{A}_{2\times 2}=\begin{pmatrix}2&1\\5&3\end{pmatrix}$, 求$\boldsymbol{A}^{-1}$.

解 由$|\boldsymbol{A}|=1$得$|\boldsymbol{A}|\neq 0$, 因而$\boldsymbol{A}$可逆. 其逆为

$$\boldsymbol{A}^{-1}=\frac{1}{|\boldsymbol{A}|}\boldsymbol{A}^{*}=\begin{pmatrix}3&-1\\-5&2\end{pmatrix}.$$

□

例 9 设 $\boldsymbol{B}=\begin{pmatrix}1&2&3\\2&2&1\\3&4&3\end{pmatrix}$, $\boldsymbol{A}=\begin{pmatrix}2&1\\5&3\end{pmatrix}$, $\boldsymbol{C}=\begin{pmatrix}1&3\\2&0\\3&1\end{pmatrix}$, 求矩阵$\boldsymbol{X}$使其满足$\boldsymbol{BXA}=\boldsymbol{C}$.

解 若$\boldsymbol{A}^{-1},\boldsymbol{B}^{-1}$存在, 则用$\boldsymbol{B}^{-1}$左乘方程两边, $\boldsymbol{A}^{-1}$右乘方程两边, 我们便可得到

$$\boldsymbol{X}=\boldsymbol{B}^{-1}\boldsymbol{C}\boldsymbol{A}^{-1}=\boldsymbol{B}^{-1}\boldsymbol{C}\boldsymbol{A}^{-1}.$$

以下, 我们来判别$\boldsymbol{A},\boldsymbol{B}$的可逆性. 由例8, $\boldsymbol{A}$可逆. 因$|\boldsymbol{B}|=2$非零, 故$\boldsymbol{B}$亦可逆且

$$\boldsymbol{B}^{-1}=\frac{1}{|\boldsymbol{B}|}\boldsymbol{B}^{*}=\begin{pmatrix}1&3&-2\\-\frac{3}{2}&-3&\frac{5}{2}\\1&1&-1\end{pmatrix}.$$

从而

$$\begin{aligned}\boldsymbol{X}&=\boldsymbol{B}^{-1}\boldsymbol{C}\boldsymbol{A}^{-1}\\&=\begin{pmatrix}1&3&-2\\-\frac{3}{2}&-3&\frac{5}{2}\\1&1&-1\end{pmatrix}\begin{pmatrix}1&3\\2&0\\3&1\end{pmatrix}\begin{pmatrix}3&-1\\-5&2\end{pmatrix}\\&=\begin{pmatrix}-2&1\\10&-4\\-10&4\end{pmatrix}.\end{aligned}$$

□

例 10 设$\boldsymbol{A}\in\mathbb{P}^{n\times n}$且$|\boldsymbol{A}|\neq 0$, $\boldsymbol{b}\in\mathbb{P}^{n\times 1}$, 求$\boldsymbol{X}\in\mathbb{P}^{n\times 1}$使得$\boldsymbol{AX}=\boldsymbol{b}$.

解 因为$|\boldsymbol{A}|\neq 0$, 所以$\boldsymbol{A}$可逆. 令$\boldsymbol{X}_0=\boldsymbol{A}^{-1}\boldsymbol{b}$, 则

$$\boldsymbol{AX}_0=\boldsymbol{A}(\boldsymbol{A}^{-1}\boldsymbol{b})=(\boldsymbol{AA}^{-1})\boldsymbol{b}=\boldsymbol{Eb}=\boldsymbol{b}.$$

这说明所定义的$\boldsymbol{X}_0$是线性方程组$\boldsymbol{AX}=\boldsymbol{b}$的一个解.

接下来, 我们证明$\boldsymbol{X}_0$是$\mathbb{P}^{n\times 1}$中唯一满足$\boldsymbol{AX}=\boldsymbol{b}$的矩阵.

事实上, 若$\boldsymbol{AY}=\boldsymbol{b}$, 则$\boldsymbol{AY}=\boldsymbol{AX}_0$. 该等式两端同时用$\boldsymbol{A}^{-1}$左乘, 则

$$\boldsymbol{A}^{-1}(\boldsymbol{AY})=\boldsymbol{A}^{-1}(\boldsymbol{AX}_0),$$

故

$$\boldsymbol{X}_0=\boldsymbol{Y},$$

这说明满足$\boldsymbol{AX}=\boldsymbol{b}$的矩阵是唯一的.

最后, 我们计算$\boldsymbol{X}_0$的各个分量$x_1,x_2,\cdots,x_n$. 依定理3,

$$\boldsymbol{A}^{-1}=\frac{1}{|\boldsymbol{A}|}\begin{pmatrix}A_{11}&A_{21}&\cdots&A_{n1}\\A_{12}&A_{22}&\cdots&A_{n2}\\\vdots&\vdots&\ddots&\vdots\\A_{1n}&A_{2n}&\cdots&A_{nn}\end{pmatrix},$$

从而

$$\begin{aligned}\boldsymbol{X}_0&=\frac{1}{|\boldsymbol{A}|}\begin{pmatrix}A_{11}&A_{21}&\cdots&A_{n1}\\A_{12}&A_{22}&\cdots&A_{n2}\\\vdots&\vdots&\ddots&\vdots\\A_{1n}&A_{2n}&\cdots&A_{nn}\end{pmatrix}\begin{pmatrix}b_1\\b_2\\\vdots\\b_n\end{pmatrix}\\&=\frac{1}{|\boldsymbol{A}|}\begin{pmatrix}b_1A_{11}+b_2A_{21}+\cdots+b_nA_{n1}\\b_1A_{12}+b_2A_{22}+\cdots+b_nA_{n2}\\\vdots\\b_1A_{1n}+b_2A_{2n}+\cdots+b_nA_{nn}\end{pmatrix}\\&=\begin{pmatrix}\frac{|\boldsymbol{A}_1|}{|\boldsymbol{A}|}\\\frac{|\boldsymbol{A}_2|}{|\boldsymbol{A}|}\\\vdots\\\frac{|\boldsymbol{A}_n|}{|\boldsymbol{A}|}\end{pmatrix},\end{aligned}$$

这里对每一满足$1\leq i\leq n$的整数i, $\boldsymbol{A}_i$为将$\boldsymbol{A}$中的第i列由$\boldsymbol{b}$替换后所得到的矩阵. 故

$$x_i=\frac{|\boldsymbol{A}_i|}{|\boldsymbol{A}|},\quad i=1,2,\cdots,n.$$

本例中, 我们实际上从矩阵运算的角度又一次证明了Cramer法则(见§2.4之例12). □

例10可以理解为Cramer法则(见§2.4之例12)的矩阵形式.

§3.3　分块矩阵的运算

一、分块矩阵的和、差、数乘 及乘积.

设$\boldsymbol{A},\boldsymbol{B}$为$\mathbb{P}^{m\times n}$中的矩阵, 经过适当的分块后成为

$$\boldsymbol{A}=\begin{pmatrix}\boldsymbol{A}_{11}&\boldsymbol{A}_{12}&\cdots&\boldsymbol{A}_{1t}\\\boldsymbol{A}_{21}&\boldsymbol{A}_{22}&\cdots&\boldsymbol{A}_{2t}\\\vdots&\vdots&\ddots&\vdots\\\boldsymbol{A}_{s1}&\boldsymbol{A}_{s2}&\cdots&\boldsymbol{A}_{st}\end{pmatrix}\begin{matrix}m_1\\m_2\\\vdots\\m_s\end{matrix},\quad \boldsymbol{B}=\begin{pmatrix}\boldsymbol{B}_{11}&\boldsymbol{B}_{12}&\cdots&\boldsymbol{B}_{1t}\\\boldsymbol{B}_{21}&\boldsymbol{B}_{22}&\cdots&\boldsymbol{B}_{2t}\\\vdots&\vdots&\ddots&\vdots\\\boldsymbol{B}_{s1}&\boldsymbol{B}_{s2}&\cdots&\boldsymbol{B}_{st}\end{pmatrix}\begin{matrix}m_1\\m_2\\\vdots\\m_s\end{matrix},$$
$$\begin{matrix}n_1&n_2&\cdots&n_t\end{matrix}\qquad\qquad\begin{matrix}n_1&n_2&\cdots&n_t\end{matrix}$$

其中$\boldsymbol{A}_{ij}$与$\boldsymbol{B}_{ij}$ 均为$m_i\times n_j$ 矩阵$(i=1,2,\cdots,s,j=1,2,\cdots,t)$, 且 $m=\sum\limits_{i=1}^{s}m_i$, $n=\sum\limits_{i=1}^{t}n_i$.

分块矩阵$\boldsymbol{A}$与$\boldsymbol{B}$的**和**(或**加法运算**, 记作$+$)与**差**(或**减法运算**, 记作$-$)定义为

$$\boldsymbol{A}\pm\boldsymbol{B}\triangleq\begin{pmatrix}\boldsymbol{A}_{11}\pm\boldsymbol{B}_{11}&\boldsymbol{A}_{12}\pm\boldsymbol{B}_{12}&\cdots&\boldsymbol{A}_{1t}\pm\boldsymbol{B}_{1t}\\\boldsymbol{A}_{21}\pm\boldsymbol{B}_{21}&\boldsymbol{A}_{22}\pm\boldsymbol{B}_{22}&\cdots&\boldsymbol{A}_{2t}\pm\boldsymbol{B}_{2t}\\\vdots&\vdots&\ddots&\vdots\\\boldsymbol{A}_{s1}\pm\boldsymbol{B}_{s1}&\boldsymbol{A}_{s2}\pm\boldsymbol{B}_{s2}&\cdots&\boldsymbol{A}_{st}\pm\boldsymbol{B}_{st}\end{pmatrix}\begin{matrix}m_1\\m_2\\\vdots\\m_s\end{matrix}.$$
$$\begin{matrix}n_1&n_2&\cdots&n_t\end{matrix}$$

而$\mathbb{P}$ 中的数c 与$\boldsymbol{A}$ 的数量乘积定义为

$$c\boldsymbol{A}\triangleq\begin{pmatrix}c\boldsymbol{A}_{11}&c\boldsymbol{A}_{12}&\cdots&c\boldsymbol{A}_{1t}\\c\boldsymbol{A}_{21}&c\boldsymbol{A}_{22}&\cdots&c\boldsymbol{A}_{2t}\\\vdots&\vdots&\ddots&\vdots\\c\boldsymbol{A}_{s1}&c\boldsymbol{A}_{s2}&\cdots&c\boldsymbol{A}_{st}\end{pmatrix}\begin{matrix}m_1\\m_2\\\vdots\\m_s\end{matrix}.$$
$$\begin{matrix}n_1&n_2&\cdots&n_t\end{matrix}$$

显然$\boldsymbol{A}\pm\boldsymbol{B}$及$c\boldsymbol{A}$依然是$\mathbb{P}^{m\times n}$中的一个矩阵.

设$\boldsymbol{A}$ 与$\boldsymbol{B}$ 分别为$\mathbb{P}^{m\times s}$ 及$\mathbb{P}^{s\times n}$ 中的矩阵, 经过适当的分块后得

$$\boldsymbol{A}=\begin{pmatrix}\boldsymbol{A}_{11}&\boldsymbol{A}_{12}&\cdots&\boldsymbol{A}_{1t}\\\boldsymbol{A}_{21}&\boldsymbol{A}_{22}&\cdots&\boldsymbol{A}_{2t}\\\vdots&\vdots&\ddots&\vdots\\\boldsymbol{A}_{p1}&\boldsymbol{A}_{p2}&\cdots&\boldsymbol{A}_{pt}\end{pmatrix}\begin{matrix}m_1\\m_2\\\vdots\\m_p\end{matrix},\quad \boldsymbol{B}=\begin{pmatrix}\boldsymbol{B}_{11}&\boldsymbol{B}_{12}&\cdots&\boldsymbol{B}_{1q}\\\boldsymbol{B}_{21}&\boldsymbol{B}_{22}&\cdots&\boldsymbol{B}_{2q}\\\vdots&\vdots&\ddots&\vdots\\\boldsymbol{B}_{t1}&\boldsymbol{B}_{t2}&\cdots&\boldsymbol{B}_{tq}\end{pmatrix}\begin{matrix}s_1\\s_2\\\vdots\\s_t\end{matrix}.$$
$$\begin{matrix}s_1&s_2&\cdots&s_t\end{matrix}\qquad\qquad\begin{matrix}n_1&n_2&\cdots&n_q\end{matrix}$$

其中$\boldsymbol{A}_{ij}$ 为$m_i\times s_j$ 矩阵$(i=1,2,\cdots,p,j=1,2,\cdots,t)$, $\boldsymbol{B}_{jk}$ 为$s_j\times n_k$ 矩阵$(j=1,2,\cdots,t,k=1,2,\cdots,q)$, 且$m=\sum\limits_{i=1}^{p}m_i,s=\sum\limits_{j=1}^{t}s_j,n=\sum\limits_{k=1}^{q}n_k$, 则分块矩阵$\boldsymbol{A}$与$\boldsymbol{B}$的

积定义为

$$
\begin{aligned}
\boldsymbol{AB} &\triangleq \left(\sum_{q=1}^{t} \boldsymbol{A}_{iq}\boldsymbol{B}_{qj}\right)_{pq} \\
&= \begin{pmatrix}
\boldsymbol{A}_{11}\boldsymbol{B}_{11}+\boldsymbol{A}_{12}\boldsymbol{B}_{21}+\cdots+\boldsymbol{A}_{1t}\boldsymbol{B}_{t1} & \cdots & \boldsymbol{A}_{11}\boldsymbol{B}_{1q}+\boldsymbol{A}_{12}\boldsymbol{B}_{2q}+\cdots+\boldsymbol{A}_{1t}\boldsymbol{B}_{tq} \\
\boldsymbol{A}_{21}\boldsymbol{B}_{11}+\boldsymbol{A}_{22}\boldsymbol{B}_{21}+\cdots+\boldsymbol{A}_{2t}\boldsymbol{B}_{t1} & \cdots & \boldsymbol{A}_{21}\boldsymbol{B}_{1q}+\boldsymbol{A}_{22}\boldsymbol{B}_{2q}+\cdots+\boldsymbol{A}_{2t}\boldsymbol{B}_{tq} \\
\vdots & \ddots & \vdots \\
\boldsymbol{A}_{p1}\boldsymbol{B}_{11}+\boldsymbol{A}_{p2}\boldsymbol{B}_{21}+\cdots+\boldsymbol{A}_{pt}\boldsymbol{B}_{t1} & \cdots & \boldsymbol{A}_{p1}\boldsymbol{B}_{1q}+\boldsymbol{A}_{p2}\boldsymbol{B}_{2q}+\cdots+\boldsymbol{A}_{pt}\boldsymbol{B}_{tq}
\end{pmatrix}
\begin{matrix} m_1 \\ m_2 \\ \vdots \\ m_p \end{matrix}. \\
&\qquad\qquad n_1 \qquad\qquad\qquad \cdots \qquad\qquad\qquad n_q
\end{aligned}
$$

从上述定义可知分块矩阵的求和、求差、求数乘或求积相当于将每一个矩阵子块看成为一个元素时的矩阵的求和、求差、求数乘或求积. 在求和时, 我们要求矩阵行与列的分块方式都相同, 在求积时, 我们要求右边矩阵的行分块方式与左边矩阵的列分块方式相同.

直接验证可知分块求矩阵的和、差与积所得的矩阵与不对矩阵进行分块而直接对原矩阵求和、差与积所得的矩阵是相同的.

读者可以验证, §3.1 中相关运算的运算规律对分块矩阵亦成立.

例 11 试用分块矩阵的方法重新求解例6.

解 若将 $\boldsymbol{A}$ 按行分块得 $\begin{pmatrix} \boldsymbol{\alpha}_1 \\ \boldsymbol{\alpha}_2 \\ \vdots \\ \boldsymbol{\alpha}_m \end{pmatrix}$, 则

$$
\boldsymbol{BA} = \begin{pmatrix} \lambda_1 & 0 & \cdots & 0 \\ 0 & \lambda_2 & \cdots & 0 \\ \vdots & \vdots & \ddots & \vdots \\ 0 & 0 & \cdots & \lambda_m \end{pmatrix} \begin{pmatrix} \boldsymbol{\alpha}_1 \\ \boldsymbol{\alpha}_2 \\ \vdots \\ \boldsymbol{\alpha}_m \end{pmatrix} = \begin{pmatrix} \lambda_1\boldsymbol{\alpha}_1 \\ \lambda_2\boldsymbol{\alpha}_2 \\ \vdots \\ \lambda_m\boldsymbol{\alpha}_m \end{pmatrix}.
$$

若将 $\boldsymbol{A}$ 按列分块成 $\boldsymbol{A} = \begin{pmatrix} \boldsymbol{\beta}_1 & \boldsymbol{\beta}_2 & \cdots & \boldsymbol{\beta}_n \end{pmatrix}$, 则

$$
\boldsymbol{AC} = \begin{pmatrix} \boldsymbol{\beta}_1 & \boldsymbol{\beta}_2 & \cdots & \boldsymbol{\beta}_n \end{pmatrix} \begin{pmatrix} \mu_1 & 0 & \cdots & 0 \\ 0 & \mu_2 & \cdots & 0 \\ \vdots & \vdots & \ddots & \vdots \\ 0 & 0 & \cdots & \mu_n \end{pmatrix} = \begin{pmatrix} \mu_1\boldsymbol{\beta}_1 & \mu_2\boldsymbol{\beta}_2 & \cdots & \mu_n\boldsymbol{\beta}_n \end{pmatrix}.
$$

□

二、分块矩阵的转置

设 $\boldsymbol{A}_{ij} \in \mathbb{P}^{m_i \times n_j}$ $(i = 1, 2, \cdots, s, j = 1, 2, \cdots, t)$, $m = \sum\limits_{i=1}^{n} m_i, n = \sum\limits_{i=1}^{t} n_i$, $\mathbb{P}^{m\times n}$

中的矩阵$\boldsymbol{A}$经过适当分块后成为

$$\boldsymbol{A}=\begin{pmatrix}\boldsymbol{A}_{11} & \boldsymbol{A}_{12} & \cdots & \boldsymbol{A}_{1t}\\ \boldsymbol{A}_{21} & \boldsymbol{A}_{22} & \cdots & \boldsymbol{A}_{2t}\\ \vdots & \vdots & \ddots & \vdots\\ \boldsymbol{A}_{s1} & \boldsymbol{A}_{s2} & \cdots & \boldsymbol{A}_{st}\end{pmatrix}\begin{matrix}m_1\\ m_2\\ \vdots\\ m_s\end{matrix},$$
$$\qquad\quad n_1 \quad n_2 \quad \cdots \quad n_t$$

则分块矩阵$\boldsymbol{A}$ **的转置**定义为

$$\boldsymbol{A}^{\mathrm{T}}=\begin{pmatrix}\boldsymbol{A}_{11}^{\mathrm{T}} & \boldsymbol{A}_{21}^{\mathrm{T}} & \cdots & \boldsymbol{A}_{s1}^{\mathrm{T}}\\ \boldsymbol{A}_{12}^{\mathrm{T}} & \boldsymbol{A}_{22}^{\mathrm{T}} & \cdots & \boldsymbol{A}_{s2}^{\mathrm{T}}\\ \vdots & \vdots & \ddots & \vdots\\ \boldsymbol{A}_{1t}^{\mathrm{T}} & \boldsymbol{A}_{2t}^{\mathrm{T}} & \cdots & \boldsymbol{A}_{st}^{\mathrm{T}}\end{pmatrix}\begin{matrix}n_1\\ n_2\\ \vdots\\ n_t\end{matrix}.$$
$$\qquad\quad m_1 \quad m_2 \quad \cdots \quad m_s$$

读者可以自行验证$\boldsymbol{A}$经分块后转置所形成的矩阵与将原矩阵不分块直接转置所得到的矩阵是相等的.

例 12 试用分块矩阵的运算求$\boldsymbol{AB}$, 这里

$$\boldsymbol{A}=\begin{pmatrix}1 & 0 & 1 & 3\\ 0 & 1 & 2 & 4\\ 0 & 0 & -1 & 0\\ 0 & 0 & 0 & -1\end{pmatrix},\quad \boldsymbol{B}=\begin{pmatrix}1 & 2 & 0 & 0\\ 2 & 0 & 0 & 0\\ 6 & 3 & 1 & 0\\ 0 & -2 & 0 & 1\end{pmatrix}.$$

解 将矩阵$\boldsymbol{A},\boldsymbol{B}$分块如下:

$$\boldsymbol{A}=\left(\begin{array}{cc:cc}1 & 0 & 1 & 3\\ 0 & 1 & 2 & 4\\ \hdashline 0 & 0 & -1 & 0\\ 0 & 0 & 0 & -1\end{array}\right)=\begin{pmatrix}\boldsymbol{E} & \boldsymbol{C}\\ \boldsymbol{O} & -\boldsymbol{E}\end{pmatrix}$$

$$\boldsymbol{B}=\left(\begin{array}{cc:cc}1 & 2 & 0 & 0\\ 2 & 0 & 0 & 0\\ \hdashline 6 & 3 & 1 & 0\\ 0 & -2 & 0 & 1\end{array}\right)=\begin{pmatrix}\boldsymbol{D} & \boldsymbol{O}\\ \boldsymbol{F} & \boldsymbol{E}\end{pmatrix}$$

则

$$\boldsymbol{AB}=\begin{pmatrix}\boldsymbol{E} & \boldsymbol{C}\\ \boldsymbol{O} & -\boldsymbol{E}\end{pmatrix}\begin{pmatrix}\boldsymbol{D} & \boldsymbol{O}\\ \boldsymbol{F} & \boldsymbol{E}\end{pmatrix}=\begin{pmatrix}\boldsymbol{D}+\boldsymbol{CF} & \boldsymbol{C}\\ -\boldsymbol{F} & -\boldsymbol{E}\end{pmatrix},$$

又

$$\boldsymbol{D}+\boldsymbol{CF}=\begin{pmatrix}1 & 2\\ 2 & 0\end{pmatrix}+\begin{pmatrix}1 & 3\\ 2 & 4\end{pmatrix}\begin{pmatrix}6 & 3\\ 0 & -2\end{pmatrix}=\begin{pmatrix}7 & -1\\ 14 & -2\end{pmatrix}$$

故

$$AB = \begin{pmatrix} 7 & -1 & 1 & 3 \\ 14 & -2 & 2 & 4 \\ -6 & -3 & -1 & 0 \\ 0 & 2 & 0 & -1 \end{pmatrix}.$$

□

例 13 已知$A = \left(\begin{array}{ccc:c} 1 & 2 & 3 & 4 \\ 2 & 3 & 4 & 1 \\ \hdashline 3 & 4 & 1 & 2 \end{array}\right)$, 求$A^T$

解 由于矩阵

$$A_{11} = \begin{pmatrix} 1 & 2 & 3 \\ 2 & 3 & 4 \end{pmatrix}, \quad A_{12} = \begin{pmatrix} 4 \\ 1 \end{pmatrix}, \quad A_{21} = \begin{pmatrix} 3 & 4 & 1 \end{pmatrix}, \quad A_{22} = \begin{pmatrix} 2 \end{pmatrix}$$

的转置分别为

$$A_{11}^T = \begin{pmatrix} 1 & 2 \\ 2 & 3 \\ 3 & 4 \end{pmatrix}, \quad A_{12}^T = \begin{pmatrix} 4 & 1 \end{pmatrix}, \quad A_{21}^T = \begin{pmatrix} 3 \\ 4 \\ 1 \end{pmatrix}, \quad A_{22}^T = \begin{pmatrix} 2 \end{pmatrix}.$$

故

$$A^T = \begin{pmatrix} A_{11}^T & A_{21}^T \\ A_{12}^T & A_{22}^T \end{pmatrix} = \left(\begin{array}{cc:c} 1 & 2 & 3 \\ 2 & 3 & 4 \\ 3 & 4 & 1 \\ \hdashline 4 & 1 & 2 \end{array}\right).$$

□

例 14 将$m \times n$矩阵A按列分块得$A = (\alpha_1 \ \alpha_2 \ \cdots \ \alpha_n)$, 由此计算$AA^T$及$A^TA$.

解

$$AA^T = (\alpha_1 \ \alpha_2 \ \cdots \ \alpha_n) \begin{pmatrix} \alpha_1^T \\ \alpha_2^T \\ \vdots \\ \alpha_n^T \end{pmatrix} = \begin{pmatrix} \alpha_1\alpha_1^T + \alpha_2\alpha_2^T + \cdots + \alpha_n\alpha_n^T \end{pmatrix},$$

$$A^TA = \begin{pmatrix} \alpha_1^T \\ \alpha_2^T \\ \vdots \\ \alpha_n^T \end{pmatrix} (\alpha_1 \ \alpha_2 \ \cdots \ \alpha_n) = \begin{pmatrix} \alpha_1^T\alpha_1 & \alpha_1^T\alpha_2 & \cdots & \alpha_1^T\alpha_n \\ \alpha_2^T\alpha_1 & \alpha_2^T\alpha_2 & \cdots & \alpha_2^T\alpha_n \\ \vdots & \vdots & & \vdots \\ \alpha_n^T\alpha_1 & \alpha_n^T\alpha_2 & \cdots & \alpha_n^T\alpha_n \end{pmatrix}.$$

□

读者可以自行验证§3.1中矩阵转置运算相关的运算规律对分块矩阵的转置运算亦成立.

三、分块矩阵的求逆

如果矩阵的结构特殊, 则对矩阵进行分块后求逆是有益的.

例 15 设$\boldsymbol{A} \in \mathbb{P}^{s\times s}$与$\boldsymbol{B} \in \mathbb{P}^{t\times t}$均可逆, $\boldsymbol{O} \in \mathbb{P}^{s\times t}$为零矩阵, $\boldsymbol{C} \in \mathbb{P}^{t\times s}$, 试证明$\begin{pmatrix} \boldsymbol{A} & \boldsymbol{O} \\ \boldsymbol{C} & \boldsymbol{B} \end{pmatrix}$可逆并求其逆.

证明 由$\boldsymbol{A},\boldsymbol{B}$可逆知$\begin{vmatrix} \boldsymbol{A} & \boldsymbol{O} \\ \boldsymbol{C} & \boldsymbol{B} \end{vmatrix} = |\boldsymbol{A}||\boldsymbol{B}| \neq 0$, 所以$\begin{pmatrix} \boldsymbol{A} & \boldsymbol{O} \\ \boldsymbol{C} & \boldsymbol{B} \end{pmatrix}$可逆. 设

$$\begin{pmatrix} \boldsymbol{A} & \boldsymbol{O} \\ \boldsymbol{C} & \boldsymbol{B} \end{pmatrix}^{-1} = \begin{pmatrix} \boldsymbol{X}_{11} & \boldsymbol{X}_{12} \\ \boldsymbol{X}_{21} & \boldsymbol{X}_{22} \end{pmatrix},$$

这里$\boldsymbol{X}_{11},\boldsymbol{X}_{12},\boldsymbol{X}_{21},\boldsymbol{X}_{22}$分别是$\mathbb{P}$上的$s\times s, s\times t, t\times s, t\times t$矩阵. 依逆矩阵的定义, 我们有

$$\begin{pmatrix} \boldsymbol{A} & \boldsymbol{O} \\ \boldsymbol{C} & \boldsymbol{B} \end{pmatrix}\begin{pmatrix} \boldsymbol{X}_{11} & \boldsymbol{X}_{12} \\ \boldsymbol{X}_{21} & \boldsymbol{X}_{22} \end{pmatrix} = \begin{pmatrix} \boldsymbol{E}_s & \boldsymbol{O} \\ O & \boldsymbol{E}_t \end{pmatrix},$$

即

$$\begin{cases} \boldsymbol{A}\boldsymbol{X}_{11} = \boldsymbol{E}_s, \\ \boldsymbol{C}\boldsymbol{X}_{11} + \boldsymbol{B}\boldsymbol{X}_{21} = \boldsymbol{O}, \\ \boldsymbol{A}\boldsymbol{X}_{12} = \boldsymbol{O}, \\ \boldsymbol{C}\boldsymbol{X}_{12} + \boldsymbol{B}\boldsymbol{X}_{22} = \boldsymbol{E}_t. \end{cases}$$

解之得

$$\begin{cases} \boldsymbol{X}_{11} = \boldsymbol{A}^{-1}, \\ \boldsymbol{X}_{12} = \boldsymbol{O}, \\ \boldsymbol{X}_{21} = -\boldsymbol{B}^{-1}\boldsymbol{C}\boldsymbol{A}^{-1}, \\ \boldsymbol{X}_{22} = \boldsymbol{B}^{-1}, \end{cases}$$

故

$$\begin{pmatrix} \boldsymbol{A} & \boldsymbol{O} \\ \boldsymbol{C} & \boldsymbol{B} \end{pmatrix}^{-1} = \begin{pmatrix} \boldsymbol{A}^{-1} & \boldsymbol{O} \\ -\boldsymbol{B}^{-1}\boldsymbol{C}\boldsymbol{A}^{-1} & \boldsymbol{B}^{-1} \end{pmatrix}.$$

□

四、准对角阵及其运算

设$\boldsymbol{A} \in \mathbb{P}^{n\times n}$且$\boldsymbol{A}$经适当分块后有形式

$$\boldsymbol{A} = \begin{pmatrix} \boldsymbol{A}_1 & & & \\ & \boldsymbol{A}_2 & & \\ & & \ddots & \\ & & & \boldsymbol{A}_s \end{pmatrix} \begin{matrix} n_1 \\ n_2 \\ \vdots \\ n_s \end{matrix},$$

$$\qquad n_1 \quad n_2 \quad \cdots \quad n_s$$

其中$\boldsymbol{A}_i \in \mathbb{P}^{n_i\times n_i}$为$n_i$阶方阵$(i=1,2,\cdots,s)$, $n = \sum\limits_{i=1}^{s} n_i$, 我们称这样的分块矩阵

为**n阶准对角阵**. 仿照非分块矩阵的做法, 我们也将它记为$\boldsymbol{A} \triangleq diag(\boldsymbol{A}_1, \boldsymbol{A}_2, \cdots, \boldsymbol{A}_s)$.

准对角阵矩阵具有如下运算性质.

1) 若$\boldsymbol{A}_i$ 与$\boldsymbol{B}_i$均为同阶方阵$(i=1,2,\cdots,s)$, 则

$$\begin{pmatrix} \boldsymbol{A}_1 & & & \\ & \boldsymbol{A}_2 & & \\ & & \ddots & \\ & & & \boldsymbol{A}_s \end{pmatrix} \pm \begin{pmatrix} \boldsymbol{B}_1 & & & \\ & \boldsymbol{B}_2 & & \\ & & \ddots & \\ & & & \boldsymbol{B}_s \end{pmatrix} = \begin{pmatrix} \boldsymbol{A}_1 \pm \boldsymbol{B}_1 & & & \\ & \boldsymbol{A}_2 \pm \boldsymbol{B}_2 & & \\ & & \ddots & \\ & & & \boldsymbol{A}_s \pm \boldsymbol{B}_s \end{pmatrix}$$

及

$$\begin{pmatrix} \boldsymbol{A}_1 & & & \\ & \boldsymbol{A}_2 & & \\ & & \ddots & \\ & & & \boldsymbol{A}_s \end{pmatrix} \begin{pmatrix} \boldsymbol{B}_1 & & & \\ & \boldsymbol{B}_2 & & \\ & & \ddots & \\ & & & \boldsymbol{B}_s \end{pmatrix} = \begin{pmatrix} \boldsymbol{A}_1\boldsymbol{B}_1 & & & \\ & \boldsymbol{A}_2\boldsymbol{B}_2 & & \\ & & \ddots & \\ & & & \boldsymbol{A}_s\boldsymbol{B}_s \end{pmatrix}.$$

2) 若$\boldsymbol{A}_i$为方阵$(i=1,2,\cdots,s)$, 则

$$\begin{vmatrix} \boldsymbol{A}_1 & & & \\ & \boldsymbol{A}_2 & & \\ & & \ddots & \\ & & & \boldsymbol{A}_s \end{vmatrix} = \prod_{i=1}^{s} |\boldsymbol{A}_i|.$$

3) 若$|\boldsymbol{A}_i| \neq 0 (i=1,2,\cdots,s)$, 则

$$\begin{pmatrix} \boldsymbol{A}_1 & & & \\ & \boldsymbol{A}_2 & & \\ & & \ddots & \\ & & & \boldsymbol{A}_s \end{pmatrix}^{-1} = \begin{pmatrix} \boldsymbol{A}_1^{-1} & & & \\ & \boldsymbol{A}_2^{-1} & & \\ & & \ddots & \\ & & & \boldsymbol{A}_s^{-1} \end{pmatrix}.$$

§3.4 矩阵的初等变换与矩阵乘法

设$\boldsymbol{E}$ 为$\mathbb{P}$ 上的n 阶单位阵, 对$\boldsymbol{E}$实施一次初等行变换(或初等列变换), 则

1) 当实施$R_{st}(C_{st})(s<t)$时,

$$\boldsymbol{E} \xrightarrow[C_{st}]{R_{st}} \begin{pmatrix} 1 & & & & & & \\ & \ddots & & & & & \\ & & 0 & & 1 & & \\ & & & \ddots & & & \\ & & 1 & & 0 & & \\ & & & & & \ddots & \\ & & & & & & 1 \end{pmatrix} \begin{matrix} \\ \\ s \\ \cdot \\ t \\ \\ \\ \end{matrix} \qquad (5)$$

$$\qquad\qquad\qquad s \qquad\quad t$$

2) 当实施$cR_s(cC_s)$(这里c是$\mathbb{P}$中的非零常数)时,

$$\boldsymbol{E} \xrightarrow[cC_s]{cR_s} \begin{pmatrix} 1 & & & & \\ & \ddots & & & \\ & & c & & \\ & & & \ddots & \\ & & & & 1 \end{pmatrix} \begin{matrix} \\ \\ s \\ \\ \\ \end{matrix} \quad (c \neq 0). \tag{6}$$
$$\qquad\qquad\qquad s$$

3) 当实施$R_s + cR_t(C_s + cC_t)(s < t)$时,

$$\boldsymbol{E} \xrightarrow[C_t+cC_s]{R_s+cR_t} \begin{pmatrix} 1 & & & & & & \\ & \ddots & & & & & \\ & & 1 & & c & & \\ & & & \ddots & & & \\ & & & & 1 & & \\ & & & & & \ddots & \\ & & & & & & 1 \end{pmatrix} \begin{matrix} \\ \\ s \\ (s<t) \\ t \\ \\ \\ \end{matrix} \tag{7}$$
$$\qquad\qquad s \qquad\quad t$$

或

$$\boldsymbol{E} \xrightarrow[C_t+cC_s]{R_s+cR_t} \begin{pmatrix} 1 & & & & & & \\ & \ddots & & & & & \\ & & 1 & & & & \\ & & & \ddots & & & \\ & & c & & 1 & & \\ & & & & & \ddots & \\ & & & & & & 1 \end{pmatrix} \begin{matrix} \\ \\ t \\ (t<s). \\ s \\ \\ \\ \end{matrix} \tag{8}$$
$$\qquad\qquad t \qquad\quad s$$

定义 7 记(5)及(6)右侧矩阵分别为$\boldsymbol{E}_{st}$及$\boldsymbol{E}_s(c)$, 记(7)及(8)右侧矩阵为$\boldsymbol{E}_{st}(c)$. 我们称这样的n阶矩阵$\boldsymbol{E}_{st}$, $\boldsymbol{E}_s(c)(c \neq 0)$和$\boldsymbol{E}_{st}(c)$分别为互换$R_{st}(C_{st})$、倍乘$cR_s(cC_s)$以及倍加$R_s + cR_t(C_t + cC_s)$所对应的$n$阶**初等矩阵**. 我们也分别称它们是第一型、第二型及第三型初等矩阵.

因为$\boldsymbol{E}_{st}(0) = \boldsymbol{E}$, 因此, 单位矩阵是初等矩阵. 不难验证:

$$\begin{cases} \boldsymbol{E}_{st}\boldsymbol{E}_{st} = \boldsymbol{E}_{st}^2 = \boldsymbol{E}, \\ \boldsymbol{E}_s(c)\boldsymbol{E}_s(\dfrac{1}{c}) = \boldsymbol{E} \ (c \in \mathbb{P}, \ c \neq 0), \\ \boldsymbol{E}_{st}(c)\boldsymbol{E}_{st}(-c) = \boldsymbol{E}, \end{cases} \qquad 1 \leq s, t \leq n. \tag{9}$$

于是我们有

性质 1 n阶初等矩阵均可逆, 其逆仍然为n阶初等矩阵且$\forall 1 \le s,t \le n, \forall c \in \mathbb{P}$,

$$\boldsymbol{E}_{st}^{-1} = \boldsymbol{E}_{st}, \boldsymbol{E}_s^{-1}(c) = \boldsymbol{E}_s(\frac{1}{c})\ (c \ne 0),\ \boldsymbol{E}_{st}^{-1}(c) = \boldsymbol{E}_{st}(-c). \tag{10}$$

(10)式说明初等变换及其逆向变换所对应的两个初等矩阵互为逆矩阵.

定理 5 对矩阵实施一次初等行(或列) 变换所得的新矩阵等于用该初等变换所对应的初等矩阵左乘(或右乘)原矩阵所得的积.

证明 我们仅对初等行变换证明本定理(类似地, 我们可以证明定理对于初等列变换亦成立). 设$\boldsymbol{A} \in \mathbb{P}^{m\times n}$, 此时将$\boldsymbol{A}$ 按行分成m 个行块, 即

$$\boldsymbol{A} = \begin{pmatrix} \boldsymbol{\alpha}_1 \\ \boldsymbol{\alpha}_2 \\ \vdots \\ \boldsymbol{\alpha}_m \end{pmatrix}.$$

1) 对$\boldsymbol{A}$ 实施R_{st}, 此时我们不妨假设$s<t$, 则

$$\boldsymbol{E}_{st}\boldsymbol{A} = \begin{array}{c} \\ \\ s \\ \\ t \\ \\ \\ \end{array} \overset{\qquad\qquad\quad s \qquad\quad t}{\begin{pmatrix} 1 & & & & & & \\ & \ddots & & & & & \\ & & 0 & & 1 & & \\ & & & \ddots & & & \\ & & 1 & & 0 & & \\ & & & & & \ddots & \\ & & & & & & 1 \end{pmatrix}} \begin{pmatrix} \boldsymbol{\alpha}_1 \\ \vdots \\ \boldsymbol{\alpha}_s \\ \vdots \\ \boldsymbol{\alpha}_t \\ \vdots \\ \boldsymbol{\alpha}_m \end{pmatrix} \begin{array}{c} \\ \\ s \\ \\ t \\ \\ \\ \end{array} = \begin{pmatrix} \boldsymbol{\alpha}_1 \\ \vdots \\ \boldsymbol{\alpha}_t \\ \vdots \\ \boldsymbol{\alpha}_s \\ \vdots \\ \boldsymbol{\alpha}_m \end{pmatrix} \begin{array}{c} \\ \\ s \\ \\ t \\ \\ \\ \end{array}. \tag{11}$$

2) 对$\boldsymbol{A}$ 实施$cR_s (c \ne 0)$, 则

$$\boldsymbol{E}_s(c)\boldsymbol{A} = \begin{array}{c} \\ \\ s \\ \\ \\ \end{array} \overset{\qquad\qquad s}{\begin{pmatrix} 1 & & & & \\ & \ddots & & & \\ & & c & & \\ & & & \ddots & \\ & & & & 1 \end{pmatrix}} \begin{pmatrix} \boldsymbol{\alpha}_1 \\ \vdots \\ \boldsymbol{\alpha}_s \\ \vdots \\ \boldsymbol{\alpha}_m \end{pmatrix} \begin{array}{c} \\ \\ s \\ \\ \\ \end{array} = \begin{pmatrix} \boldsymbol{\alpha}_1 \\ \vdots \\ c\boldsymbol{\alpha}_s \\ \vdots \\ \boldsymbol{\alpha}_m \end{pmatrix} \begin{array}{c} \\ \\ s \\ \\ \\ \end{array}. \tag{12}$$

3) 对$\boldsymbol{A}$ 实施$R_s + cR_t$, 仿1), 我们不妨假设$s<t$, 则

$$\boldsymbol{E}_{st}(c)\boldsymbol{A} = \begin{array}{c} \\ \\ s \\ \\ t \\ \\ \\ \end{array} \overset{\qquad\qquad\quad s \qquad\quad t}{\begin{pmatrix} 1 & & & & & & \\ & \ddots & & & & & \\ & & 1 & & c & & \\ & & & \ddots & & & \\ & & & & 1 & & \\ & & & & & \ddots & \\ & & & & & & 1 \end{pmatrix}} \begin{pmatrix} \boldsymbol{\alpha}_1 \\ \vdots \\ \boldsymbol{\alpha}_s \\ \vdots \\ \boldsymbol{\alpha}_t \\ \vdots \\ \boldsymbol{\alpha}_m \end{pmatrix} \begin{array}{c} \\ \\ s \\ \\ t \\ \\ \\ \end{array} = \begin{pmatrix} \boldsymbol{\alpha}_1 \\ \vdots \\ \boldsymbol{\alpha}_s + c\boldsymbol{\alpha}_t \\ \vdots \\ \boldsymbol{\alpha}_t \\ \vdots \\ \boldsymbol{\alpha}_m \end{pmatrix} \begin{array}{c} \\ \\ s \\ \\ t \\ \\ \\ \end{array}. \tag{13}$$

(11)–(13)说明结论对于三个初等行变换均成立. 定理得证. □

定理5是矩阵理论中的一个重要结果, 它揭示了矩阵的初等变换与矩阵乘法运算之间的关系.

依据定理5, 第2章中描述利用初等变换化矩阵为标准形的定理9可以改写成为如下与之等价的、利用初等矩阵来描述的定理.

定理 6 对于$\mathbb{P}^{m\times n}$中的任何一个矩阵$\boldsymbol{A}$, $r(\boldsymbol{A})=r$的充分必要条件是存在正整数s, t 以及s 个m 阶初等矩阵$\boldsymbol{P}_i\in\mathbb{P}^{m\times m}(i=1,2,\cdots,s)$和$t$ 个n 阶初等矩阵$\boldsymbol{Q}_i\in\mathbb{P}^{n\times n}(i=1,2,\cdots,t)$, 使得

$$\boldsymbol{P}_1\boldsymbol{P}_2\cdots\boldsymbol{P}_s\boldsymbol{A}\boldsymbol{Q}_1\boldsymbol{Q}_2\cdots\boldsymbol{Q}_t=\begin{pmatrix}\boldsymbol{E}_r & \boldsymbol{O}\\ \boldsymbol{O} & \boldsymbol{O}\end{pmatrix}. \tag{14}$$

利用初等矩阵, 我们还可以刻画矩阵可逆的新的特征, 即新的充分必要条件.

定理 7 设$\boldsymbol{A}\in\mathbb{P}^{n\times n}$, 则下列命题等价.

1) $\boldsymbol{A}$可逆.

2) 存在正整数k_1及k_1个n 阶初等矩阵$\boldsymbol{L}_i\in\mathbb{P}^{n\times n}(i=1,2,\cdots,k_1)$, 使得

$$\boldsymbol{L}_1\boldsymbol{L}_2\cdots\boldsymbol{L}_{k_1}\boldsymbol{A}=\boldsymbol{E}. \tag{15}$$

3) $\boldsymbol{A}$ 可表示为有限个初等矩阵的乘积.

4) 存在正整数k_2及k_2个n 阶初等矩阵$\boldsymbol{R}_i\in\mathbb{P}^{n\times n}(i=1,2,\cdots,k_2)$ 使得

$$\boldsymbol{A}\boldsymbol{R}_1\boldsymbol{R}_2\cdots\boldsymbol{R}_{k_2}=\boldsymbol{E}. \tag{16}$$

5) 存在可逆矩阵$\boldsymbol{P},\boldsymbol{Q}\in\mathbb{P}^{n\times n}$, 使得

$$\boldsymbol{P}\boldsymbol{A}\boldsymbol{Q}=\boldsymbol{E}. \tag{17}$$

证明 “1) $\Longrightarrow$ 2)” 此时, 由于$\boldsymbol{A}$ 是n 阶方阵, $r(\boldsymbol{E})=n$, 依定理6, 存在正整数s,t及n 阶初等矩阵$\boldsymbol{P}_1,\boldsymbol{P}_2,\cdots,\boldsymbol{P}_s,\boldsymbol{Q}_1,\boldsymbol{Q}_2,\cdots,\boldsymbol{Q}_t$使得

$$\boldsymbol{P}_1\boldsymbol{P}_2\cdots\boldsymbol{P}_s\boldsymbol{A}\boldsymbol{Q}_1\boldsymbol{Q}_2\cdots\boldsymbol{Q}_t=\boldsymbol{E}.$$

由于初等矩阵均可逆, 因此有

$$\boldsymbol{P}_1\boldsymbol{P}_2,\cdots\boldsymbol{P}_s\boldsymbol{A}=\boldsymbol{Q}_t^{-1}\cdots\boldsymbol{Q}_2^{-1}\boldsymbol{Q}_1^{-1},$$

进而有

$$\boldsymbol{Q}_1\boldsymbol{Q}_2\cdots\boldsymbol{Q}_t\boldsymbol{P}_1\boldsymbol{P}_2\cdots\boldsymbol{P}_s\boldsymbol{A}=\boldsymbol{E}.$$

令

$$\boldsymbol{L}_i=\boldsymbol{Q}_i(i=1,2,\cdots,s),\ \boldsymbol{L}_{t+i}=\boldsymbol{P}_i(i=1,2,\cdots,t),\ k_1=s+t,$$

代入上式即得(15)成立. “1) $\Longrightarrow$ 2)” 得证.

“2) $\Longrightarrow$ 3)” 当(15)成立时, 我们有

$$\boldsymbol{A}=\boldsymbol{L}_{k_1}^{-1}\cdots\boldsymbol{L}_2^{-1}\boldsymbol{L}_1^{-1}.$$

由于初等矩阵的逆还是初等矩阵(本章性质1), 上式说明$\boldsymbol{A}$是k_1 个初等矩阵的乘积. “2) $\Longrightarrow$ 3) ” 得证.

“3) $\Longrightarrow$ 4)” 由于$\boldsymbol{A}$可以写成有限个初等矩阵的乘积, 我们不妨假设存在k_2个初等矩阵$\boldsymbol{P}_1, \boldsymbol{P}_2, \cdots, \boldsymbol{P}_{k_2}$使得

$$\boldsymbol{A} = \boldsymbol{P}_{k_2} \cdots \boldsymbol{P}_2 \boldsymbol{P}_1,$$

令$\boldsymbol{R}_i = \boldsymbol{P}_i^{-1}, i = 1, 2, \cdots, k_2$, 则由上式即可得(16)成立. “3) $\Longrightarrow$ 4)” 得证.

“4) $\Longrightarrow$ 5)” 由于存在正整数k_2及初等矩阵$\boldsymbol{R}_1, \boldsymbol{R}_2, \cdots, \boldsymbol{R}_{k_2}$使得(16) 成立, 令$\boldsymbol{P} = \boldsymbol{E}, \boldsymbol{Q} = \boldsymbol{R}_1 \boldsymbol{R}_2 \cdots \boldsymbol{R}_{k_2}$, 则$|\boldsymbol{P}| \neq 0$, $|\boldsymbol{Q}| = \prod\limits_{i=1}^{k_2} |\boldsymbol{R}_i| \neq 0$, 即$\boldsymbol{P}, \boldsymbol{Q}$可逆, (17)成立. “4) $\Longrightarrow$ 5)” 得证.

“5) $\Longrightarrow$ 1)” 当存在n阶可逆矩阵$\boldsymbol{P}, \boldsymbol{Q}$使得(17) 成立时, (17)等号两边同时取行列式得$|\boldsymbol{P}||\boldsymbol{A}||\boldsymbol{Q}| = 1$, 故$|\boldsymbol{A}| \neq 0$, 即$\boldsymbol{A}$ 是可逆的. “5) $\Longrightarrow$ 1)” 得证. □

进而我们有

定理 8 对于$\mathbb{P}^{m \times n}$ 中任意一个矩阵$\boldsymbol{A}$, $r(\boldsymbol{A}) = r$的充分必要条件是存在可逆阵$\boldsymbol{P} \in \mathbb{P}^{m \times m}, \boldsymbol{Q} \in \mathbb{P}^{n \times n}$ 使得

$$\boldsymbol{PAQ} = \begin{pmatrix} \boldsymbol{E}_r & \boldsymbol{O} \\ \boldsymbol{O} & \boldsymbol{O} \end{pmatrix}, \tag{18}$$

这里$r = r(\boldsymbol{A})$.

证明 必要性的证明：若$r(\boldsymbol{A}) = r$, 则由定理6, 存在正整数s和t及s 个m 阶初等矩阵$\boldsymbol{P}_i \in \mathbb{P}^{m \times m} (i = 1, 2, \cdots, s)$ 和t 个n 阶初等矩阵$\boldsymbol{Q}_i \in \mathbb{P}^{n \times n} (i = 1, 2, \cdots, t)$, 使得(14)成立. 令$\boldsymbol{P} = \boldsymbol{P}_1 \boldsymbol{P}_2 \cdots \boldsymbol{P}_s$, $\boldsymbol{Q} = \boldsymbol{Q}_1 \boldsymbol{Q}_2 \cdots \boldsymbol{Q}_t$, 则 $\boldsymbol{P} \in \mathbb{P}^{m \times m}$, $\boldsymbol{Q} \in \mathbb{P}^{n \times n}$ 均可逆, 且

$$\boldsymbol{PAQ} = \begin{pmatrix} \boldsymbol{E}_r & \boldsymbol{O} \\ \boldsymbol{O} & \boldsymbol{O} \end{pmatrix},$$

即(18) 成立. 必要性得证.

充分性的证明：若存在m阶可逆矩阵$\boldsymbol{P}$和n阶可逆矩阵$\boldsymbol{Q}$ 使得(18)成立. 依定理7, 存在正整数s, t 及m阶初等矩阵$\boldsymbol{P}_i \in \mathbb{P}^{m \times m} (i = 1, 2, \cdots, s)$, n阶初等矩阵$\boldsymbol{Q}_i \in \mathbb{P}^{n \times n} (i = 1, 2, \cdots, t)$使得

$$\boldsymbol{P} = \boldsymbol{P}_1 \boldsymbol{P}_2 \cdots \boldsymbol{P}_s, \quad \boldsymbol{Q} = \boldsymbol{Q}_1 \boldsymbol{Q}_2 \cdots \boldsymbol{Q}_t$$

代入(18) 即得

$$\boldsymbol{P}_1 \boldsymbol{P}_2 \cdots \boldsymbol{P}_s \boldsymbol{A} \boldsymbol{Q}_1 \boldsymbol{Q}_2 \cdots \boldsymbol{Q}_t = \begin{pmatrix} \boldsymbol{E}_r & \boldsymbol{O} \\ \boldsymbol{O} & \boldsymbol{O} \end{pmatrix}.$$

依定理6, 上式说明$r = r(\boldsymbol{A})$. 充分性得证. □

作为习题, 请读者自行证明如下性质.

推论 1 (第2章定理10的等价形式) $\mathbb{P}^{m \times n}$中的两个矩阵$\boldsymbol{A}$和$\boldsymbol{B}$相抵的充分必要条件是存在$\mathbb{P}^{m \times m}$中的可逆矩阵$\boldsymbol{P}$和$\mathbb{P}^{n \times n}$中的可逆矩阵$\boldsymbol{Q}$满足$\boldsymbol{PAQ} = \boldsymbol{B}$.

作为本节的最后, 我们关注逆矩阵计算的初等变换方法. 如果用矩阵初等变换的语言来描述定理7中的1), 2)及4), 则有

A 可逆$\Longleftrightarrow$ 仅需对A 实施有限次初等行变换便可将A 化为单位阵E.

$\Longleftrightarrow$ 仅需对A 实施有限次初等列变换便可将A 化为单位阵E.

以下, 我们将看到这样的解释对于我们简化矩阵的求逆计算是很重要的.

由于(15) 的等价形式为

$$\boldsymbol{L}_1\boldsymbol{L}_2\cdots\boldsymbol{L}_{k_1}\boldsymbol{E}=\boldsymbol{A}^{-1}. \tag{19}$$

因此, (15) 和(19)两式等价于

$$\boldsymbol{L}_1\boldsymbol{L}_2\cdots\boldsymbol{L}_{k_1}\left(\begin{array}{c:c}\boldsymbol{A}&\boldsymbol{E}\end{array}\right)=\left(\begin{array}{c:c}\boldsymbol{E}&\boldsymbol{A}^{-1}\end{array}\right). \tag{20}$$

(20)的初等变换语言是

"求可逆矩阵A的逆矩阵时, 仅需对矩阵$\left(\begin{array}{c:c}A&E\end{array}\right)$实施有限次初等行变换使得其中的$A$化为$E$. 当$A$ 化为E 时, E也经过相同的初等行变换化为A^{-1}".

同样地, 对于初等列变换也有类似于(20)的结果成立. 请读者自行写出.

据此, 我们构造利用矩阵的初等变换求逆矩阵的方法:

$$\left(\begin{array}{c:c}\boldsymbol{A}&\boldsymbol{E}\end{array}\right)\xrightarrow{\text{仅有限次初等行变换}}\left(\begin{array}{c:c}\boldsymbol{E}&\boldsymbol{A}^{-1}\end{array}\right).$$

类似地

$$\begin{pmatrix}\boldsymbol{A}\\ \hdashline \boldsymbol{E}\end{pmatrix}\xrightarrow{\text{仅有限次初等列变换}}\begin{pmatrix}\boldsymbol{E}\\ \hdashline \boldsymbol{A}^{-1}\end{pmatrix}.$$

利用初等变换求矩阵的逆比起用伴随矩阵来计算逆矩阵的效率要高得多. 因此这是求逆矩阵的非常有效的方法.

当(19)成立时, 如果我们将(20)中的$\boldsymbol{E}$替换成和$\boldsymbol{A}$具有相同行数的矩阵$\boldsymbol{C}$时, 那么(20)就化为

$$\boldsymbol{L}_1\boldsymbol{L}_2\cdots\boldsymbol{L}_{k_1}\left(\begin{array}{c:c}\boldsymbol{A}&\boldsymbol{C}\end{array}\right)=\left(\begin{array}{c:c}\boldsymbol{E}&\boldsymbol{A}^{-1}\boldsymbol{C}\end{array}\right). \tag{21}$$

请读者自行写出(21)所对应的初等变换语言. 我们也常依据它用初等变换来解矩阵方程$\boldsymbol{AX}=\boldsymbol{C}$($\boldsymbol{A}$可逆时).

例 16 利用矩阵初等变换, 求下列矩阵的逆矩阵.

$$\boldsymbol{B}=\begin{pmatrix}1&2&3\\2&2&1\\3&4&3\end{pmatrix}.$$

解

$$\left(\begin{array}{c:c}\boldsymbol{B}&\boldsymbol{E}\end{array}\right)=\left(\begin{array}{ccc:ccc}1&2&3&1&0&0\\2&2&1&0&1&0\\3&4&3&0&0&1\end{array}\right)\xrightarrow[R_3-3R_1]{R_2-2R_1}\left(\begin{array}{ccc:ccc}1&2&3&1&0&0\\0&-2&-5&-2&1&0\\0&-2&-6&-3&0&1\end{array}\right)$$

$$\xrightarrow[R_3-R_2]{R_1+R_2}\left(\begin{array}{ccc:ccc}1&0&-2&-1&1&0\\0&-2&-5&-2&1&0\\0&0&-1&-1&-1&1\end{array}\right)\xrightarrow[R_1-2R_3]{R_2-5R_3}\left(\begin{array}{ccc:ccc}1&0&0&1&3&-2\\0&-2&0&3&6&-5\\0&0&-1&-1&-1&1\end{array}\right),$$

$$\xrightarrow[(-1)R_3]{(-\frac{1}{2})R_2}\left(\begin{array}{ccc:ccc} 1 & 0 & 0 & 1 & 3 & -2 \\ 0 & 1 & 0 & -\frac{3}{2} & -3 & \frac{5}{2} \\ 0 & 0 & 1 & 1 & 1 & -1 \end{array}\right),$$

故

$$B^{-1}=\begin{pmatrix} 1 & 3 & -2 \\ -\frac{3}{2} & -3 & \frac{5}{2} \\ 1 & 1 & -1 \end{pmatrix}.$$

□

例 17 请用矩阵初等变换方法重新求解§3.2之例9.

解 由§3.2之例9知方程的解为$X = B^{-1}CA^{-1}$. 若令$D = B^{-1}C$, 则$X = DA^{-1}$. 这就预示着我们可先用初等行变换计算出D, 再利用初等列变换计算出X. 以下是计算过程.

$$\left(\begin{array}{c:c} B & C \end{array}\right)=\left(\begin{array}{ccc:cc} 1 & 2 & 3 & 1 & 3 \\ 2 & 2 & 1 & 2 & 0 \\ 3 & 4 & 3 & 3 & 1 \end{array}\right)\xrightarrow[R_3-3R_1]{R_2-2R_1}\left(\begin{array}{ccc:cc} 1 & 2 & 3 & 1 & 3 \\ 0 & -2 & -5 & 0 & -6 \\ 0 & -2 & -6 & 0 & -8 \end{array}\right)$$

$$\xrightarrow[R_3-R_2]{R_1+R_2}\left(\begin{array}{ccc:cc} 1 & 0 & -2 & 1 & -3 \\ 0 & -2 & -5 & 0 & -6 \\ 0 & 0 & -1 & 0 & -2 \end{array}\right)\xrightarrow[R_1-2R_3]{R_2-5R_3}\left(\begin{array}{ccc:cc} 1 & 0 & 0 & 1 & 1 \\ 0 & -2 & 0 & 0 & 4 \\ 0 & 0 & -1 & 0 & -2 \end{array}\right)$$

$$\xrightarrow[(-1)R_3]{(-\frac{1}{2})R_2}\left(\begin{array}{ccc:cc} 1 & 0 & 0 & 1 & 1 \\ 0 & 1 & 0 & 0 & -2 \\ 0 & 0 & 1 & 0 & 2 \end{array}\right),$$

所以

$$D=B^{-1}C=\begin{pmatrix} 1 & 1 \\ 0 & -2 \\ 0 & 2 \end{pmatrix}.$$

又

$$\left(\begin{array}{c} A \\ \hdashline D \end{array}\right)=\left(\begin{array}{cc} 2 & 1 \\ 5 & 3 \\ \hdashline 1 & 1 \\ 0 & -2 \\ 0 & 2 \end{array}\right)\xrightarrow{C_{12}}\left(\begin{array}{cc} 1 & 2 \\ 3 & 5 \\ \hdashline 1 & 1 \\ -2 & 0 \\ 2 & 0 \end{array}\right)$$

$$\xrightarrow{C_2-2C_1}\left(\begin{array}{cc} 1 & 0 \\ 3 & -1 \\ \hdashline 1 & -1 \\ -2 & 4 \\ 2 & -4 \end{array}\right)\xrightarrow{C_1+3C_2}\left(\begin{array}{cc} 1 & 0 \\ 0 & -1 \\ \hdashline -2 & -1 \\ 10 & 4 \\ -10 & -4 \end{array}\right)$$

$$\xrightarrow{(-1)C_2}\begin{pmatrix} 1 & 0 \\ 0 & 1 \\ \hdashline -2 & 1 \\ 10 & -4 \\ -10 & 4 \end{pmatrix},$$

故

$$\boldsymbol{X}=\begin{pmatrix} -2 & 1 \\ 10 & -4 \\ -10 & 4 \end{pmatrix}.$$

□

§3.5 矩阵运算对矩阵秩的影响

本节我们讨论矩阵运算前后矩阵秩的变化关系. 首先, 我们有

性质 2 若$\boldsymbol{P}\in\mathbb{P}^{m\times m},\boldsymbol{Q}\in\mathbb{P}^{n\times n}$均为可逆阵, $\boldsymbol{A}\in\mathbb{P}^{m\times n}$, 则

$$r(\boldsymbol{PA})=r(\boldsymbol{A}),\quad r(\boldsymbol{AQ})=r(\boldsymbol{A}),\quad r(\boldsymbol{PAQ})=r(\boldsymbol{A}).$$

证明 依本章定理6及定理7, $\boldsymbol{PA}$实际上是对$\boldsymbol{A}$实施了有限次初等行变换所得, 但依第二章定理6, 初等变换不改变矩阵的秩, 故$r(\boldsymbol{PA})=r(\boldsymbol{A})$. 同理可证$r(\boldsymbol{AQ})=r(\boldsymbol{A}),r(\boldsymbol{PAQ})=r(\boldsymbol{A})$. □

进一步, 有

性质 3 设$\boldsymbol{A}\in\mathbb{P}^{m\times n},\boldsymbol{B}\in\mathbb{P}^{n\times s}$, 则$r(\boldsymbol{AB})\le\min\{r(\boldsymbol{A}),r(\boldsymbol{B})\}$.

证明 设$r(\boldsymbol{A})=r$, 则依定理8, 存在$\mathbb{P}$上的m阶可逆阵$\boldsymbol{P}$及n阶可逆阵$\boldsymbol{Q}$, 使得

$$\boldsymbol{PAQ}=\begin{pmatrix} \boldsymbol{E}_r & \boldsymbol{O} \\ \boldsymbol{O} & \boldsymbol{O} \end{pmatrix}.$$

若记$\boldsymbol{Q}^{-1}\boldsymbol{B}=\begin{pmatrix} \boldsymbol{B}_1 \\ \hdashline \boldsymbol{B}_2 \end{pmatrix}$, 其中$\boldsymbol{B}_1$为$r\times s$矩阵, $\boldsymbol{B}_2$为$(n-r)\times s$矩阵, 则

$$\boldsymbol{PAB}=\begin{pmatrix} \boldsymbol{E}_r & \boldsymbol{O} \\ \boldsymbol{O} & \boldsymbol{O} \end{pmatrix}\boldsymbol{Q}^{-1}\boldsymbol{B}=\begin{pmatrix} \boldsymbol{B}_1 \\ \boldsymbol{O} \end{pmatrix},$$

依据性质2, $r(\boldsymbol{Q}^{-1}\boldsymbol{B})=r(\boldsymbol{B})$, 故

$$r(\boldsymbol{AB})=r(\boldsymbol{PAB})=r(\begin{pmatrix} \boldsymbol{B}_1 \\ \boldsymbol{O} \end{pmatrix})=r(\boldsymbol{B}_1). \tag{22}$$

由于$\boldsymbol{B}_1$是r行的矩阵, 因而

$$r(\boldsymbol{B}_1)\le r=r(\boldsymbol{A}). \tag{23}$$

又$\boldsymbol{B}_1$是$\boldsymbol{Q}^{-1}\boldsymbol{B}$的前$r$个行, 故

$$r(\boldsymbol{B}_1)\le r(\boldsymbol{Q}^{-1}\boldsymbol{B})=r(\boldsymbol{B}). \tag{24}$$

依(22)–(24), $r(\boldsymbol{AB}) \le r(\boldsymbol{A})$且$r(\boldsymbol{AB}) \le r(\boldsymbol{B})$, 即

$$r(\boldsymbol{AB}) \le \min\{r(\boldsymbol{A}),\ r(\boldsymbol{B})\}.$$

结论得证. □

引理 1 设$\boldsymbol{A} \in \mathbb{P}^{m\times p}$, $\boldsymbol{B} \in \mathbb{P}^{n\times q}$, $\boldsymbol{C} = \begin{pmatrix} \boldsymbol{A} & \boldsymbol{O} \\ \boldsymbol{O} & \boldsymbol{B} \end{pmatrix}$ (或 $\boldsymbol{C} = \begin{pmatrix} \boldsymbol{O} & \boldsymbol{A} \\ \boldsymbol{B} & \boldsymbol{O} \end{pmatrix}$), 则

$$r(\boldsymbol{C}) = r(\boldsymbol{A}) + r(\boldsymbol{B}).$$

证明 不妨设$r(\boldsymbol{A}) = r$, $r(\boldsymbol{B}) = s$. 当$\boldsymbol{C} = \begin{pmatrix} \boldsymbol{A} & \boldsymbol{O} \\ \boldsymbol{O} & \boldsymbol{B} \end{pmatrix}$时, 依条件, 存在数域$\mathbb{P}$上的$m$阶可逆阵$\boldsymbol{P}_1$, n阶可逆阵$\boldsymbol{P}_2$, p阶可逆阵$\boldsymbol{Q}_1$及q阶可逆阵$\boldsymbol{Q}_2$, 使得

$$\boldsymbol{P}_1\boldsymbol{A}\boldsymbol{Q}_1 = \begin{pmatrix} \boldsymbol{E}_r & \boldsymbol{O} \\ \boldsymbol{O} & \boldsymbol{O} \end{pmatrix}, \quad \boldsymbol{P}_2\boldsymbol{B}\boldsymbol{Q}_2 = \begin{pmatrix} \boldsymbol{E}_s & \boldsymbol{O} \\ \boldsymbol{O} & \boldsymbol{O} \end{pmatrix}.$$

从而

$$\begin{pmatrix} \boldsymbol{P}_1 & \\ & \boldsymbol{P}_2 \end{pmatrix}\begin{pmatrix} \boldsymbol{A} & \boldsymbol{O} \\ \boldsymbol{O} & \boldsymbol{B} \end{pmatrix}\begin{pmatrix} \boldsymbol{Q}_1 & \\ & \boldsymbol{Q}_2 \end{pmatrix} = \begin{pmatrix} \boldsymbol{E}_r & \boldsymbol{O} & & \\ \boldsymbol{O} & \boldsymbol{O} & & \\ & & \boldsymbol{E}_s & \boldsymbol{O} \\ & & \boldsymbol{O} & \boldsymbol{O} \end{pmatrix}.$$

但

$$\begin{pmatrix} \boldsymbol{E}_r & \boldsymbol{O} & & \\ \boldsymbol{O} & \boldsymbol{O} & & \\ & & \boldsymbol{E}_s & \boldsymbol{O} \\ & & \boldsymbol{O} & \boldsymbol{O} \end{pmatrix} \xrightarrow[\text{换行与列}]{\text{有限次互}} \begin{pmatrix} \boldsymbol{E}_r & & \\ & \boldsymbol{E}_s & \\ & & \\ \end{pmatrix},$$

依性质2知

$$r(\boldsymbol{C}) = r(\begin{pmatrix} \boldsymbol{E}_r & \boldsymbol{O} & & \\ \boldsymbol{O} & \boldsymbol{O} & & \\ & & \boldsymbol{E}_s & \boldsymbol{O} \\ & & \boldsymbol{O} & \boldsymbol{O} \end{pmatrix}) = r(\begin{pmatrix} \boldsymbol{E}_r & & \\ & \boldsymbol{E}_s & \\ & & \\ \end{pmatrix}) = r + s.$$

同理可证当$\boldsymbol{C} = \begin{pmatrix} \boldsymbol{O} & \boldsymbol{A} \\ \boldsymbol{B} & \boldsymbol{O} \end{pmatrix}$时结论亦成立. 证毕. □

在性质3及引理1的证明中, 我们实际上发挥了矩阵标准形的作用. 这是矩阵理论中非常重要的一种技巧.

性质 4 设$\boldsymbol{A}, \boldsymbol{B}$ 为数域$\mathbb{P}$ 上的$m \times n$ 矩阵, 则

$$r(\boldsymbol{A} + \boldsymbol{B}) \le r(\boldsymbol{A}) + r(\boldsymbol{B}).$$

证明 因

$$\begin{pmatrix} \boldsymbol{A} & \\ \boldsymbol{A}+\boldsymbol{B} & \boldsymbol{B} \end{pmatrix} = \begin{pmatrix} \boldsymbol{E}_m & \\ \boldsymbol{E}_m & \boldsymbol{E}_m \end{pmatrix} \begin{pmatrix} \boldsymbol{A} & \\ & \boldsymbol{B} \end{pmatrix} \begin{pmatrix} \boldsymbol{E}_n & \\ \boldsymbol{E}_n & \boldsymbol{E}_n \end{pmatrix}, \tag{25}$$

故依第2章的定理8, 本章的性质2及引理1, 我们有

$$r(\boldsymbol{A}+\boldsymbol{B}) \le r\left(\begin{pmatrix} \boldsymbol{A} & \\ \boldsymbol{A}+\boldsymbol{B} & \boldsymbol{B} \end{pmatrix}\right) = r\left(\begin{pmatrix} \boldsymbol{A} & \\ & \boldsymbol{B} \end{pmatrix}\right) = r(\boldsymbol{A}) + r(\boldsymbol{B}).$$

□

在性质4的证明中, 如果我们将(25)中的矩阵$\begin{pmatrix} \boldsymbol{E}_m & \\ \boldsymbol{E}_m & \boldsymbol{E}_m \end{pmatrix}$看成为二阶的初等行变换$R_2 + R_1$所对应的初等矩阵, 而把矩阵$\begin{pmatrix} \boldsymbol{E}_n & \\ \boldsymbol{E}_n & \boldsymbol{E}_n \end{pmatrix}$看成为二阶的初等列变换$C_1 + C_2$所对应的初等矩阵, 那么(25)就可以看成为一个分块矩阵的初等变换过程:

$$\begin{pmatrix} \boldsymbol{A} & \\ & \boldsymbol{B} \end{pmatrix} \xrightarrow{R_2+R_1} \begin{pmatrix} \boldsymbol{A} & \\ \boldsymbol{A} & \boldsymbol{B} \end{pmatrix} \xrightarrow{C_1+C_2} \begin{pmatrix} \boldsymbol{A} & \\ \boldsymbol{A}+\boldsymbol{B} & \boldsymbol{B} \end{pmatrix},$$

由此得

$$r\left(\begin{pmatrix} \boldsymbol{A} & \\ & \boldsymbol{B} \end{pmatrix}\right) = r\left(\begin{pmatrix} \boldsymbol{A} & \\ \boldsymbol{A}+\boldsymbol{B} & \boldsymbol{B} \end{pmatrix}\right),$$

依此, 我们可以同样完成性质4的证明.

分块矩阵的初等变换是矩阵理论中又一非常重要的技巧. 以下我们利用这个技巧证明方阵的**Sylvester不等式**.

性质 5 **(Sylvester不等式)** 设$\boldsymbol{A}, \boldsymbol{B}$是数域$\mathbb{P}$上的$n$阶方阵, 则

$$r(\boldsymbol{AB}) \ge r(\boldsymbol{A}) + r(\boldsymbol{B}) - n.$$

证明 由于

$$\begin{aligned} \begin{pmatrix} \boldsymbol{E} & \\ & \boldsymbol{AB} \end{pmatrix} &\xrightarrow{R_2+\boldsymbol{A}R_1} \begin{pmatrix} \boldsymbol{E} & \\ \boldsymbol{A} & \boldsymbol{AB} \end{pmatrix} \\ &\xrightarrow{C_2-C_1\boldsymbol{B}} \begin{pmatrix} \boldsymbol{E} & -\boldsymbol{B} \\ \boldsymbol{A} & \end{pmatrix} \xrightarrow{(-1)C_2} \begin{pmatrix} \boldsymbol{E} & \boldsymbol{B} \\ \boldsymbol{A} & \end{pmatrix}, \end{aligned} \tag{26}$$

故依本章的引理1得

$$\begin{aligned} r(\boldsymbol{A}) + r(\boldsymbol{B}) &= r\left(\begin{pmatrix} & \boldsymbol{B} \\ \boldsymbol{A} & \end{pmatrix}\right) \le r\left(\begin{pmatrix} \boldsymbol{E} & \boldsymbol{B} \\ \boldsymbol{A} & \end{pmatrix}\right) \\ &= r\left(\begin{pmatrix} \boldsymbol{E} & \\ & \boldsymbol{AB} \end{pmatrix}\right) = n + r(\boldsymbol{AB}), \end{aligned}$$

上式整理后即得 Sylvester不等式.证毕. □

请读者自行写出(26)相应于(25)的等式.

最后, 我们不加证明地给出

性质 6 **(Frobenius不等式)** 设$\boldsymbol{A}, \boldsymbol{B}, \boldsymbol{C}$是数域$\mathbb{P}$上的$n$阶方阵, 则

$$r(\boldsymbol{ABC}) \geq r(\boldsymbol{AB}) + r(\boldsymbol{BC}) - r(\boldsymbol{B}).$$

上述不等式既可以用分块矩阵的初等变换技巧来完成证明, 也可以结合第四章的相关理论来证明. 读者可以试着证明它或者参见其他参考资料.

习 题

在本章习题中, 如果没有特别的说明, 我们总假定题目中所涉及的矩阵均是数域$\mathbb{P}$上的矩阵.

1. 对下列各小题中的矩阵$\boldsymbol{A}, \boldsymbol{B}$, 试求$\boldsymbol{AB}$, $\boldsymbol{AB}^{\mathrm{T}}$ 与$\boldsymbol{AB}-\boldsymbol{BA}$.

(1) $\boldsymbol{A}=\begin{pmatrix} 5 & -1 & 2 \\ 3 & 5 & 0 \\ 1 & 4 & 1 \end{pmatrix}, \qquad \boldsymbol{B}=\begin{pmatrix} 5 & 9 & -10 \\ -3 & 3 & 6 \\ 2 & -21 & 26 \end{pmatrix}.$

(2) $\boldsymbol{A}=\begin{pmatrix} a & b & c \\ c & b & a \\ 1 & 1 & 1 \end{pmatrix}, \qquad \boldsymbol{B}=\begin{pmatrix} 1 & a & c \\ 1 & b & b \\ 1 & c & a \end{pmatrix}.$

2. 试求矩阵$\boldsymbol{X}$, 使得

$$\begin{pmatrix} 3 & 1 & 1 \\ 2 & 1 & 3 \\ -1 & 0 & 1 \end{pmatrix} + 2\boldsymbol{X} - \begin{pmatrix} 2 & 3 & 0 \\ -1 & 0 & -1 \\ 2 & -1 & 1 \end{pmatrix} = \begin{pmatrix} 1 & 2 & 3 \\ 4 & 5 & 6 \\ 2 & -1 & 1 \end{pmatrix}.$$

3. 设矩阵

$$\boldsymbol{A}=\begin{pmatrix} 2 & 4 \\ 1 & -1 \\ 3 & 1 \end{pmatrix}, \boldsymbol{B}=\begin{pmatrix} 2 & 3 & 1 \\ 2 & 1 & 0 \end{pmatrix}, \boldsymbol{C}=\begin{pmatrix} 2 & 1 & 3 \\ 4 & -1 & -2 \\ -1 & 0 & 1 \end{pmatrix},$$

试求$\boldsymbol{AB}$, $(\boldsymbol{AB})\boldsymbol{C}$, $\boldsymbol{BC}$, $\boldsymbol{A}(\boldsymbol{BC})$, $(\boldsymbol{AB})^{\mathrm{T}}$, $\boldsymbol{B}^{\mathrm{T}}\boldsymbol{A}^{\mathrm{T}}$.

4. 试证明矩阵乘法的结合律成立.

5. 计算

(1) $\begin{pmatrix} \lambda & 1 & 0 \\ 0 & \lambda & 1 \\ 0 & 0 & \lambda \end{pmatrix}^5.$ (2) $\begin{pmatrix} 3 & 2 \\ -4 & -2 \end{pmatrix}^5.$

(3) $\begin{pmatrix} 1 & 1 \\ 0 & 1 \end{pmatrix}^n.$ (4) $\begin{pmatrix} \cos\varphi & -\sin\varphi \\ \sin\varphi & \cos\varphi \end{pmatrix}^n.$

(5) $\begin{pmatrix} \frac{n-1}{n} & -\frac{1}{n} & \cdots & -\frac{1}{n} \\ -\frac{1}{n} & \frac{n-1}{n} & \cdots & -\frac{1}{n} \\ \vdots & \vdots & \ddots & \vdots \\ -\frac{1}{n} & -\frac{1}{n} & \cdots & \frac{n-1}{n} \end{pmatrix}_{n\times n}^2$. (6) $\begin{pmatrix} 1 & -1 & -1 & -1 \\ -1 & 1 & -1 & -1 \\ -1 & -1 & 1 & -1 \\ -1 & -1 & -1 & 1 \end{pmatrix}^n$.

6. 试求满足下列条件的二阶矩阵$\boldsymbol{A}$.

(1) $\boldsymbol{A}^2 = \boldsymbol{E}$. (2) $\boldsymbol{A}^2 = \boldsymbol{O}$.

7. 设$\boldsymbol{A} \in \mathbb{P}^{n\times n}$, 试证明: 如果对$\mathbb{P}^{n\times 1}$中的所有矩阵$\boldsymbol{X}$都有$\boldsymbol{AX} = \boldsymbol{O}$, 那么$\boldsymbol{A} = \boldsymbol{O}$.

8. 若$\boldsymbol{AB} = \boldsymbol{BA}$, 则称矩阵$\boldsymbol{B}$与$\boldsymbol{A}$或者$\boldsymbol{A}$与$\boldsymbol{B}$ 是**可交换**, 试求所有与下列矩阵可交换的矩阵.

(1) $\boldsymbol{A} = \begin{pmatrix} 1 & 1 \\ 0 & 1 \end{pmatrix}$. (2) $\boldsymbol{A} = \begin{pmatrix} 1 & 2 \\ 3 & 4 \end{pmatrix}$. (3) $\boldsymbol{A} = \begin{pmatrix} 1 & 0 & 0 \\ 0 & 1 & 2 \\ 3 & 1 & 2 \end{pmatrix}$.

9. 设$\boldsymbol{AB} = \boldsymbol{BA}$, 求证:

(1) $(\boldsymbol{A}+\boldsymbol{B})^2 = \boldsymbol{A}^2 + 2\boldsymbol{AB} + \boldsymbol{B}^2$. (2) $\boldsymbol{A}^2 - \boldsymbol{B}^2 = (\boldsymbol{A}+\boldsymbol{B})(\boldsymbol{A}-\boldsymbol{B})$.

10. (1) 试求所有与矩阵$\boldsymbol{A} = \begin{pmatrix} 0 & 1 & 0 & \cdots & 0 & 0 \\ 0 & 0 & 1 & \cdots & 0 & 0 \\ 0 & 0 & 0 & \cdots & 0 & 0 \\ \vdots & \vdots & \vdots & & \vdots & \vdots \\ 0 & 0 & 0 & \cdots & 0 & 1 \\ 0 & 0 & 0 & \cdots & 0 & 0 \end{pmatrix}_{n\times n}$ 可交换的矩阵.

(2) 设$\boldsymbol{B}$是一个对角线上元素互不相同的对角阵. 试求所有与矩阵$\boldsymbol{B}$可交换的矩阵.

(3) 试证明 矩阵$\boldsymbol{C}$与所有n阶方阵可交换当且仅当$\boldsymbol{C}$是n阶数量阵.

11. 称数域$\mathbb{P}$上的n阶方阵$\boldsymbol{A}$的主对角线上所有元素之和为该方阵的**迹**并记作$\mathrm{tr}(\boldsymbol{A})$. 试证明

(1) $\mathrm{tr}(\boldsymbol{A}+\boldsymbol{B}) = \mathrm{tr}(\boldsymbol{A}) + \mathrm{tr}(\boldsymbol{B})$.

(2) $\mathrm{tr}(k\boldsymbol{A}) = k\mathrm{tr}(\boldsymbol{A})$.

(3) $\mathrm{tr}(\boldsymbol{AB}) = \mathrm{tr}(\boldsymbol{BA})$.

12. 试证明数域$\mathbb{P}$上不可能存在n阶方阵$\boldsymbol{A}$, $\boldsymbol{B}$使得$\boldsymbol{AB} - \boldsymbol{BA} = \boldsymbol{E}$.

13. 计算$n+1$阶行列式

$$D=\begin{vmatrix} s_0 & s_1 & \cdots & s_{n-1} & 1 \\ s_1 & s_2 & \cdots & s_n & x \\ \vdots & \vdots & \ddots & \vdots & \vdots \\ s_{n-1} & s_n & \cdots & s_{2n-2} & x^{n-1} \\ s_n & s_{n+1} & \cdots & s_{2n-1} & x^n \end{vmatrix},$$

其中$s_k=x_1^k+x_2^k+\cdots+x_n^k,\ k=0,\ 1,\ 2,\ \cdots$.

14. 试证明$(\boldsymbol{AB})^{\mathrm{T}}=\boldsymbol{B}^{\mathrm{T}}\boldsymbol{A}^{\mathrm{T}}$.

15. 如果$\boldsymbol{A}^{\mathrm{T}}=\boldsymbol{A}$, 则称$\boldsymbol{A}$为**对称阵**. 试证明若$\boldsymbol{A}$实对称且$\boldsymbol{A}^2=\boldsymbol{O}$, 则$\boldsymbol{A}=\boldsymbol{O}$.

16. 设$\boldsymbol{A}_1,\ \boldsymbol{A}_2,\ \cdots,\ \boldsymbol{A}_t$均为实对称矩阵. 试证明 $\boldsymbol{A}_1^2+\boldsymbol{A}_2^2+\cdots+\boldsymbol{A}_t^2=\boldsymbol{O}$当且仅当$\boldsymbol{A}_1=\boldsymbol{A}_2=\cdots=\boldsymbol{A}_t=\boldsymbol{O}$.

17. 设$\boldsymbol{A},\ \boldsymbol{B}$为$n$阶方阵.

    (1) 如果$\boldsymbol{A}^{\mathrm{T}}=\boldsymbol{A}$, $\boldsymbol{B}^{\mathrm{T}}=\boldsymbol{B}$, 试证明$(\boldsymbol{AB})^{\mathrm{T}}=\boldsymbol{AB}$ 当且仅当$\boldsymbol{AB}=\boldsymbol{BA}$.

    (2) 如果$\boldsymbol{A}^2=\boldsymbol{E}$, $\boldsymbol{B}^2=\boldsymbol{E}$, 试证明$(\boldsymbol{AB})^2=\boldsymbol{E}$ 当且仅当$\boldsymbol{AB}=\boldsymbol{BA}$.

    (3) 如果$\boldsymbol{A}^2=\boldsymbol{A}$, $\boldsymbol{B}^2=\boldsymbol{B}$, 试证明$(\boldsymbol{A}+\boldsymbol{B})^2=\boldsymbol{A}+\boldsymbol{B}$ 当且仅当$\boldsymbol{AB}=\boldsymbol{BA}=\boldsymbol{O}$.

18. 如果$\boldsymbol{A}^{\mathrm{T}}=-\boldsymbol{A}$, 则称$\boldsymbol{A}$ 为**反对称阵**.设$\boldsymbol{A},\ \boldsymbol{B}$是两个反对称阵. 试证明

    (1) $\boldsymbol{A}^2$是对称阵;

    (2) $\boldsymbol{AB}-\boldsymbol{BA}$是反对称阵;

    (3) $\boldsymbol{AB}$是对称阵的充分必要条件是$\boldsymbol{A}$与$\boldsymbol{B}$可交换;

    (4) 任一n阶矩阵都可以表示为一个对称阵与一个反对称阵的和.

19. 试证明 矩阵$\boldsymbol{A}$是一个反对称矩阵的充要条件为对任意列向量$\boldsymbol{X}$均有$\boldsymbol{X}^{\mathrm{T}}\boldsymbol{AX}=0$.

20. 试求下列各矩阵的逆矩阵.

(1) $\begin{pmatrix} 1 & 1 & -1 \\ 2 & 1 & 0 \\ 1 & -1 & 0 \end{pmatrix}$.　　(2) $\begin{pmatrix} 1 & 1 & 1 & 1 \\ 1 & 1 & -1 & -1 \\ 1 & -1 & 1 & -1 \\ 1 & -1 & -1 & 1 \end{pmatrix}$.

(3) $\begin{pmatrix} 2 & 1 & 0 & 0 \\ 1 & 1 & 0 & 0 \\ 0 & 0 & 2 & 5 \\ 0 & 0 & 1 & 3 \end{pmatrix}$.　　(4) $\begin{pmatrix} 2 & 1 & 0 & 0 \\ 1 & 1 & 0 & 0 \\ -1 & 2 & 2 & 5 \\ 1 & -1 & 1 & 3 \end{pmatrix}$.

(5) $\begin{pmatrix} 2 & 1 & 0 & 0 & 0 \\ 0 & 2 & 1 & 0 & 0 \\ 0 & 0 & 2 & 1 & 0 \\ 0 & 0 & 0 & 2 & 1 \\ 0 & 0 & 0 & 0 & 2 \end{pmatrix}$.

21. 解下列矩阵方程.

(1) $\begin{pmatrix} 1 & 1 & 1 & \cdots & 1 & 1 \\ 0 & 1 & 1 & \cdots & 1 & 1 \\ 0 & 0 & 1 & \cdots & 1 & 1 \\ \vdots & \vdots & \vdots & \ddots & \vdots & \vdots \\ 0 & 0 & 0 & \cdots & 1 & 1 \\ 0 & 0 & 0 & \cdots & 0 & 1 \end{pmatrix}_{n\times n} \boldsymbol{X} = \begin{pmatrix} 2 & 1 & 0 & \cdots & 0 & 0 \\ 1 & 2 & 1 & \cdots & 0 & 0 \\ 0 & 1 & 2 & \cdots & 0 & 0 \\ \vdots & \vdots & \vdots & \ddots & \vdots & \vdots \\ 0 & 0 & 0 & \cdots & 2 & 1 \\ 0 & 0 & 0 & \cdots & 1 & 2 \end{pmatrix}_{n\times n}$.

(2) $\boldsymbol{X} \begin{pmatrix} 1 & 1 & -1 \\ 0 & 2 & 2 \\ 1 & -1 & 0 \end{pmatrix} = \begin{pmatrix} 1 & -1 & 1 \\ 1 & 1 & 0 \\ 2 & 1 & 1 \end{pmatrix}$.

(3) $\begin{pmatrix} 1 & 4 \\ -1 & 2 \end{pmatrix} \boldsymbol{X} \begin{pmatrix} 2 & 0 \\ -1 & 1 \end{pmatrix} = \begin{pmatrix} 3 & 1 \\ 0 & -1 \end{pmatrix}$.

22. 设$\boldsymbol{A}$是一个n阶反对称矩阵. 试证明

(1) 如果n为奇数, 则$\boldsymbol{A}^*$是一个对称矩阵; 如果n为偶数, 则$\boldsymbol{A}^*$是一个反对称矩阵.

(2) 如果$\boldsymbol{A}$可逆, 则$\boldsymbol{A}^{-1}$也是一个反对称矩阵.

23. 设$\boldsymbol{A}$ 为方阵. 若存在正整数$k \geq 2$使得$\boldsymbol{A}^k = \boldsymbol{O}$成立, 试证明$\boldsymbol{E} - \boldsymbol{A}$ 是可逆的, 而且$(\boldsymbol{E} - \boldsymbol{A})^{-1} = \boldsymbol{E} + \boldsymbol{A} + \boldsymbol{A}^2 + \cdots + \boldsymbol{A}^{k-1}$.

24. 设$\boldsymbol{J}_n$ 为所有元素全为1 的$n(n > 1)$ 阶方阵. 试证明$\boldsymbol{E} - \boldsymbol{J}_n$ 可逆, 且其逆为$\boldsymbol{E} - \dfrac{1}{n-1}\boldsymbol{J}_n$.

25. 设n 方阵$\boldsymbol{A}$ 满足$\boldsymbol{A}^2 + \boldsymbol{A} - 4\boldsymbol{E} = \boldsymbol{O}$, 试证明$\boldsymbol{A}$ 及$\boldsymbol{A} - \boldsymbol{E}$ 都是可逆矩阵, 并写出$\boldsymbol{A}^{-1}$ 及$(\boldsymbol{A} - \boldsymbol{E})^{-1}$.

26. 设$f(x) = a_m x^m + a_{m-1}x^{m-1} + \cdots + a_1 x + a_0$与$\boldsymbol{A}$分别为数域$\mathbb{P}$上的一元多项式函数与$n$ 阶方阵, 其中$a_0 \neq 0$. 令$f(\boldsymbol{A}) \triangleq a_m\boldsymbol{A}^m + a_{m-1}\boldsymbol{A}^{m-1} + \cdots + a_1\boldsymbol{A} + a_0\boldsymbol{E}$. 若$f(\boldsymbol{A}) = \boldsymbol{O}$, 试证明$\boldsymbol{A}$ 可逆, 并求其逆.

27. 设$\boldsymbol{A}$ 是$n(n \geq 2)$ 阶方阵. 试证明$|\boldsymbol{A}^*| = |\boldsymbol{A}|^{n-1}$.

28. 设$\boldsymbol{A}$ 是一个$n(n > 2)$ 阶方阵, 试证明$(\boldsymbol{A}^*)^* = |\boldsymbol{A}|^{n-2}\boldsymbol{A}$.

29. 已知$\boldsymbol{A}$为3阶方阵. 且$|\boldsymbol{A}|=3$, 试求

(1) $|\boldsymbol{A}^{-1}|$. (2) $|\boldsymbol{A}^*|$. (3) $|-2\boldsymbol{A}|$. (4) $|(-3\boldsymbol{A})^{-1}|$.

(5) $(\boldsymbol{A}^*)^{-1}$. (6) $|\frac{1}{3}\boldsymbol{A}^*-4\boldsymbol{A}^{-1}|$.

30. 设$\boldsymbol{A},\boldsymbol{B},\boldsymbol{A}+\boldsymbol{B}$均为$n$阶可逆矩阵, 试证明$\boldsymbol{A}^{-1}+\boldsymbol{B}^{-1}$可逆, 并求$(\boldsymbol{A}^{-1}+\boldsymbol{B}^{-1})^{-1}$.

31. 设n阶非奇异矩阵$\boldsymbol{A}$中每行元素之和都等于常数c, 试证明$c\neq 0$且$\boldsymbol{A}^{-1}$中每行元素之和都等于c^{-1}.

32. 用矩阵的分块方法计算$\boldsymbol{AB}$, 其中

$$\boldsymbol{A}=\begin{pmatrix}1&-2&7&0&0\\-1&3&6&0&0\\-3&2&-5&0&0\\0&0&0&1&2\\0&0&0&0&5\end{pmatrix},\ \boldsymbol{B}=\begin{pmatrix}3&0&0&1&2\\0&3&0&3&4\\0&0&3&5&6\\0&0&0&3&4\\0&0&0&5&1\end{pmatrix}.$$

33. 设$\boldsymbol{A},\boldsymbol{C}$可逆, 分别求$\boldsymbol{X}=\begin{pmatrix}\boldsymbol{O}&\boldsymbol{A}\\\boldsymbol{C}&\boldsymbol{O}\end{pmatrix}$及$\boldsymbol{Y}=\begin{pmatrix}\boldsymbol{A}&\boldsymbol{B}\\\boldsymbol{O}&\boldsymbol{C}\end{pmatrix}$的逆矩阵.

34. 设$\boldsymbol{A},\boldsymbol{B}$分别是$n\times m$和$m\times n$矩阵. 试证明

(1) $\begin{vmatrix}\boldsymbol{E}_m&\boldsymbol{B}\\\boldsymbol{A}&\boldsymbol{E}_n\end{vmatrix}=|\boldsymbol{E}_n-\boldsymbol{AB}|=|\boldsymbol{E}_m-\boldsymbol{BA}|$.

(2) 当$\lambda\neq 0$时, $|\lambda\boldsymbol{E}_n-\boldsymbol{AB}|=\lambda^{n-m}|\lambda\boldsymbol{E}_m-\boldsymbol{BA}|$.

35. 设$\boldsymbol{A}=\begin{pmatrix}a_{11}&a_{12}&a_{13}\\a_{21}&a_{22}&a_{23}\\a_{31}&a_{32}&a_{33}\end{pmatrix}$, $\boldsymbol{P}_1=\begin{pmatrix}1&0&0\\0&1&0\\2&0&1\end{pmatrix}$, $\boldsymbol{P}_2=\begin{pmatrix}0&0&1\\0&1&0\\1&0&0\end{pmatrix}$, 试求

(1)$\boldsymbol{P}_1\boldsymbol{A}\boldsymbol{P}_2^{100}$. (2) $\boldsymbol{P}_1^{100}\boldsymbol{A}\boldsymbol{P}_2^{999}$.

36. 把矩阵$\begin{pmatrix}a&0\\0&a^{-1}\end{pmatrix}$表示为$\begin{pmatrix}1&x\\0&1\end{pmatrix}$及$\begin{pmatrix}1&0\\y&1\end{pmatrix}$类型的矩阵的乘积.

37. 试证明$\mathbb{P}^{m\times n}$中的两个矩阵$\boldsymbol{A}$和$\boldsymbol{B}$等价的充分必要条件是存在$\mathbb{P}^{m\times m}$中的可逆矩阵$\boldsymbol{P}$和$\mathbb{P}^{n\times n}$中的可逆矩阵$\boldsymbol{Q}$使得$\boldsymbol{PAQ}=\boldsymbol{B}$(本题是第2章定理10的等价形式).

38. 设$\boldsymbol{A}$是$m\times n$阶矩阵, $\boldsymbol{B}$是$n\times m$阶矩阵, 且$n\geq m$, 若$\boldsymbol{AB}=\boldsymbol{E}_m$, 试证明$r(\boldsymbol{A})=m=r(\boldsymbol{B})$.

39. (1) 设$\boldsymbol{A}$是一个n阶方阵, 试证明: $r(\boldsymbol{A})=1$当且仅当存在非零列向量$\boldsymbol{\alpha}$, $\boldsymbol{\beta}$使得$\boldsymbol{A}=\boldsymbol{\alpha}\boldsymbol{\beta}^{\mathrm{T}}$.

(2) 设$\boldsymbol{A}$是一个n阶方阵且$r(\boldsymbol{A})=1$, 试证明存在常数k使得$\boldsymbol{A}^2=k\boldsymbol{A}$成立.

(3) 设$\boldsymbol{A}$为一个2阶方阵, 试证明 如果存在正整数$l\geq 2$使得$\boldsymbol{A}^l=\boldsymbol{O}$, 那么$\boldsymbol{A}^2=\boldsymbol{O}$.

40. 若$\boldsymbol{A},\boldsymbol{B}$是$n$阶方阵，且$\boldsymbol{AB}=\boldsymbol{O}$，那么$r(\boldsymbol{A})+r(\boldsymbol{B})\le n$.

41. 设$\boldsymbol{A}$是二阶方阵，且$\boldsymbol{A}^2=\boldsymbol{E}$，但$\boldsymbol{A}\ne\pm\boldsymbol{E}$. 试证明$\boldsymbol{A}+\boldsymbol{E},\boldsymbol{A}-\boldsymbol{E}$的秩都是1.

42. 设$\boldsymbol{A}$为n阶矩阵$(n\ge 2)$，$\boldsymbol{A}^*$为$\boldsymbol{A}$的伴随矩阵，试证明

$$r(\boldsymbol{A}^*)=\begin{cases} n, & \text{当} r(\boldsymbol{A})=n,\\ 1, & \text{当} r(\boldsymbol{A})=n-1,\\ 0, & \text{当} r(\boldsymbol{A})\le n-2.\end{cases}$$

43. 设$\boldsymbol{A}$是一个n阶方阵. 试证明$\boldsymbol{A}^2=\boldsymbol{E}_n$的充要条件为$r(\boldsymbol{E}_n-\boldsymbol{A})+r(\boldsymbol{E}_n+\boldsymbol{A})=n$.

44. 设矩阵$\boldsymbol{A}$是n阶幂等矩阵，即$\boldsymbol{A}^2=\boldsymbol{A}$. 试证明

(1) $r(\boldsymbol{A})+r(\boldsymbol{E}_n-\boldsymbol{A})=n$.

(2) 如果$\boldsymbol{A}$可逆，则$\boldsymbol{A}=\boldsymbol{E}_n$.

45. 设矩阵$\boldsymbol{A}$是一个n阶方阵，试证明$r(\boldsymbol{A}^3)+r(\boldsymbol{A})\ge 2r(\boldsymbol{A}^2)$.

46. 设矩阵$\boldsymbol{A}\in\mathbb{P}^{m\times n}$，$\boldsymbol{B}\in\mathbb{P}^{n\times m}$，试证明$r(\boldsymbol{AB})\ge r(\boldsymbol{A})+r(\boldsymbol{B})-n$.

47. 设矩阵$\boldsymbol{A}\in\mathbb{P}^{m\times n}$，$\boldsymbol{B}\in\mathbb{P}^{n\times m}$，试证明$r(\boldsymbol{E}_m-\boldsymbol{AB})+n=r(\boldsymbol{E}_n-\boldsymbol{BA})+m$.

补 充 题

1. 设$\boldsymbol{A}_1$，$\boldsymbol{A}_2$，$\cdots$，$\boldsymbol{A}_t$均为复对称矩阵. 参照本章习题第16题，试给出$\boldsymbol{A}_1=\boldsymbol{A}_2=\cdots=\boldsymbol{A}_t=\boldsymbol{O}$的一个充要条件.

2* 设$\boldsymbol{A}$是一个n阶方阵，且$\boldsymbol{A}$的每一行与每一列均只有一个元素非零且为1或-1，试证明：存在正整数k使得$\boldsymbol{A}^k=\boldsymbol{E}$.

3* 设n阶方阵$\boldsymbol{A}=(a_{ij})$，且对任意的$1\le i\le n$，满足$2|a_{ii}|>\sum\limits_{j=1}^{n}|a_{ij}|$. 试证明$\boldsymbol{A}$可逆.

4. 设$\boldsymbol{A}$是一个$s\times n$矩阵. 求证：

(1) 如果$s<n$且$r(\boldsymbol{A})=s$，则必有$n\times s$矩阵$\boldsymbol{B}$使得$\boldsymbol{AB}=\boldsymbol{E}_s$；

(2) 如果$n<s$且$r(\boldsymbol{A})=n$，则必有$n\times s$矩阵$\boldsymbol{C}$使得$\boldsymbol{CA}=\boldsymbol{E}_n$.

5. (1) 设$\boldsymbol{A}=\begin{pmatrix} a & b\\ c & d\end{pmatrix}$为一复矩阵，且$|\boldsymbol{A}|=1$，试证明$\boldsymbol{A}$可以表示为$\begin{pmatrix} 1 & x\\ 0 & 1\end{pmatrix}$及$\begin{pmatrix} 1 & 0\\ y & 1\end{pmatrix}$类型的矩阵的乘积.

(2) 设$\boldsymbol{A}$是n阶方阵，且$|\boldsymbol{A}|=1$. 试证明$\boldsymbol{A}$可表为$\boldsymbol{E}_{ij}(k)$型初等矩阵的乘积.

6. 设$\boldsymbol{A},\boldsymbol{B}$为$n$阶方阵，且$\boldsymbol{AB}=\boldsymbol{A}+\boldsymbol{B}$. 试证明$\boldsymbol{AB}=\boldsymbol{BA}$.

7. 设$\boldsymbol{A}$是n阶方阵, 且$r(\boldsymbol{A})=r$, 试证明

   (1) $\boldsymbol{A}$可表示成r个秩为1的方阵的和.

   (2) 存在一个n阶可逆方阵$\boldsymbol{P}$, 使$\boldsymbol{PAP}^{-1}$的后$n-r$个行全为零.

8. 设$m\times n$矩阵$\boldsymbol{A}$的秩为r, 则有秩为r的$m\times r$矩阵$\boldsymbol{B}$和秩为r的$r\times n$矩阵$\boldsymbol{C}$, 使得$\boldsymbol{A}=\boldsymbol{BC}$.

9. 试证明$\mathbb{P}^{n\times n}$中的任意一个矩阵均可表示为$\mathbb{P}^{n\times n}$中的一个可逆矩阵和一个**幂等矩阵**(即$\mathbb{P}^{n\times n}$中满足$\boldsymbol{A}^2=\boldsymbol{A}$的矩阵$\boldsymbol{A}$)的乘积.

10. 设分块矩阵$\begin{pmatrix}\boldsymbol{A} & \boldsymbol{B}\\ \boldsymbol{C} & \boldsymbol{D}\end{pmatrix}$是对称阵, 且$\boldsymbol{A}$可逆, 试证明存在可逆矩阵$\boldsymbol{P}$使得

$$\boldsymbol{P}^{\mathrm{T}}\begin{pmatrix}\boldsymbol{A} & \boldsymbol{B}\\ \boldsymbol{C} & \boldsymbol{D}\end{pmatrix}\boldsymbol{P}=\begin{pmatrix}\boldsymbol{A} & \boldsymbol{O}\\ \boldsymbol{O} & \boldsymbol{D}-\boldsymbol{CA}^{-1}\boldsymbol{B}\end{pmatrix}.$$

11. 设矩阵$\boldsymbol{A}$, $\boldsymbol{B}$, $\boldsymbol{C}$均为n阶方阵, 试证明 如果$\boldsymbol{ABC}=\boldsymbol{O}$, 则

$$r(\boldsymbol{A})+r(\boldsymbol{B})+r(\boldsymbol{C})\leq 2n.$$

12. 设$\boldsymbol{A}$为n阶方阵, 试证明$r(\boldsymbol{A}^n)=r(\boldsymbol{A}^{n+1})=r(\boldsymbol{A}^{n+2})=\cdots$

13. 设$\boldsymbol{A}$是n阶可逆矩阵, $\boldsymbol{\alpha}$, $\boldsymbol{\beta}$是两个n元列向量.

   (1) 试证明 $\left|\boldsymbol{A}+\boldsymbol{\alpha}\boldsymbol{\beta}^{\mathrm{T}}\right|=|\boldsymbol{A}|\,(1+\boldsymbol{\beta}^{\mathrm{T}}\boldsymbol{A}^{-1}\boldsymbol{\alpha})$.

   (2) 计算行列式$\begin{vmatrix} a_1 & 2 & 3 & \cdots & n-1 & n\\ 1 & a_2 & 3 & \cdots & n-1 & n\\ 1 & 2 & a_3 & \cdots & n-1 & n\\ \vdots & \vdots & \vdots & \ddots & \vdots & \vdots\\ 1 & 2 & 3 & \cdots & a_{n-1} & n\\ 1 & 2 & 3 & \cdots & n-1 & a_n\end{vmatrix}$.

14* 设$\boldsymbol{A}$是一个n阶可逆方阵, 向量$\boldsymbol{\alpha}$, $\boldsymbol{\beta}\in\mathbb{P}^n$, 试证明 $r(\boldsymbol{A}+\boldsymbol{\alpha}\boldsymbol{\beta}^{\mathrm{T}})\geq n-1$.

15. 设$\mathbb{P}$是一个数域, 矩阵$\boldsymbol{A}\in\mathbb{P}^{m\times m}$, $\boldsymbol{B}\in\mathbb{P}^{m\times n}$, $\boldsymbol{C}\in\mathbb{P}^{n\times m}$, $\boldsymbol{D}\in\mathbb{P}^{n\times n}$.

   (1) 如果$\boldsymbol{A}$, $\boldsymbol{D}$可逆, 试证明

$$\left|\boldsymbol{A}+\boldsymbol{BD}^{-1}\boldsymbol{C}\right|\,|\boldsymbol{D}|=|\boldsymbol{A}|\,\left|\boldsymbol{D}+\boldsymbol{CA}^{-1}\boldsymbol{B}\right|.$$

(2) 计算行列式

$$\begin{vmatrix} 0 & a_1+a_2 & a_1+a_3 & \cdots & a_1+a_{n-1} & a_1+a_n \\ a_2+a_1 & 0 & a_2+a_3 & \cdots & a_2+a_{n-1} & a_2+a_n \\ a_3+a_1 & a_3+a_2 & 0 & \cdots & a_3+a_{n-1} & a_3+a_n \\ \vdots & \vdots & \vdots & & \vdots & \vdots \\ a_{n-1}+a_1 & a_{n-1}+a_2 & a_{n-1}+a_3 & \cdots & 0 & a_{n-1}+a_n \\ a_n+a_1 & a_n+a_2 & a_n+a_3 & \cdots & a_n+a_{n-1} & 0 \end{vmatrix},$$

其中$a_1, a_2, \cdots, a_n$全不为零.

16*. 设f是定义在$\mathbb{P}^{n\times n}$上取值于$\mathbb{P}$中的函数, 若$f(E)=n$, 对任意的$\boldsymbol{A},\boldsymbol{B}\in\mathbb{P}^{n\times n}$, 对任意的$a,b\in\mathbb{P}$, $f(\boldsymbol{AB})=f(\boldsymbol{BA})$且$f(a\boldsymbol{A}+b\boldsymbol{B})=af(\boldsymbol{A})+bf(\boldsymbol{B})$, 试证明对任意的$\boldsymbol{A}\in\mathbb{P}^{n\times n}$恒有$f(\boldsymbol{A})=tr(\boldsymbol{A})$.

17*. **(Binet-Cauchy公式)**设$\boldsymbol{A}\in\mathbb{P}^{n\times m}, \boldsymbol{B}\in\mathbb{P}^{m\times n}$, 试证明

$$|\boldsymbol{AB}|=\begin{cases} 0 & n>m, \\ |\boldsymbol{A}||\boldsymbol{B}| & n=m, \\ \displaystyle\sum_{1\le j_1<\cdots<j_n\le m} D_{\boldsymbol{A}}\begin{pmatrix} 1\ 2\ \cdots\ n \\ j_1\ j_2\ \cdots\ j_n\end{pmatrix} D_{\boldsymbol{B}}\begin{pmatrix} j_1\ j_2\ \cdots\ j_n \\ 1\ 2\ \cdots\ n\end{pmatrix} & n<m, \end{cases}$$

其中$D_{\boldsymbol{A}}\begin{pmatrix} 1\ 2\ \cdots\ n \\ j_1\ j_2\ \cdots\ j_n\end{pmatrix}$表示$\boldsymbol{A}$中取第$j_1, j_2, \cdots, j_n$列元素所形成的$n$阶子式,

而$D_{\boldsymbol{B}}\begin{pmatrix} j_1\ j_2\ \cdots\ j_n \\ 1\ 2\ \cdots\ n\end{pmatrix}$表示$\boldsymbol{B}$中取第$j_1, j_2, \cdots, j_n$行元素所形成的$n$阶子式.

第4章 线性空间

线性空间理论是数学理论的一个重要基石, 也是科学计算的重要基础, 它在能源、环境保护、流体力学等领域有着极其重要的应用. 线性空间理论主要研究某些对象的运算中所具有的共性. 在本章中, 我们将讨论数域上的线性空间的初步理论.

§4.1 映射

设X和Y是两个非空集合, φ 是从X到Y中的一个**对应规则**(即任取$x \in X$ 均存在$y \in Y$使得x与y依据规则φ成为对应元素). 若X 中的元素x在Y中的对应元素之一为y, 则记为 $y = \varphi(x)$. 通常, 对应规则φ记作 $\varphi : X \to Y$或$\varphi : x \mapsto y = \varphi(x)$, $\forall x \in X$.

定义 1 设φ 是从非空集合X到非空集合Y中的一个对应规则, 若集合X中的任一个元素x, 在对应规则φ的作用下, 都有Y中的唯一一个元素y与之对应, 或者说任取$x \in X$均存在唯一的$y \in Y$使得$y = \varphi(x)$, 则我们称这个对应规则φ是从X到Y中的一个**映射**.

通常, 从X 到Y中的映射φ 记作

$$\varphi : X \to Y,$$

$$x \mapsto y = \varphi(x), \quad \forall x \in X.$$

在不引发混淆的情况下, 也简记作$\varphi : X \to Y$.

当对应规则$\varphi : X \to Y$是一个映射时, 我们称X为φ的**定义域**, 称Y为φ的**值域**. 对于X中的元素x, 若$y \in Y$ 满足$y = \varphi(x)$, 则称y是x在φ作用下的**像**, 同时称x 是y在φ 下的一个**原像**. 称$\varphi(X) \triangleq \{\varphi(x)|x \in X\}$为$\varphi$的**像集**. φ的像集也记作$Im(\varphi)$. 显然$\varphi(X) \neq \emptyset$.

依定义1, 要验证从X到Y中的一个对应规则是不是映射, 我们需要验证两条:

1) 任取$x \in X$, 均有Y中的元素与之对应, 即对于每一个$x \in X$, $\varphi(x)$ 均有意义.
2) 任取$x, y \in X$, 若$x = y$, 则必有$\varphi(x) = \varphi(y)$, 即对于每一个$x \in X$, Y中与x对应的元素是唯一的.

例 1 对应规则$\varphi : x \mapsto x^2, \forall x \in \mathbb{R}$构成从$\mathbb{R}$到$\mathbb{R}$中的一个映射. 对应规则$\varphi_1 : x \mapsto \pm\sqrt{x}, \forall x \in \mathbb{R}^+$不构成从$\mathbb{R}^+$ 到$\mathbb{R}$中的一个映射. 但是$\varphi_2 : x \mapsto \sqrt{x}, \forall x \in \mathbb{R}^+$ 构成从$\mathbb{R}^+$到$\mathbb{R}$中的一个映射, $\varphi_3 : x \mapsto -\sqrt{x}, \forall x \in \mathbb{R}^+$构成从$\mathbb{R}^+$到$\mathbb{R}$中的一个映射.

例 2 设X是非空集合, 对应规则$i : x \mapsto x, \forall x \in X$ 是定义在X上取值于X中的一个映射. 通常, 我们称i为X上的**单位映射**或者**恒等映射**. 集合X上的单位映射也记

作id_X.

例 3 令$s>0$为一个正整数, $Y=\{0,1,2,\cdots,s-1\}$, $X=\mathbb{N}$, 依整数理论, $\forall x\in X$, 存在唯一的$p\in X, y\in Y$, 使得

$$x=ps+y. \tag{1}$$

通常, y被称作是x关于s的余. 构造X与Y间元素的对应规则φ如下: 对于X中的任意一个元素x, 它在Y中对应的元素y 由(1) 确定, 即

$$y=\varphi(x)\Longleftrightarrow x=ps+y, \quad 0\leqslant y<s.$$

则这样所确定的从X到Y中的对应规则φ 是从X到Y中的一个映射.

证明 依定义, $\forall x\in X$, $\varphi(x)$均有意义. 又$\forall x,z\in X$, 若$x=z$, 则依(1), x与z关于s的余同为y, 即$\varphi(x)=\varphi(z)$. 故所定义的$\varphi:X\to Y$是从X到Y中的一个映射. □

例 4 设$f(x)=a_mx^m+a_{m-1}x^{m-1}+\cdots+a_1x+a_0$ 为数域$\mathbb{P}$ 上的多项式函数, 则

$$\boldsymbol{A}\longmapsto f(\boldsymbol{A})\triangleq a_m\boldsymbol{A}^m+a_{m-1}\boldsymbol{A}^{m-1}+\cdots+a_1\boldsymbol{A}+a_0\boldsymbol{E}_n, \quad \forall \boldsymbol{A}\in\mathbb{P}^{n\times n},$$

构成从$\mathbb{P}^{n\times n}$ 到$\mathbb{P}^{n\times n}$中的一个映射. 通常, 我们称$f(\boldsymbol{A})$为$\boldsymbol{A}$的一个**矩阵多项式**.

定义 2 设X,Y为两个非空集合, $\varphi:X\to Y$为从X到Y中的一个映射. 若对任意的$y\in Y$, 均存在 $x\in X$使得$y=\varphi(x)$, 则称φ为从X到Y上的一个**满射**.

依定义2, φ是从X 到Y 上的一个满射的充分必要条件是Y中的任一个元素均是X中某个元素在φ作用下的像, 或者说Y中的任一个元素在X中均能找到至少一个原像.

例2中的单位映射是从X到自身上的一个满射, 例3中的φ 是从X到Y上的一个满射, 而例1中的φ不是从$\mathbb{R}$到$\mathbb{R}$ 上的一个满射.

设$\varphi:X\to Y$是从X到Y中的一个映射, 通常我们称$\varphi^{-1}(y)\triangleq\{x|\varphi(x)=y\}$为$Y$中元素$y$的**原像集**. 显然若$\varphi$ 不是从X 到Y上的满射, 则存在$y\in Y$ 使得$\varphi^{-1}(y)=\emptyset$. 若$\varphi$是从$X$ 到Y上的一个满射, 则对于任意的$y\in Y$均有$\varphi^{-1}(y)\neq\emptyset$.

定义 3 设X与Y 是两个非空集合, $\varphi:X\to Y$是从X 到Y中的一个映射. 若任取 $x,z\in X$, 只要$x\neq z$便必有$\varphi(x)\neq\varphi(z)$, 则称φ 是从X 到Y中的一个**单射**, 或是从X到Y中的一个**1-1映射**.

依定义3, $\varphi:X\to Y$是一个从X 到Y中的一个单射的充分必要条件是X 中任何一对不同元素在φ作用下的像均不相同, 或者说, Y中任何一个元素关于φ 在X 中的原像集若不是空集则必只含有一个元素, 或者说, 若存在$x_1,x_2\in X$ 满足$\varphi(x_1)=\varphi(x_2)$, 则必有$x_1=x_2$.

例1中的映射φ_2与φ_3分别是从$\mathbb{R}^+$ 到$\mathbb{R}$中的单射, 例2中的单位映射是从X到自身中的一个单射, 而例1中的φ及例3中所确定的映射却都不是.

定义 4 设X与Y为两个非空集合, 若$\varphi: X \to Y$既是从X到Y上的一个满射又是X到Y中的一个单射, 则称φ为从X到Y上的一个**双射**, 或是一个**从X到Y上的1-1映射**. 我们也称它是**X与Y之间的一个一一对应**.

例2中的单位映射是定义在X上的一个双射. 例1, 例3中的映射均不是一个双射.

例 5 设$\varphi: X \to Y$是从X到Y上的一个双射, 定义从Y到X中的对应规则$\psi: Y \to X$如下:

对于任意的$y \in Y$, 如果$x \in X$是y关于φ的原像, 则令$x = \psi(y)$,

那么所定义的对应规则$\psi: Y \to X$是从Y到X上的一个双射.

证明 事实上,

1) 由于$\varphi: X \to Y$是满的, 故任取$y \in Y$, 必存在$x \in X$使得$y = \varphi(x)$, 这说明对于每一个$y \in Y$, 存在$x \in X$使得$x = \psi(y)$.

2) 任取$y \in Y$, 若存在$x_1, x_2 \in X$使得$x_1 = \psi(y)$且$x_2 = \psi(y)$, 则依ψ的定义, $\varphi(x_1) = y = \varphi(x_2)$, 由于$\varphi$是一个单射, 故$x_1 = x_2$. 即对所有的$y \in Y$, $\psi(y)$均是唯一的.

3) 由于$\varphi: X \to Y$为映射, 因此, $\forall\, x \in X$, 存在$y \in Y$使得$y = \varphi(x)$, 故$x = \psi(y)$. 这说明对于每一个$x \in X$, 均存在$y \in Y$使得$x = \psi(y)$.

4) 任取$y_1, y_2 \in Y$如果$y_1 \neq y_2$, 则依ψ的定义知$\psi(y_1)$与$\psi(y_2)$分别是y_1, y_2在φ作用下的原像. 由于φ是一个单射, 故$\psi(y_1) \neq \psi(y_2)$, 否则, $y_1 = \varphi(\psi(y_1)) = \varphi(\psi(y_2)) = y_2$而引发矛盾. 这说明$Y$中的不同元素在$\varphi$作用下的原像是不同的.

1)与2)说明所定义的映射$\psi: Y \to X$是从Y到X中的一个映射. 3)与4)进一步说明该映射既单又满. 综上所说, 所定义的ψ是一个从Y到X上的双射. □

定义 5 设X, Y为非空集合, $\varphi: X \to Y$及$\psi: X \to Y$分别是从X到Y中映射, 如果

$$\varphi(x) = \psi(x), \ \forall x \in X,$$

则我们称映射φ与ψ是**相等**的, 并记作$\varphi = \psi$.

例 6 设X, Y和Z为三个非空集合, $\varphi: X \to Y$和$\psi: Y \to Z$分别是从X到Y中及从Y到Z中的映射, 则如下定义的对应规则

$$\sigma: X \to Z, \ \sigma(x) = \psi(\varphi(x)), \quad \forall x \in X$$

是一个从X到Z中的映射.

证明 事实上, 任取$x \in X$, 有$\psi(\varphi(x)) \in Z$, 即X中的任一个元素都存在Z中的元素与之对应. 又任取$x, y \in X$, 若$x = y$, 则由于φ, ψ均为映射, 同一元素在它们作用下的像唯一, 因此, 依次有$\varphi(x) = \varphi(y) \in Y$及$\psi(\varphi(x)) = \psi(\varphi(y)) \in Z$. 这说明在$\sigma$下$Z$中与$x$对应的元素存在且唯一. 综上所述, σ是一个从X到Z中的映射. □

定义 6 设X, Y, Z为三个非空集合, $\varphi: X \to Y$, $\psi: Y \to Z$分别为从X到Y中及从Y到Z中的映射, 我们称如下定义的映射

$$\psi\varphi: X \to Z, \quad \psi\varphi(x) \triangleq \psi(\varphi(x)), \quad \forall x \in X$$

为从X到Z中的一个**复合映射**.

依据上述定义, 例6中的φ就是一个从X到Z中的复合映射.

关于复合映射, 我们有

性质 1 设X, Y, Z是三个非空集合, $\varphi: X \to Y$与$\psi: Y \to Z$分别是从X到Y中以及从Y到Z中的映射.

1) 若φ, ψ都是单射, 则$\psi\varphi$是单射; 反之, 若$\psi\varphi$是单射, 则φ是单射.

2) 若φ, ψ都是满射, 则$\psi\varphi$是满射; 反之, 若$\psi\varphi$是满射, 则ψ是满射.

证明 作为练习, 请读者自行证明. □

定义 7 设X, Y为两个非空集合, $\varphi: X \to Y$是从X到Y中的一个映射, 如果存在从Y到X上的一个映射ψ满足

$$\psi\varphi = id_X, \ \varphi\psi = id_Y,$$

则称映射φ是一个**可逆映射**, 称映射ψ是φ的一个**逆映射**.

请读者自行证明**一个可逆映射的逆映射是唯一的**.

定理 1 设X, Y为两个非空集合, 从X到Y中的映射φ是一个可逆映射的充分必要条件是φ为从X到Y上的一个双射.

证明 请读者自行证明(例5可以作为定理充分性证明的一个部分). □

§4.2 运算的刻画

运算是代数理论中的要素之一. 在本节中, 我们利用映射来刻画两类运算.

设X, Y是两个非空集合, 取$x \in X$, $y \in Y$, 我们称(x, y)为一个**有序元素对**. 称集合$\{(x, y) | \forall x \in X, \forall y \in Y\}$为$X$与$Y$的一个**直积**或**Descartes(笛卡儿)积**, 通常记作

$$X \times Y \triangleq \{(x, y) | \forall x \in X, \forall y \in Y\}.$$

若$X = Y$, 则记$X^2 \triangleq X \times X$.

例 7 设$X = Y = \mathbb{R}$, 则所有有序数对(x, y)的全体就形成平面上点的坐标全体. 依上述描述, 平面解析几何所涉及的平面可以记之为$\mathbb{R}^2$, 或

$$\mathbb{R}^2 = \{(x, y) | \forall x \in \mathbb{R}, \forall y \in \mathbb{R}\}.$$

我们也记

$$\mathbb{R}^2 = \{\begin{pmatrix} x \\ y \end{pmatrix} | \forall x \in \mathbb{R}, \forall y \in \mathbb{R}\}.$$

设$\varphi: X \times Y \to Z$从非空集合$X, Y$到非空集合$Z$中的对应规则, 若$x \in X, y \in Y, z \in Z$满足$z = \varphi(x, y)$, 则我们简记为$z = x\varphi y$ (有时候也用其他符号如$+$, Δ, $\oplus$, $\cdot$,

$\odot$, $\circ$等符号代替φ). 这样记的好处在于它将我们通常所用的运算记号的形式统一了起来.

定义 8 设X, Y, Z为三个非空集合, 若$\varphi: X \times Y \to Z$是一个从$X \times Y$到$Z$中的一个映射, 则我们称映射$\varphi$为从集合$X, Y$到集合$Z$中的一个**二元运算**. 若$X = Y = Z$, 则称映射$\varphi: X \times X \to X$为(定义在)$X$(上)的一个二元运算.

例 8 几个二元运算的例子.

1) 设X, Y, Z为非空集合, 令$M_1 \triangleq \{$全体从X到Y中的映射$\}$, $M_2 \triangleq \{$全体从Y到Z中的映射$\}$, $M_3 \triangleq \{$全体从X到Z中的映射$\}$, 令$\sigma\varphi\psi \triangleq \psi\sigma$, $\forall \sigma \in M_1, \psi \in M_2$, 则$\varphi$是从$M_1, M_2$到$M_3$中的一个二元运算, 实际上, 它由复合映射所给出.

2) 设$X = \mathbb{R}$, 令$x\varphi y \triangleq x + y$, $\forall x, y \in X$, 则φ是$\mathbb{R}$的一个二元运算, 实际上, 它就是实数的加法运算.

3) 设$X = \mathbb{R}$, 令$x\varphi y \triangleq x \cdot y$, $\forall x, y \in X$, 则φ是$\mathbb{R}$的一个二元运算. 实际上, 它就是实数的乘法运算.

4) 设$X = \{$在区间$[a, b]$上定义的实值函数的全体$\}$, 令

$$f(x)\varphi g(x) \triangleq f(x)g(x), \ \forall f(x), g(x) \in X,$$

则φ也是从$X \times X$到X中的一个映射, 它是X的二元运算. 事实上, 它就是函数的乘法运算.

5) 设$X = \mathbb{P}^{m \times n}$, 令$\boldsymbol{A}\varphi\boldsymbol{B} \triangleq \boldsymbol{A} + \boldsymbol{B}$, $\forall \boldsymbol{A}, \boldsymbol{B} \in X$, 则$\varphi$构成$X \times X$到$X$上的一个映射, 因而也是$X$的一个二元运算. 实际上, 它就是矩阵的加法运算.

6) 设$X = \mathbb{P}^{m \times n}, Y = \mathbb{P}^{n \times s}, Z = \mathbb{P}^{m \times s}$, 令$\boldsymbol{A}\varphi\boldsymbol{B} \triangleq \boldsymbol{AB}$, $\forall \boldsymbol{A} \in X, \boldsymbol{B} \in Y$, 则$\varphi$构成$X \times Y$到$Z$上的一个映射, 因而是一个从$X, Y$到$Z$中的一个二元运算. 事实上, 它就是矩阵的乘法运算.

7) 在二维实平面上建立坐标系, 设$X = \{$起始于原点的向径(矢径)全体$\}$, 则向径(矢径)按着三角形法则或平行四边形法则所形成的向量加法运算也是在新意义下的X的二元运算.

8) 设$X = \mathbb{R}$, 定义

$$x \oplus y \triangleq e^{x+y}, \quad \forall x, y \in \mathbb{R},$$

则$\oplus: \mathbb{R} \times \mathbb{R} \to \mathbb{R}$也是$\mathbb{R}$的一个二元运算.

定义 9 设$\mathbb{P}$是数域, X为一个非空集合, 我们称任何一个从$\mathbb{P} \times X$到X中的映射φ为X的一个关于$\mathbb{P}$的**数乘运算**. 通常, 若$x, y \in X, c \in \mathbb{P}$满足$y = \varphi(c, x)$, 则记$y \triangleq cx$.

例 9 数乘的例子.

1) 设X为例8之4)中所定义的集合, $\mathbb{P} = \mathbb{R}$, 则$\mathbb{P}$中数与X中函数的乘积运算就

是X的在定义9意义下的数乘运算.

2) 第2章所定义的$\mathbb{P}^{m\times n}$中的矩阵的数乘运算也是$\mathbb{P}^{m\times n}$的在定义9意义下的数乘运算.

3) 例8之7)所定义的向量集合中, 大家所熟知的数与向量的数乘运算也是相应集合的在定义9意义下的数乘运算.

4) 设$X=\mathbb{R}$, $\mathbb{P}=\mathbb{R}$, 则实数的乘法运算可以看作是$\mathbb{R}$的在定义9意义下的数乘运算.

例8及例9表明, 很多我们所熟知的运算均为定义8或定义9意义下的二元运算或数乘运算. 因而, 所定义的二元运算和数乘运算比我们以前所接触到的具体运算更具一般性.

§4.3 线性空间的定义

让我们从几个例子来开始我们的讨论.

例 10 设$X=\{$定义在$[a,b]$上的实值函数全体$\}$. X至少具有如下的一些运算:

1) 函数的加法(减法).

2) 函数的乘法.

3) 函数的复合运算.

4) 函数与实数的数乘运算.

例 11 设$X=\mathbb{P}^{m\times n}$. X至少具有如下的一些运算:

1) 矩阵的加法(减法).

2) 矩阵与数的数乘运算.

3) 矩阵乘法(若$m=n$).

例 12 设$X=\mathbb{R}^3$,这里$\mathbb{R}^3=\left\{\begin{pmatrix}x\\y\\z\end{pmatrix}\middle| x,y,z\in\mathbb{R}\right\}$, 我们知道$\mathbb{R}^3$中的任意一个元素就是我们在解析几何中所熟知的三维空间向量. X至少具有如下的一些运算:

1) 向量的加法.

2) 向量与实数的数乘.

3) 向量间的叉乘.

从上述三个例子中我们可以看到, 集合X所代表的对象是不相同的, 对于不同的X, 其元素所能参与的运算以及运算的具体形式也不尽相同. 但是, 如果撇开运算的具体形式, 我们不难验证其中有两个运算, 它们所有的运算性质都完全相同. 这两个运算分别是三个例子中的加法运算及数乘运算. 于是, 可以想象, 如果我们能把其中一个集合(比如例10相关的集合)的与加法、数乘运算相关的运算性质研究透了, 那么其他两个例子中关于加法、数乘运算相关的性质就可以类似地推知.

线性空间理论正是体现了这样的一种研究思想. 线性空间理论研究具有加法及数乘运算的集合中的运算性质的理论①.

定义 10 设$\mathbb{P}$是一个数域, V是一个非空集合, 又设V上定义了一个二元运算及一个关于$\mathbb{P}$的数乘运算. 记该二元运算为“+”, 并称其为加法. 如果所定义的加法与数乘运算满足

1) $\boldsymbol{\alpha}+\boldsymbol{\beta}=\boldsymbol{\beta}+\boldsymbol{\alpha}, \quad \forall \boldsymbol{\alpha}, \boldsymbol{\beta} \in V$,

2) $(\boldsymbol{\alpha}+\boldsymbol{\beta})+\boldsymbol{\gamma}=\boldsymbol{\alpha}+(\boldsymbol{\beta}+\boldsymbol{\gamma}), \quad \forall \boldsymbol{\alpha}, \boldsymbol{\beta}, \boldsymbol{\gamma} \in V$,

3) 存在$\boldsymbol{\theta} \in V$使得$\boldsymbol{\alpha}+\boldsymbol{\theta}=\boldsymbol{\alpha}$, $\forall \boldsymbol{\alpha} \in V$ (我们称$\boldsymbol{\theta}$为V的**零元素**),

4) 对每个$\boldsymbol{\alpha} \in V$, 均存在$\boldsymbol{\beta} \in V$使得$\boldsymbol{\alpha}+\boldsymbol{\beta}=\boldsymbol{\theta}$ (我们称$\boldsymbol{\beta}$为$\boldsymbol{\alpha}$的**负元素**并记作$-\boldsymbol{\alpha}$),

5) $1\,\boldsymbol{\alpha}=\boldsymbol{\alpha}, \quad \forall \boldsymbol{\alpha} \in V$,

6) $(c_1c_2)\boldsymbol{\alpha}=c_1(c_2\boldsymbol{\alpha}), \quad \forall \boldsymbol{\alpha} \in V, \forall c_1, c_2 \in \mathbb{P}$,

7) $(c_1+c_2)\boldsymbol{\alpha}=c_1\boldsymbol{\alpha}+c_2\boldsymbol{\alpha}, \quad \forall \boldsymbol{\alpha} \in V, \forall c_1, c_2 \in \mathbb{P}$,

8) $c(\boldsymbol{\alpha}+\boldsymbol{\beta})=c\boldsymbol{\alpha}+c\boldsymbol{\beta}, \quad \forall \boldsymbol{\alpha}, \boldsymbol{\beta} \in V, \forall c \in \mathbb{P}$,

则称V关于所定义的加法与数乘运算构成数域$\mathbb{P}$上的一个**线性空间**(在不会引起混淆的情况下, 我们简称V为一个线性空间).

依定义10, 例10中的X关于函数的加法运算、数与函数的数乘运算构成实数域$\mathbb{R}$上的线性空间, 例11 中的$\mathbb{P}^{m\times n}$关于矩阵的加法运算、数与矩阵的数乘运算构成数域$\mathbb{P}$上的线性空间, 例12中的$\mathbb{R}^3$关于向量的加法运算、数与向量的数乘运算也构成$\mathbb{R}$上的线性空间.

例 13 1) $\mathbb{R}$ 本身关于数的加法运算以及乘法运算(看成数乘)构成$\mathbb{R}$上的一个线性空间.

2) 数域$\mathbb{P}$ 上的一元多项式函数全体$\mathbb{P}[x]$ 以及$\mathbb{P}$ 上次数不超过$n-1$ 次的一元多项式函数全体$\mathbb{P}[x]_n$ 关于多项式函数的加法及多项式函数与数的数乘运算分别构成$\mathbb{P}$ 上的线性空间.

3) 设$\mathbb{P}$ 是一个数域, $V=\{\boldsymbol{\alpha}\}$为只含有一个元素的集合, 定义$V$的二元运算$\odot$及$V$的关于$\mathbb{P}$的数乘运算如下:

$$\boldsymbol{\alpha} \odot \boldsymbol{\alpha}=\boldsymbol{\alpha}, \quad c\boldsymbol{\alpha}=\boldsymbol{\alpha}, \quad \forall c \in \mathbb{P},$$

则所定义的两个运算满足定义10中的8条性质, 因此, V关于所定义的运算构成数域$\mathbb{P}$上的线性空间. 这个空间只含有唯一的元素—零元素. 通常, 我们称之为**零空间**.

例 14 令$\mathbb{P}^n \triangleq \mathbb{P}^{n\times 1}$, 则$\mathbb{P}^n$关于矩阵的加法与矩阵的数乘运算构成$\mathbb{P}$上的一个线

① 线性空间研究具有两个运算的集合的运算性质. 研究具有几个不同运算的集合的运算性质是代数学的主要任务之一.

性空间. 通常, 我们称该空间为$\mathbb{P}$上的**n元向量空间**. $\mathbb{R}^2$及$\mathbb{R}^3$均为其特例. 同理, $\mathbb{P}^{1\times n}$也关于矩阵的加法与矩阵的数乘运算构成$\mathbb{P}$上的一个线性空间, 它也被称为是$\mathbb{P}$上的**n元向量空间**. 在不会引起混淆的时候, 我们也记$\mathbb{P}^{1\times n}$为$\mathbb{P}^n$.

例 15 设$\mathbb{P}=\mathbb{R}$, $V=\mathbb{R}^+$, V中的加法运算定义如下(为了避免与数的加法混淆, 这里我们用$\oplus$):

$$\boldsymbol{\alpha}\oplus\boldsymbol{\beta}\triangleq\boldsymbol{\alpha}\boldsymbol{\beta},\qquad \forall\boldsymbol{\alpha},\boldsymbol{\beta}\in V.$$

数乘运算定义如下:

$$c\boldsymbol{\alpha}\triangleq\boldsymbol{\alpha}^c,\qquad \forall\boldsymbol{\alpha}\in\mathbb{R}^+,\ \forall c\in\mathbb{P}.$$

试判断V关于$\oplus$及数乘运算是否构成$\mathbb{P}$上的线性空间.

解 我们只要验证定义10中1)–8)全部成立或者不全成立即可. 任取$\boldsymbol{\alpha},\boldsymbol{\beta},\boldsymbol{\gamma}\in V$, 依乘法性质有

$$\boldsymbol{\alpha}\oplus\boldsymbol{\beta}=\boldsymbol{\alpha}\boldsymbol{\beta}=\boldsymbol{\beta}\boldsymbol{\alpha}=\boldsymbol{\beta}\oplus\boldsymbol{\alpha},$$

及

$$(\boldsymbol{\alpha}\oplus\boldsymbol{\beta})\oplus\boldsymbol{\gamma}=\boldsymbol{\alpha}\oplus(\boldsymbol{\beta}\oplus\boldsymbol{\gamma}).$$

即1)及2)满足.

3) 任取$\boldsymbol{\alpha}\in V$, $1\oplus\boldsymbol{\alpha}=1\boldsymbol{\alpha}=\boldsymbol{\alpha}$, 故1为$V$的一个零元素.

4) 任取$\boldsymbol{\alpha}\in V$, $\boldsymbol{\alpha}\oplus\dfrac{1}{\boldsymbol{\alpha}}=\boldsymbol{\alpha}\cdot\dfrac{1}{\boldsymbol{\alpha}}=1$, 所以, $\dfrac{1}{\boldsymbol{\alpha}}$为$\boldsymbol{\alpha}$的负元素.

5) $1\boldsymbol{\alpha}=\boldsymbol{\alpha}^1=\boldsymbol{\alpha}$, $\quad\forall\boldsymbol{\alpha}\in V$.

6) $(cd)\boldsymbol{\alpha}=\boldsymbol{\alpha}^{cd}=(\boldsymbol{\alpha}^d)^c=c(d\boldsymbol{\alpha})$, $\quad\forall\boldsymbol{\alpha}\in V,\forall c,d\in\mathbb{P}$.

7) $(c+d)\boldsymbol{\alpha}=\boldsymbol{\alpha}^{c+d}=\boldsymbol{\alpha}^c\cdot\boldsymbol{\alpha}^d=\boldsymbol{\alpha}^c\oplus\boldsymbol{\alpha}^d=c\boldsymbol{\alpha}\oplus d\boldsymbol{\alpha}$, $\quad\forall\boldsymbol{\alpha}\in V,\forall c,d\in\mathbb{P}$.

8) $c(\boldsymbol{\alpha}\oplus\boldsymbol{\beta})=(\boldsymbol{\alpha}\boldsymbol{\beta})^c=\boldsymbol{\alpha}^c\boldsymbol{\beta}^c=\boldsymbol{\alpha}^c\oplus\boldsymbol{\beta}^c=c\boldsymbol{\alpha}\oplus d\boldsymbol{\beta}$, $\quad\forall\boldsymbol{\alpha},\boldsymbol{\beta}\in V,\forall c\in\mathbb{P}$.

上述验证说明, V关于所定义的运算构成$\mathbb{P}$上的一个线性空间. □

由于线性空间中的两个运算性质与$\mathbb{R}^3$中向量加法运算及向量与数的数乘运算的运算性质一样, 故有时我们也称数域$\mathbb{P}$上的线性空间V为数域$\mathbb{P}$上的**向量空间**, 而称V中的元素为**向量**.

定理 2 设V是数域$\mathbb{P}$上的线性空间, 则

1) V的零向量$\boldsymbol{\theta}$唯一.

2) 对每个$\boldsymbol{\alpha}\in V$, 负向量$-\boldsymbol{\alpha}$唯一.

3) $0\boldsymbol{\alpha}=\boldsymbol{\theta}$, $c\boldsymbol{\theta}=\boldsymbol{\theta}$, $\quad\forall\boldsymbol{\alpha}\in V$, $\forall c\in\mathbb{P}$.

4) $-\boldsymbol{\alpha}=(-1)\boldsymbol{\alpha}$, $\quad\forall\boldsymbol{\alpha}\in V$.

5) 设$\boldsymbol{\alpha}\in V$, $c\in\mathbb{P}$, 若$c\boldsymbol{\alpha}=\boldsymbol{\theta}$, 则$c=0$或$\boldsymbol{\alpha}=\boldsymbol{\theta}$.

证明 1) 设$\boldsymbol{\theta}_1,\boldsymbol{\theta}_2$均是$V$的零向量, 则依零向量的定义及加法的交换律, 我们有

$$\boldsymbol{\theta}_1=\boldsymbol{\theta}_1+\boldsymbol{\theta}_2=\boldsymbol{\theta}_2+\boldsymbol{\theta}_1=\boldsymbol{\theta}_2,$$

即零向量唯一.

2) 任取$\boldsymbol{\alpha} \in V$, 设$\boldsymbol{\beta}_1, \boldsymbol{\beta}_2 \in V$为$\boldsymbol{\alpha}$负向量, 即

$$\boldsymbol{\alpha} + \boldsymbol{\beta}_1 = \boldsymbol{\alpha} + \boldsymbol{\beta}_2 = \boldsymbol{\theta},$$

则

$$\begin{aligned}\boldsymbol{\beta}_1 &= \boldsymbol{\beta}_1 + \boldsymbol{\theta} = \boldsymbol{\beta}_1 + (\boldsymbol{\alpha} + \boldsymbol{\beta}_2) = (\boldsymbol{\beta}_1 + \boldsymbol{\alpha}) + \boldsymbol{\beta}_2 \\ &= (\boldsymbol{\alpha} + \boldsymbol{\beta}_1) + \boldsymbol{\beta}_2 = \boldsymbol{\theta} + \boldsymbol{\beta}_2 = \boldsymbol{\beta}_2 + \boldsymbol{\theta} = \boldsymbol{\beta}_2,\end{aligned}$$

即V中任一元的负向量唯一.

3) 依定义10可得

$$\left.\begin{aligned}0\boldsymbol{\alpha} &= 0\boldsymbol{\alpha} + \boldsymbol{\theta} \\ &= 0\boldsymbol{\alpha} + (0\boldsymbol{\alpha} + (-0\boldsymbol{\alpha})) \\ &= (0\boldsymbol{\alpha} + 0\boldsymbol{\alpha}) + (-0\boldsymbol{\alpha}) \\ &= (0+0)\boldsymbol{\alpha} + (-0\boldsymbol{\alpha}) \\ &= 0\boldsymbol{\alpha} + (-0\boldsymbol{\alpha}) \\ &= \boldsymbol{\theta},\end{aligned}\right. \qquad \forall \boldsymbol{\alpha} \in V.$$

同理可证, $\forall c \in \mathbb{P}, c\boldsymbol{\theta} = \boldsymbol{\theta}$.

4) 任取$\boldsymbol{\alpha} \in V$, 由于

$$\boldsymbol{\theta} = 0\boldsymbol{\alpha} = (1 + (-1))\boldsymbol{\alpha} = \boldsymbol{\alpha} + (-1)\boldsymbol{\alpha},$$

故$(-1)\boldsymbol{\alpha}$为$\boldsymbol{\alpha}$的负向量, 依已经证明的2), $-\boldsymbol{\alpha} = (-1)\boldsymbol{\alpha}$.

5) 若$c\boldsymbol{\alpha} = \boldsymbol{\theta}$, 而$c \neq 0$, 则$\boldsymbol{\alpha} = (\frac{1}{c} \cdot c)\boldsymbol{\alpha} = \frac{1}{c}(c\boldsymbol{\alpha}) = \frac{1}{c}\boldsymbol{\theta} = \boldsymbol{\theta}$. □

依据定义10, 我们有$\forall n \in \mathbb{N}^+$,

$$n\boldsymbol{\alpha} = \underbrace{\boldsymbol{\alpha} + \boldsymbol{\alpha} + \cdots + \boldsymbol{\alpha}}_{n}, \ (-n)\boldsymbol{\alpha} = \underbrace{(-\boldsymbol{\alpha}) + (-\boldsymbol{\alpha}) + \cdots + (-\boldsymbol{\alpha})}_{n}.$$

利用线性空间V中的加法运算以及定理2, 我们可以验证如下确定的对应规则:

$$\begin{aligned}\varphi: V \times V &\to V, \\ (\boldsymbol{\alpha}, \boldsymbol{\beta}) &\mapsto \boldsymbol{\alpha} + (-\boldsymbol{\beta}), \quad \forall \boldsymbol{\alpha}, \boldsymbol{\beta} \in V\end{aligned}$$

是V上的一个运算. 通常, 我们称之为V上的**减法运算**. 习惯上, 我们记

$$\boldsymbol{\alpha} - \boldsymbol{\beta} \triangleq \boldsymbol{\alpha} + (-\boldsymbol{\beta}), \quad \forall \boldsymbol{\alpha}, \boldsymbol{\beta} \in V.$$

这说明减法运算可由加法运算所派生. 数的减法运算以及矩阵的减法运算都可以看成是由相应的加法运算所派生.

§4.4 向量组的线性关系

在$\mathbb{R}^2$或$\mathbb{R}^3$ 中, 两个向量的共线与不共线的判断、三个向量的共面与不共面的判断是解析几何的一个要点之一. 数域$\mathbb{P}$上的线性空间V中向量线性相关与线性无关的概念既是$\mathbb{R}^2$或$\mathbb{R}^3$ 中上述几何现象的推广, 也是线性空间理论中的一个重要基础概念.

在本节中及以后, 若无特殊说明, 我们总假设s 与t 为正整数. 我们称一个线性空间

的一个子集为该线性空间的一个**向量组**.

定义 11 设$c_1, c_2, \cdots, c_s$为$\mathbb{P}$中的$s(s < +\infty)$个数, $\boldsymbol{\alpha}_1, \boldsymbol{\alpha}_2, \cdots, \boldsymbol{\alpha}_s$ 为数域$\mathbb{P}$上的线性空间V中的一个向量组, 我们称$c_1\boldsymbol{\alpha}_1 + c_2\boldsymbol{\alpha}_2 + \cdots + c_s\boldsymbol{\alpha}_s$ 为向量$\boldsymbol{\alpha}_1, \boldsymbol{\alpha}_2, \cdots, \boldsymbol{\alpha}_s$的一个**线性组合**.

显然, 在任意一个线性空间中, 由任意有限个向量所形成的线性组合亦是该线性空间中的一个向量.

定义 12 设$\boldsymbol{\beta}, \boldsymbol{\alpha}_1, \boldsymbol{\alpha}_2, \cdots, \boldsymbol{\alpha}_s$为数域$\mathbb{P}$上的线性空间$V$中的一个向量组, 若存在$\mathbb{P}$中的$s$个数$c_1, c_2, \cdots, c_s$ 使得

$$\boldsymbol{\beta} = c_1\boldsymbol{\alpha}_1 + c_2\boldsymbol{\alpha}_2 + \cdots + c_s\boldsymbol{\alpha}_s,$$

则称$\boldsymbol{\beta}$可经$\boldsymbol{\alpha}_1, \boldsymbol{\alpha}_2, \cdots, \boldsymbol{\alpha}_s$ **线性表示**或**线性表出**, 称$c_1, c_2, \cdots, c_s$分别为$\boldsymbol{\alpha}_1, \boldsymbol{\alpha}_2, \cdots, \boldsymbol{\alpha}_s$的**系数**.

习惯上, 我们也记上述$\boldsymbol{\beta}$ 可经$\boldsymbol{\alpha}_1, \boldsymbol{\alpha}_2, \cdots, \boldsymbol{\alpha}_s$ 线性表示的形式为如下的类似矩阵乘法的形式

$$\boldsymbol{\beta} \triangleq (\boldsymbol{\alpha}_1,\ \boldsymbol{\alpha}_2,\ \cdots,\ \boldsymbol{\alpha}_s)\begin{pmatrix} c_1 \\ c_2 \\ \vdots \\ c_s \end{pmatrix}.$$

例 16 设$\boldsymbol{AX} = \boldsymbol{b}, \boldsymbol{A} = (a_{ij})_{m\times n}, \boldsymbol{X} = \begin{pmatrix} x_1 \\ x_2 \\ \vdots \\ x_n \end{pmatrix}$, $\boldsymbol{b} = \begin{pmatrix} b_1 \\ b_2 \\ \vdots \\ b_m \end{pmatrix}$, 将$\boldsymbol{A}$按列分块, 并记$\boldsymbol{A}$ 的列依次为

$$\boldsymbol{\alpha}_j = \begin{pmatrix} a_{1j} \\ a_{2j} \\ \vdots \\ a_{mj} \end{pmatrix}, \quad j = 1, 2, \cdots, n.$$

则

$$\boldsymbol{AX} = \boldsymbol{b} \Longleftrightarrow \boldsymbol{b} = x_1\boldsymbol{\alpha}_1 + x_2\boldsymbol{\alpha}_2 + \cdots + x_n\boldsymbol{\alpha}_n,$$

即

$$\boldsymbol{AX} = \boldsymbol{b}\text{有解} \Longleftrightarrow \boldsymbol{b}\text{可以经}\boldsymbol{\alpha}_1, \boldsymbol{\alpha}_2, \cdots, \boldsymbol{\alpha}_n\text{线性表出}.$$

同理,

$$\boldsymbol{AX} = \boldsymbol{b}\text{无解} \Longleftrightarrow \boldsymbol{b}\text{不可能经}\boldsymbol{\alpha}_1, \boldsymbol{\alpha}_2, \cdots, \boldsymbol{\alpha}_n\text{线性表示}.$$

□

定义 13 设$\boldsymbol{\alpha}_1, \boldsymbol{\alpha}_2, \cdots, \boldsymbol{\alpha}_s(s < +\infty)$是数域$\mathbb{P}$上的线性空间$V$中的一个向量组,

若存在$\mathbb{P}$中不全为零的数$c_1, c_2, \cdots, c_s$使得

$$c_1\boldsymbol{\alpha}_1 + c_2\boldsymbol{\alpha}_2 + \cdots + c_s\boldsymbol{\alpha}_s = \boldsymbol{\theta}, \tag{2}$$

则称向量$\boldsymbol{\alpha}_1, \boldsymbol{\alpha}_2, \cdots, \boldsymbol{\alpha}_s$**线性相关**, 我们也称$\boldsymbol{\alpha}_1, \boldsymbol{\alpha}_2, \cdots, \boldsymbol{\alpha}_s$是$V$中的一个**线性相关的向量组**.

若(2)当且仅当$c_1, c_2, \cdots, c_s$全为零时才成立, 则称向量$\boldsymbol{\alpha}_1, \boldsymbol{\alpha}_2, \cdots, \boldsymbol{\alpha}_s$**线性无关**, 我们也称$\boldsymbol{\alpha}_1, \boldsymbol{\alpha}_2, \cdots, \boldsymbol{\alpha}_s$是$V$中的一个**线性无关的向量组**.

例 17 设$\boldsymbol{\alpha}$是数域$\mathbb{P}$上的线性空间V中的向量, 则

$\boldsymbol{\alpha}$线性无关$\Longleftrightarrow \boldsymbol{\alpha} \neq \boldsymbol{\theta}$, $\boldsymbol{\alpha}$线性相关$\Longleftrightarrow \boldsymbol{\alpha} = \boldsymbol{\theta}$.

例 18 设$\boldsymbol{\alpha}, \boldsymbol{\beta}$是$\mathbb{R}^2$中的两个非零向量, 则

$\boldsymbol{\alpha}$与$\boldsymbol{\beta}$共线(或平行) $\Longleftrightarrow$ $\boldsymbol{\alpha}$与$\boldsymbol{\beta}$线性相关.

$\boldsymbol{\alpha}$与$\boldsymbol{\beta}$不共线(或相交) $\Longleftrightarrow$ $\boldsymbol{\alpha}$与$\boldsymbol{\beta}$线性无关.

例 19 设$\boldsymbol{\alpha}, \boldsymbol{\beta}, \boldsymbol{\gamma}$是$\mathbb{R}^3$中的三个非零向量, 则

$\boldsymbol{\alpha}$与$\boldsymbol{\beta}$共线 $\Longleftrightarrow$ $\boldsymbol{\alpha}, \boldsymbol{\beta}$线性相关.

$\boldsymbol{\alpha}, \boldsymbol{\beta}, \boldsymbol{\gamma}$共面 $\Longleftrightarrow$ $\boldsymbol{\alpha}, \boldsymbol{\beta}, \boldsymbol{\gamma}$线性相关.

例 20 设$\boldsymbol{\alpha}_1, \boldsymbol{\alpha}_2, \cdots, \boldsymbol{\alpha}_s \in \mathbb{P}^m$, 且

$$\boldsymbol{\alpha}_1 = \begin{pmatrix} a_{11} \\ \vdots \\ a_{m1} \end{pmatrix}, \boldsymbol{\alpha}_2 = \begin{pmatrix} a_{12} \\ \vdots \\ a_{m2} \end{pmatrix}, \cdots, \boldsymbol{\alpha}_s = \begin{pmatrix} a_{1s} \\ \vdots \\ a_{ms} \end{pmatrix},$$

则

$\boldsymbol{\alpha}_1, \boldsymbol{\alpha}_2, \cdots, \boldsymbol{\alpha}_s$线性相关$\Longleftrightarrow$ 存在$\mathbb{P}$中的不全为零的数$c_1, c_2, \cdots, c_s$

使得

$$c_1\boldsymbol{\alpha}_1 + c_2\boldsymbol{\alpha}_2 + \cdots + c_s\boldsymbol{\alpha}_s = \boldsymbol{\theta}.$$

$\Longleftrightarrow$ 线性方程组

$$(\boldsymbol{\alpha}_1\ \boldsymbol{\alpha}_2\ \cdots\ \boldsymbol{\alpha}_s)\begin{pmatrix} c_1 \\ c_2 \\ \vdots \\ c_s \end{pmatrix} = \boldsymbol{O}^{①} \tag{3}$$

有非零解.

$\Longleftrightarrow$ 矩阵$\boldsymbol{A} = (\boldsymbol{\alpha}_1\ \boldsymbol{\alpha}_2\ \cdots\ \boldsymbol{\alpha}_s)$的秩$r(\boldsymbol{A}) < s$.

$\boldsymbol{\alpha}_1, \boldsymbol{\alpha}_2, \cdots, \boldsymbol{\alpha}_s$ 线性无关$\Longleftrightarrow$ 线性方程组(3)仅有零解

$\Longleftrightarrow$ 矩阵$\boldsymbol{A} = (\boldsymbol{\alpha}_1\ \boldsymbol{\alpha}_2\ \cdots\ \boldsymbol{\alpha}_s)$的秩$r(\boldsymbol{A}) = s$.

① 在这里及以后, 我们约定: 当$\mathbb{P}^n$中的零元素$\boldsymbol{\theta}$出现在线性方程组中时, 我们总用矩阵$\boldsymbol{O}$表示它.

定理 3 设V是数域$\mathbb{P}$上的线性空间, $\boldsymbol{\alpha}_1,\boldsymbol{\alpha}_2,\cdots,\boldsymbol{\alpha}_s$为其一向量组$(s\geq 2)$, 则

1) $\boldsymbol{\alpha}_1,\boldsymbol{\alpha}_2,\cdots,\boldsymbol{\alpha}_s$ 线性相关 $\Longleftrightarrow$ 存在其中的一个向量可经其余$s-1$个向量线性表示.

2) $\boldsymbol{\alpha}_1,\boldsymbol{\alpha}_2,\cdots,\boldsymbol{\alpha}_s$ 线性无关 $\Longleftrightarrow$ $\boldsymbol{\alpha}_1,\boldsymbol{\alpha}_2,\cdots,\boldsymbol{\alpha}_s$中的任一个向量均不可经其余$s-1$个向量线性表示.

证明 由于1) 与2) 互为逆否命题, 故只需证明1).

"$\Longrightarrow$" 由于$\boldsymbol{\alpha}_1,\boldsymbol{\alpha}_2,\cdots,\boldsymbol{\alpha}_s(s\geqslant 2)$线性相关, 故存在$\mathbb{P}$中不全为零的数$c_1$, c_2, $\cdots$, c_s 使得

$$c_1\boldsymbol{\alpha}_1+c_2\boldsymbol{\alpha}_2+\cdots+c_s\boldsymbol{\alpha}_s=\boldsymbol{\theta}.$$

由于$c_1,c_2,\cdots,c_s$不全为零, 故存在$1\leqslant t\leqslant s$ 使得$c_t\neq 0$. 由上式得

$$\boldsymbol{\alpha}_t=(-\frac{c_1}{c_t})\boldsymbol{\alpha}_1+\cdots+(-\frac{c_{t-1}}{c_t})\boldsymbol{\alpha}_{t-1}+(-\frac{c_{t+1}}{c_t})\boldsymbol{\alpha}_{t+1}+\cdots+(-\frac{c_s}{c_t})\boldsymbol{\alpha}_s,$$

即$\boldsymbol{\alpha}_t$可经其余向量线性表示. 必要性得证.

"$\Longleftarrow$" 不妨设$\boldsymbol{\alpha}_t(1\leqslant t\leqslant s)$ 可经其余$s-1$向量线性表出, 即存在$s-1$ 个$\mathbb{P}$ 中的数c_1, $\cdots$, c_{t-1}, c_{t+1}, $\cdots$, c_s 使得

$$\boldsymbol{\alpha}_t=\sum_{\substack{i=1\\ i\neq t}}^{s}c_i\boldsymbol{\alpha}_i=c_1\boldsymbol{\alpha}_1+\cdots+c_{t-1}\boldsymbol{\alpha}_{t-1}+c_{t+1}\boldsymbol{\alpha}_{t+1}+\cdots+c_s\boldsymbol{\alpha}_s,$$

等价地有

$$c_1\boldsymbol{\alpha}_1+\cdots+c_{t-1}\boldsymbol{\alpha}_{t-1}+(-1)\boldsymbol{\alpha}_t+c_{t+1}\boldsymbol{\alpha}_{t+1}+\cdots+c_s\boldsymbol{\alpha}_s=\boldsymbol{\theta}.$$

由于上述等号左端表达式中的系数不全为零, 故$\boldsymbol{\alpha}_1,\boldsymbol{\alpha}_2,\cdots,\boldsymbol{\alpha}_s$线性相关. 充分性得证. □

定理 4 设$\boldsymbol{\alpha}_1,\boldsymbol{\alpha}_2,\cdots,\boldsymbol{\alpha}_s,\boldsymbol{\beta}$是数域$\mathbb{P}$上的线性空间$V$中的向量, 若$\boldsymbol{\alpha}_1,\boldsymbol{\alpha}_2,\cdots,\boldsymbol{\alpha}_s$线性无关, 但$\boldsymbol{\alpha}_1,\boldsymbol{\alpha}_2,\cdots,\boldsymbol{\alpha}_s,\boldsymbol{\beta}$ 线性相关, 则$\boldsymbol{\beta}$ 必可经$\boldsymbol{\alpha}_1,\boldsymbol{\alpha}_2,\cdots,\boldsymbol{\alpha}_s$ 线性表出, 且如果不考虑$\boldsymbol{\alpha}_1,\boldsymbol{\alpha}_2,\cdots,\boldsymbol{\alpha}_s$ 在线性表达式中的次序, 则线性表示的形式唯一.

证明 因为$\boldsymbol{\alpha}_1,\boldsymbol{\alpha}_2,\cdots,\boldsymbol{\alpha}_s,\boldsymbol{\beta}$线性相关, 故存在$\mathbb{P}$ 中不全为零的数$c_1,\cdots,c_s,c_{s+1}$使得

$$c_1\boldsymbol{\alpha}_1+c_2\boldsymbol{\alpha}_2+\cdots+c_s\boldsymbol{\alpha}_s+c_{s+1}\boldsymbol{\beta}=\boldsymbol{\theta}. \tag{4}$$

若$c_{s+1}=0$, 则$c_1,c_2,\cdots,c_s$ 不全为零, 依(4)有$\boldsymbol{\alpha}_1,\boldsymbol{\alpha}_2,\cdots,\boldsymbol{\alpha}_s$ 线性相关. 这与假设矛盾! 因此$c_{s+1}\neq 0$. 由(4)得

$$\boldsymbol{\beta}=(-\frac{c_1}{c_{s+1}})\boldsymbol{\alpha}_1+(-\frac{c_2}{c_{s+1}})\boldsymbol{\alpha}_2+\cdots+(-\frac{c_s}{c_{s+1}})\boldsymbol{\alpha}_s,$$

即$\boldsymbol{\beta}$ 可由$\boldsymbol{\alpha}_1,\boldsymbol{\alpha}_2,\cdots,\boldsymbol{\alpha}_s$ 线性表出.

下证线性表示的形式唯一. 设$p_1,\cdots,p_s,q_1,\cdots,q_s$为$\mathbb{P}$中的数, 使得

$$\begin{aligned}\boldsymbol{\beta}&=p_1\boldsymbol{\alpha}_1+p_2\boldsymbol{\alpha}_2+\cdots+p_s\boldsymbol{\alpha}_s\\&=q_1\boldsymbol{\alpha}_1+q_2\boldsymbol{\alpha}_2+\cdots+q_s\boldsymbol{\alpha}_s,\end{aligned}$$

则

$$(p_1-q_1)\boldsymbol{\alpha}_1+(p_2-q_2)\boldsymbol{\alpha}_2+\cdots+(p_s-q_s)\boldsymbol{\alpha}_s=\boldsymbol{\theta}.$$

因$\boldsymbol{\alpha}_1,\boldsymbol{\alpha}_2,\cdots,\boldsymbol{\alpha}_s$ 线性无关，故$p_i-q_i=0$ 或$p_i=q_i(i=1,2,\cdots,s)$，即线性表示的形式唯一. □

§4.5 向量组的线性表示及等价

在上一节中，我们讨论了线性空间中的一个向量组中的某个向量可经其余向量线性表示的可能性及其相关性质，在本节中，我们讨论线性空间中的一个向量组中的每一向量均可经另一组向量线性表示所引发的相关性质.

定义 14 设(Ⅰ)、(Ⅱ)是数域$\mathbb{P}$上的线性空间V中的两个向量组，若(Ⅰ)中的每一个向量均可经(Ⅱ)中的向量线性表示，则称向量组(Ⅰ)可经向量组(Ⅱ)**线性表示**.

依定义14，若数域$\mathbb{P}$上的线性空间V中的向量组(Ⅰ)：$\boldsymbol{\alpha}_1,\boldsymbol{\alpha}_2,\cdots,\boldsymbol{\alpha}_s$ 可经V中的向量组(Ⅱ)：$\boldsymbol{\beta}_1,\boldsymbol{\beta}_2,\cdots,\boldsymbol{\beta}_t$ 线性表示，则成立如下关系式

$$\begin{cases}\boldsymbol{\alpha}_1=m_{11}\boldsymbol{\beta}_1+m_{21}\boldsymbol{\beta}_2+\cdots+m_{t1}\boldsymbol{\beta}_t,\\ \boldsymbol{\alpha}_2=m_{12}\boldsymbol{\beta}_1+m_{22}\boldsymbol{\beta}_2+\cdots+m_{t2}\boldsymbol{\beta}_t,\\ \qquad\vdots\\ \boldsymbol{\alpha}_s=m_{1s}\boldsymbol{\beta}_1+m_{2s}\boldsymbol{\beta}_2+\cdots+m_{ts}\boldsymbol{\beta}_t,\end{cases}\tag{5}$$

其中，$m_{ij}\in\mathbb{P}(i=1,2,\cdots,t,\ j=1,2,\cdots,s)$. (5)很像第1章中所涉及的线性方程组的形状. 我们记(5) 为

$$(\boldsymbol{\alpha}_1,\boldsymbol{\alpha}_2,\cdots,\boldsymbol{\alpha}_s)=(\boldsymbol{\beta}_1,\boldsymbol{\beta}_2,\cdots,\boldsymbol{\beta}_t)\boldsymbol{M},\tag{6}$$

这里

$$\boldsymbol{M}=\begin{pmatrix}m_{11}&m_{12}&\cdots&m_{1s}\\ m_{21}&m_{22}&\cdots&m_{2s}\\ \vdots&\vdots&\ddots&\vdots\\ m_{t1}&m_{t2}&\cdots&m_{ts}\end{pmatrix}\in\mathbb{P}^{t\times s}.\tag{7}$$

对于每一个$i=1,2,\cdots,s$，(7)中矩阵$\boldsymbol{M}$的第i列，它恰恰是(5)中$\boldsymbol{\alpha}_i$经$\boldsymbol{\beta}_1,\boldsymbol{\beta}_2,\cdots,\boldsymbol{\beta}_t$ 表示时的系数.

上述类似于矩阵乘法运算的表达式(6)，将给我们的讨论带来极大的方便，我们称之为**形式矩阵运算**.

请读者自行验证，形式矩阵运算具有

结合律 $(\boldsymbol{\beta}_1,\boldsymbol{\beta}_2,\cdots,\boldsymbol{\beta}_t)(\boldsymbol{AB})=((\boldsymbol{\beta}_1,\boldsymbol{\beta}_2,\cdots,\boldsymbol{\beta}_t)\boldsymbol{A})\boldsymbol{B}$.

传递性 若

$$(\boldsymbol{\alpha}_1,\boldsymbol{\alpha}_2,\cdots,\boldsymbol{\alpha}_s)=(\boldsymbol{\beta}_1,\boldsymbol{\beta}_2,\cdots,\boldsymbol{\beta}_t)\boldsymbol{C},$$

$$(\boldsymbol{\beta}_1,\ \boldsymbol{\beta}_2,\cdots,\ \boldsymbol{\beta}_t)=(\boldsymbol{\gamma}_1,\boldsymbol{\gamma}_2,\cdots,\boldsymbol{\gamma}_r)\boldsymbol{D},$$

则

$$(\boldsymbol{\alpha}_1,\boldsymbol{\alpha}_2,\cdots,\boldsymbol{\alpha}_s)=(\boldsymbol{\gamma}_1,\boldsymbol{\gamma}_2,\cdots,\boldsymbol{\gamma}_r)\boldsymbol{DC},$$

这里, $\boldsymbol{A},\boldsymbol{B},\boldsymbol{C}$及$\boldsymbol{D}$为相应的矩阵, $\boldsymbol{\alpha}_1,\boldsymbol{\alpha}_2,\cdots,\boldsymbol{\alpha}_s;\boldsymbol{\beta}_1,\boldsymbol{\beta}_2,\cdots,\boldsymbol{\beta}_t$及$\boldsymbol{\gamma}_1,\boldsymbol{\gamma}_2,\cdots,\boldsymbol{\gamma}_r$为线性空间中相应的向量组.

定理 5 设V是数域$\mathbb{P}$上的线性空间, 任取V中的两个向量组

$$(\text{I})\ \boldsymbol{\alpha}_1,\boldsymbol{\alpha}_2,\cdots,\boldsymbol{\alpha}_s,\qquad (\text{II})\ \boldsymbol{\beta}_1,\boldsymbol{\beta}_2,\cdots,\boldsymbol{\beta}_t,$$

若向量组(Ⅰ)可经向量组(Ⅱ)线性表示且$s>t$, 则$\boldsymbol{\alpha}_1,\boldsymbol{\alpha}_2,\cdots,\boldsymbol{\alpha}_s$ 必线性相关.

证明 因向量组(Ⅰ)可经向量组(Ⅱ)线性表示, 故存在$\boldsymbol{M}\in\mathbb{P}^{t\times s}$使得(6)成立, 即

$$(\boldsymbol{\alpha}_1,\boldsymbol{\alpha}_2,\cdots,\boldsymbol{\alpha}_s)=(\boldsymbol{\beta}_1,\boldsymbol{\beta}_2,\cdots,\boldsymbol{\beta}_t)\boldsymbol{M}.$$

依形式矩阵的结合律, 我们有

$$(\boldsymbol{\alpha}_1,\boldsymbol{\alpha}_2,\cdots,\boldsymbol{\alpha}_s)\boldsymbol{X}=(\boldsymbol{\beta}_1,\boldsymbol{\beta}_2,\cdots,\boldsymbol{\beta}_t)(\boldsymbol{M}\boldsymbol{X}),\quad \forall \boldsymbol{X}\in\mathbb{P}^n. \tag{8}$$

因$s>t$, 故$r(\boldsymbol{M})<s$, 从而齐次线性方程组

$$\boldsymbol{M}\boldsymbol{X}=\boldsymbol{O}$$

有非零解$\boldsymbol{X}_0=\begin{pmatrix}x_1^0\\x_2^0\\\vdots\\x_s^0\end{pmatrix}\in\mathbb{P}^s$. 将$\boldsymbol{X}_0$代入(8)得: 对于$\mathbb{P}$中不全为零的数$x_1^0,x_2^0,\cdots,x_s^0$,

$$\begin{aligned}x_1^0\boldsymbol{\alpha}_1+x_2^0\boldsymbol{\alpha}_2+\cdots+x_s^0\boldsymbol{\alpha}_s&=(\boldsymbol{\alpha}_1,\boldsymbol{\alpha}_2,\cdots,\boldsymbol{\alpha}_s)\boldsymbol{X}_0\\&=(\boldsymbol{\beta}_1,\boldsymbol{\beta}_2,\cdots,\boldsymbol{\beta}_t)\boldsymbol{M}\boldsymbol{X}_0\\&=(\boldsymbol{\beta}_1,\boldsymbol{\beta}_2,\cdots,\boldsymbol{\beta}_t)\boldsymbol{O}\\&=\boldsymbol{\theta}\end{aligned}$$

成立, 即$\boldsymbol{\alpha}_1,\boldsymbol{\alpha}_2,\cdots,\boldsymbol{\alpha}_s$ 线性相关. □

推论 1 若$\boldsymbol{\alpha}_1,\boldsymbol{\alpha}_2,\cdots,\boldsymbol{\alpha}_s$ 可经$\boldsymbol{\beta}_1,\boldsymbol{\beta}_2,\cdots,\boldsymbol{\beta}_t$线性表示且$\boldsymbol{\alpha}_1,\boldsymbol{\alpha}_2,\cdots,\boldsymbol{\alpha}_s$ 线性无关, 则$s\le t$.

定义 15 我们称数域$\mathbb{P}$上的线性空间V中的两个可以相互线性表示的向量组是**等价**的向量组.

请读者自行验证向量组的等价和矩阵的相抵一样, 具备自反性、对称性和传递性, 因而向量组的等价也形成一个等价关系.

一般地, 同一个线性空间中的两个等价的含有有限个向量的向量组所含的向量个数不尽相同, 但是, 我们有

定理 6 在数域$\mathbb{P}$上的线性空间V中, 任意两个等价的仅含有有限个向量的线性无关的向量组必含有相同个数的向量.

证明 在线性空间V中任取两个等价的线性无关的向量组, 不妨设它们分别为$\boldsymbol{\alpha}_1,\boldsymbol{\alpha}_2,\cdots,\boldsymbol{\alpha}_s$ 和$\boldsymbol{\beta}_1,\boldsymbol{\beta}_2,\cdots,\boldsymbol{\beta}_t$, 这里$1\le s,t<+\infty$, 则依推论1, $s\leqslant t$ 且$t\leqslant s$, 故$s=t$. 即这两个向量组含有相同个数的向量. □

§4.6 极大线性无关组与向量组的秩

在上一节中, 我们研究了线性空间中的一组向量可经另一组向量表示时的性质, 在本节中, 我们研究线性空间中的一个向量组被它本身的**部分组**(即由其本身的一部分向量所成的向量组)所线性表示的可能性及其性质.

例 21 设$V=\mathbb{R}^2,\mathbb{P}=\mathbb{R},\boldsymbol{\alpha},\boldsymbol{\beta}$是$V$中两个不共线的非零向量, 则依据平行四边形法则或三角形法则, V中的任一个向量$\boldsymbol{\gamma}$均能经$\boldsymbol{\alpha},\boldsymbol{\beta}$线性表示. 如果我们将$V$的全体向量看成为一个向量组并仍记作$V$, 则该向量组可以经其部分组$\boldsymbol{\alpha},\boldsymbol{\beta}$线性表示. 任取$\boldsymbol{\alpha}_1,\boldsymbol{\alpha}_2,\cdots,\boldsymbol{\alpha}_s\in V$, 显然$V$还可经$\boldsymbol{\alpha},\boldsymbol{\beta},\boldsymbol{\alpha}_1,\boldsymbol{\alpha}_2,\cdots,\boldsymbol{\alpha}_s$线性表示.

例21表明即使一个向量组可经其部分组线性表出, 一般地该部分组并不唯一, 且这些部分组所含向量的个数也不一样. 自然地, 我们要问: 给定一个向量组, 能否找到该向量组的一个含有有限个向量的部分组, 该部分组能线性表示该向量组中的所有向量而且其所含的向量个数最少? 为此, 我们引入

定义 16 设$\boldsymbol{\alpha}_1,\boldsymbol{\alpha}_2,\cdots,\boldsymbol{\alpha}_s(0<s<+\infty)$是数域$\mathbb{P}$上的线性空间$V$中某向量组(Ⅰ)的一个部分组, 如果$\boldsymbol{\alpha}_1,\boldsymbol{\alpha}_2,\cdots,\boldsymbol{\alpha}_s$线性无关, 且向量组(Ⅰ)可经$\boldsymbol{\alpha}_1,\boldsymbol{\alpha}_2,\cdots,\boldsymbol{\alpha}_s$线性表示, 则我们称$\boldsymbol{\alpha}_1,\boldsymbol{\alpha}_2,\cdots,\boldsymbol{\alpha}_s$为向量组(Ⅰ)的一个**极大线性无关组**.

以下性质从一个侧面反映出极大线性无关组所具有的“极大”特性.

性质 2 若$\boldsymbol{\alpha}_1,\boldsymbol{\alpha}_2,\cdots,\boldsymbol{\alpha}_s(0<s<+\infty)$是数域$\mathbb{P}$上的线性空间$V$中的某向量组(Ⅰ)的一个极大线性无关组, 则该极大线性无关组添上向量组(Ⅰ)中任一向量$\boldsymbol{\beta}$后所形成的新的部分组$\boldsymbol{\alpha}_1,\boldsymbol{\alpha}_2,\cdots,\boldsymbol{\alpha}_s,\boldsymbol{\beta}$必线性相关.

证明 由定理3及定义16 即可推得. □

依此及定理4, 我们可得定义16的等价形式:

定义 17 设$\boldsymbol{\alpha}_1,\boldsymbol{\alpha}_2,\cdots,\boldsymbol{\alpha}_s(0<s<+\infty)$是数域$\mathbb{P}$上的线性空间$V$上某向量组(Ⅰ)的一个部分组, 如果$\boldsymbol{\alpha}_1,\boldsymbol{\alpha}_2,\cdots,\boldsymbol{\alpha}_s$线性无关, 且任取向量组(Ⅰ)中的一个向量$\boldsymbol{\beta}$, 均有$\boldsymbol{\alpha}_1,\boldsymbol{\alpha}_2,\cdots,\boldsymbol{\alpha}_s,\boldsymbol{\beta}$线性相关, 则我们称$\boldsymbol{\alpha}_1,\boldsymbol{\alpha}_2,\cdots,\boldsymbol{\alpha}_s$为向量组(Ⅰ)的一个**极大线性无关组**.

性质 3 数域$\mathbb{P}$上的线性空间V中的任意一组向量的任意两个极大线性无关组均等价且所含的向量个数必相同.

证明 任取V中的一个向量组, 假设向量组(Ⅰ)和向量组(Ⅱ)是该向量组的两个不同的极大线性无关组, 则依据极大线性无关组的定义, 向量组中的任意一个向量均可经极大线性无关组(Ⅰ)中的向量线性表示, 从而, (Ⅱ)中的任意一个向量均可经组(Ⅰ)中的向量线性表示, 即极大线性无关组(Ⅱ)可经极大线性无关组(Ⅰ)线性表示, 同理可得极大线性无关组(Ⅰ)也可经极大线性无关组(Ⅱ)线性表示. 因此, 极大线性无

关组(Ⅰ)与极大线性无关组(Ⅱ)是等价的.

由定理6, 向量组(Ⅰ)和向量组(Ⅱ)所含的向量个数相同. □

性质 4 在数域$\mathbb{P}$上的线性空间V中, 由有限个向量所形成的向量组的任一极大线性无关组与向量组本身等价.

证明 请读者自行证明之. □

依极大线性无关组的定义及性质知, 在能线性表示向量组的所有部分组中, 向量组的极大线性无关组所含的向量个数是最少的. 这回答了例21之后所提的问题. 自然地, 我们要问一个向量组是否必存在一个极大线性无关组? 只要该向量组由有限个向量组成且含有非零向量, 回答是肯定的.

定理 7 数域$\mathbb{P}$上的线性空间V中的任何一个由有限个不全为零的向量所组成的向量组必存在极大线性无关组.

证明 设(Ⅰ)是V中的一个由有限个不全为零的向量所组成的向量组. 下面我们给出两种证明方法.

方法一 不妨设(Ⅰ)由V中的n个向量所构成, $n < +\infty$. 由于(Ⅰ)中的向量不全为零向量, 故存在(Ⅰ)中的向量$\boldsymbol{\alpha}_1$满足$\boldsymbol{\alpha}_1 \neq \boldsymbol{\theta}$. 显然$\boldsymbol{\alpha}_1$ 是(Ⅰ)的一个线性无关的部分组. 若(Ⅰ)中的任一个向量均可经$\boldsymbol{\alpha}_1$ 线性表示, 则$\boldsymbol{\alpha}_1$ 本身就是(Ⅰ)的一个极大线性无关组, 故极大线性无关组已找到; 若存在(Ⅰ)中的向量$\boldsymbol{\alpha}_2$, 它不可经$\boldsymbol{\alpha}_1$ 的线性表示, 则$\boldsymbol{\alpha}_1, \boldsymbol{\alpha}_2$ 必线性无关, 否则, 依定理4, $\boldsymbol{\alpha}_2$ 必可经$\boldsymbol{\alpha}_1$线性表示, 矛盾！因此$\boldsymbol{\alpha}_1, \boldsymbol{\alpha}_2$是(Ⅰ)的一个线性无关的部分组.

假如已找到$k(k \leqslant n-1)$个(Ⅰ)中的向量$\boldsymbol{\alpha}_1, \boldsymbol{\alpha}_2, \cdots, \boldsymbol{\alpha}_k$线性无关, 若$\boldsymbol{\alpha}_1, \boldsymbol{\alpha}_2, \cdots, \boldsymbol{\alpha}_k$能线性表示(Ⅰ)中的所有向量, 则$\boldsymbol{\alpha}_1, \boldsymbol{\alpha}_2, \cdots, \boldsymbol{\alpha}_k$ 就是(Ⅰ)的一个极大线性无关组, 因而极大线性无关组已找到; 若存在(Ⅰ)中的向量$\boldsymbol{\alpha}_{k+1}$, 它不可经$\boldsymbol{\alpha}_1, \boldsymbol{\alpha}_2, \cdots, \boldsymbol{\alpha}_k$线性表示, 则同样依据定理4, 我们有$\boldsymbol{\alpha}_1, \boldsymbol{\alpha}_2, \cdots, \boldsymbol{\alpha}_k, \boldsymbol{\alpha}_{k+1}$亦线性无关, 它们构成(Ⅰ)的一个线性无关的向量组.

重复上述过程, 由于n有限, 故上述过程最多n步后终止, 即(Ⅰ)的极大线性无关组最多经过n步后即可找出. 存在性得证.

方法二 (通过数学归纳法的证明)

若$n = 1$, 则(Ⅰ)仅由一个非零向量组成. 由于该非零向量本身是线性无关的, 因此, 它就是(Ⅰ)的一个极大线性无关组.

假设定理的结论对所有由n个不全为零的向量组成的向量组均正确, 则当(Ⅰ)由$n + 1$个不全为零的向量组成时, 我们可以取出其中n个不全为零的向量组成(Ⅰ)的一个部分组(Ⅱ). 不妨设(Ⅰ)中的不在(Ⅱ)中的唯一一个向量为$\boldsymbol{\beta}$. 依归纳假设, 在(Ⅱ)中可以找出其一个极大线性无关组. 不妨假设它们是$\boldsymbol{\alpha}_1, \boldsymbol{\alpha}_2, \cdots, \boldsymbol{\alpha}_s$.

显然, $\boldsymbol{\alpha}_1,\boldsymbol{\alpha}_2,\cdots,\boldsymbol{\alpha}_s$ 也是(Ⅰ)的一线性无关组. 若$\boldsymbol{\beta}$可经$\boldsymbol{\alpha}_1,\boldsymbol{\alpha}_2,\cdots,\boldsymbol{\alpha}_s$ 线性表示, 则$\boldsymbol{\alpha}_1,\boldsymbol{\alpha}_2,\cdots,\boldsymbol{\alpha}_s$ 本身就是(Ⅰ)的一个极大线性无关组. 若$\boldsymbol{\beta}$不可经$\boldsymbol{\alpha}_1,\boldsymbol{\alpha}_2,\cdots,\boldsymbol{\alpha}_s$ 线性表示, 则依定理4, $\boldsymbol{\alpha}_1,\boldsymbol{\alpha}_2,\cdots,\boldsymbol{\alpha}_s,\boldsymbol{\beta}$线性无关. 但(Ⅰ)可经$\boldsymbol{\alpha}_1,\boldsymbol{\alpha}_2,\cdots,\boldsymbol{\alpha}_s,\boldsymbol{\beta}$线性表示, 因而$\boldsymbol{\alpha}_1,\boldsymbol{\alpha}_2,\cdots,\boldsymbol{\alpha}_s,\boldsymbol{\beta}$ 是(Ⅰ)的一个极大线性无关组.

上述证明说明, 当(Ⅰ)由$n+1$个不全为零的向量组成时, 定理结论亦真. 依数学归纳法, 定理得证. □

定理7的证明一实际上还告诉我们寻找向量组的一个极大线性无关组的方法. 若$V=\mathbb{P}^n$, 则我们还可以通过矩阵的初等变换来寻找(请读者参见§4.9).

从性质3可知, 向量组的任何一个极大线性无关组所含的向量个数是相同的. 通常, 我们称向量组的任何一个极大线性无关组所含的向量个数为该向量组的**秩**. 一个不存在极大线性无关组的向量组, 如果只含有有限个向量, 则其秩认定为零(依定理7的证明, 该向量组的元素全为零向量). 若向量组$\boldsymbol{\alpha}_1,\boldsymbol{\alpha}_2,\cdots,\boldsymbol{\alpha}_s$的秩为$r$, 则记作$r(\boldsymbol{\alpha}_1,\boldsymbol{\alpha}_2,\cdots,\boldsymbol{\alpha}_s)=r$. 不难推知, 若向量组含有非零向量, 那么该向量组的秩就是该向量组中与之等价的部分组所含向量个数的最小值.

请读者自行证明如下和极大线性无关组相关的性质与定理.

定理 8 数域$\mathbb{P}$上的线性空间V中的任何一个有限秩向量组的任何一个线性无关的部分组一定可以扩充为该向量组的一个极大线性无关组.

性质 5 设数域$\mathbb{P}$上的线性空间V中的向量组$\boldsymbol{\alpha}_1,\boldsymbol{\alpha}_2,\cdots,\boldsymbol{\alpha}_s$的秩为$r(r\leq s)$, 若其部分组$\boldsymbol{\beta}_1,\boldsymbol{\beta}_2,\cdots,\boldsymbol{\beta}_r$与$\boldsymbol{\alpha}_1,\boldsymbol{\alpha}_2,\cdots,\boldsymbol{\alpha}_s$等价, 则$\boldsymbol{\beta}_1,\boldsymbol{\beta}_2,\cdots,\boldsymbol{\beta}_r$为$\boldsymbol{\alpha}_1,\boldsymbol{\alpha}_2,\cdots,\boldsymbol{\alpha}_s$的一个极大线性无关组.

性质 6 设数域$\mathbb{P}$上的线性空间V中的向量组$\boldsymbol{\alpha}_1,\boldsymbol{\alpha}_2,\cdots,\boldsymbol{\alpha}_s$ 的秩为$r(r\leq s)$, 若$\boldsymbol{\beta}_1,\boldsymbol{\beta}_2,\cdots\ \boldsymbol{\beta}_r$ 为其一线性无关的部分组, 则$\boldsymbol{\beta}_1,\boldsymbol{\beta}_2,\cdots,\boldsymbol{\beta}_r$为$\boldsymbol{\alpha}_1,\boldsymbol{\alpha}_2,\cdots,\boldsymbol{\alpha}_s$的一个极大线性无关组.

性质 7 设$\boldsymbol{\alpha}_1,\boldsymbol{\alpha}_2,\cdots,\boldsymbol{\alpha}_s\ (s<+\infty)$ 为数域$\mathbb{P}$上的线性空间V中的s个向量, 则

$$\boldsymbol{\alpha}_1,\boldsymbol{\alpha}_2,\cdots,\boldsymbol{\alpha}_s\text{线性无关}\iff\boldsymbol{\alpha}_1,\boldsymbol{\alpha}_2,\cdots,\boldsymbol{\alpha}_s\text{本身就是}\boldsymbol{\alpha}_1,\boldsymbol{\alpha}_2,\cdots,\boldsymbol{\alpha}_s\text{的一个极大线性无关组},$$

$$\iff r(\boldsymbol{\alpha}_1,\boldsymbol{\alpha}_2,\cdots,\boldsymbol{\alpha}_s)=s.$$

§4.7 维数 基 坐标

设V是数域$\mathbb{P}$上的线性空间(非零空间), 当我们把V中的所有向量的全体看成一个向量组时, 若该向量组存在一个由有限个向量所构成的极大线性无关组, 则我们称V是**有限维**的, 否则我们称V是**无限维**的. 当V是有限维时, 称其任意一个极大线性无关组所含的向量个数为线性空间V的**维数**, 并记之为$\dim V$. 当V是数域$\mathbb{P}$上的零空

间时, 我们认定它也是有限维的而且其维数为0. 若V是无限维的, 则记$\dim V=+\infty$. 在我们的高等代数(或线性代数)课程中, 我们主要研究有限维线性空间的性质.

定义 18 若$\dim V=n(1\le n<+\infty)$, $\boldsymbol{\alpha}_1,\boldsymbol{\alpha}_2,\cdots,\boldsymbol{\alpha}_n$为$V$的一个极大线性无关组, 则称$\boldsymbol{\alpha}_1,\boldsymbol{\alpha}_2,\cdots,\boldsymbol{\alpha}_n$ 的任何一种排列为V的一个(组)**基**①.

设$\boldsymbol{\alpha}_1,\boldsymbol{\alpha}_2,\cdots,\boldsymbol{\alpha}_n$ 是V的一个基, 依定义17及定理4, $\forall\,\boldsymbol{\alpha}\in V$, 存在唯一的一组数 $x_i\in\mathbb{P}(i=1,2,\cdots,n)$ 使得

$$\boldsymbol{\alpha}=x_1\boldsymbol{\alpha}_1+x_2\boldsymbol{\alpha}_2+\cdots+x_n\boldsymbol{\alpha}_n,$$

即

$$\boldsymbol{\alpha}=(\boldsymbol{\alpha}_1,\ \boldsymbol{\alpha}_2,\ \cdots,\ \boldsymbol{\alpha}_n)\begin{pmatrix}x_1\\x_2\\\vdots\\x_n\end{pmatrix}.$$

我们称$\begin{pmatrix}x_1\\x_2\\\vdots\\x_n\end{pmatrix}$为$\boldsymbol{\alpha}$在基$\boldsymbol{\alpha}_1,\boldsymbol{\alpha}_2,\cdots,\boldsymbol{\alpha}_n$下的**坐标**, 称$\begin{pmatrix}x_1\\x_2\\\vdots\\x_n\end{pmatrix}$的**第$i$个分量** x_i为$\boldsymbol{\alpha}$在基$\boldsymbol{\alpha}_1,\boldsymbol{\alpha}_2,\cdots,\boldsymbol{\alpha}_n$下的**第$i$个坐标**$(i=1,2,\cdots,n)$.

请读者自行证明: 当V中的基选定时, V与$\mathbb{P}^n$(将$\mathbb{P}^n$中的元素看成为V中的向量在选定基下的坐标)一一对应.

例 22 在$\mathbb{P}^n$中, 令

$$\boldsymbol{e}_1=\begin{pmatrix}1\\0\\0\\\vdots\\0\end{pmatrix},\boldsymbol{e}_2=\begin{pmatrix}0\\1\\0\\\vdots\\0\end{pmatrix},\cdots,\boldsymbol{e}_n=\begin{pmatrix}0\\0\\0\\\vdots\\1\end{pmatrix},$$

则$\boldsymbol{e}_1,\boldsymbol{e}_2,\cdots,\boldsymbol{e}_n$是$\mathbb{P}^n$中的一个基. 我们称之为$\mathbb{P}^n$的**常用基**.

例 23 在$\mathbb{P}^{m\times n}$中, 令$\boldsymbol{E}_{ij}$ 表示第i行第j列交叉位置的元素为1, 其余元素均为0的矩阵, 即

$$\boldsymbol{E}_{ij}=\begin{matrix}\\ i\\ \\\end{matrix}\!\!\begin{pmatrix} & \overset{j}{} & \\ & 1 & \\ & & \end{pmatrix},\qquad i,j=1,2,\cdots,n,$$

则$\boldsymbol{E}_{11},\cdots,\boldsymbol{E}_{1n},\boldsymbol{E}_{21},\cdots,\boldsymbol{E}_{2n},\cdots,\boldsymbol{E}_{m1},\cdots,\boldsymbol{E}_{mn}$是$\mathbb{P}^{m\times n}$的一个基. 我们称之为$\mathbb{P}^{m\times n}$的

① 基与极大线性无关组的唯一区别是极大线性无关组中的向量之间不考虑排序问题, 而基中的向量是有序的. 这点如同解析几何中的左手系与右手系一样——坐标轴的排列是有序的.

常用基.

例 24 设$\mathbb{P}[x]_n$表示系数取于数域$\mathbb{P}$上的次数不超过$n-1$的多项式函数全体, 则1, x, x^2, $\cdots$, x^{n-1} 是$\mathbb{P}[x]_n$的一个基, 而$\begin{pmatrix} a_0 \\ a_1 \\ \vdots \\ a_{n-1} \end{pmatrix}$是$\mathbb{P}[x]_n$中的多项式函数$f(x)=a_0+a_1x+\cdots+a_{n-1}x^{n-1}$在该基下的坐标. 我们称之为$\mathbb{P}[x]_n$的**常用基**.

相应于极大线性无关组的定理8, 性质5和性质6, 我们有如下结论: **有限维线性空间中的任何一个线性无关组都可以扩充为该线性空间的一个基. 如果n维线性空间中的一个由n个向量所组成的向量组和该线性空间的一个基等价, 则它一定也是该线性空间的一个基. n维线性空间中任何一个由n个向量所组成的线性无关组一定是该线性空间的一个基.**

§4.8 基之间的过渡矩阵 坐标变换

设V是数域$\mathbb{P}$上的n维线性空间, $\boldsymbol{\alpha}_1,\boldsymbol{\alpha}_2,\cdots,\boldsymbol{\alpha}_n$与$\boldsymbol{\beta}_1,\boldsymbol{\beta}_2,\cdots,\boldsymbol{\beta}_n$分别为$V$的两个基, 由于这两个基是等价的, 因此成立

$$\begin{cases} \boldsymbol{\beta}_1 = m_{11}\boldsymbol{\alpha}_1 + m_{21}\boldsymbol{\alpha}_2 + \cdots + m_{n1}\boldsymbol{\alpha}_n, \\ \boldsymbol{\beta}_2 = m_{12}\boldsymbol{\alpha}_1 + m_{22}\boldsymbol{\alpha}_2 + \cdots + m_{n2}\boldsymbol{\alpha}_n, \\ \qquad\vdots \\ \boldsymbol{\beta}_n = m_{1n}\boldsymbol{\alpha}_1 + m_{2n}\boldsymbol{\alpha}_2 + \cdots + m_{nn}\boldsymbol{\alpha}_n, \end{cases} \tag{9}$$

其中$m_{ij}\in\mathbb{P}(i,j=1,2,\cdots,n)$. 仿照(6), (9)可写成如下形式:

$$(\boldsymbol{\beta}_1,\boldsymbol{\beta}_2,\cdots,\boldsymbol{\beta}_n)=(\boldsymbol{\alpha}_1,\boldsymbol{\alpha}_2,\cdots,\boldsymbol{\alpha}_n)\boldsymbol{M}, \tag{10}$$

这里$\boldsymbol{M}=(m_{ij})_{n\times n}$. 通常我们称$\boldsymbol{M}$为从基$\boldsymbol{\alpha}_1,\boldsymbol{\alpha}_2,\cdots,\boldsymbol{\alpha}_n$到基$\boldsymbol{\beta}_1,\boldsymbol{\beta}_2,\cdots,\boldsymbol{\beta}_n$ 的**过渡矩阵**. 依$\boldsymbol{M}$的构造可见, $\boldsymbol{M}$的第j列就是$\boldsymbol{\beta}_j$在基$\boldsymbol{\alpha}_1,\boldsymbol{\alpha}_2,\cdots,\boldsymbol{\alpha}_n$ 下的坐标($j=1,2,\cdots,n$). 依(10) 知, 存在$\boldsymbol{X}_0\in\mathbb{P}^n$使得

$$(\boldsymbol{\beta}_1,\boldsymbol{\beta}_2,\cdots,\boldsymbol{\beta}_n)\boldsymbol{X}_0=\boldsymbol{\theta}$$

成立的充分必要条件是存在$\boldsymbol{X}_0\in\mathbb{P}^n$使得

$$(\boldsymbol{\alpha}_1,\boldsymbol{\alpha}_2,\cdots,\boldsymbol{\alpha}_n)(\boldsymbol{M}\boldsymbol{X}_0)=\boldsymbol{\theta}$$

成立. 由于$\boldsymbol{\alpha}_1,\boldsymbol{\alpha}_2,\cdots,\boldsymbol{\alpha}_n$与$\boldsymbol{\beta}_1,\boldsymbol{\beta}_2,\cdots,\boldsymbol{\beta}_n$ 均为V 的基, 故上述充分必要条件说明$\boldsymbol{M}\boldsymbol{X}=\boldsymbol{O}$ 仅有零解$\boldsymbol{X}_0=\boldsymbol{O}$, 从而$r(\boldsymbol{M})=n$ 或$|\boldsymbol{M}|\neq 0$, 或**从线性空间的一个基到另一个基的过渡矩阵是一个可逆矩阵**. 进一步可以验证, 若$\boldsymbol{N}$是从基$\boldsymbol{\beta}_1,\boldsymbol{\beta}_2,\cdots,\boldsymbol{\beta}_n$到基$\boldsymbol{\alpha}_1,\boldsymbol{\alpha}_2,\cdots,\boldsymbol{\alpha}_n$的过渡矩阵, 即

$$(\boldsymbol{\alpha}_1,\boldsymbol{\alpha}_2,\cdots,\boldsymbol{\alpha}_n)=(\boldsymbol{\beta}_1,\boldsymbol{\beta}_2,\cdots,\boldsymbol{\beta}_n)\boldsymbol{N},$$

则

$$\boldsymbol{M}\boldsymbol{N}=\boldsymbol{E}, \qquad \boldsymbol{N}=\boldsymbol{M}^{-1}. \tag{11}$$

上述分析过程说明, 从基$\boldsymbol{\alpha}_1,\boldsymbol{\alpha}_2,\cdots,\boldsymbol{\alpha}_n$到基$\boldsymbol{\beta}_1,\boldsymbol{\beta}_2,\cdots,\boldsymbol{\beta}_n$的过渡矩阵和从基$\boldsymbol{\beta}_1,\boldsymbol{\beta}_2,\cdots,\boldsymbol{\beta}_n$到基$\boldsymbol{\alpha}_1,\boldsymbol{\alpha}_2,\cdots,\boldsymbol{\alpha}_n$的过渡矩阵互为逆矩阵.

可以证明数域$\mathbb{P}$上的任何一个n阶可逆矩阵均可以作为$\mathbb{P}$上的n维线性空间V中某两个基之间的过渡矩阵(请见本章习题中的补充题7).

例 25 设$\boldsymbol{\alpha}_1,\boldsymbol{\alpha}_2,\cdots,\boldsymbol{\alpha}_n$与$\boldsymbol{\beta}_1,\boldsymbol{\beta}_2,\cdots,\boldsymbol{\beta}_n$分别为$\mathbb{P}^n$的两个基. 求从基$\boldsymbol{\alpha}_1,\boldsymbol{\alpha}_2,\cdots,\boldsymbol{\alpha}_n$到基$\boldsymbol{\beta}_1,\boldsymbol{\beta}_2,\cdots,\boldsymbol{\beta}_n$的过渡矩阵.

解 依例20知, 由两个基中的向量所形成的矩阵$\boldsymbol{A}=(\boldsymbol{\alpha}_1\ \ \boldsymbol{\alpha}_2\ \ \cdots\ \ \boldsymbol{\alpha}_n)$和$\boldsymbol{B}=(\boldsymbol{\beta}_1\ \ \boldsymbol{\beta}_2\ \ \cdots\ \ \boldsymbol{\beta}_n)$均是可逆矩阵. 此时, 由于线性空间$\mathbb{P}^n$的特殊性, (10)可改写为矩阵运算关系

$$\boldsymbol{B}=\boldsymbol{A}\boldsymbol{M},$$

或

$$(\boldsymbol{\beta}_1\ \ \boldsymbol{\beta}_2\ \ \cdots\ \ \boldsymbol{\beta}_n)=(\boldsymbol{\alpha}_1\ \ \boldsymbol{\alpha}_2\ \ \cdots\ \ \boldsymbol{\alpha}_n)\boldsymbol{M},$$

从而所求的过渡矩阵为

$$\boldsymbol{M}=\boldsymbol{A}^{-1}\boldsymbol{B}=(\boldsymbol{\alpha}_1\ \ \boldsymbol{\alpha}_2\ \ \cdots\ \ \boldsymbol{\alpha}_n)^{-1}(\boldsymbol{\beta}_1\ \ \boldsymbol{\beta}_2\ \ \cdots\ \ \boldsymbol{\beta}_n).$$

□

例 26 设 $l_j(x)=(x-a_1)\cdots(x-a_{j-1})(x-a_{j+1})\cdots(x-a_n),\ j=1,2,\cdots,n,$

1) 试证明多项式函数组$l_1(x),l_2(x),\cdots,l_n(x)$是$n$维线性空间$\mathbb{P}[x]_n$中的一个基, 其中$a_1,a_2,\cdots,a_n$是数域$\mathbb{P}$中$n$个互不相同的数.

2) 在1)中, 取$\mathbb{P}=\mathbb{C}$, $a_j=\varepsilon_j(\ j=1,2,\cdots,n)$, 这里$\varepsilon_1,\varepsilon_2,\cdots,\varepsilon_n$为全体$n$次单位根(即$\varepsilon_{j+1}=e^{\frac{2\pi j}{n}\boldsymbol{i}}$, $\boldsymbol{i}=\sqrt{-1}$, $j=0,1,\cdots,n-1$), 求由基$1,x,\cdots,x^{n-1}$到基$l_1(x),l_2(x),\cdots,l_n(x)$的过渡矩阵.

解 1) 设$\mathbb{P}$中有n个数$c_1,c_2,\cdots,c_n$使得

$$c_1l_1(x)+c_2l_2(x)+\cdots+c_nl_n(x)=0,\quad \forall x\in\mathbb{P}. \tag{12}$$

对每一$i(1\le i\le n)$, 将$x=a_i$代入(12). 由于

$$l_i(a_j)\ne 0,\ i=j;\ \ l_i(a_j)=0,\ i\ne j;\ \ i,j=1,2,\cdots,n,$$

我们有

$$c_i=0,\quad i=1,2,\cdots,n,$$

即$l_1(x),l_2(x),\cdots,l_n(x)$线性无关. 又$\mathbb{P}[x]_n$为$n$维线性空间, 因而$l_1(x),l_2(x),\cdots,l_n(x)$构成$\mathbb{P}[x]_n$中的一个基.

2) 由$\varepsilon_j^n=1,\quad j=1,2,\cdots,n$得

$$x^n-1=(x-\varepsilon_1)(x-\varepsilon_2)\cdots(x-\varepsilon_n)=(x-\varepsilon_j)l_j(x),\ \ j=1,2,\cdots,n,$$

从而

$$l_j(x)=\frac{x^n-1}{x-\varepsilon_j}=\varepsilon_j^{n-1}+\varepsilon_j^{n-2}x+\cdots+\varepsilon_jx^{n-2}+x^{n-1},\quad j=1,2,\cdots,n.$$

于是依(10), 矩阵

$$\begin{pmatrix} \varepsilon_1^{n-1} & \varepsilon_2^{n-1} & \cdots & \varepsilon_n^{n-1} \\ \varepsilon_1^{n-2} & \varepsilon_2^{n-2} & \cdots & \varepsilon_n^{n-2} \\ \vdots & \vdots & \ddots & \vdots \\ \varepsilon_1 & \varepsilon_2 & \cdots & \varepsilon_n \\ 1 & 1 & \cdots & 1 \end{pmatrix}$$

就是从基$1, x, \cdots, x^{n-1}$到基$l_1(x), l_2(x), \cdots, l_n(x)$的过渡矩阵. □

设$\boldsymbol{\alpha} \in V$在基$\boldsymbol{\alpha}_1, \boldsymbol{\alpha}_2, \cdots, \boldsymbol{\alpha}_n$及基$\boldsymbol{\beta}_1, \boldsymbol{\beta}_2, \cdots, \boldsymbol{\beta}_n$下的坐标分别为$\boldsymbol{X}$和$\boldsymbol{Y}$, 该两个基满足关系(10), 则

$$\boldsymbol{\alpha} = (\boldsymbol{\beta}_1, \boldsymbol{\beta}_2, \cdots, \boldsymbol{\beta}_n)\boldsymbol{Y} = (\boldsymbol{\alpha}_1, \boldsymbol{\alpha}_2, \cdots, \boldsymbol{\alpha}_n)(\boldsymbol{MY}),$$

但

$$\boldsymbol{\alpha} = (\boldsymbol{\alpha}_1, \boldsymbol{\alpha}_2, \cdots, \boldsymbol{\alpha}_n)\boldsymbol{X},$$

由于向量在同一基下坐标是唯一的, 故

$$\boldsymbol{X} = \boldsymbol{MY}. \tag{13}$$

我们称(13)为基$\boldsymbol{\alpha}_1, \boldsymbol{\alpha}_2, \cdots, \boldsymbol{\alpha}_n$与基$\boldsymbol{\beta}_1, \boldsymbol{\beta}_2, \cdots, \boldsymbol{\beta}_n$间的**坐标变换**关系.

例 27 在线性空间$\mathbb{P}^{2\times 2}$中取两个基

$$(\mathrm{I})\ \boldsymbol{E}_{11} = \begin{pmatrix} 1 & 0 \\ 0 & 0 \end{pmatrix}, \boldsymbol{E}_{12} = \begin{pmatrix} 0 & 1 \\ 0 & 0 \end{pmatrix}, \boldsymbol{E}_{21} = \begin{pmatrix} 0 & 0 \\ 1 & 0 \end{pmatrix}, \boldsymbol{E}_{22} = \begin{pmatrix} 0 & 0 \\ 0 & 1 \end{pmatrix}$$

和

$$(\mathrm{II})\ \boldsymbol{D}_{11} = \begin{pmatrix} 1 & 1 \\ 0 & 0 \end{pmatrix}, \boldsymbol{D}_{12} = \begin{pmatrix} 0 & 1 \\ 1 & 0 \end{pmatrix}, \boldsymbol{D}_{21} = \begin{pmatrix} 0 & 0 \\ 2 & 1 \end{pmatrix}, \boldsymbol{D}_{22} = \begin{pmatrix} 0 & 0 \\ 0 & 1 \end{pmatrix}.$$

1) 求从基(Ⅰ)到基(Ⅱ)的过渡矩阵.

2) 分别求出矩阵$\boldsymbol{A} = \begin{pmatrix} 1 & 2 \\ 3 & 4 \end{pmatrix}$在基(Ⅰ)及基(Ⅱ)下的坐标.

解 1) 由于

$$(\boldsymbol{D}_{11}, \boldsymbol{D}_{12}, \boldsymbol{D}_{21}, \boldsymbol{D}_{22}) = (\boldsymbol{E}_{11}, \boldsymbol{E}_{12}, \boldsymbol{E}_{21}, \boldsymbol{E}_{22}) \begin{pmatrix} 1 & 0 & 0 & 0 \\ 1 & 1 & 0 & 0 \\ 0 & 1 & 2 & 0 \\ 0 & 0 & 1 & 1 \end{pmatrix},$$

故从基(Ⅰ)到基(Ⅱ)的过渡矩阵为

$$\boldsymbol{M} = \begin{pmatrix} 1 & 0 & 0 & 0 \\ 1 & 1 & 0 & 0 \\ 0 & 1 & 2 & 0 \\ 0 & 0 & 1 & 1 \end{pmatrix}.$$

2) 由于

$$\boldsymbol{A}=\begin{pmatrix}1&2\\3&4\end{pmatrix}=(\boldsymbol{E}_{11},\boldsymbol{E}_{12},\boldsymbol{E}_{21},\boldsymbol{E}_{22})\begin{pmatrix}1\\2\\3\\4\end{pmatrix},$$

故 $\boldsymbol{A}$ 在基(Ⅰ)的坐标为

$$\boldsymbol{X}=\begin{pmatrix}1\\2\\3\\4\end{pmatrix}.$$

从而$\boldsymbol{A}$ 在基(Ⅱ)下坐标为

$$\boldsymbol{Y}=\boldsymbol{M}^{-1}\boldsymbol{X}=\begin{pmatrix}1\\1\\1\\3\end{pmatrix}.$$

□

例 28　求$\mathbb{P}^3$中在基$\boldsymbol{\alpha}_1,\boldsymbol{\alpha}_2,\boldsymbol{\alpha}_3$ 及基$\boldsymbol{\beta}_1,\boldsymbol{\beta}_2,\boldsymbol{\beta}_3$ 下具有相同坐标的所有向量.

解　设$\boldsymbol{\alpha}\in\mathbb{P}^3$在该两个基下的坐标为$\boldsymbol{x}=\begin{pmatrix}x_1\\x_2\\x_3\end{pmatrix}$, 则

$$\boldsymbol{\alpha}=x_1\boldsymbol{\alpha}_1+x_2\boldsymbol{\alpha}_2+x_3\boldsymbol{\alpha}_3=x_1\boldsymbol{\beta}_1+x_2\boldsymbol{\beta}_2+x_3\boldsymbol{\beta}_3,$$

所以

$$x_1(\boldsymbol{\alpha}_1-\boldsymbol{\beta}_1)+x_2(\boldsymbol{\alpha}_2-\boldsymbol{\beta}_2)+x_3(\boldsymbol{\alpha}_3-\boldsymbol{\beta}_3)=\boldsymbol{\theta},$$

即

$$(\boldsymbol{\alpha}_1-\boldsymbol{\beta}_1\ \ \boldsymbol{\alpha}_2-\boldsymbol{\beta}_2\ \ \boldsymbol{\alpha}_3-\boldsymbol{\beta}_3)\boldsymbol{x}=\boldsymbol{O}. \tag{14}$$

这说明$\boldsymbol{\alpha}$ 在这两个基下的坐标应是以$(\boldsymbol{\alpha}_1-\boldsymbol{\beta}_1\ \ \boldsymbol{\alpha}_2-\boldsymbol{\beta}_2\ \ \boldsymbol{\alpha}_3-\boldsymbol{\beta}_3)$ 为系数矩阵的齐次方程组的解, 因此, 所求的向量的全体是如下集合

$$\left\{\boldsymbol{\alpha}\in\mathbb{P}^3\ \middle|\ \boldsymbol{\alpha}=x_1\boldsymbol{\alpha}_1+x_2\boldsymbol{\alpha}_2+x_3\boldsymbol{\alpha}_3,\ x_1,x_2,x_3\text{满足(14)}\right\},$$

也可表示为

$$\left\{\boldsymbol{\alpha}\in\mathbb{P}^3\ \middle|\ \boldsymbol{\alpha}=x_1\boldsymbol{\beta}_1+x_2\boldsymbol{\beta}_2+x_3\boldsymbol{\beta}_3,\ x_1,x_2,x_3\text{满足(14)}\right\}$$

□

§4.9　矩阵的秩与向量组的秩之间的关系

通过矩阵的子式来定义的矩阵的秩与通过极大线性无关组来定义的向量组的秩看似没有任何的关系, 然而他们之间却存在着本质的联系. 这样的联系既反映了矩阵

的秩与向量组的秩的特性, 也显示了秩将矩阵理论与线性空间理论紧紧地连在一起.

在本节中, 我们讨论$\mathbb{P}^{m\times n}$ 中的矩阵的秩与$\mathbb{P}^m$ 及$\mathbb{P}^n$ 中向量组的秩之间的基本联系. 更一般的联系请见本章习题中的补充题5及补充题6.

设$\boldsymbol{A}_{m\times n}=(a_{ij})_{m\times n}\in\mathbb{P}^{m\times n}$, 若将$\boldsymbol{A}$按行分块, 则得

$$\boldsymbol{A}=\begin{pmatrix}\boldsymbol{\alpha}_1\\\boldsymbol{\alpha}_2\\\vdots\\\boldsymbol{\alpha}_m\end{pmatrix},$$

这里$\boldsymbol{\alpha}_i=(a_{i1}\ a_{i2}\ \cdots\ a_{in})(i=1,2,\cdots,m)$是$\mathbb{P}^{1\times n}$中的向量, 通常, 我们称$\boldsymbol{\alpha}_i$为$\boldsymbol{A}$的**第$i$个行向量**$(i=1,2,\cdots,m)$, 称由$\boldsymbol{A}$的所有行向量$\boldsymbol{\alpha}_1,\boldsymbol{\alpha}_2,\cdots,\boldsymbol{\alpha}_m$所形成的向量组为$\boldsymbol{A}$的**行向量组**, 称$\boldsymbol{A}$的行向量组的秩为$\boldsymbol{A}$的**行秩**.

若将$\boldsymbol{A}$按列分块, 则得

$$\boldsymbol{A}=(\boldsymbol{\beta}_1\ \boldsymbol{\beta}_2\ \cdots\ \boldsymbol{\beta}_n),$$

这里$\boldsymbol{\beta}_i=\begin{pmatrix}a_{1i}\\a_{2i}\\\vdots\\a_{mi}\end{pmatrix}(i=1,2,\cdots,n)$是$\mathbb{P}^{m\times 1}$中的向量. 通常, 我们称$\boldsymbol{\beta}_i$ 为矩阵$\boldsymbol{A}$的**第i个列向量**$(i=1,2,\cdots,n)$, 称由$\boldsymbol{A}$的所有列向量$\boldsymbol{\beta}_1,\boldsymbol{\beta}_2,\cdots,\boldsymbol{\beta}_n$ 所形成的向量组为$\boldsymbol{A}$的**列向量组**, 称$\boldsymbol{A}$的列向量组的秩为$\boldsymbol{A}$的**列秩**.

于是, 一个矩阵有了三个秩：矩阵的秩、矩阵的行秩与矩阵的列秩. 以下我们讨论它们之间的关系.

首先, 我们有

引理 1 矩阵的初等行变换既不改变矩阵的行秩也不改变矩阵的列秩.

证明 任取矩阵$\boldsymbol{A}\in\mathbb{P}^{m\times n}$, 假设$\boldsymbol{A}$经过一次初等行变换化为$\boldsymbol{B}\in\mathbb{P}^{m\times n}$. 不妨设矩阵的分块形式如下:

$$\boldsymbol{A}=\begin{pmatrix}\boldsymbol{\alpha}_1\\\boldsymbol{\alpha}_2\\\vdots\\\boldsymbol{\alpha}_m\end{pmatrix}=(\boldsymbol{\beta}_1\,\boldsymbol{\beta}_2\ \cdots\ \boldsymbol{\beta}_n),\quad \boldsymbol{B}=\begin{pmatrix}\gamma_1\\\gamma_2\\\vdots\\\gamma_m\end{pmatrix}=(\boldsymbol{\delta}_1\,\boldsymbol{\delta}_2\ \cdots\ \boldsymbol{\delta}_n).$$

我们先证明矩阵$\boldsymbol{A}$与$\boldsymbol{B}$具有相同的行秩. 事实上,

1) 若$\boldsymbol{A}\xrightarrow{R_{st}}\boldsymbol{B}$, 则

$$\gamma_i=\begin{cases}\boldsymbol{\alpha}_i, & i\neq s,i\neq t,\\\boldsymbol{\alpha}_t, & i=s,\\\boldsymbol{\alpha}_s, & i=t,\end{cases}\qquad 或\quad \boldsymbol{\alpha}_i=\begin{cases}\gamma_i, & i\neq s,i\neq t,\\\gamma_t, & i=s,\\\gamma_s, & i=t,\end{cases}\qquad 1\leqslant i\leqslant m.$$

2) 若$\boldsymbol{A}\xrightarrow{cR_s}\boldsymbol{B}$ $(c\neq 0, c\in\mathbb{P})$, 则

$$\boldsymbol{\gamma}_i=\begin{cases}\boldsymbol{\alpha}_i, & i\neq s,\\ c\boldsymbol{\alpha}_i, & i=s,\end{cases} \quad 或 \quad \boldsymbol{\alpha}_i=\begin{cases}\boldsymbol{\gamma}_i, & i\neq s,\\ \frac{1}{c}\boldsymbol{\gamma}_i, & i=s,\end{cases} \quad 1\leqslant i\leqslant m.$$

3) 设$\boldsymbol{A}\xrightarrow{R_s+cR_t}\boldsymbol{B}$ $(c\in\mathbb{P})$, 则

$$\boldsymbol{\gamma}_i=\begin{cases}\boldsymbol{\alpha}_i, & i\neq s,\\ \boldsymbol{\alpha}_i+c\boldsymbol{\alpha}_t & i=s,\end{cases} \quad 或 \quad \boldsymbol{\alpha}_i=\begin{cases}\boldsymbol{\gamma}_i, & i\neq s,\\ \boldsymbol{\gamma}_i-c\boldsymbol{\gamma}_t, & i=s,\end{cases} \quad 1\leqslant i\leqslant m.$$

上述关系说明$\boldsymbol{B}$的行向量组与$\boldsymbol{A}$的行向量组是等价的, 从而$\boldsymbol{A}$与$\boldsymbol{B}$的行秩相等.

我们接下来证明矩阵矩阵$\boldsymbol{A}$与$\boldsymbol{B}$具有相同的列秩. 任取$1\leq i_1<i_2<\cdots<i_k\leq n$, 这里$1\leq k\leq n$, 则矩阵$(\boldsymbol{\beta}_{i_1}\ \boldsymbol{\beta}_{i_2}\ \cdots\ \boldsymbol{\beta}_{i_k})\in\mathbb{P}^{m\times k}$, $(\boldsymbol{\delta}_{i_1}\ \boldsymbol{\delta}_{i_2}\ \cdots\ \boldsymbol{\delta}_{i_k})\in\mathbb{P}^{m\times k}$, 且

$$(\boldsymbol{\beta}_{i_1}\ \boldsymbol{\beta}_{i_2}\ \cdots\ \boldsymbol{\beta}_{i_k})\xrightarrow{\text{与}\boldsymbol{A}\text{化为}\boldsymbol{B}\text{相同的初等行变换}}(\boldsymbol{\delta}_{i_1}\ \boldsymbol{\delta}_{i_2}\ \cdots\ \boldsymbol{\delta}_{i_k}), \tag{15}$$

依§1.2及§1.4中的结论, 齐次线性方程组$(\boldsymbol{\beta}_{i_1}\ \boldsymbol{\beta}_{i_2}\ \cdots\ \boldsymbol{\beta}_{i_k})\boldsymbol{X}=\boldsymbol{O}$与$(\boldsymbol{\delta}_{i_1}\ \boldsymbol{\delta}_{i_2}\ \cdots\ \boldsymbol{\delta}_{i_k})\boldsymbol{X}=\boldsymbol{O}$同解, 即$(\boldsymbol{\beta}_{i_1}\ \boldsymbol{\beta}_{i_2}\ \cdots\ \boldsymbol{\beta}_{i_k})\boldsymbol{X}=\boldsymbol{O}$与$(\boldsymbol{\delta}_{i_1}\ \boldsymbol{\delta}_{i_2}\ \cdots\ \boldsymbol{\delta}_{i_k})\boldsymbol{X}=\boldsymbol{O}$同时仅有零解或同时有非零解. 由例20的结论, 我们得到向量组$\boldsymbol{\beta}_{i_1}, \boldsymbol{\beta}_{i_2}, \cdots, \boldsymbol{\beta}_{i_k}$与$\boldsymbol{\delta}_{i_1}, \boldsymbol{\delta}_{i_2}, \cdots, \boldsymbol{\delta}_{i_k}$同时线性无关或同时线性相关. 于是当$\boldsymbol{\beta}_{i_1}, \boldsymbol{\beta}_{i_2}, \cdots, \boldsymbol{\beta}_{i_k}$为$\boldsymbol{A}$的列向量组的极大线性无关组时, $\boldsymbol{\delta}_{i_1}, \boldsymbol{\delta}_{i_2}, \cdots, \boldsymbol{\delta}_{i_k}$即为$\boldsymbol{B}$的列向量组的极大线性无关组; 当$\boldsymbol{\beta}_{i_1}, \boldsymbol{\beta}_{i_2}, \cdots, \boldsymbol{\beta}_{i_k}$为$\boldsymbol{A}$的列向量组的不是极大线性无关组时, $\boldsymbol{\delta}_{i_1}, \boldsymbol{\delta}_{i_2}, \cdots, \boldsymbol{\delta}_{i_k}$也不是$\boldsymbol{B}$的列向量组的极大线性无关组. 由于初等变换过程是可逆向的, 故反之亦然. 因此, $\boldsymbol{A}$与$\boldsymbol{B}$的列秩相等. 引理得证. □

同理可证

引理 2 矩阵的初等列变换既不改变矩阵的行秩也不改变矩阵的列秩.

定理 9 数域$\mathbb{P}$上任意一个矩阵的秩、行秩及列秩均相等.

证明 先证明数域$\mathbb{P}$上任意一个矩阵的秩与其行秩相同. 依第2章的定理9, 任意一个元素取自于数域$\mathbb{P}$上的$m\times n$矩阵$\boldsymbol{A}_{m\times n}$均可通过初等变换化为

$$\boldsymbol{B}=\begin{pmatrix}\boldsymbol{E}_r & \boldsymbol{O}\\ \boldsymbol{O} & \boldsymbol{O}\end{pmatrix},$$

其中$r=r(\boldsymbol{A})=r(\boldsymbol{B})$.

由于$\boldsymbol{B}$的前r个行向量构成$\boldsymbol{B}$行向量组的一个极大线性无关组, 而$\boldsymbol{B}$的前r个列向量构成$\boldsymbol{B}$列向量组的一个极大线性无关组, 故$\boldsymbol{B}$的行秩和列秩均为r. 即$\boldsymbol{B}$的行秩、列秩和矩阵秩均相同, 且均为矩阵$\boldsymbol{A}$的秩. 但是, 依引理1及引理2, $\boldsymbol{A}$的行秩和列秩分别等于$\boldsymbol{B}$的行秩和列秩, 因而$\boldsymbol{A}$的行秩、列秩和矩阵秩也均相同. □

定理9说明, 矩阵的秩可以用矩阵的行(列)向量组的秩来定义, 这是矩阵秩的又一种定义方式(有兴趣的读者可以参见[2]或[4]).

利用定理9以及引理1证明中(15)之后的讨论, 我们还可以构造利用初等行变换寻找$\mathbb{P}^n$中任意一个向量组的极大线性无关组的方法.

设$\boldsymbol{\alpha}_1, \boldsymbol{\alpha}_2, \cdots, \boldsymbol{\alpha}_s$是$\mathbb{P}^n$中的$s$个非零向量(即**它们是$\mathbb{P}^{n\times 1}$中的矩阵**), 寻找其一个极大线性无关组的步骤如下:

第一步 构造矩阵

$$\boldsymbol{A} = (\boldsymbol{\alpha}_1 \ \ \boldsymbol{\alpha}_2 \ \ \cdots \ \ \boldsymbol{\alpha}_s).$$

第二步 仅对$\boldsymbol{A}$实施初等行变换将$\boldsymbol{A}$化为阶梯形矩阵

$$\boldsymbol{B} = \begin{pmatrix} c_{1i_1} & \cdots & c_{1i_2} & \cdots & c_{1i_r} & \cdots & c_{1s} \\ & & c_{2i_2} & \cdots & c_{2i_r} & \cdots & c_{2s} \\ & & & \ddots & \vdots & \ddots & \vdots \\ & & & & c_{ri_r} & \cdots & c_{rs} \\ & & & & & & \end{pmatrix},$$

其中$\prod_{j=1}^{r} c_{ji_j} \neq 0, r > 0$.

结 论 $\boldsymbol{\alpha}_{i_1}, \boldsymbol{\alpha}_{i_2}, \cdots, \boldsymbol{\alpha}_{i_r}$ 即是所给向量组中的一个极大线性无关组.

例 29 求$\mathbb{P}^{1\times 4}$中下列向量组的一个极大线性无关组.

$\boldsymbol{\alpha}_1 = (1,1,3,1)$, $\boldsymbol{\alpha}_2 = (-1,1,-1,3)$ $\boldsymbol{\alpha}_3 = (5,-2,8,-9)$, $\boldsymbol{\alpha}_4 = (-1,3,1,7)$.

解 把$\boldsymbol{\alpha}_1, \boldsymbol{\alpha}_2, \boldsymbol{\alpha}_3, \boldsymbol{\alpha}_4$ 转置后构造矩阵

$$\boldsymbol{A} = (\boldsymbol{\alpha}_1^{\mathrm{T}} \ \ \boldsymbol{\alpha}_2^{\mathrm{T}} \ \ \boldsymbol{\alpha}_3^{\mathrm{T}} \ \ \boldsymbol{\alpha}_4^{\mathrm{T}}) = \begin{pmatrix} 1 & -1 & 5 & -1 \\ 1 & 1 & -2 & 3 \\ 3 & -1 & 8 & 1 \\ 1 & 3 & -9 & 7 \end{pmatrix}.$$

对$\boldsymbol{A}$ 实施初等行变换,

$$\boldsymbol{A} \xrightarrow[R_4-R_1]{\substack{R_2-R_1 \\ R_3-3R_1}} \begin{pmatrix} 1 & -1 & 5 & -1 \\ 0 & 2 & -7 & 4 \\ 0 & 2 & -7 & 4 \\ 0 & 4 & -14 & 8 \end{pmatrix} \xrightarrow[R_4-R_2]{\substack{R_1-\frac{1}{2}R_2 \\ R_3+2R_2}} \begin{pmatrix} 1 & 0 & \frac{3}{2} & 1 \\ 0 & 2 & -7 & 4 \\ 0 & 0 & 0 & 0 \\ 0 & 0 & 0 & 0 \end{pmatrix}.$$

故 $\boldsymbol{\alpha}_1, \boldsymbol{\alpha}_2, \boldsymbol{\alpha}_3, \boldsymbol{\alpha}_4$ 的一个极大线性无关组是$\boldsymbol{\alpha}_1, \boldsymbol{\alpha}_2$. 不难知, $\boldsymbol{\alpha}_1, \boldsymbol{\alpha}_3$和$\boldsymbol{\alpha}_1, \boldsymbol{\alpha}_4$ 均是$\boldsymbol{\alpha}_1$, $\boldsymbol{\alpha}_2, \boldsymbol{\alpha}_3, \boldsymbol{\alpha}_4$ 的极大线性无关组. □

§4.10 子空间

定义 19 若数域$\mathbb{P}$上的线性空间V的一个非空子集W关于V的加法运算及数乘运算也构成$\mathbb{P}$上的一个线性空间, 则称W是V的一个**子空间**.

显然, $\{\boldsymbol{\theta}\}$ 及V 是V 的两个子空间, 一般地, 我们称之为V的**平凡子空间**.

定理 10 设V是数域$\mathbb{P}$上的线性空间, W为V的非空子集, 则

$$W\text{是}V\text{的子空间} \Longleftrightarrow W\text{关于}V\text{的加法与数乘运算封闭}.$$

这里, 所谓封闭是指W中的向量经过V的加法与数乘运算后所得的新向量仍然在W中.

证明 "$\Longrightarrow$" 依子空间的定义即得.

"$\Longleftarrow$" 依据W关于V的加法与数乘运算封闭性假设, 在V上成立的8条运算性质(见定义10)中的第1), 2), 5), 6), 7), 8)在W上也成立.

下证3)和4) 在W上亦成立. 同样依据W关于V中的两个运算的封闭性质, 我们有

$$-\boldsymbol{\alpha} = (-1)\boldsymbol{\alpha} \in W, \quad \boldsymbol{\theta} = \boldsymbol{\alpha} + (-\boldsymbol{\alpha}) \in W, \quad \forall \boldsymbol{\alpha} \in W,$$

即V中的零元素是W中的元素, W中的任何一个元素在V中的负元素也是W中的元素. 据此, 在V中成立的等式

$$\boldsymbol{\alpha} + \boldsymbol{\theta} = \boldsymbol{\alpha}, \quad \boldsymbol{\alpha} + (-\boldsymbol{\alpha}) = \boldsymbol{\theta}, \quad \forall \boldsymbol{\alpha} \in W \subset V$$

在W中也成立. 故V的零元素$\boldsymbol{\theta}$也是W的零元素, W中任何一个元素在V中的负元素也是它在W中的负元素, 即定义10中的3)及4)在W中也成立. 故W也是V上的线性空间, 从而它是V的一个子空间. □

上述定理刻画了子空间的特性, 它也将验算线性空间的某个非空子集是否能作为该空间的一个子空间的过程简化到了最简程度.

一个重要的事实是数域$\mathbb{P}$上的线性空间V的子空间W中的一个向量组在W中线性无关的充分必要条件是该向量组在V中线性无关.

例 30 $\mathbb{P}^m$不是$\mathbb{P}^n(m < n)$的子空间, 因为两个空间中的元素构造不同. 若令

$$W = \left\{ \begin{pmatrix} a_1 \\ a_2 \\ \vdots \\ a_m \\ 0 \\ \vdots \\ 0 \end{pmatrix} \middle| \begin{pmatrix} a_1 \\ a_2 \\ \vdots \\ a_m \\ 0 \\ \vdots \\ 0 \end{pmatrix} \in \mathbb{P}^n,\ a_i \in \mathbb{P},\ i = 1, 2, \cdots, m. \right\},$$

则W是$\mathbb{P}^n$的一个m维子空间.

例 31 $\mathbb{P}[x]_n$是$\mathbb{P}[x]$的一个子空间.

例 32 在$\mathbb{R}^3$中, 端点在过原点的平面上的向(矢)径全体构成$\mathbb{R}^3$的一个二维子空间. 端点在过原点的直线上的向(矢)径全体构成$\mathbb{R}^3$的一个一维子空间. 端点在不经过原点的平面或直线上的向(矢)径全体不构成$\mathbb{R}^3$的一个子空间.

设$\boldsymbol{\alpha}_1, \boldsymbol{\alpha}_2, \cdots, \boldsymbol{\alpha}_s$是$V$中的一组向量, 令

$$\mathrm{L}(\boldsymbol{\alpha}_1, \boldsymbol{\alpha}_2, \cdots, \boldsymbol{\alpha}_s) \triangleq \{c_1\boldsymbol{\alpha}_1 + c_2\boldsymbol{\alpha}_2 + \cdots + c_s\boldsymbol{\alpha}_s | c_i \in \mathbb{P}, i = 1, 2, \cdots, s\},$$

则$\mathrm{L}(\boldsymbol{\alpha}_1,\boldsymbol{\alpha}_2,\cdots,\boldsymbol{\alpha}_s)$是$V$的一个子空间. 通常, 我们称之为**由$\boldsymbol{\alpha}_1,\boldsymbol{\alpha}_2,\cdots,\boldsymbol{\alpha}_s$ 所扩张而成的子空间**. 我们也常记之为$\mathrm{Span}(\boldsymbol{\alpha}_1,\boldsymbol{\alpha}_2,\cdots,\boldsymbol{\alpha}_s)$.

容易验证$\dim \mathrm{L}(\boldsymbol{\alpha}_1,\boldsymbol{\alpha}_2,\cdots,\boldsymbol{\alpha}_s)=r(\boldsymbol{\alpha}_1,\boldsymbol{\alpha}_2,\cdots,\boldsymbol{\alpha}_s)$ 且$\mathrm{L}(\boldsymbol{\alpha}_1,\boldsymbol{\alpha}_2,\cdots,\boldsymbol{\alpha}_s)$ 是V 的包含向量$\boldsymbol{\alpha}_1,\boldsymbol{\alpha}_2,\cdots,\boldsymbol{\alpha}_s$的**最小子空间** (即$V$的任何一个包含向量$\boldsymbol{\alpha}_1,\boldsymbol{\alpha}_2,\cdots,\boldsymbol{\alpha}_s$的子空间均以$\mathrm{L}(\boldsymbol{\alpha}_1,\boldsymbol{\alpha}_2,\cdots,\boldsymbol{\alpha}_s)$为其一个子集).

数域$\mathbb{P}$上的某个$m\times n$矩阵的行向量组及列向量组可分别扩张成为$\mathbb{P}^n$及$\mathbb{P}^m$中的子空间. 通常, 我们分别称它们为该矩阵的**行空间**和**列空间**.

若$\boldsymbol{\alpha}_1,\boldsymbol{\alpha}_2,\cdots,\boldsymbol{\alpha}_n$为$V$的一个基, 则$V=\mathrm{L}(\boldsymbol{\alpha}_1,\boldsymbol{\alpha}_2,\cdots,\boldsymbol{\alpha}_n)$.

例 33 如果把复数域$\mathbb{C}$看成为实数域上的线性空间, 则$\mathbb{C}=\mathrm{L}(1,\sqrt{-1})$.

§4.11 线性方程组解的结构

在本节中, 我们从线性空间的角度来分析线性方程组解的结构. 我们所说的线性方程组的解指的是线性方程组的解向量. 我们假定线性方程组为如下形式:

$$\boldsymbol{AX}=\boldsymbol{b}, \tag{16}$$

这里$\boldsymbol{A}\in\mathbb{P}^{m\times n},\boldsymbol{b}\in\mathbb{P}^m,\boldsymbol{X}\in\mathbb{P}^n,\ r(\boldsymbol{A})=r$.

若$\boldsymbol{b}=\boldsymbol{O}$ 则(16)为齐次线性方程组. 对于齐次线性方程组而言, 不难验证

性质 8 齐次线性方程组的解的线性组合依然是该齐次线性方程组的解.

令

$$W_0=\{\boldsymbol{X}|\boldsymbol{AX}=\boldsymbol{O},\boldsymbol{X}\in\mathbb{P}^n\},$$

则依性质8, W_0中的向量关于$\mathbb{P}^n$ 的向量加法、向量与数的数乘运算是封闭的, 故W_0是$\mathbb{P}^n$ 的一个子空间, 通常称W_0为齐次线性方程组$\boldsymbol{AX}=\boldsymbol{O}$ 的**解空间**.

显然, $\dim W_0\leqslant n$, 我们称W_0的任何一个基为齐次线性方程组$\boldsymbol{AX}=\boldsymbol{O}$ 的一个(组)**基础解系**. 于是, 如果我们能将W_0的一个基础解系找出, 则W_0中的任一个解向量均可以写成为该基础解系的线性组合, 从而解的结构确定. 因此, 寻找$\boldsymbol{AX}=\boldsymbol{O}$的一个基础解系便成为了我们的主要任务.

依第1章之(6), $\boldsymbol{AX}=\boldsymbol{O}$的通解的分量形式可如下表达:

$$\begin{cases}
x_1 &= -c_{1\ r+1}t_1 & -c_{1\ r+2}t_2 & -\cdots & -c_{1n}t_{n-r},\\
x_2 &= -c_{2\ r+1}t_1 & -c_{2\ r+2}t_2 & -\cdots & -c_{2n}t_{n-r},\\
\vdots & & & & \\
x_r &= -c_{r\ r+1}t_1 & -c_{r\ r+2}t_2 & -\cdots & -c_{rn}t_{n-r},\\
x_{r+1} &= \quad t_1, & & & \\
x_{r+2} &= & \quad t_2, & & \\
\vdots & & & \ddots & \\
x_n &= & & & t_{n-r},
\end{cases}$$

这里$t_1,t_2,\cdots,t_{n-r}$为数域$\mathbb{P}$上的任意数. 改写上述的分量形式为向量形式如下:

$$\boldsymbol{X}=t_1\boldsymbol{\eta}_1+t_2\boldsymbol{\eta}_2+\cdots+t_{n-r}\boldsymbol{\eta}_{n-r}, \tag{17}$$

这里$t_1, t_2, \cdots, t_{n-r}$为数域$\mathbb{P}$上的任意数,

$$\boldsymbol{X}=\begin{pmatrix} x_1 \\ x_2 \\ \vdots \\ x_r \\ x_{r+1} \\ x_{r+2} \\ \vdots \\ x_n \end{pmatrix}, \boldsymbol{\eta}_1=\begin{pmatrix} -c_{1\ r+1} \\ -c_{2\ r+1} \\ \vdots \\ -c_{r\ r+1} \\ 1 \\ 0 \\ \vdots \\ 0 \end{pmatrix}, \boldsymbol{\eta}_2=\begin{pmatrix} -c_{1\ r+2} \\ -c_{2\ r+2} \\ \vdots \\ -c_{r\ r+2} \\ 0 \\ 1 \\ \vdots \\ 0 \end{pmatrix}, \cdots, \boldsymbol{\eta}_{n-r}=\begin{pmatrix} -c_{1n} \\ -c_{2n} \\ \vdots \\ -c_{rn} \\ 0 \\ 0 \\ \vdots \\ 1 \end{pmatrix}.$$

(17)说明W_0中的任意一个解向量均可由$\boldsymbol{\eta}_1, \boldsymbol{\eta}_2, \cdots, \boldsymbol{\eta}_r$ 线性表示. 由于有着$n-r$个列的矩阵$(\boldsymbol{\eta}_1\ \ \boldsymbol{\eta}_2\ \ \cdots\ \ \boldsymbol{\eta}_{n-r})$, 其后$n-r$个行的所有元素保持相对位置关系不变所形成的$n-r$阶子矩阵为$\boldsymbol{E}_{n-r}$, 其行列式值不为零, 因此, 矩阵$(\boldsymbol{\eta}_1\ \ \boldsymbol{\eta}_2\ \ \cdots\ \ \boldsymbol{\eta}_{n-r})$ 的秩为$n-r$, 故$\boldsymbol{\eta}_1, \boldsymbol{\eta}_2, \cdots, \boldsymbol{\eta}_{n-r}$线性无关. 因此, $\boldsymbol{\eta}_1, \boldsymbol{\eta}_2, \cdots, \boldsymbol{\eta}_{n-r}$ 就是齐次线性方程组的一个基础解系. 进而有

$$\dim W_0 = n-r = n-r(\boldsymbol{A}). \tag{18}$$

上述论证实际上证明了

定理 11　数域$\mathbb{P}$上n个未知量的齐次线性方程组的解的集合必定是$\mathbb{P}^n$的一个子空间. 齐次线性方程组的解空间的维数等于齐次线性方程组解的自由未知量的个数. 齐次线性方程组的解空间的维数等于齐次线性方程组未知量的个数减去该齐次线性方程组系数矩阵的秩.

若$b \neq \boldsymbol{O}$, 则(16)为非齐次线性方程组, 将其等式右边的$\boldsymbol{b}$以零向量代之, 得

$$\boldsymbol{AX}=\boldsymbol{O}. \tag{19}$$

通常, 我们称(19)为(16)的**导出组**. 不难验证非齐次线性方程组(16)的解向量与其导出组(19)的解向量之间具有如下联系.

性质 9　非齐次线性方程组(16)的任意两个解的和一定不是该非齐次线性方程组的解. 非齐次线性方程组(16)的任意两个解的差必为其导出组(19)的解. 非齐次线性方程组(16)的一个解与其导出组的一个解之和必是非齐次线性方程组(16)的一个解.

依性质9, 数域$\mathbb{P}$上的非齐次线性方程组的解的集合关于$\mathbb{P}^n$中的加法运算和数乘运算不构成$\mathbb{P}$上的线性空间.

设W_0是导出组(19)的解空间, $\boldsymbol{\eta}_1, \boldsymbol{\eta}_2, \cdots, \boldsymbol{\eta}_{n-r}$为(19) 的一个基础解系, $\boldsymbol{\eta}_0$为(16)的一个已经确定的解(通常称之为(16)的**特解**). 依性质8及性质9, 我们可以验证了如下定义的集合

$$\begin{aligned} \boldsymbol{\eta}_0 + W_0 &\triangleq \{\boldsymbol{\eta}_0+\boldsymbol{\eta} \mid \boldsymbol{\eta}\in W_0\} \\ &= \{\boldsymbol{\eta}_0 + t_1\boldsymbol{\eta}_1+\cdots+t_{n-r}\boldsymbol{\eta}_{n-r} \mid t_i\in\mathbb{P}, i=1,2,\cdots,n-r\} \end{aligned} \tag{20}$$

是非齐次线性方程组(16) 的所有解所成的集合. $\boldsymbol{\eta}_0+W_0$刻画了非齐次线性方程组(16)

的解的构成或结构. (20)实际上是我们从线性空间的观点重新解释了原先已知的非齐次线性方程组解的构造.

从几何的角度, (20)还可以解释为非齐次线性方程组(16)的解的全体是将其导出组(19)的解空间沿着特解作了一个平移后所得. (20)还提示我们, 如果能找到(16) 的一个特解及其导出组(19)的一个基础解系, 则(16) 的所有解都可以构造出来.

依第1章之(6), (16)的通解的分量形式可以写成

$$\begin{cases} x_1 & = & d_1 & -c_{1\,r+1}t_1 & -c_{1\,r+2}t_2 & -\cdots & -c_{1n}t_{n-r}, \\ x_2 & = & d_2 & -c_{2\,r+1}t_1 & -c_{2\,r+2}t_2 & -\cdots & -c_{2n}t_{n-r}, \\ \vdots \\ x_r & = & d_r & -c_{r\,r+1}t_1 & -c_{r\,r+2}t_2 & -\cdots & -c_{rn}t_{n-r}, \\ x_{r+1} & = & & t_1, \\ x_{r+2} & = & & & t_2, \\ \vdots & & & & & \ddots \\ x_n & = & & & & & t_{n-r}, \end{cases} \tag{21}$$

其中$t_1, t_2, \cdots, t_{n-r}$为$\mathbb{P}$中的任意数. 令

$$\boldsymbol{X} = \begin{pmatrix} x_1 \\ x_2 \\ \vdots \\ x_r \\ x_{r+1} \\ x_{r+2} \\ \vdots \\ x_n \end{pmatrix}, \boldsymbol{\eta}_0 = \begin{pmatrix} d_1 \\ d_2 \\ \vdots \\ d_r \\ 0 \\ 0 \\ \vdots \\ 0 \end{pmatrix}, \boldsymbol{\eta}_1 = \begin{pmatrix} -c_{1\,r+1} \\ -c_{2\,r+1} \\ \vdots \\ -c_{r\,r+1} \\ 1 \\ 0 \\ \vdots \\ 0 \end{pmatrix}, \boldsymbol{\eta}_2 = \begin{pmatrix} -c_{1\,r+2} \\ -c_{2\,r+2} \\ \vdots \\ -c_{r\,r+2} \\ 0 \\ 1 \\ \vdots \\ 0 \end{pmatrix}, \cdots, \boldsymbol{\eta}_{n-r} = \begin{pmatrix} -c_{1n} \\ -c_{2n} \\ \vdots \\ -c_{rn} \\ 0 \\ 0 \\ \vdots \\ 1 \end{pmatrix},$$

则仿(17), (21)可以改写成如下的向量形式:

$$\boldsymbol{X} = \boldsymbol{\eta}_0 + t_1\boldsymbol{\eta}_1 + t_2\boldsymbol{\eta}_2 + \cdots + t_{n-r}\boldsymbol{\eta}_{n-r}, \tag{22}$$

这里$t_1, t_2, \cdots, t_{n-r}$为$\mathbb{P}$中的任意数. 适当选取$t_1, t_2, \cdots, t_{n-r}$的值可得$\boldsymbol{\eta}_0, \boldsymbol{\eta}_0+\boldsymbol{\eta}_1, \boldsymbol{\eta}_0+\boldsymbol{\eta}_2, \cdots, \boldsymbol{\eta}_0+\boldsymbol{\eta}_{n-r}$ 均为(16)的解, 依性质9, $\boldsymbol{\eta}_1, \boldsymbol{\eta}_2, \cdots, \boldsymbol{\eta}_{n-r}$ 是导出组(19)的解向量. 又仿照上述关于齐次线性方程组的论证可知$\boldsymbol{\eta}_1, \boldsymbol{\eta}_2, \cdots, \boldsymbol{\eta}_{n-r}$是线性无关的且恰有$\dim W_0$个向量, 因此, 它们构成导出组(19)的解空间$W_0$的一个基, 即它们构成导出组(19)的一个基础解系.

当(22)中的$\boldsymbol{\eta}_0$为(16)的一个确定的解, 而$\boldsymbol{\eta}_1, \boldsymbol{\eta}_2, \cdots, \boldsymbol{\eta}_{n-r}$为其导出组(19)的一个(组)基础解系时, 依性质8, 我们不难验证, 由(22)所确定的所有$\boldsymbol{X}$必定都是线性方程组(16)的解.

上述论证实际上证明了

定理 12 数域$\mathbb{P}$上n个未知量的非齐次线性方程组的解的集合必定不是$\mathbb{P}^n$的子

空间. 非齐次线性方程组的通解必定等于其一个特解与其导出组的通解之和.

上述分析过程还说明了非齐次线性方程组(16)的解的集合的结构实际上完全可以通过我们所熟知的Gauss消元法来确定.

例 34 解线性方程组

$$\begin{cases} x_1+\ x_2+\ x_3+\ x_4+\ x_5=7, \\ 3x_1+2x_2+\ x_3+\ x_4-3x_5=-2, \\ \qquad x_2+2x_3+2x_4+6x_5=23, \\ 5x_1+4x_2-3x_3+3x_4-\ x_5=12, \end{cases}$$

且将其解用其对应的齐次线性方程组(导出组)的基础解系来表示.

解 对该线性方程组系数矩阵的增广矩阵实施初等行变换:

$$\overline{\boldsymbol{A}}=\begin{pmatrix} 1 & 1 & 1 & 1 & 1 & 7 \\ 3 & 2 & 1 & 1 & -3 & -2 \\ 0 & 1 & 2 & 2 & 6 & 23 \\ 5 & 4 & -3 & 3 & -1 & 12 \end{pmatrix} \xrightarrow[R_4-5R_1]{R_2-3R_1} \begin{pmatrix} 1 & 1 & 1 & 1 & 1 & 7 \\ 0 & -1 & -2 & -2 & -6 & -23 \\ 0 & 1 & 2 & 2 & 6 & 23 \\ 0 & -1 & -8 & -2 & -6 & -23 \end{pmatrix}$$

$$\xrightarrow[R_3+R_2]{R_4+R_3} \begin{pmatrix} 1 & 1 & 1 & 1 & 1 & 7 \\ 0 & -1 & -2 & -2 & -6 & -23 \\ 0 & 0 & 0 & 0 & 0 & 0 \\ 0 & 0 & -6 & 0 & 0 & 0 \end{pmatrix} \xrightarrow[(-\frac{1}{6})R_4]{(-1)R_2} \begin{pmatrix} 1 & 1 & 1 & 1 & 1 & 7 \\ 0 & 1 & 2 & 2 & 6 & 23 \\ 0 & 0 & 0 & 0 & 0 & 0 \\ 0 & 0 & 1 & 0 & 0 & 0 \end{pmatrix}$$

$$\xrightarrow[R_2-2R_4]{R_1-R_4} \begin{pmatrix} 1 & 1 & 0 & 1 & 1 & 7 \\ 0 & 1 & 0 & 2 & 6 & 23 \\ 0 & 0 & 0 & 0 & 0 & 0 \\ 0 & 0 & 1 & 0 & 0 & 0 \end{pmatrix} \xrightarrow{R_1-R_2} \begin{pmatrix} 1 & 0 & 0 & -1 & -5 & -16 \\ 0 & 1 & 0 & 2 & 6 & 23 \\ 0 & 0 & 0 & 0 & 0 & 0 \\ 0 & 0 & 1 & 0 & 0 & 0 \end{pmatrix}$$

$$\xrightarrow{R_{34}} \begin{pmatrix} 1 & 0 & 0 & -1 & -5 & -16 \\ 0 & 1 & 0 & 2 & 6 & 23 \\ 0 & 0 & 1 & 0 & 0 & 0 \\ 0 & 0 & 0 & 0 & 0 & 0 \end{pmatrix},$$

得与原线性方程组同解的线性方程组

$$\begin{cases} x_1 \qquad\qquad -x_4\ -5x_5\ =-16, \\ \qquad x_2 \qquad +2x_4\ +6x_5\ =23, \\ \qquad\qquad x_3 \qquad\qquad\qquad =0, \end{cases} \quad \text{或} \quad \begin{cases} x_1=-16+x_4+5x_5, \\ x_2=23-2x_4-6x_5, \\ x_3=0. \end{cases}$$

同解线性方程组的通解为

$$\begin{cases} x_1 = -16 + t_1 + 5t_2, \\ x_2 = 23 - 2t_1 - 6t_2, \\ x_3 = 0, \\ x_4 = t_1, \\ x_5 = t_2, \end{cases} \quad \text{其中} t_1, t_2 \text{为任意数},$$

故导出组的一个基础解系是

$$\begin{pmatrix} 1 \\ -2 \\ 0 \\ 1 \\ 0 \end{pmatrix}, \quad \begin{pmatrix} 5 \\ -6 \\ 0 \\ 0 \\ 1 \end{pmatrix}.$$

又原线性方程组的一个特解为 $\begin{pmatrix} -16 \\ 23 \\ 0 \\ 0 \\ 0 \end{pmatrix}$，故所求通解为

$$\boldsymbol{X} = \begin{pmatrix} -16 \\ 23 \\ 0 \\ 0 \\ 0 \end{pmatrix} + t_1 \begin{pmatrix} 1 \\ -2 \\ 0 \\ 1 \\ 0 \end{pmatrix} + t_2 \begin{pmatrix} 5 \\ -6 \\ 0 \\ 0 \\ 1 \end{pmatrix}, \quad \text{其中} t_1, t_2 \text{为任意数}.$$

□

习 题

在本章习题中, 如果没有特别指明, 习题中出现的向量均为数域$\mathbb{P}$上的线性空间V中的元素.

1. 试问两个非空的含有有限个元素的集合M, N满足什么条件时, 能建立从M到N中的满射、单射、双射？
2. 令$\mathbb{R}^-$为由所有非负实数的全体所形成的集合, 区间$I = [0, 1]$. 试给出从$\mathbb{R}^-$到I中的一个映射.

3. 试给出整数集到自然数集的两个不同的映射.

4. (1) 试问对应规则

$$\varphi(\boldsymbol{A})=|\boldsymbol{A}|,\ \forall \boldsymbol{A}\in\mathbb{P}^{n\times n}$$

(这里$|\boldsymbol{A}|$为方阵$\boldsymbol{A}$ 的行列式)是从$\mathbb{P}^{n\times n}$到$\mathbb{P}$中的一个映射吗?

(2) 试问对应规则

$$\varphi:\boldsymbol{A}\longmapsto(x_1,x_2,x_3,x_4,x_5,x_6)^{\mathrm{T}},\ \forall \boldsymbol{A}=\begin{pmatrix}x_1&x_2&x_3\\x_4&x_5&x_6\end{pmatrix}\in\mathbb{P}^{2\times 3}$$

是否构成从$\mathbb{P}^{2\times 3}$ 到$\mathbb{P}^6$中的一个映射?

(3) 试问对应规则

$$\varphi:f(x)=a_0+a_1x+\cdots+a_{n-1}x^{n-1}\longmapsto a_0+a_1+\cdots+a_{n-1},\ \forall f(x)\in\mathbb{P}[x]_n$$

是否构成从集合$\mathbb{P}[x]_n$到$\mathbb{P}$中的一个映射?

5. 试在闭区间$[0,\ 1]$与$[a,\ b]$(其中$a<b$) 间建立两个双射.

6. 试问下列对应规则中, 哪些是同一个集合的二元运算? 哪些不是? 为什么?

(1) $a\odot b=a^b,\ \forall a,\ b\in\mathbb{Z}^+$, 这里$\mathbb{Z}^+$表示所有正整数所成的集合.

(2) $a\odot b=3(a+b),\ \forall a,\ b\in\mathbb{R}$.

(3) 设集合$A=\{1,\ -1\}$, 令$a\varphi b=ab,\ \forall a,\ b\in A$.

(4) 设$P(A)$是A的幂集, 令$A_1\varphi A_2=A_1\cap A_2,\ \forall A_1,\ A_2\subset A$.

(5) 第(4)小题中, 如果令$A_1\varphi A_2=A_1\cup A_2$呢?

7. 试检验以下集合关于指定的运算是否构成相应数域上的线性空间.

(1) 实平面上的全体向量所成的集合关于通常向量的加法和如下定义的数乘:

$$c\boldsymbol{\alpha}=\boldsymbol{\alpha},\ \ \forall\boldsymbol{\alpha}\in V,\ \ \forall c\in\mathbb{R}.$$

(2) 复数域$\mathbb{C}$ 关于通常数的加法以及乘法(看成数乘).

(3) 实数域$\mathbb{R}$ 上的二元笛卡儿积, 关于下面定义的二元运算:

$$\begin{aligned}&(a_1,b_1)\oplus(a_2,b_2)=(a_1+a_2,b_1+b_2+a_1a_2),\\&c(a_1,b_1)=(ca_1,cb_1+\frac{c(c-1)}{2}a_1^2),\end{aligned}\quad \forall a_1,b_1,a_2,b_2,c\in\mathbb{R}.$$

(4) 次数等于$n(n\geq 1)$的一元实系数多项式函数全体, 关于多项式函数的加法和多项式函数与实数的数乘.

(5) 全体实n阶方阵的集合关于通常与数的数乘运算及如下定义的加法运算:

$$\boldsymbol{A}\oplus\boldsymbol{B}=\boldsymbol{AB}-\boldsymbol{BA}.$$

8. 设V是数域$\mathbb{P}$上的线性空间, 假如V 至少含有一个非零向量$\boldsymbol{\alpha}$, 试问V 中向量个数是有限多个还是无限多个?

9. 设V是数域$\mathbb{P}$上的线性空间, 试证明

(1) $c(-\boldsymbol{\alpha}) = -c\boldsymbol{\alpha} = (-c)\boldsymbol{\alpha}, \quad \forall c \in \mathbb{P}, \forall \boldsymbol{\alpha} \in V.$

(2) $(c_1 - c_2)\boldsymbol{\alpha} = c_1\boldsymbol{\alpha} - c_2\boldsymbol{\alpha}, \quad \forall c_1, c_2 \in \mathbb{P}, \forall \boldsymbol{\alpha} \in V.$

(3) $c(\boldsymbol{\alpha} - \boldsymbol{\beta}) = c\boldsymbol{\alpha} - c\boldsymbol{\beta}, \quad \forall c \in \mathbb{P}, \forall \boldsymbol{\alpha}, \boldsymbol{\beta} \in V.$

(4) $c\boldsymbol{\theta} = \boldsymbol{\theta}, \quad \forall c \in \mathbb{P}.$

10. 在线性空间$\mathbb{P}^4$中, 试将向量$\boldsymbol{\beta}$表示成向量$\boldsymbol{\alpha}_1$, $\boldsymbol{\alpha}_2$, $\boldsymbol{\alpha}_3$, $\boldsymbol{\alpha}_4$的线性组合.

(1) $\boldsymbol{\beta} = (1,\ 2,\ 1,\ 1)^{\mathrm{T}}$,

$\boldsymbol{\alpha}_1 = (1,1,1,1)^{\mathrm{T}}, \boldsymbol{\alpha}_2 = (1,1,-1,-1)^{\mathrm{T}}, \boldsymbol{\alpha}_3 = (1,-1,1,-1)^{\mathrm{T}}, \boldsymbol{\alpha}_4 = (1,-1,-1,1)^{\mathrm{T}}.$

(2) $\boldsymbol{\beta} = (0,\ 2,\ 0,\ -1)^{\mathrm{T}}$,

$\boldsymbol{\alpha}_1 = (1,1,1,1)^{\mathrm{T}}, \boldsymbol{\alpha}_2 = (1,1,1,0)^{\mathrm{T}}, \boldsymbol{\alpha}_3 = (1,1,0,0)^{\mathrm{T}}, \boldsymbol{\alpha}_4 = (1,0,0,0)^{\mathrm{T}}.$

(3) $\boldsymbol{\beta} = (1,\ 1,\ -1,\ -1)^{\mathrm{T}}$,

$\boldsymbol{\alpha}_1 = (1,1,1,1)^{\mathrm{T}}, \boldsymbol{\alpha}_2 = (1,-1,1,-1)^{\mathrm{T}}, \boldsymbol{\alpha}_3 = (1,-1,-1,1)^{\mathrm{T}}, \boldsymbol{\alpha}_4 = (1,1,3,-1)^{\mathrm{T}}.$

11. 试判断下列向量组的线性相关性.

(1) $\boldsymbol{\alpha}_1 = (1,\ 0,\ 0)^{\mathrm{T}}$, $\boldsymbol{\alpha}_2 = (1,\ 1,\ 0)^{\mathrm{T}}$, $\boldsymbol{\alpha}_3 = (1,\ 1,\ 1)^{\mathrm{T}}$.

(2) $\boldsymbol{\alpha}_1 = (3,\ 1,\ 4)^{\mathrm{T}}$, $\boldsymbol{\alpha}_2 = (2,\ 5,\ -1)^{\mathrm{T}}$, $\boldsymbol{\alpha}_3 = (4,\ -3,\ 7)^{\mathrm{T}}$.

(3) $\boldsymbol{\alpha}_1 = (2,\ 2,\ 7,\ -1)^{\mathrm{T}}$, $\boldsymbol{\alpha}_2 = (3,\ -1,\ 2,\ 4)^{\mathrm{T}}$, $\boldsymbol{\alpha}_3 = (1,\ 1,\ 3,\ 1)^{\mathrm{T}}$.

(4) $\boldsymbol{\alpha}_1 = (1,\ 2,\ 1,\ -2,\ 1)^{\mathrm{T}}$, $\boldsymbol{\alpha}_2 = (2,\ -1,\ 1,\ 3,\ 2)^{\mathrm{T}}$, $\boldsymbol{\alpha}_3 = (1,\ -1,\ 2,\ -1,\ 3)^{\mathrm{T}}$,

$\boldsymbol{\alpha}_4 = (2,\ 1,\ -3,\ 1,\ -2)^{\mathrm{T}}$, $\boldsymbol{\alpha}_5 = (1,\ -1,\ 3,\ -1,\ 7)^{\mathrm{T}}$.

12. 在线性空间$\mathbb{P}^3$中, 设 $\boldsymbol{\alpha}_1 = (1,\ 1,\ 1)^{\mathrm{T}}$, $\boldsymbol{\alpha}_2 = (1,\ 2,\ 3)^{\mathrm{T}}$, $\boldsymbol{\alpha}_3 = (1,\ 3,\ t)^{\mathrm{T}}$.

(1) 试问t为何值时, 向量组$\boldsymbol{\alpha}_1$, $\boldsymbol{\alpha}_2$, $\boldsymbol{\alpha}_3$线性无关?

(2) 试问t为何值时, 向量组$\boldsymbol{\alpha}_1$, $\boldsymbol{\alpha}_2$, $\boldsymbol{\alpha}_3$线性相关?

(3) 当向量组$\boldsymbol{\alpha}_1$, $\boldsymbol{\alpha}_2$, $\boldsymbol{\alpha}_3$ 线性相关时, 试将$\boldsymbol{\alpha}_3$表示成$\boldsymbol{\alpha}_1$, $\boldsymbol{\alpha}_2$的线性组合.

13. 设$\boldsymbol{\alpha}_1 = (1,\ 1,\ -1,\ -1)^{\mathrm{T}}$, $\boldsymbol{\alpha}_2 = (1,\ 2,\ 0,\ 3)^{\mathrm{T}} \in \mathbb{P}^4$, 这里$\mathbb{P}$是一个数域. 试求两个向量$\boldsymbol{\alpha}_3$, $\boldsymbol{\alpha}_4 \in \mathbb{P}^4$使得$\boldsymbol{\alpha}_1$, $\boldsymbol{\alpha}_2$, $\boldsymbol{\alpha}_3$, $\boldsymbol{\alpha}_4$线性无关.

14. 举例说明下列各命题是错误的:

(1) 若向量组$\boldsymbol{\alpha}_1, \boldsymbol{\alpha}_2, \cdots, \boldsymbol{\alpha}_m$ 是线性相关的, 则$\boldsymbol{\alpha}_1$必可由$\boldsymbol{\alpha}_2, \cdots, \boldsymbol{\alpha}_m$线性表示.

(2) 若有不全为零的数$\lambda_1, \lambda_2, \cdots, \lambda_m$使得

$$\lambda_1\boldsymbol{\alpha}_1 + \lambda_2\boldsymbol{\alpha}_2 + \cdots + \lambda_m\boldsymbol{\alpha}_m + \lambda_1\boldsymbol{\beta}_1 + \lambda_2\boldsymbol{\beta}_2 + \cdots + \lambda_m\boldsymbol{\beta}_m = \boldsymbol{\theta}$$

成立, 则$\boldsymbol{\alpha}_1, \boldsymbol{\alpha}_2, \cdots, \boldsymbol{\alpha}_m$ 线性相关, $\boldsymbol{\beta}_1, \boldsymbol{\beta}_2, \cdots, \boldsymbol{\beta}_m$ 亦线性相关.

(3) 若当且仅当$\lambda_1 = \lambda_2 = \cdots = \lambda_m = 0$时等式

$$\lambda_1\boldsymbol{\alpha}_1 + \lambda_2\boldsymbol{\alpha}_2 + \cdots + \lambda_m\boldsymbol{\alpha}_m + \lambda_1\boldsymbol{\beta}_1 + \lambda_2\boldsymbol{\beta}_2 + \cdots + \lambda_m\boldsymbol{\beta}_m = \boldsymbol{\theta}$$

成立, 则$\boldsymbol{\alpha}_1, \boldsymbol{\alpha}_2, \cdots, \boldsymbol{\alpha}_m$线性无关, $\boldsymbol{\beta}_1, \boldsymbol{\beta}_2, \cdots, \boldsymbol{\beta}_m$ 亦线性无关.

(4) 若$\boldsymbol{\alpha}_1, \boldsymbol{\alpha}_2, \cdots, \boldsymbol{\alpha}_m$ 线性相关, $\boldsymbol{\beta}_1, \boldsymbol{\beta}_2, \cdots, \boldsymbol{\beta}_m$ 亦线性相关, 则存在不全为零的数$\lambda_1, \lambda_2, \cdots, \lambda_m$使

$$\lambda_1\boldsymbol{\alpha}_1 + \lambda_2\boldsymbol{\alpha}_2 + \cdots + \lambda_m\boldsymbol{\alpha}_m = \boldsymbol{\theta},\ \lambda_1\boldsymbol{\beta}_1 + \lambda_2\boldsymbol{\beta}_2 + \cdots + \lambda_m\boldsymbol{\beta}_m = \boldsymbol{\theta}$$

同时成立.

15. 如果向量组$\boldsymbol{\alpha}_1, \boldsymbol{\alpha}_2, \cdots, \boldsymbol{\alpha}_s$ 线性无关, 试证明向量组

$$\boldsymbol{\alpha}_1,\ \boldsymbol{\alpha}_1 + \boldsymbol{\alpha}_2,\ \cdots,\ \boldsymbol{\alpha}_1 + \boldsymbol{\alpha}_2 + \cdots + \boldsymbol{\alpha}_s$$

线性无关.

16. 已知m 个向量$\boldsymbol{\alpha}_1, \boldsymbol{\alpha}_2, \cdots, \boldsymbol{\alpha}_m$ 线性相关, 但其中任意$m-1$个向量都线性无关. 试证明

(1) 如果$c_1\boldsymbol{\alpha}_1 + c_2\boldsymbol{\alpha}_2 + \cdots + c_m\boldsymbol{\alpha}_m = \boldsymbol{\theta}$, 则 $c_1, \cdots, c_m$ 或全为零, 或全不为零.

(2) 如果存在等式$c_1\boldsymbol{\alpha}_1 + c_2\boldsymbol{\alpha}_2 + \cdots + c_m\boldsymbol{\alpha}_m = \boldsymbol{\theta}$及$d_1\boldsymbol{\alpha}_1 + d_2\boldsymbol{\alpha}_2 + \cdots + d_m\boldsymbol{\alpha}_m = \boldsymbol{\theta}$, 其中$d_1 \neq 0$, 则$\dfrac{c_1}{d_1} = \dfrac{c_2}{d_2} = \cdots = \dfrac{c_m}{d_m}$.

17. 设 $\boldsymbol{\alpha}_1, \boldsymbol{\alpha}_2, \cdots, \boldsymbol{\alpha}_s$是一组向量. 如果

(1) $\boldsymbol{\alpha}_1 \neq 0$;

(2) 每一个$\boldsymbol{\alpha}_i (i = 2, 3, \cdots, s)$都不能被 $\boldsymbol{\alpha}_1, \boldsymbol{\alpha}_2, \cdots, \boldsymbol{\alpha}_{i-1}$线性表示.

试证明$\boldsymbol{\alpha}_1, \boldsymbol{\alpha}_2, \cdots, \boldsymbol{\alpha}_s$线性无关.

18. 对任意的两个向量$\boldsymbol{\alpha}_1, \boldsymbol{\alpha}_2$, 试证明

$$\boldsymbol{\beta}_1 = 2\boldsymbol{\alpha}_1 - \boldsymbol{\alpha}_2,\ \boldsymbol{\beta}_2 = \boldsymbol{\alpha}_1 + \boldsymbol{\alpha}_2,\ \boldsymbol{\beta}_3 = -\boldsymbol{\alpha}_1 + 3\boldsymbol{\alpha}_2$$

线性相关.

19. 设$\boldsymbol{\alpha}_1, \boldsymbol{\alpha}_2$线性无关, $\boldsymbol{\alpha}_1 + \boldsymbol{\beta}, \boldsymbol{\alpha}_2 + \boldsymbol{\beta}$ 线性相关, 求证向量$\boldsymbol{\beta}$可经$\boldsymbol{\alpha}_1, \boldsymbol{\alpha}_2$线性表示, 并求出该表达式.

20. 设$\boldsymbol{A} \in \mathbb{P}^{n\times n}$, $\boldsymbol{b} \in \mathbb{P}^{n\times 1}$, $k \in \mathbb{N}$, 若$\boldsymbol{A}^k\boldsymbol{b} \neq \boldsymbol{\theta}$, $\boldsymbol{A}^{k+1}\boldsymbol{b} = \boldsymbol{\theta}$, 则$\boldsymbol{b}, \boldsymbol{A}\boldsymbol{b}, \cdots, \boldsymbol{A}^k\boldsymbol{b}$线性无关(我们称Span$(\boldsymbol{b}, \boldsymbol{A}\boldsymbol{b}, \cdots, \boldsymbol{A}^k\boldsymbol{b})$为$\mathbb{P}^n$的**Krylov子空间**).

21. 设(Ⅰ), (Ⅱ), (Ⅲ)为线性空间V中的3 个向量组, 试证明若(Ⅰ)可经(Ⅱ)线性表示, (Ⅱ)可经(Ⅲ)线性表示, 则(Ⅰ)可经(Ⅲ)线性表示.

22. 设

$$\begin{aligned}\boldsymbol{\beta}_1 &= \boldsymbol{\alpha}_2 + \boldsymbol{\alpha}_3 + \cdots + \boldsymbol{\alpha}_n,\\ \boldsymbol{\beta}_2 &= \boldsymbol{\alpha}_1 + \boldsymbol{\alpha}_3 + \cdots + \boldsymbol{\alpha}_n,\\ &\vdots\\ \boldsymbol{\beta}_n &= \boldsymbol{\alpha}_1 + \boldsymbol{\alpha}_2 + \boldsymbol{\alpha}_3 + \cdots + \boldsymbol{\alpha}_{n-1},\end{aligned}$$

试证明向量组$\boldsymbol{\alpha}_1,\ \boldsymbol{\alpha}_2,\ \cdots,\ \boldsymbol{\alpha}_n$与向量组$\boldsymbol{\beta}_1,\ \boldsymbol{\beta}_2,\ \cdots,\ \boldsymbol{\beta}_n$等价.

23. 试证明在线性空间$\mathbb{R}^3$中, 向量组

$$\boldsymbol{\alpha}_1 = (0,\ 1,\ 2)^{\mathrm{T}},\ \boldsymbol{\alpha}_2 = (3,\ -1,\ 0)^{\mathrm{T}},\ \boldsymbol{\alpha}_3 = (2,\ 1,\ 0)^{\mathrm{T}}$$

与

$$\boldsymbol{\beta}_1 = (1,\ 0,\ 0)^{\mathrm{T}},\ \boldsymbol{\beta}_2 = (1,\ 2,\ 0)^{\mathrm{T}},\ \boldsymbol{\beta}_3 = (1,\ 2,\ 3)^{\mathrm{T}}$$

等价.

24. 设向量$\boldsymbol{\beta}$可经$\boldsymbol{\alpha}_1,\ \boldsymbol{\alpha}_2,\ \cdots,\ \boldsymbol{\alpha}_s$线性表示, 但不能经$\boldsymbol{\alpha}_1,\ \boldsymbol{\alpha}_2,\ \cdots,\ \boldsymbol{\alpha}_{s-1}$ 线性表示. 试证明向量组$\boldsymbol{\alpha}_1,\ \boldsymbol{\alpha}_2,\ \cdots,\ \boldsymbol{\alpha}_s$与向量组$\boldsymbol{\alpha}_1,\ \boldsymbol{\alpha}_2,\ \cdots,\ \boldsymbol{\alpha}_{s-1},\ \boldsymbol{\beta}$等价.

25. 设$\boldsymbol{\alpha}_1,\ \boldsymbol{\alpha}_2,\ \cdots,\ \boldsymbol{\alpha}_s$ 线性无关, $\boldsymbol{\alpha}_1,\ \boldsymbol{\alpha}_2,\ \cdots,\ \boldsymbol{\alpha}_s,\ \boldsymbol{\beta},\ \boldsymbol{\gamma}$ 线性相关, 试证明$\boldsymbol{\alpha}_1,\ \boldsymbol{\alpha}_2,\ \cdots,\ \boldsymbol{\alpha}_s,\ \boldsymbol{\beta}$和$\boldsymbol{\alpha}_1,\ \boldsymbol{\alpha}_2,\ \cdots,\ \boldsymbol{\alpha}_s,\ \boldsymbol{\gamma}$等价, 或者$\boldsymbol{\beta},\ \boldsymbol{\gamma}$中至少有一个可经$\boldsymbol{\alpha}_1,\ \boldsymbol{\alpha}_2,\ \cdots,\ \boldsymbol{\alpha}_s$线性表示.

26. 试求下列向量组的秩及一个极大无关组, 并把其余向量用这个极大无关组表示.

(1) $\boldsymbol{\alpha}_1 = (6,4,1,-1,2)^{\mathrm{T}},\ \boldsymbol{\alpha}_2 = (1,0,2,3,-4)^{\mathrm{T}},\ \boldsymbol{\alpha}_3 = (1,4,-9,-16,22)^{\mathrm{T}},$
$\boldsymbol{\alpha}_4 = (7,1,0,-1,3)^{\mathrm{T}}.$

(2) $\boldsymbol{\alpha}_1 = (1,2,-1,4)^{\mathrm{T}},\ \boldsymbol{\alpha}_2 = (9,100,10,4)^{\mathrm{T}},\ \boldsymbol{\alpha}_3 = (-2,-4,2,-8)^{\mathrm{T}}.$

(3) $\boldsymbol{\alpha}_1 = (1,1,1,1)^{\mathrm{T}},\ \boldsymbol{\alpha}_2 = (1,1,-1,-1)^{\mathrm{T}},\ \boldsymbol{\alpha}_3 = (1,-1,-1,1)^{\mathrm{T}},$
$\boldsymbol{\alpha}_4 = (-1,-1,-1,1)^{\mathrm{T}}.$

27. 试求$\mathbb{P}^{2\times 2}$中的向量组

$$\boldsymbol{A}_1 = \begin{pmatrix} 1 & 0 \\ 0 & -2 \end{pmatrix},\ \boldsymbol{A}_2 = \begin{pmatrix} -1 & 2 \\ 0 & 0 \end{pmatrix},\ \boldsymbol{A}_3 = \begin{pmatrix} 0 & 2 \\ 1 & 0 \end{pmatrix},\ \boldsymbol{A}_4 = \begin{pmatrix} -2 & 4 \\ 1 & 2 \end{pmatrix}$$

的一个极大线性无关组.

28. 试证明若向量组含有有限个非零向量, 则其任意何一个线性无关的部分组均可扩充为其一个极大线性无关组.

29. 试证明

(1) 秩为$r(r \geq 1)$的向量组中的任一个由r个向量所组成的线性无关组必是其一组极大线性无关组, 且该向量组中任意$r+1$个向量(若存在)必线性相关.

(2) n维线性空间中任意$n+1$个向量必线性相关.

30. 试证明如果线性空间中的每一个向量都可以唯一写成为该空间中n给定向量的线性组合, 那么该线性空间是n维的.

31. 已知两向量组有相同的秩, 且其中的一个向量组可被另一个向量组线性表出, 试证明两向量组等价.

32. 设向量组$\boldsymbol{\alpha}_1, \boldsymbol{\alpha}_2, \cdots, \boldsymbol{\alpha}_m$的秩为$r_1$, 向量组$\boldsymbol{\beta}_1, \boldsymbol{\beta}_2, \cdots, \boldsymbol{\beta}_n$的秩为$r_2$, 向量组$\boldsymbol{\alpha}_1, \boldsymbol{\alpha}_2, \cdots, \boldsymbol{\alpha}_m, \boldsymbol{\beta}_1, \boldsymbol{\beta}_2, \cdots, \boldsymbol{\beta}_n$ 的秩为r_3, 试证明

$$\max\{r_1, r_2\} \leq r_3 \leq r_1 + r_2.$$

33. 设向量组(Ⅰ) $\boldsymbol{\alpha}_1, \boldsymbol{\alpha}_2, \cdots, \boldsymbol{\alpha}_m$, (Ⅱ) $\boldsymbol{\beta}_1, \boldsymbol{\beta}_2, \cdots, \boldsymbol{\beta}_m$, 和(Ⅲ) $\boldsymbol{\gamma}_1, \boldsymbol{\gamma}_2, \cdots, \boldsymbol{\gamma}_m$的秩分别为$s_1, s_2, s_3$, 其中$\boldsymbol{\gamma}_i = \boldsymbol{\alpha}_i - \boldsymbol{\beta}_i, \quad i = 1, 2, \cdots, m$, 试证明

$$s_1 \leq s_2 + s_3, \quad s_2 \leq s_1 + s_3, \quad s_3 \leq s_1 + s_2.$$

34. 试判断下列向量组是否构成$\mathbb{P}[x]_4$的基.

(1) $\boldsymbol{\alpha}_1 = 1 + x$, $\boldsymbol{\alpha}_2 = x + x^2$, $\boldsymbol{\alpha}_3 = 1 + x^3$, $\boldsymbol{\alpha}_4 = 2 + 2x + x^2 + x^3$.

(2) $\boldsymbol{\beta}_1 = -1 + x$, $\boldsymbol{\beta}_2 = 1 - x^2$, $\boldsymbol{\beta}_3 = -2 + 2x + x^2$, $\boldsymbol{\beta}_4 = x^3$.

35. (1) 试证明n元向量

$$\boldsymbol{\alpha}_1 = (1, 1, \cdots, 1)^{\mathrm{T}},\ \boldsymbol{\alpha}_2 = (1, \cdots, 1, 0)^{\mathrm{T}},\ \cdots,\ \boldsymbol{\alpha}_n = (1, 0, \cdots, 0)^{\mathrm{T}}$$

是线性空间$\mathbb{P}^n$的一个基.

(2) 试求$\mathbb{P}^n$中的n元向量$\boldsymbol{\alpha} = (a_1, a_2, \cdots, a_n)^{\mathrm{T}}$在此基下的坐标.

36. 设V是实数域$\mathbb{R}$上全体n阶对角矩阵构成的线性空间(运算为矩阵的加法和数与矩阵乘法), 试求V的一个基和维数.

37. 设$\boldsymbol{\alpha}_1$, $\boldsymbol{\alpha}_2$, $\cdots$, $\boldsymbol{\alpha}_n$ 是线性空间V的一个基, 试求由这个基到基$\boldsymbol{\alpha}_3$, $\boldsymbol{\alpha}_4$, $\cdots, \boldsymbol{\alpha}_n$, $\boldsymbol{\alpha}_1$, $\boldsymbol{\alpha}_2$的过渡矩阵.

38. 已知$\mathbb{R}^3$的两个基分别为

$$(\text{Ⅰ}):\ \boldsymbol{\alpha}_1 = \begin{pmatrix} 1 \\ 1 \\ 1 \end{pmatrix}, \boldsymbol{\alpha}_2 = \begin{pmatrix} 1 \\ 0 \\ -1 \end{pmatrix}, \boldsymbol{\alpha}_3 = \begin{pmatrix} 1 \\ 0 \\ 1 \end{pmatrix},$$

$$(\text{Ⅱ}):\ \boldsymbol{\beta}_1 = \begin{pmatrix} 1 \\ 2 \\ 1 \end{pmatrix}, \boldsymbol{\beta}_2 = \begin{pmatrix} 2 \\ 3 \\ 4 \end{pmatrix}, \boldsymbol{\beta}_3 = \begin{pmatrix} 3 \\ 4 \\ 5 \end{pmatrix}.$$

(1) 试求从基(Ⅰ)到基(Ⅱ)的过渡矩阵$\boldsymbol{M}$.

(2) 设$\boldsymbol{\alpha}$在基(Ⅰ)下的坐标为$(1,1,3)^{\mathrm{T}}$, 试求$\boldsymbol{\alpha}$在基(Ⅱ)下的坐标.

39. 在线性空间$\mathbb{P}^{2\times 2}$中, 取如下两个基:

(Ⅰ) : $\boldsymbol{E}_{11}=\begin{pmatrix}1&0\\0&0\end{pmatrix}$, $\boldsymbol{E}_{12}=\begin{pmatrix}0&1\\0&0\end{pmatrix}$, $\boldsymbol{E}_{21}=\begin{pmatrix}0&0\\1&0\end{pmatrix}$, $\boldsymbol{E}_{22}=\begin{pmatrix}0&0\\0&1\end{pmatrix}$,

(Ⅱ) : $\boldsymbol{A}_{11}=\begin{pmatrix}1&1\\0&0\end{pmatrix}$, $\boldsymbol{A}_{12}=\begin{pmatrix}0&1\\1&0\end{pmatrix}$, $\boldsymbol{A}_{21}=\begin{pmatrix}0&0\\1&1\end{pmatrix}$, $\boldsymbol{A}_{22}=\begin{pmatrix}0&0\\0&1\end{pmatrix}$.

(1) 试求从基(Ⅰ)到基(Ⅱ)的过渡矩阵.

(2) 分别求矩阵$\boldsymbol{B}=\begin{pmatrix}1&2\\3&4\end{pmatrix}$在基(Ⅰ)和基(Ⅱ)下的坐标.

40. 设$\boldsymbol{A}$, $\boldsymbol{B}$分别为$m\times n$, $n\times t$矩阵. 求证

(1) 若$r(\boldsymbol{A})=n$, 则$r(\boldsymbol{AB})=r(\boldsymbol{B})$.

(2) 若$r(\boldsymbol{B})=n$, 则$r(\boldsymbol{AB})=r(\boldsymbol{A})$.

41. 试证明

(1) 在秩为r的向量组$\boldsymbol{\alpha}_1, \boldsymbol{\alpha}_2, \cdots, \boldsymbol{\alpha}_m$ 中取出s个向量形成一个部分组, 若r_1为该部分组的秩, 则$r_1\geq r+s-m$.

(2) 设矩阵$\boldsymbol{A}\in\mathbb{P}^{m\times n}$的秩为$r$, 若记取出其$s$个行构成的矩阵为$\boldsymbol{B}$, 则

$$r(\boldsymbol{B})\geq r+s-m.$$

(3) 设矩阵$\boldsymbol{A}\in\mathbb{P}^{m\times n}$的秩为$r$, 若记取出其$s$个列构成的矩阵为$\boldsymbol{B}$, 则

$$r(\boldsymbol{B})\geq r+s-n.$$

(4) 设$\boldsymbol{A}\in\mathbb{P}^{m\times n}$是一个秩为$r$的矩阵. 从$\boldsymbol{A}$中任划去$m-s$行与$n-t$列以后, 其余元素按原来的相对位置排成一个$s\times t$矩阵$\boldsymbol{C}$, 则

$$r(\boldsymbol{C})\geq r+s+t-m-n.$$

(5) 设$\boldsymbol{A}_{m\times n}\in\mathbb{P}^{m\times n}$, $\boldsymbol{B}_{n\times s}\in\mathbb{P}^{n\times s}$, 则

$$r(\boldsymbol{A}_{m\times n}\boldsymbol{B}_{n\times s})\geq r(\boldsymbol{A}_{m\times n})+r(\boldsymbol{B}_{n\times s})-n.$$

42. 行满秩矩阵$\boldsymbol{A}\in\mathbb{P}^{m\times n}$的前$m$个列所形成的矩阵是否为行满秩阵?

43. 设$\boldsymbol{\alpha}_i=(a_{i1},a_{i2},\cdots,a_{is})\in\mathbb{P}^{1\times s}$, $i=1,2,\cdots,m$. 令

$$\boldsymbol{\beta}_i=(a_{i1},a_{i2},\cdots,a_{is},b_{i,s+1},\cdots,b_{i,n}),\ i=1,2,\cdots,m,$$

其中b_{ij}为$\mathbb{P}$中的数$(i=1,2,\cdots,m, j=s+1,\cdots,n)$.

(1) 若$\boldsymbol{\alpha}_1,\boldsymbol{\alpha}_2,\cdots,\boldsymbol{\alpha}_m$ 线性无关, 试问$\boldsymbol{\beta}_1,\boldsymbol{\beta}_2,\cdots,\boldsymbol{\beta}_m$ 是否线性无关?

(2) 若$\boldsymbol{\beta}_1,\boldsymbol{\beta}_2,\cdots,\boldsymbol{\beta}_m$ 线性无关, 试问$\boldsymbol{\alpha}_1,\boldsymbol{\alpha}_2,\cdots,\boldsymbol{\alpha}_m$ 是否线性无关?

44. 设$\boldsymbol{A}\in\mathbb{P}^{m\times n}$, 试证明 $r(\boldsymbol{A}_{m\times n})=1$的充分必要条件是存在$\boldsymbol{\alpha}\in\mathbb{P}^m$, $\boldsymbol{\beta}\in\mathbb{P}^n$, $\boldsymbol{\alpha}\neq\boldsymbol{\theta}$, $\boldsymbol{\beta}\neq\boldsymbol{\theta}$ 使得$\boldsymbol{A}=\boldsymbol{\alpha}\boldsymbol{\beta}^{\mathrm{T}}$.

注: 请利用线性空间的理论来证明.

45. 设矩阵$\boldsymbol{A}\in\mathbb{P}^{m\times n}$的秩等于$r$, 试证明如果存在列向量

$$\boldsymbol{\alpha}_1,\boldsymbol{\alpha}_2,\cdots,\boldsymbol{\alpha}_r\in\mathbb{P}^m,\ \boldsymbol{\beta}_1,\boldsymbol{\beta}_2,\cdots,\boldsymbol{\beta}_r\in\mathbb{P}^n$$

使得

$$\boldsymbol{A}=\boldsymbol{\alpha}_1\boldsymbol{\beta}_1^{\mathrm{T}}+\boldsymbol{\alpha}_2\boldsymbol{\beta}_2^{\mathrm{T}}+\cdots+\boldsymbol{\alpha}_r\boldsymbol{\beta}_r^{\mathrm{T}}$$

成立, 则向量组$\boldsymbol{\alpha}_1,\boldsymbol{\alpha}_2,\cdots,\boldsymbol{\alpha}_r$和$\boldsymbol{\beta}_1,\boldsymbol{\beta}_2,\cdots,\boldsymbol{\beta}_r$分别线性无关.

46. 试问在n 维线性空间$\mathbb{P}^n$ 中, 分别满足下列各条件的全体n元向量$(x_1, x_2, \cdots, x_n)$的集合能否各自构成$\mathbb{P}^n$的一个子空间.

(1) $x_1+x_2+\cdots+x_n=0$.

(2) $x_1x_2\cdots x_n=0$.

(3) $x_{i+2}=x_{i+1}+x_i$, $i=1,2,\cdots,n-2$.

47. 设

$\boldsymbol{\alpha}_1=(1,1,0,0)^{\mathrm{T}}$, $\boldsymbol{\alpha}_2=(1,0,1,1)^{\mathrm{T}}$, $\boldsymbol{\beta}_1=(2,-1,3,3)^{\mathrm{T}}$, $\boldsymbol{\beta}_2=(0,1,-1,-1)^{\mathrm{T}}$.

试证$\mathrm{L}(\boldsymbol{\alpha}_1,\ \boldsymbol{\alpha}_2)=\mathrm{L}(\boldsymbol{\beta}_1,\ \boldsymbol{\beta}_2)$.

48. 试求子空间$\mathrm{L}(\boldsymbol{\alpha}_1,\boldsymbol{\alpha}_2,\boldsymbol{\alpha}_3,\boldsymbol{\alpha}_4)\subseteq\mathbb{R}^4$的维数和一个基, 其中
$\boldsymbol{\alpha}_1=(2,1,3,-1)^{\mathrm{T}},\boldsymbol{\alpha}_2=(1,-1,3,-1)^{\mathrm{T}},\boldsymbol{\alpha}_3=(4,5,3,-1)^{\mathrm{T}},\boldsymbol{\alpha}_4=(1,5,-3,1)^{\mathrm{T}}$.

49. 设$\boldsymbol{\alpha}_1,\boldsymbol{\alpha}_2,\cdots,\boldsymbol{\alpha}_n$ 及$\boldsymbol{\beta}_1,\boldsymbol{\beta}_2,\cdots,\boldsymbol{\beta}_n$是数域$\mathbb{P}$上的线性空间$V$的两个基, 试证明从基$\boldsymbol{\alpha}_1,\boldsymbol{\alpha}_2,\cdots,\boldsymbol{\alpha}_n$ 到基$\boldsymbol{\beta}_1,\boldsymbol{\beta}_2,\cdots,\boldsymbol{\beta}_n$的过渡矩阵和从基$\boldsymbol{\beta}_1,\boldsymbol{\beta}_2,\cdots,\ \boldsymbol{\beta}_n$ 到基$\boldsymbol{\alpha}_1,\boldsymbol{\alpha}_2,\cdots,\boldsymbol{\alpha}_n$的过渡矩阵互为逆矩阵.

50. 设W_1,W_2 是数域$\mathbb{P}$ 上的线性空间V 的两个子空间. $\boldsymbol{\alpha},\boldsymbol{\beta}$ 是V 中的两个向量, 其中$\boldsymbol{\alpha}\in W_2$, 但$\boldsymbol{\alpha}\notin W_1,\boldsymbol{\beta}\notin W_2$, 试证明

(1) 对$\forall c\in\mathbb{P}$, $\boldsymbol{\beta}+c\boldsymbol{\alpha}\notin W_2$;

(2) 至多有一个$c\in\mathbb{P}$, 使得$\boldsymbol{\beta}+c\boldsymbol{\alpha}\in W_1$.

51. 设V_1, V_2均为线性空间V的真子空间.

(1) 试证明存在$\boldsymbol{\alpha}\in V$使得$\boldsymbol{\alpha}\notin V_1\cup V_2$.

(2) 如果$V=\mathbb{R}^2$, 请指出上述结论(1)的几何意义.

52. 试求下列齐次线性方程组的一个基础解系, 并用它来表示通解.

$$\begin{cases} 3x_1+7x_2+8x_3=0, \\ x_1+2x_2+5x_3=0, \\ x_1+4x_2-9x_3=0, \\ x_1+3x_2-2x_3=0. \end{cases}$$

53. 试用导出组的基础解系表示线性方程组的全部解.

$$\begin{cases} x_1+3x_2+5x_3-4x_4=1, \\ x_1+3x_2+2x_3-2x_4+x_5=-1, \\ x_1-2x_2+x_3-x_4-x_5=3, \\ x_1-4x_2+x_3+x_4-x_5=3, \\ x_1+2x_2+x_3-x_4+x_5=-1. \end{cases}$$

54. 设

$$\boldsymbol{A}=\begin{pmatrix} 1 & -2 & 1 & 3 \\ 9 & -5 & 2 & 8 \end{pmatrix},$$

试求一个4×2矩阵$\boldsymbol{B}$, 使$\boldsymbol{AB}=\boldsymbol{O}$ 且$r(\boldsymbol{B})=2$.

55. 已知行列式

$$D=\begin{vmatrix} a_{11} & a_{12} & \cdots & a_{1n} \\ a_{21} & a_{22} & \cdots & a_{2n} \\ \vdots & \vdots & \ddots & \vdots \\ a_{n1} & a_{n2} & \cdots & a_{nn} \end{vmatrix}\neq 0,$$

若用$A_{11},A_{12},\cdots,A_{1n}$表示$D$中第一列元素$a_{11},\cdots,a_{1n}$的代数余子式, 试证明$(A_{11}\ A_{12}\ \cdots\ A_{1n})^{\mathrm{T}}$ 是齐次线性方程组

$$\begin{cases} a_{21}x_1+a_{22}x_2+\cdots+a_{2n}x_n=0, \\ a_{31}x_1+a_{32}x_2+\cdots+a_{3n}x_n=0, \\ \qquad\qquad\vdots \\ a_{n1}x_1+a_{n2}x_2+\cdots+a_{nn}x_n=0 \end{cases}$$

的一个基础解系.

56. 试求一个齐次线性方程组, 使它的基础解系为$\boldsymbol{\xi}_1=(0,1,2,3)^{\mathrm{T}},\boldsymbol{\xi}_2=(3,2,1,0)^{\mathrm{T}}$.

57. 设数域$\mathbb{P}$上的关于未知量$x_1,\ x_2,\ \cdots,\ x_n$的两个齐次线性方程组(I)和(II)的自由未知量的个数之和大于n. 试证明线性方程组(I)与(II)必有非零公共解.

58. 设矩阵$\boldsymbol{A}$是一个实矩阵, 试证明$r(\boldsymbol{A}^{\mathrm{T}}\boldsymbol{A})=r(\boldsymbol{A})=r(\boldsymbol{A}\boldsymbol{A}^{\mathrm{T}})$.

59. 假设$\boldsymbol{\eta}_1,\boldsymbol{\eta}_2,\cdots,\boldsymbol{\eta}_t$是某个线性方程组的解向量, 且常数$c_1,c_2,\cdots,c_t$的和等于1. 求证: $c_1\boldsymbol{\eta}_1+c_2\boldsymbol{\eta}_2+\cdots+c_t\boldsymbol{\eta}_t$也是这个线性方程组的一个解向量.

60. 设$\boldsymbol{\eta}_0$是非齐次线性方程组的一个解, $\boldsymbol{\eta}_1,\cdots,\boldsymbol{\eta}_t$是它的导出组的一个基础解系. 令

$$\boldsymbol{\nu}_1=\boldsymbol{\eta}_0,\boldsymbol{\nu}_2=\boldsymbol{\eta}_1+\boldsymbol{\eta}_0,\cdots,\boldsymbol{\nu}_{t+1}=\boldsymbol{\eta}_t+\boldsymbol{\eta}_0.$$

试证明该线性方程组的任一个解$\boldsymbol{\nu}$都可以写成

$$\boldsymbol{\nu}=c_1\boldsymbol{\nu}_1+\cdots+c_{t+1}\boldsymbol{\nu}_{t+1},$$

其中$c_1+\cdots+c_{t+1}=1$.

61. 设$\boldsymbol{\alpha}=\begin{pmatrix}a_1\\a_2\\a_3\end{pmatrix},\boldsymbol{\beta}=\begin{pmatrix}b_1\\b_2\\b_3\end{pmatrix},\boldsymbol{\gamma}=\begin{pmatrix}c_1\\c_2\\c_3\end{pmatrix}$为$\mathbb{R}^3$中的三个向量, 试证明三条直线

$$\begin{cases}l_1:\ a_1x+b_1y+c_1=0,\\l_2:\ a_2x+b_2y+c_2=0,\\l_3:\ a_3x+b_3y+c_3=0,\end{cases}\qquad (a_i^2+b_i^2\neq 0,\ i=1,2,3).$$

相交于一点的充要条件为向量组$\boldsymbol{\alpha},\boldsymbol{\beta}$线性无关, 且向量$\boldsymbol{\alpha},\boldsymbol{\beta},\boldsymbol{\gamma}$线性相关.

补充题

1. 设φ是从集合X到Y中的一个映射. 当A是X的一个子集时, 记

$$\varphi(A)\triangleq\{\varphi(x)|x\in A\},$$

并称之为**集合A在映射φ作用下的像**. 试证明对于X中的任意两个子集A与B均有

(1) $\varphi(A\cup B)=\varphi(A)\cup\varphi(B)$.

(2) $\varphi(A\cap B)\subseteq\varphi(A)\cap\varphi(B)$.

(3) 试给出一个例子说明$\varphi(A\cap B)=\varphi(A)\cap\varphi(B)$未必成立.

2. 设$\sigma:\ X\longrightarrow Y$与$\tau:\ Y\longrightarrow Z$是两个映射, 试证明

(1) 若σ, τ都是单射, 则$\tau\sigma$是单射; 反之, 若$\tau\sigma$是单射, 则σ是单射.

(2) 若σ, τ都是满射, 则$\tau\sigma$是满射; 反之, 若$\tau\sigma$是满射, 则τ是满射.

(3) 试给出一个例子说明当$\tau\sigma$是单射时, τ未必是单射.

3* 设A是一个非空集合, $P(A)$是A的**幂集**(即由A的所有子集所构成的集合), 试证明不存在$P(A)$到A的双射.

4. **(替换定理)**设向量组(Ⅰ) $\boldsymbol{\alpha}_1,\boldsymbol{\alpha}_2,\cdots,\boldsymbol{\alpha}_r$线性无关, 且每个向量$\boldsymbol{\alpha}_i(i=1,2,\cdots,r)$可由向量组(Ⅱ) $\boldsymbol{\beta}_1,\boldsymbol{\beta}_2,\cdots,\boldsymbol{\beta}_s$线性表出, 试证明

(1) $r \leq s$.

(2) 向量组(Ⅱ)中存在$s-r$个向量，它们与组(Ⅰ)的r 个向量所组成的新向量组与组(Ⅱ)等价(或者说，(Ⅱ)中有r个向量被替换).

5. 设$\boldsymbol{\alpha}_1, \boldsymbol{\alpha}_2, \cdots, \boldsymbol{\alpha}_s$ 是一组线性无关向量, 令
$$\boldsymbol{\beta}_j = \sum_{i=1}^{s} a_{ij}\boldsymbol{\alpha}_i, j=1,2,\cdots,s,\ \boldsymbol{A}=(a_{ij})_{s\times s} \in \mathbb{P}^{s\times s},$$
试证明$r(\boldsymbol{\beta}_1, \boldsymbol{\beta}_2, \cdots, \boldsymbol{\beta}_s) = r(\boldsymbol{A})$.

6. 设$\boldsymbol{\alpha}_1, \boldsymbol{\alpha}_2, \cdots, \boldsymbol{\alpha}_n$ 是数域$\mathbb{P}$上n 维线性空间V中的一个基, $\boldsymbol{A}$ 是$\mathbb{P}$上的一个$n\times s$ 矩阵, 且
$$(\boldsymbol{\beta}_1, \boldsymbol{\beta}_2, \cdots, \boldsymbol{\beta}_s) = (\boldsymbol{\alpha}_1, \boldsymbol{\alpha}_2, \cdots, \boldsymbol{\alpha}_n)\boldsymbol{A},$$
试证明

(1) $r(\boldsymbol{\beta}_1,\ \boldsymbol{\beta}_2,\ \cdots,\ \boldsymbol{\beta}_s) = r(\boldsymbol{A})$.

(2) $\mathrm{L}(\boldsymbol{\beta}_1, \boldsymbol{\beta}_2, \cdots, \boldsymbol{\beta}_s)$ 的维数等于$r(\boldsymbol{A})$.

(3) 若$s=n$且$|\boldsymbol{A}| \neq 0$, 则$\boldsymbol{\beta}_1, \boldsymbol{\beta}_2, \cdots, \boldsymbol{\beta}_n$也是$V$的一个基.

7. 设V是数域$\mathbb{P}$上的一个n 维线性空间, 试证明

(1) $\mathbb{P}^{n\times n}$中的任意一个可逆矩阵均可以作为V中某两个基间的过渡矩阵.

(2) 若V中的由n个不同向量所形成的向量组和V的一个基等价, 则该向量组也是V的一个基.

(3) $\mathbb{P}^{n\times n}$中的可逆矩阵和V中的基一一对应.

8. 设λ为复数, 通常, 我们称
$$\boldsymbol{J} = \begin{pmatrix} \lambda & 1 & 0 & \cdots & 0 & 0 \\ 0 & \lambda & 1 & \cdots & 0 & 0 \\ 0 & 0 & \lambda & \cdots & 0 & 0 \\ \vdots & \vdots & \vdots & & \vdots & \vdots \\ 0 & 0 & 0 & \cdots & \lambda & 1 \\ 0 & 0 & 0 & \cdots & 0 & \lambda \end{pmatrix}_{n\times n}.$$
为n阶**若当块**.

(1) 试求出所有与$\boldsymbol{J}$可交换的复矩阵.

(2) 设W为由所有与$\boldsymbol{J}$可交换的复矩阵所构成的集合. 试证明W是线性空间$\mathbb{C}^{n\times n}$的一个线性子空间. 并求其维数.

(3) 试证明如果$\boldsymbol{A}$与$\boldsymbol{J}$可交换, 则存在复系数多项式函数$f(x)$使得$f(\boldsymbol{J}) = \boldsymbol{A}$.

9. 设W 是$\mathbb{P}^{n\times n}$ 的全体形如$\boldsymbol{AB}-\boldsymbol{BA}$ $(\boldsymbol{A},\boldsymbol{B}\in\mathbb{P}^{n\times n})$ 的矩阵所生成的子空间，试证明$\dim W=n^2-1$.

10*. 设V_1, V_2, $\cdots$, V_m均为线性空间V的真子空间. 试证明存在$\boldsymbol{\alpha}\in V$使得$\boldsymbol{\alpha}\notin\bigcup\limits_{i=1}^{m}V_i$.

11*. 设V_1, V_2, $\cdots$, V_m均为线性空间V的真子空间. 试证明存在V的一个基使得其中任一个向量都不在集合$\bigcup\limits_{i=1}^{m}V_i$中.

12. 对任一个复矩阵$\boldsymbol{A}$，试证明$r(\bar{\boldsymbol{A}}^{\mathrm{T}}\boldsymbol{A})=r(\boldsymbol{A})=r(\boldsymbol{A}\bar{\boldsymbol{A}}^{\mathrm{T}})$.

13. 试证明$\mathbb{P}^n$ 的任意一个子空间W 必是某一个n 元齐次线性方程组的解空间.

第5章 内积空间

在本章中, 我们讨论一类特殊的线性空间及其相关性质, 这类线性空间中的任何一个向量都具有“长度”, 任何两个非零向量之间都有“夹角”.

§5.1 欧氏空间的定义及其简单性质

在本节中及以后, 如无特别说明, 我们总假定V是实数域$\mathbb{R}$上的线性空间, 当φ是从$V\times V$到$\mathbb{R}$中的一个对应规则时, 记

$$(\boldsymbol{\alpha},\boldsymbol{\beta})\triangleq\varphi(\boldsymbol{\alpha},\boldsymbol{\beta}),\qquad\forall\boldsymbol{\alpha},\boldsymbol{\beta}\in V.$$

定义 1 我们称从$V\times V$到$\mathbb{R}$中的一个映射$(\cdot,\cdot)$为V上的一个**内积**, 如果它满足性质:

1) $\forall\boldsymbol{\alpha}\in V, (\boldsymbol{\alpha},\boldsymbol{\alpha})\geqslant 0$, 且 $\boldsymbol{\alpha}=\boldsymbol{\theta}\Longleftrightarrow(\boldsymbol{\alpha},\boldsymbol{\alpha})=0$.

2) $(\boldsymbol{\alpha},\boldsymbol{\beta})=(\boldsymbol{\beta},\boldsymbol{\alpha}),\qquad\forall\boldsymbol{\alpha},\boldsymbol{\beta}\in V.$

3) $(c\boldsymbol{\alpha},\boldsymbol{\beta})=c(\boldsymbol{\alpha},\boldsymbol{\beta}),\qquad\forall c\in\mathbb{R},\forall\boldsymbol{\alpha},\boldsymbol{\beta}\in V.$

4) $(\boldsymbol{\alpha}+\boldsymbol{\beta},\boldsymbol{\gamma})=(\boldsymbol{\alpha},\boldsymbol{\gamma})+(\boldsymbol{\beta},\boldsymbol{\gamma}),\qquad\forall\boldsymbol{\alpha},\boldsymbol{\beta},\boldsymbol{\gamma}\in V.$

我们称实数域$\mathbb{R}$上定义了内积的线性空间为**欧氏空间**或者说是实数域上的**内积空间**. 这个时候我们也说该实数域上的线性空间是关于相关的内积的欧氏空间. 习惯上, 我们也将所定义的内积叫做该欧氏空间的内积.

在2) 成立的前提下, 3)及4)和如下的3′)及4′)等价.

3′) $(\boldsymbol{\beta},c\boldsymbol{\alpha})=c(\boldsymbol{\beta},\boldsymbol{\alpha}),\qquad\forall c\in\mathbb{R},\forall\boldsymbol{\alpha},\boldsymbol{\beta}\in V.$

4′) $(\boldsymbol{\gamma},\boldsymbol{\alpha}+\boldsymbol{\beta})=(\boldsymbol{\gamma},\boldsymbol{\alpha})+(\boldsymbol{\gamma},\boldsymbol{\beta}),\qquad\forall\boldsymbol{\alpha},\boldsymbol{\beta},\boldsymbol{\gamma}\in V.$

一般地, 在实数域$\mathbb{R}$上的同一个线性空间上, 可以定义多个内积而使得该线性空间关于不同的内积形成不同的欧氏空间.

例 1 设$\varepsilon_1,\varepsilon_2,\cdots,\varepsilon_n$是$\mathbb{R}^n$的一个基, 任取$V$中的两个向量$\boldsymbol{\alpha},\boldsymbol{\beta}$, 设$\boldsymbol{\alpha}$和$\boldsymbol{\beta}$在该基下的坐标分别为$\boldsymbol{X}$和$\boldsymbol{Y}$, 令

$$1)\ (\boldsymbol{\alpha},\boldsymbol{\beta})_1\triangleq\boldsymbol{X}^{\mathrm{T}}\boldsymbol{Y},\qquad 2)\ (\boldsymbol{\alpha},\boldsymbol{\beta})_2\triangleq 2\boldsymbol{X}^{\mathrm{T}}\boldsymbol{Y}.$$

则可以验证$(\cdot,\cdot)_1$及$(\cdot,\cdot)_2$均是$\mathbb{R}^n$上的内积, 从而$\mathbb{R}^n$关于$(\cdot,\cdot)_1$及$(\cdot,\cdot)_2$均构成欧氏空间. 显然, 1) 所定义的内积就是$\mathbb{R}^3(\mathbb{R}^2)$中向量内积(即点积、点乘)概念的推广.

习惯上, 当$\mathbb{R}^n$中的基取作其常用基(即$\varepsilon_i=\boldsymbol{e}_i,\ i=1,2,\cdots,n$)时, 我们称例1中的 1) 所定义内积为$\mathbb{R}^n$中的**常用内积**. 以后, 如果没有特别指明, 我们所说的欧氏空

间$\mathbb{R}^n$是指线性空间$\mathbb{R}^n$ 关于常用内积所形成的欧氏空间.

例 2 设$C_{[a,b]} = \{f(x)|f(x)$是$[a,b]$上的连续函数$\}$, 则$C_{[a,b]}$ 关于函数的加法、实数与函数的数乘运算构成$\mathbb{R}$上的一个线性空间. 令

$$(f(x), g(x)) \triangleq \int_a^b f(x)g(x)\mathrm{d}x, \qquad \forall f(x), g(x) \in C_{[a,b]},$$

则所定义的$(\cdot,\cdot)$是$C_{[a,b]}$ 上的一个内积, 从而$C_{[a,b]}$ 关于所定义的内积构成欧氏空间.

例2所定义的内积运算在科学工程计算中有着重要的应用.

可以验证, 若$(\cdot,\cdot)$是欧氏空间V上的一个内积运算, 则

1) $(c_1\boldsymbol{\alpha} + c_2\boldsymbol{\beta}, \boldsymbol{\gamma}) = c_1(\boldsymbol{\alpha}, \boldsymbol{\gamma}) + c_2(\boldsymbol{\beta}, \boldsymbol{\gamma}), \quad \forall c_1, c_2 \in \mathbb{R}, \forall \boldsymbol{\alpha}, \boldsymbol{\beta}, \boldsymbol{\gamma} \in V.$

2) $(\boldsymbol{\alpha}, c_1\boldsymbol{\beta} + c_2\boldsymbol{\gamma}) = c_1(\boldsymbol{\alpha}, \boldsymbol{\beta}) + c_2(\boldsymbol{\alpha}, \boldsymbol{\gamma}), \quad \forall c_1, c_2 \in \mathbb{R}, \forall \boldsymbol{\alpha}, \boldsymbol{\beta}, \boldsymbol{\gamma} \in V.$

上述等式所反映的性质一般称为内积的**双线性性质**.

在有限维欧氏空间中, 由于任何一向量均可以由其某个基及向量在该基下的坐标表示的那样, 我们希望任意两个向量的内积也可以经由某个基中的向量的内积以及它们在该基下的坐标来进行表示. 于是, 就有了内积的如下计算方式.

设$\boldsymbol{\varepsilon}_1, \boldsymbol{\varepsilon}_2, \cdots, \boldsymbol{\varepsilon}_n$是具有内积$(\cdot,\cdot)$的$n$维欧氏空间$V$中的一个基, 令

$$\boldsymbol{A} = ((\boldsymbol{\varepsilon}_i, \boldsymbol{\varepsilon}_j))_{n\times n} = \begin{pmatrix} (\boldsymbol{\varepsilon}_1, \boldsymbol{\varepsilon}_1) & (\boldsymbol{\varepsilon}_1, \boldsymbol{\varepsilon}_2) & \cdots & (\boldsymbol{\varepsilon}_1, \boldsymbol{\varepsilon}_n) \\ (\boldsymbol{\varepsilon}_2, \boldsymbol{\varepsilon}_1) & (\boldsymbol{\varepsilon}_2, \boldsymbol{\varepsilon}_2) & \cdots & (\boldsymbol{\varepsilon}_2, \boldsymbol{\varepsilon}_n) \\ \vdots & \vdots & \ddots & \vdots \\ (\boldsymbol{\varepsilon}_n, \boldsymbol{\varepsilon}_1) & (\boldsymbol{\varepsilon}_n, \boldsymbol{\varepsilon}_2) & \cdots & (\boldsymbol{\varepsilon}_n, \boldsymbol{\varepsilon}_n) \end{pmatrix}. \tag{1}$$

(1)所定义的矩阵是对称的, 它仅与基相关, 一旦基确定, 则矩阵$\boldsymbol{A}$亦确定. 通常, 我们称矩阵$\boldsymbol{A}$为内积在基$\boldsymbol{\varepsilon}_1, \boldsymbol{\varepsilon}_2, \cdots, \boldsymbol{\varepsilon}_n$下的**度量矩阵**.

对于V中的任意两个向量$\boldsymbol{\alpha}$ 和$\boldsymbol{\beta}$, 若它们在基$\boldsymbol{\varepsilon}_1, \boldsymbol{\varepsilon}_2, \cdots, \boldsymbol{\varepsilon}_n$ 下的坐标分别为

$$\boldsymbol{X} = \begin{pmatrix} x_1 \\ x_2 \\ \vdots \\ x_n \end{pmatrix}, \ \boldsymbol{Y} = \begin{pmatrix} y_1 \\ y_2 \\ \vdots \\ y_n \end{pmatrix}.$$

则

$$(\boldsymbol{\alpha}, \boldsymbol{\beta}) = (\sum_{i=1}^n x_i\boldsymbol{\varepsilon}_i, \sum_{j=1}^n y_j\boldsymbol{\varepsilon}_j) = \sum_{i=1}^n x_i(\sum_{j=1}^n (\boldsymbol{\varepsilon}_i, \boldsymbol{\varepsilon}_j)y_j) = \boldsymbol{X}^{\mathrm{T}}\boldsymbol{A}\boldsymbol{Y}. \tag{2}$$

(2)达成了前述的愿望. 显然, 度量矩阵$\boldsymbol{A}$ 随着基的选择不同而变化, 但是$(\boldsymbol{\alpha}, \boldsymbol{\beta})$的值却与基的选择是无关的. 自然地, 我们要问, 欧氏空间中的内积在不同基下的度量矩阵之间有怎样的联系?

设$\boldsymbol{\beta}_1, \boldsymbol{\beta}_2, \cdots, \boldsymbol{\beta}_n$ 是V的另一个基, 从基$\boldsymbol{\varepsilon}_1, \boldsymbol{\varepsilon}_2, \cdots, \boldsymbol{\varepsilon}_n$ 到基$\boldsymbol{\beta}_1, \boldsymbol{\beta}_2, \cdots, \boldsymbol{\beta}_n$的过渡矩阵为$\boldsymbol{M}$. 任取$V$中的向量$\boldsymbol{\alpha}, \boldsymbol{\beta}$, 若它们在这两个基下的坐标分别为$\boldsymbol{X}, \boldsymbol{X}_1$和$\boldsymbol{Y}, \boldsymbol{Y}_1$,则

$$\boldsymbol{X} = \boldsymbol{M}\boldsymbol{X}_1, \ \ \boldsymbol{Y} = \boldsymbol{M}\boldsymbol{Y}_1. \tag{3}$$

又若欧氏空间中的内积$(\cdot,\cdot)$ 在基$\boldsymbol{\beta}_1, \boldsymbol{\beta}_2, \cdots, \boldsymbol{\beta}_n$下的度量矩阵为$\boldsymbol{B}$, 即

$$(\boldsymbol{\alpha}, \boldsymbol{\beta}) = \boldsymbol{X}_1^{\mathrm{T}}\boldsymbol{B}\boldsymbol{Y}_1. \tag{4}$$

由(2), (3)及(4), 我们有

$$\boldsymbol{X}_1^{\mathrm{T}}(\boldsymbol{M}^{\mathrm{T}}\boldsymbol{A}\boldsymbol{M})\boldsymbol{Y}_1 = \boldsymbol{X}^{\mathrm{T}}\boldsymbol{A}\boldsymbol{Y} = (\boldsymbol{\alpha}, \boldsymbol{\beta}) = \boldsymbol{X}_1^{\mathrm{T}}\boldsymbol{B}\boldsymbol{Y}_1, \qquad \forall \boldsymbol{X}_1, \boldsymbol{Y}_1 \in \mathbb{R}^n.$$

由$\boldsymbol{X}_1, \boldsymbol{Y}_1$ 的任意性(因$\boldsymbol{\alpha}, \boldsymbol{\beta}$, 是任取的)推知

$$\boldsymbol{B} = \boldsymbol{M}^{\mathrm{T}}\boldsymbol{A}\boldsymbol{M}. \tag{5}$$

(5)揭示了同一内积在不同基下的度量矩阵之间的联系(在第8章中我们将看到这实际上是一个合同关系).

例 3 已知

$$\boldsymbol{\varepsilon}_1 = \boldsymbol{e}_1 + \boldsymbol{e}_2, \ \boldsymbol{\varepsilon}_2 = \boldsymbol{e}_1 + \boldsymbol{e}_3, \ \boldsymbol{\varepsilon}_3 = \boldsymbol{e}_4 - \boldsymbol{e}_1, \ \boldsymbol{\varepsilon}_4 = \boldsymbol{e}_1 - \boldsymbol{e}_2 - \boldsymbol{e}_3 + \boldsymbol{e}_4$$

为欧氏空间$\mathbb{R}^4$ 的一个基, 向量$\boldsymbol{\alpha}$与$\boldsymbol{\beta}$ 在这个基下坐标分别为$\begin{pmatrix} 1 \\ 2 \\ 3 \\ 4 \end{pmatrix}$和$\begin{pmatrix} 2 \\ 0 \\ 1 \\ 0 \end{pmatrix}$. 试求内积在基$\boldsymbol{\varepsilon}_1, \boldsymbol{\varepsilon}_2, \boldsymbol{\varepsilon}_3, \boldsymbol{\varepsilon}_4$下的度量矩阵$\boldsymbol{A}$ 以及$(\boldsymbol{\alpha}, \boldsymbol{\beta})$的值.

解 $\boldsymbol{A}$的度量矩阵为

$$\boldsymbol{A} = \begin{pmatrix} (\boldsymbol{\varepsilon}_1, \boldsymbol{\varepsilon}_1) & (\boldsymbol{\varepsilon}_1, \boldsymbol{\varepsilon}_2) & (\boldsymbol{\varepsilon}_1, \boldsymbol{\varepsilon}_3) & (\boldsymbol{\varepsilon}_1, \boldsymbol{\varepsilon}_4) \\ (\boldsymbol{\varepsilon}_2, \boldsymbol{\varepsilon}_1) & (\boldsymbol{\varepsilon}_2, \boldsymbol{\varepsilon}_2) & (\boldsymbol{\varepsilon}_2, \boldsymbol{\varepsilon}_3) & (\boldsymbol{\varepsilon}_2, \boldsymbol{\varepsilon}_4) \\ (\boldsymbol{\varepsilon}_3, \boldsymbol{\varepsilon}_1) & (\boldsymbol{\varepsilon}_3, \boldsymbol{\varepsilon}_2) & (\boldsymbol{\varepsilon}_3, \boldsymbol{\varepsilon}_3) & (\boldsymbol{\varepsilon}_3, \boldsymbol{\varepsilon}_4) \\ (\boldsymbol{\varepsilon}_4, \boldsymbol{\varepsilon}_1) & (\boldsymbol{\varepsilon}_4, \boldsymbol{\varepsilon}_2) & (\boldsymbol{\varepsilon}_4, \boldsymbol{\varepsilon}_3) & (\boldsymbol{\varepsilon}_4, \boldsymbol{\varepsilon}_4) \end{pmatrix}$$

$$= \begin{pmatrix} 2 & 1 & -1 & 0 \\ 1 & 2 & -1 & 0 \\ -1 & -1 & 2 & 0 \\ 0 & 0 & 0 & 4 \end{pmatrix}.$$

从而

$$(\boldsymbol{\alpha}, \boldsymbol{\beta}) = (1 \ 2 \ 3 \ 4) \begin{pmatrix} 2 & 1 & -1 & 0 \\ 1 & 2 & -1 & 0 \\ -1 & -1 & 2 & 0 \\ 0 & 0 & 0 & 4 \end{pmatrix} \begin{pmatrix} 2 \\ 0 \\ 1 \\ 0 \end{pmatrix}$$

$$= 5.$$

□

在本节的最后, 我们引入欧氏空间中向量的长度及夹角概念, 并探讨相关的性质.

定义 2 设$(\cdot,\cdot)$是欧氏空间V的一个内积运算, $\boldsymbol{\alpha}\in V$, 称$\sqrt{(\boldsymbol{\alpha},\boldsymbol{\alpha})}$为$\boldsymbol{\alpha}$的**长度**, 并记做

$$|\boldsymbol{\alpha}|=\sqrt{(\boldsymbol{\alpha},\boldsymbol{\alpha})}.$$

关于向量的内积与向量长度之间的关系, 我们有

定理 1 (Cauchy-Schwarz 不等式) 设V是定义了内积$(\cdot,\cdot)$的欧氏空间, 则

$$|(\boldsymbol{\alpha},\boldsymbol{\beta})|\leqslant|\boldsymbol{\alpha}||\boldsymbol{\beta}|,\qquad \forall\boldsymbol{\alpha},\boldsymbol{\beta}\in V. \tag{6}$$

(6)取等号的充分必要条件是$\boldsymbol{\alpha}$与$\boldsymbol{\beta}$线性相关.

证明 当$\boldsymbol{\alpha}=\boldsymbol{\beta}=\boldsymbol{\theta}$时, (6)显然成立; 当$\boldsymbol{\alpha},\boldsymbol{\beta}$不全为$\boldsymbol{\theta}$时, 依内积的对称性质, 我们不妨设$\boldsymbol{\alpha}\neq\boldsymbol{\theta}$, 于是,

$$|\boldsymbol{\alpha}|^2t^2+2(\boldsymbol{\alpha},\boldsymbol{\beta})t+|\boldsymbol{\beta}|^2=(\boldsymbol{\beta}+t\boldsymbol{\alpha},\boldsymbol{\beta}+t\boldsymbol{\alpha})\geqslant 0,\quad \forall t\in\mathbb{R}. \tag{7}$$

这说明上述关于t的实系数二次多项式的判别式

$$\Delta=4(\boldsymbol{\alpha},\boldsymbol{\beta})^2-4|\boldsymbol{\alpha}|^2|\boldsymbol{\beta}|^2\leqslant 0,$$

由此, (6)当$\boldsymbol{\alpha},\boldsymbol{\beta}$不全为$\boldsymbol{\theta}$时亦成立. (6)得证.

当(6)取等号时, 若$\boldsymbol{\alpha}=\boldsymbol{\beta}=\boldsymbol{\theta}$, 则$\boldsymbol{\alpha},\boldsymbol{\beta}$线性相关; 若$\boldsymbol{\alpha},\boldsymbol{\beta}$不全为$\boldsymbol{\theta}$, 同样依据内积的对称性, 不妨设$\boldsymbol{\alpha}\neq\boldsymbol{\theta}$, 依(7)知, 二次多项式$(\boldsymbol{\beta}+t\boldsymbol{\alpha},\boldsymbol{\beta}+t\boldsymbol{\alpha})=0$有重根$t_0$, 即

$$(\boldsymbol{\beta}+t_0\boldsymbol{\alpha},\boldsymbol{\beta}+t_0\boldsymbol{\alpha})=0,$$

故$\boldsymbol{\beta}+t_0\boldsymbol{\alpha}=\boldsymbol{\theta}$, 即$\boldsymbol{\alpha},\boldsymbol{\beta}$线性相关. 总之, 若(6)取等号, 则$\boldsymbol{\alpha}$与$\boldsymbol{\beta}$线性相关. 必要性得证.

反之, 若$\boldsymbol{\alpha}$与$\boldsymbol{\beta}$线性相关, 则存在不全为零的数c_1,c_2使得$c_1\boldsymbol{\alpha}+c_2\boldsymbol{\beta}=\boldsymbol{\theta}$. 若$c_1\neq 0$, 则$\boldsymbol{\alpha}=-\dfrac{c_2}{c_1}\boldsymbol{\beta}$, 于是

$$|(\boldsymbol{\alpha},\boldsymbol{\beta})|=|\frac{c_2}{c_1}||(\boldsymbol{\beta},\boldsymbol{\beta})|=|\boldsymbol{\alpha}|\cdot|\boldsymbol{\beta}|,$$

即(6)取等号. 同理可证(6)当$c_2\neq 0$时亦取等号. 综上所述, 此时(6)总取等号. 充分性得证. □

读者在中学阶段就已经熟知的不等式

$$|x_1y_1+x_2y_2+\cdots+x_ny_n|\leqslant\sqrt{x_1^2+x_2^2+\cdots+x_n^2}\sqrt{y_1^2+y_2^2+\cdots+y_n^2}$$

实际上就是欧氏空间$\mathbb{R}^n$中的两个向量$\begin{pmatrix}x_1\\x_2\\\vdots\\x_n\end{pmatrix}$与$\begin{pmatrix}y_1\\y_2\\\vdots\\y_n\end{pmatrix}$所对应的Cauchy-Schwarz不等式.

例2所定义的欧氏空间中的元素$f(x)$与$g(x)$所对应的Cauchy-Schwarz不等式为

$$\left|\int_a^b f(x)g(x)\mathrm{d}x\right|\leqslant\sqrt{\int_a^b f^2(x)\mathrm{d}x}\sqrt{\int_a^b g^2(x)\mathrm{d}x}.$$

依据定义1, 定义2以及定理1, 我们可以推得向量长度所具有的如下性质(请读者自

行证明).

(a) $|\boldsymbol{\alpha}| \geqslant 0$ 且 $|\boldsymbol{\alpha}| = 0 \Leftrightarrow \boldsymbol{\alpha} = \boldsymbol{\theta}, \quad \forall \boldsymbol{\alpha} \in V.$

(b) $|c\boldsymbol{\alpha}| = |c||\boldsymbol{\alpha}|, \quad \forall c \in \mathbb{R}, \forall \boldsymbol{\alpha} \in V.$

(c) **(三角不等式)**)$|\boldsymbol{\alpha}+\boldsymbol{\beta}| \leqslant |\boldsymbol{\alpha}| + |\boldsymbol{\beta}|, \quad \forall \boldsymbol{\alpha}, \boldsymbol{\beta} \in V.$

(a)-(c)说明所定义的向量的长度概念与我们所熟知的三维现实空间中通常所用的长度概念有着相同的性质.

依据定理1, 如下定义的两个非零向量的夹角的概念是合理的.

定义 3 设$(\cdot,\cdot)$是欧氏空间V上的内积, $\boldsymbol{\alpha}, \boldsymbol{\beta}$为$V$中的两个非零向量, 则$\boldsymbol{\alpha}$与$\boldsymbol{\beta}$的**夹角**定义为

$$< \boldsymbol{\alpha}, \boldsymbol{\beta} >= \arccos\frac{(\boldsymbol{\alpha}, \boldsymbol{\beta})}{|\boldsymbol{\alpha}||\boldsymbol{\beta}|}.$$

若$< \boldsymbol{\alpha}, \boldsymbol{\beta} >= \dfrac{\pi}{2}$, 则称$\boldsymbol{\alpha}, \boldsymbol{\beta}$在内积$(\cdot,\cdot)$下是正交的, 并记作$\boldsymbol{\alpha} \bot \boldsymbol{\beta}$. 我们也简称$\boldsymbol{\alpha}$与$\boldsymbol{\beta}$正交. 我们约定零向量$\boldsymbol{\theta}$与任何向量都正交.

例 4 当$n = 3$时, $\mathbb{R}^3$中的两个非零向量在例1中的内积$(\cdot,\cdot)_1$下的正交关系即反映了解析几何中两个非零向量的垂直关系.

不难验证, 在欧氏空间V中依然成立**勾股定理**:

$$|\boldsymbol{\alpha}+\boldsymbol{\beta}|^2 = |\boldsymbol{\alpha}|^2 + |\boldsymbol{\beta}|^2, \quad \forall \boldsymbol{\alpha}, \boldsymbol{\beta} \in V\text{且}\boldsymbol{\alpha} \perp \boldsymbol{\beta}.$$

例 5 可以验证集合$\{1, \sin x, \cos x, \cdots, \sin nx, \cos nx, \cdots\}$中的任意两个互异函数在例2 的内积意义下是正交的(积分区间为$[-\pi, \pi]$), 我们也称这个集合为区间$[-\pi, \pi]$上的**正交函数组(系)**, 它们与**Fourier** 级数有着紧密的联系.

通常, 我们称欧氏空间的一个由两两正交的非零向量所形成的向量组为该欧氏空间的一个**正交向量组**), 称欧氏空间的一个由两两正交且长度均为1的向量所形成的向量组为该欧氏空间的一个**标准正交向量组**)

定理 2 欧氏空间中的一个正交向量组的任何一个由有限个向量组成的部分组必定是一个线性无关组.

证明 任取定义了内积$(\cdot,\cdot)$的欧氏空间V的所给定正交向量组的一个部分组, 不妨设它为$\boldsymbol{\alpha}_1, \boldsymbol{\alpha}_2, \cdots, \boldsymbol{\alpha}_s (s < +\infty)$. 若有$\mathbb{R}$中$s$个数$c_1, c_2, \cdots, c_s$使得

$$c_1\boldsymbol{\alpha}_1 + c_2\boldsymbol{\alpha}_2 + \cdots + c_s\boldsymbol{\alpha}_s = \boldsymbol{\theta},$$

则

$$(c_1\boldsymbol{\alpha}_1 + c_2\boldsymbol{\alpha}_2 + \cdots + c_s\boldsymbol{\alpha}_s, \boldsymbol{\alpha}_i) = (\boldsymbol{\theta}, \boldsymbol{\alpha}_i) = 0, \quad i = 1, 2, \cdots, s,$$

故

$$c_i(\boldsymbol{\alpha}_i, \boldsymbol{\alpha}_i) = 0, \quad i = 1, 2, \cdots, s.$$

由$\boldsymbol{\alpha}_i \neq \boldsymbol{\theta}$知$(\boldsymbol{\alpha}_i, \boldsymbol{\alpha}_i) \neq 0$, 得$c_i = 0, i = 1, 2, \cdots, s$, 即$\boldsymbol{\alpha}_1, \boldsymbol{\alpha}_2, \cdots, \boldsymbol{\alpha}_s$线性无关. □

设$W \subseteq V$是线性空间V的一个子空间, 若V是欧氏空间, 则不难验证W关于V的内积运算也构成一个欧氏空间, 因此, **欧氏空间的子空间依然是欧氏空间**.

§5.2 标准正交基

定义 4 若欧氏空间的一个基中的向量两两都正交，则我们称该基为该欧氏空间的一个(组)**正交基**；若欧氏空间的一个基中的向量两两正交而且每个向量的长度均为1，则我们称该基为该欧氏空间的一个(组)**标准正交基**.

容易验证, **n维欧氏空间的一个基是该欧氏空间的一个标准正交基的充分必要条件是内积在该基下的度量矩阵是单位阵**.

例 6 $e_1, e_2, \cdots, e_n$ 是$\mathbb{R}^n$的一个标准正交基.

自然要问, 在任意一个欧氏空间中是否都存在(标准)正交基？在本节中, 我们通过构造性的方法证明在任意一个有限维的欧氏空间中都存在(标准)正交基.

我们从三个角度来思考欧氏空间V中(标准)正交基可能的形成过程：

1) 给定V的一个基, 依此构造V的一个(标准)正交基. 也称将这一个基改造成为一个(标准)正交基.

2) 给定V的一个线性无关的向量组, 依此构造V的一个(标准)正交基.

3) 没有给定V的一个线性无关组时, 构造V的一个(标准)正交基.

由于2)与3)均可转化为1)来完成, 因此, 我们只要考虑1). 对于1)我们有

定理 3 任取n维欧氏空间V的一个基$\varepsilon_1, \varepsilon_2, \cdots, \varepsilon_n$，则必存在$V$的一个正交基$\boldsymbol{\eta}_1, \boldsymbol{\eta}_2, \cdots, \boldsymbol{\eta}_n$使得

$$\mathrm{L}(\varepsilon_1, \varepsilon_2, \cdots, \varepsilon_i) = \mathrm{L}(\boldsymbol{\eta}_1, \boldsymbol{\eta}_2, \cdots, \boldsymbol{\eta}_i), \ i = 1, 2, \cdots, n. \tag{8}$$

证明 我们对维数n实施归纳法.

当$n = 1$时, 对于V的任意一个基ε_1，令$\boldsymbol{\eta}_1 = \varepsilon_1$, 则$\mathrm{L}(\boldsymbol{\eta}_1) = \mathrm{L}(\varepsilon_1) = V$, $\boldsymbol{\eta}_1$即为所求.

设结论对所有$n-1$维欧氏空间成立. 对于n维欧氏空间V, 我们不妨假设它的内积为$(\cdot,\cdot)$. 任取V的一个基$\varepsilon_1, \varepsilon_2, \cdots, \varepsilon_n$，则由$\varepsilon_1, \varepsilon_2, \cdots, \varepsilon_{n-1}$扩张而成的线性空间$\mathrm{L}(\varepsilon_1, \varepsilon_2, \cdots, \varepsilon_{n-1})$是$V$的一个$n-1$维子空间, 它以$\varepsilon_1, \varepsilon_2, \cdots, \varepsilon_{n-1}$ 为其一个基, 并且关于V的内积依然是一个欧氏空间. 由归纳法假设, 在$\mathrm{L}(\varepsilon_1, \varepsilon_2, \cdots, \varepsilon_{n-1})$中存在一个正交基$\boldsymbol{\eta}_1, \boldsymbol{\eta}_2, \cdots, \boldsymbol{\eta}_{n-1}$ 满足

$$\mathrm{L}(\varepsilon_1, \varepsilon_2, \cdots, \varepsilon_i) = \mathrm{L}(\boldsymbol{\eta}_1, \boldsymbol{\eta}_2, \cdots, \boldsymbol{\eta}_i), \quad i = 1, 2, \cdots, n-1. \tag{9}$$

显然, $\boldsymbol{\eta}_1, \boldsymbol{\eta}_2, \cdots, \boldsymbol{\eta}_{n-1}$ 也是V的一个正交组. 令

$$\boldsymbol{\eta}_n = \varepsilon_n - \frac{(\varepsilon_n, \boldsymbol{\eta}_1)}{(\boldsymbol{\eta}_1, \boldsymbol{\eta}_1)}\boldsymbol{\eta}_1 - \frac{(\varepsilon_n, \boldsymbol{\eta}_2)}{(\boldsymbol{\eta}_2, \boldsymbol{\eta}_2)}\boldsymbol{\eta}_2 - \cdots - \frac{(\varepsilon_n, \boldsymbol{\eta}_{n-1})}{(\boldsymbol{\eta}_{n-1}, \boldsymbol{\eta}_{n-1})}\boldsymbol{\eta}_{n-1}, \tag{10}$$

则对每一个$i = 1, 2, \cdots, n-1$,

$$(\boldsymbol{\eta}_n, \boldsymbol{\eta}_i) = (\varepsilon_n, \boldsymbol{\eta}_i) - \frac{(\varepsilon_n, \boldsymbol{\eta}_1)}{(\boldsymbol{\eta}_1, \boldsymbol{\eta}_1)}(\boldsymbol{\eta}_1, \boldsymbol{\eta}_i) - \frac{(\varepsilon_n, \boldsymbol{\eta}_2)}{(\boldsymbol{\eta}_2, \boldsymbol{\eta}_2)}(\boldsymbol{\eta}_2, \boldsymbol{\eta}_i)$$

$$
\begin{aligned}
&-\cdots-\frac{(\boldsymbol{\varepsilon}_n,\boldsymbol{\eta}_{n-1})}{(\boldsymbol{\eta}_{n-1},\boldsymbol{\eta}_{n-1})}(\boldsymbol{\eta}_{n-1},\boldsymbol{\eta}_i)\\
&=(\boldsymbol{\varepsilon}_n,\boldsymbol{\eta}_i)-\frac{(\boldsymbol{\varepsilon}_n,\boldsymbol{\eta}_i)}{(\boldsymbol{\eta}_i,\boldsymbol{\eta}_i)}(\boldsymbol{\eta}_i,\boldsymbol{\eta}_i)\\
&=0,
\end{aligned}
$$

即

$$
\boldsymbol{\eta}_n\perp\boldsymbol{\eta}_i,\quad i=1,2,\cdots,n-1. \tag{11}
$$

由于$\boldsymbol{\varepsilon}_n\notin \mathrm{L}(\boldsymbol{\varepsilon}_1,\boldsymbol{\varepsilon}_2,\cdots,\boldsymbol{\varepsilon}_{n-1})$, 故$\boldsymbol{\eta}_n\neq\boldsymbol{\theta}$, 从而$\boldsymbol{\eta}_1,\boldsymbol{\eta}_2,\cdots,\boldsymbol{\eta}_n$ 是V的一组两两正交的向量.依定理2, 它们线性无关, 因而它们构成V的一个基, 故

$$
V=\mathrm{L}(\boldsymbol{\varepsilon}_1,\boldsymbol{\varepsilon}_2,\cdots,\boldsymbol{\varepsilon}_n)=\mathrm{L}(\boldsymbol{\eta}_1,\boldsymbol{\eta}_2,\cdots,\boldsymbol{\eta}_n). \tag{12}
$$

依(10), (11)和(12), 定理的结论对所有n维欧氏空间亦成立. 依归纳法, 结论对所有n均成立. □

通常, 我们称依(10)作为公式所形成的构造正交基的过程为**Schmidt正交化过程**. 依定理3, 任何一个有限维欧氏空间均存在正交基, 从而亦存在标准正交基.

例 7 已知$\boldsymbol{\varepsilon}_1=\begin{pmatrix}1\\2\\-1\end{pmatrix}$, $\boldsymbol{\varepsilon}_2=\begin{pmatrix}-1\\3\\1\end{pmatrix}$, $\boldsymbol{\varepsilon}_3=\begin{pmatrix}4\\-1\\0\end{pmatrix}$是$\mathbb{R}^3$ 的一个基, 试用Schmidt正交化过程将它改造成为$\mathbb{R}^3$ 的一个标准正交基.

解 令

$$
\begin{aligned}
\boldsymbol{\beta}_1&=\boldsymbol{\varepsilon}_1=\begin{pmatrix}1\\2\\-1\end{pmatrix},\\
\boldsymbol{\beta}_2&=\boldsymbol{\varepsilon}_2-\frac{(\boldsymbol{\varepsilon}_2,\boldsymbol{\beta}_1)}{(\boldsymbol{\beta}_1,\boldsymbol{\beta}_1)}\boldsymbol{\beta}_1\\
&=\begin{pmatrix}-1\\3\\1\end{pmatrix}-\frac{4}{6}\begin{pmatrix}1\\2\\-1\end{pmatrix}\\
&=\begin{pmatrix}-\frac{5}{3}\\\frac{5}{3}\\\frac{5}{3}\end{pmatrix},\\
\boldsymbol{\beta}_3&=\boldsymbol{\varepsilon}_3-\frac{(\boldsymbol{\varepsilon}_3,\boldsymbol{\beta}_1)}{(\boldsymbol{\beta}_1,\boldsymbol{\beta}_1)}\boldsymbol{\beta}_1-\frac{(\boldsymbol{\varepsilon}_3,\boldsymbol{\beta}_2)}{(\boldsymbol{\beta}_2,\boldsymbol{\beta}_2)}\boldsymbol{\beta}_2\\
&=\begin{pmatrix}4\\-1\\0\end{pmatrix}-\frac{1}{3}\begin{pmatrix}1\\2\\-1\end{pmatrix}+\frac{5}{3}\begin{pmatrix}-1\\1\\1\end{pmatrix}
\end{aligned}
$$

$$= \begin{pmatrix} 2 \\ 0 \\ 2 \end{pmatrix},$$

依定理3 (或Schmidt 正交化过程) 知所获得的向量$\boldsymbol{\beta}_1, \boldsymbol{\beta}_2, \boldsymbol{\beta}_3$ 两两正交. 将$\boldsymbol{\beta}_1, \boldsymbol{\beta}_2, \boldsymbol{\beta}_3$ 单位化, 令

$$\boldsymbol{\eta}_1 = \frac{1}{|\boldsymbol{\beta}_1|}\boldsymbol{\beta}_1 = \frac{1}{\sqrt{6}}\begin{pmatrix} 1 \\ 2 \\ 1 \end{pmatrix},\ \boldsymbol{\eta}_2 = \frac{1}{|\boldsymbol{\beta}_2|}\boldsymbol{\beta}_2 = \frac{1}{\sqrt{3}}\begin{pmatrix} -1 \\ 1 \\ 1 \end{pmatrix},\ \boldsymbol{\eta}_3 = \frac{1}{|\boldsymbol{\beta}_3|}\boldsymbol{\beta}_3 = \frac{1}{\sqrt{2}}\begin{pmatrix} 1 \\ 0 \\ 1 \end{pmatrix},$$

则$\boldsymbol{\eta}_1, \boldsymbol{\eta}_2, \boldsymbol{\eta}_3$ 即为$\mathbb{R}^3$ 的一个标准正交基. □

定义 5 设$\boldsymbol{U}$ 为n 阶实矩阵, 若$\boldsymbol{U}\boldsymbol{U}^{\mathrm{T}} = \boldsymbol{E}$ 或$\boldsymbol{U}^{-1} = \boldsymbol{U}^{\mathrm{T}}$, 则称$\boldsymbol{U}$ 是一个n 阶的**正交矩阵**.

显然, 当$\boldsymbol{U}$是正交矩阵时, $|\boldsymbol{U}| = 1$或者$|\boldsymbol{U}| = -1$.

请读者自行证明定理4.

定理 4 设V为n维欧氏空间, 则

1) V中任意两个标准正交基之间的过渡矩阵一定是正交矩阵.

2) 如果从V 的一个标准正交基(Ⅰ)到基(Ⅱ)间的过渡矩阵是正交矩阵, 那么基(Ⅱ)也是一个标准正交基.

3) 一个n阶实矩阵是一个正交矩阵当且仅当它是V中某两个标准正交基间的过渡矩阵.

4) 一个n阶实矩阵为正交矩阵的充分必要条件是该矩阵的列(行)向量组是$\mathbb{R}^n$中的一个标准正交基.

§5.3 酉空间

设V是复数域$\mathbb{C}$ 上的一个线性空间, 从$V \times V$到$\mathbb{C}$ 中的一个对应规则依然记作$(\cdot, \cdot)$.

定义 6 从$V \times V$ 到$\mathbb{C}$ 的一个映射$(\cdot, \cdot)$被称为V的一个内积, 如果它满足

1) $(\boldsymbol{\alpha}, \boldsymbol{\beta}) = \overline{(\boldsymbol{\beta}, \boldsymbol{\alpha})}, \quad \forall \boldsymbol{\alpha}, \boldsymbol{\beta} \in V.$

2) $\forall \boldsymbol{\alpha} \in V,\ (\boldsymbol{\alpha}, \boldsymbol{\alpha}) \geqslant 0$, 且 $\boldsymbol{\alpha} = \boldsymbol{\theta} \Longleftrightarrow (\boldsymbol{\alpha}, \boldsymbol{\alpha}) = 0.$

3) $(c\boldsymbol{\alpha}, \boldsymbol{\beta}) = c(\boldsymbol{\alpha}, \boldsymbol{\beta}), \quad \forall c \in \mathbb{C}, \forall \boldsymbol{\alpha}, \boldsymbol{\beta} \in V.$

4) $(\boldsymbol{\alpha} + \boldsymbol{\beta}, \boldsymbol{\gamma}) = (\boldsymbol{\alpha}, \boldsymbol{\gamma}) + (\boldsymbol{\beta}, \boldsymbol{\gamma}), \quad \forall \boldsymbol{\alpha}, \boldsymbol{\beta}, \boldsymbol{\gamma} \in V.$

我们称复数域上定义了内积的线性空间为**酉空间**或者是复数域上的**内积空间**. 如果没有特别指明其他内积, 我们所说的酉空间$\mathbb{C}^n$是指线性空间$\mathbb{C}^n$ 关于内积

$$(\boldsymbol{\alpha}, \boldsymbol{\beta}) = \boldsymbol{\alpha}^{\mathrm{T}}\overline{\boldsymbol{\beta}}, \qquad \forall \boldsymbol{\alpha}, \boldsymbol{\beta} \in \mathbb{C}^n$$

所形成的酉空间.

比对欧氏空间, 当V是定义了内积$(\cdot,\cdot)$的酉空间时, 我们有

(a) $$\begin{aligned}(c_1\boldsymbol{\alpha}+c_2\boldsymbol{\beta},\boldsymbol{\gamma})&=c_1(\boldsymbol{\alpha},\boldsymbol{\gamma})+c_2(\boldsymbol{\beta},\boldsymbol{\gamma}),\\(\boldsymbol{\alpha},c_1\boldsymbol{\beta}+c_2\boldsymbol{\gamma})&=\overline{c_1}(\boldsymbol{\alpha},\boldsymbol{\beta})+\overline{c_2}(\boldsymbol{\alpha},\boldsymbol{\gamma}),\end{aligned}\quad \forall c_1,c_2\in\mathbb{C},\forall\boldsymbol{\alpha},\boldsymbol{\beta},\boldsymbol{\gamma}\in V.$$

(b) 若$\boldsymbol{\varepsilon}_1,\boldsymbol{\varepsilon}_2,\cdots,\boldsymbol{\varepsilon}_n$是$V$的一个基, 而$V$中的向量$\boldsymbol{\alpha},\boldsymbol{\beta}$在该基下的坐标分别为$\boldsymbol{X}$和$\boldsymbol{Y}$, 则

$$(\boldsymbol{\alpha},\boldsymbol{\beta})=\boldsymbol{X}^{\mathrm{T}}\boldsymbol{A}\overline{\boldsymbol{Y}},$$

这里$\boldsymbol{A}=((\boldsymbol{\varepsilon}_i,\boldsymbol{\varepsilon}_j))_n\in\mathbb{P}^{n\times n}$(称作**度量矩阵**), 它满足$\overline{\boldsymbol{A}}=\boldsymbol{A}^{\mathrm{T}}$(我们称满足$\overline{\boldsymbol{A}}=\boldsymbol{A}^{\mathrm{T}}$的复矩阵$\boldsymbol{A}$为**Hermite矩阵**).

(c) $\forall\boldsymbol{\alpha}\in V$, 称$\sqrt{(\boldsymbol{\alpha},\boldsymbol{\alpha})}$为$\boldsymbol{\alpha}$的**长度**, 记作$|\boldsymbol{\alpha}|=\sqrt{(\boldsymbol{\alpha},\boldsymbol{\alpha})}$.

(d) (**Cauchy-Schwarz**不等式)$|(\boldsymbol{\alpha},\boldsymbol{\beta})|\leqslant|\boldsymbol{\alpha}||\boldsymbol{\beta}|$, $\forall\boldsymbol{\alpha},\boldsymbol{\beta}\in V$; 等号成立的充分必要条件是$\boldsymbol{\alpha}$与$\boldsymbol{\beta}$线性相关.

(e) 若$(\boldsymbol{\alpha},\boldsymbol{\beta})=0$, 则称$\boldsymbol{\alpha}$与$\boldsymbol{\beta}$**正交**.

(f) 当V是有限维时, V中必定存在标准正交基, 它可用与定理3类似的方法构造.

(g) 如果一个方阵$\boldsymbol{U}$满足$\boldsymbol{U}\overline{\boldsymbol{U}}^{\mathrm{T}}=\boldsymbol{E}$, 则我们称$\boldsymbol{U}$为**酉矩阵**. 当$V$是有限维时, V的一个基是标准正交基的充分必要条件是V的内积在该基下的度量矩阵为酉矩阵 (请读者叙述并证明相应于定理4的相关结论).

习 题

1. 设$\boldsymbol{\alpha}=(a_1,a_2)$, $\boldsymbol{\beta}=(b_1,b_2)$ 为二维实空间$\mathbb{R}^2$ 中的任意两个向量. 试问: 如下规定的映射是不是一个内积?

   (1) $(\boldsymbol{\alpha},\boldsymbol{\beta})=a_1b_2+a_2b_1$.

   (2) $(\boldsymbol{\alpha},\boldsymbol{\beta})=(a_1+a_2)b_1+(a_1+2a_2)b_2$.

   (3) $(\boldsymbol{\alpha},\boldsymbol{\beta})=a_1b_1+a_2b_2+1$.

2. 试问如下定义的映射是不是一个内积?

   (1) $(\boldsymbol{\alpha},\boldsymbol{\beta})=\sqrt{\sum\limits_{i=1}^{n}a_i^2b_i^2}$;

   (2) $(\boldsymbol{\alpha},\boldsymbol{\beta})=\left(\sum\limits_{i=1}^{n}a_i\right)\left(\sum\limits_{j=1}^{n}b_j\right)$;

   (3) $(\boldsymbol{\alpha},\boldsymbol{\beta})=\sum\limits_{i=1}^{n}c_ia_ib_i(c_i>0,i=1,2,\cdots,n)$;

这里$\boldsymbol{\alpha}=(a_1,\ a_2,\ \cdots,\ a_n)^{\mathrm{T}}$, $\boldsymbol{\beta}=(b_1,\ b_2,\ \cdots,b_n)^{\mathrm{T}}$为$\mathbb{R}^n$中的任意两个向量.

3. 欧氏空间V中两个向量$\boldsymbol{\alpha}$与$\boldsymbol{\beta}$的**距离**定义为$d(\boldsymbol{\alpha},\boldsymbol{\beta})=|\boldsymbol{\alpha}-\boldsymbol{\beta}|$, 试证明

$$d(\boldsymbol{\alpha},\boldsymbol{\gamma})\le d(\boldsymbol{\alpha},\boldsymbol{\beta})+d(\boldsymbol{\beta},\boldsymbol{\gamma}),\quad \forall\boldsymbol{\alpha},\boldsymbol{\beta},\boldsymbol{\gamma}\in V.$$

4. 试证明 在一个具有内积$(\cdot,\cdot)$的欧氏空间里, 对任意向量$\boldsymbol{\alpha},\boldsymbol{\beta}$, 以下等式成立:

(1) $|\boldsymbol{\alpha}+\boldsymbol{\beta}|^2+|\boldsymbol{\alpha}-\boldsymbol{\beta}|^2=2|\boldsymbol{\alpha}|^2+2|\boldsymbol{\beta}|^2$.

(2) $(\boldsymbol{\alpha},\boldsymbol{\beta})=\dfrac{1}{4}|\boldsymbol{\alpha}+\boldsymbol{\beta}|^2-\dfrac{1}{4}|\boldsymbol{\alpha}-\boldsymbol{\beta}|^2$.

5. 在欧氏空间$\mathbb{R}^4$中, 试求其上的内积在基$\boldsymbol{\alpha}_1,\boldsymbol{\alpha}_2,\boldsymbol{\alpha}_3,\boldsymbol{\alpha}_4$下的度量矩阵, 其中

$$\boldsymbol{\alpha}_1=(1,\ 1,\ 1,\ 1)^{\mathrm{T}},\boldsymbol{\alpha}_2=(1,\ 1,\ 1,\ 0)^{\mathrm{T}},\boldsymbol{\alpha}_3=(1,\ 1,\ 0,\ 0)^{\mathrm{T}},\boldsymbol{\alpha}_4=(1,\ 0,\ 0,\ 0)^{\mathrm{T}}.$$

6. 设$\mathbb{R}^3$关于某内积形成欧氏空间, 已知内积在基

$$\boldsymbol{\alpha}_1=(1,\ 1,\ 1)^{\mathrm{T}},\boldsymbol{\alpha}_2=(1,\ 1,\ 0)^{\mathrm{T}},\boldsymbol{\alpha}_3=(1,\ 0,\ 0)^{\mathrm{T}}$$

下的度量矩阵为$\boldsymbol{B}=\begin{pmatrix}2&0&1\\0&1&-2\\1&-2&3\end{pmatrix}$. 试求内积在基

$$\boldsymbol{\xi}_1=(1,\ 0,\ 0)^{\mathrm{T}},\boldsymbol{\xi}_2=(0,\ 1,\ 0)^{\mathrm{T}},\boldsymbol{\xi}_3=(0,\ 0,\ 1)^{\mathrm{T}}$$

下的度量矩阵.

7. 在欧氏空间$\mathbb{R}^4$中求一单位向量$\boldsymbol{\alpha}$, 使其与

$$(1,\ 1,\ -1,\ 1)^{\mathrm{T}},\ (1,\ -1,\ -1,\ 1)^{\mathrm{T}},\ (2,\ 1,\ 1,\ 3)^{\mathrm{T}}$$

正交.

8. 试证明在欧氏空间中, 如果$\boldsymbol{\alpha}$与$\boldsymbol{\beta}_1,\ \cdots,\ \boldsymbol{\beta}_s$都正交, 那么$\boldsymbol{\alpha}$与$\boldsymbol{\beta}_1,\ \cdots,\ \boldsymbol{\beta}_s$的任一个线性组合也正交.

9. 设$\boldsymbol{\alpha}_1,\boldsymbol{\alpha}_2,\cdots,\boldsymbol{\alpha}_n$是具有内积$(\cdot,\cdot)$的欧氏空间$V$的一个基, 试证明

(1) 如果$\boldsymbol{\gamma}\in V$, 且$(\boldsymbol{\gamma},\boldsymbol{\alpha}_i)=0(i=1,2,\cdots,n)$, 那么$\boldsymbol{\gamma}=\boldsymbol{\theta}$.

(2) 如果$\boldsymbol{\gamma}_1,\boldsymbol{\gamma}_2\in V$, 且对$\forall\boldsymbol{\alpha}\in V$有$(\boldsymbol{\gamma}_1,\boldsymbol{\alpha})=(\boldsymbol{\gamma}_2,\boldsymbol{\alpha})$, 那么$\boldsymbol{\gamma}_1=\boldsymbol{\gamma}_2$.

10. 设$\boldsymbol{\alpha}_1,\boldsymbol{\alpha}_2,\cdots,\boldsymbol{\alpha}_m$是具有内积$(\cdot,\cdot)$的$n$维欧氏空间$V$中一组向量, 我们称

$$G(\boldsymbol{\alpha}_1,\boldsymbol{\alpha}_2,\cdots,\boldsymbol{\alpha}_m)=\begin{vmatrix}(\boldsymbol{\alpha}_1,\boldsymbol{\alpha}_1)&(\boldsymbol{\alpha}_1,\boldsymbol{\alpha}_2)&\cdots&(\boldsymbol{\alpha}_1,\boldsymbol{\alpha}_m)\\(\boldsymbol{\alpha}_2,\boldsymbol{\alpha}_1)&(\boldsymbol{\alpha}_2,\boldsymbol{\alpha}_2)&\cdots&(\boldsymbol{\alpha}_2,\boldsymbol{\alpha}_m)\\\vdots&\vdots&\ddots&\vdots\\(\boldsymbol{\alpha}_m,\boldsymbol{\alpha}_1)&(\boldsymbol{\alpha}_m,\boldsymbol{\alpha}_2)&\cdots&(\boldsymbol{\alpha}_m,\boldsymbol{\alpha}_m)\end{vmatrix}$$

为**Gram(格拉姆)行列式**, 试证明:

$$\boldsymbol{\alpha}_1,\boldsymbol{\alpha}_2,\cdots,\boldsymbol{\alpha}_m\text{线性相关当且仅当}G(\boldsymbol{\alpha}_1,\boldsymbol{\alpha}_2,\cdots,\boldsymbol{\alpha}_m)=0.$$

11. 试判断

$$\boldsymbol{\alpha}_1=(\frac{1}{2},\ \frac{1}{2},\ \frac{1}{2},\ \frac{1}{2})^{\mathrm{T}},\ \boldsymbol{\alpha}_2=(\frac{1}{2},\ -\frac{1}{2},\ -\frac{1}{2},\ \frac{1}{2})^{\mathrm{T}},$$
$$\boldsymbol{\alpha}_3=(\frac{1}{2},\ -\frac{1}{2},\ \frac{1}{2},\ -\frac{1}{2})^{\mathrm{T}},\ \boldsymbol{\alpha}_4=(\frac{1}{2},\ \frac{1}{2},\ -\frac{1}{2},\ -\frac{1}{2})^{\mathrm{T}}$$

是否为欧氏空间$\mathbb{R}^4$ 的一个标准正交基.

12. (1) 设$\boldsymbol{\xi}_1,\boldsymbol{\xi}_2,\boldsymbol{\xi}_3$ 是三维欧氏空间中一个标准正交基, 试证明

$$\boldsymbol{\alpha}_1=\frac{1}{3}(2\boldsymbol{\xi}_1+2\boldsymbol{\xi}_2-\boldsymbol{\xi}_3),\ \boldsymbol{\alpha}_2=\frac{1}{3}(2\boldsymbol{\xi}_1-\boldsymbol{\xi}_2+2\boldsymbol{\xi}_3),\ \boldsymbol{\alpha}_3=\frac{1}{3}(\boldsymbol{\xi}_1-2\boldsymbol{\xi}_2-2\boldsymbol{\xi}_3)$$

也是一个标准正交基.

(2) 设$\boldsymbol{\xi}_1,\boldsymbol{\xi}_2,\boldsymbol{\xi}_3,\boldsymbol{\xi}_4,\boldsymbol{\xi}_5$ 是五维欧氏空间V 中一个标准正交基, 令

$$\boldsymbol{\alpha}_1=\boldsymbol{\xi}_1+\boldsymbol{\xi}_5,\ \boldsymbol{\alpha}_2=\boldsymbol{\xi}_1-\boldsymbol{\xi}_2+\boldsymbol{\xi}_4,\ \boldsymbol{\alpha}_3=2\boldsymbol{\xi}_1+\boldsymbol{\xi}_2+\boldsymbol{\xi}_3,$$

试求$V_1=\mathrm{L}(\boldsymbol{\alpha}_1,\boldsymbol{\alpha}_2,\boldsymbol{\alpha}_3)$ 的一个标准正交基.

13. 设欧氏空间$\mathbb{R}^4$ 的向量组

$$\boldsymbol{\alpha}_1=(1,\ 0,\ 1,\ 0)^{\mathrm{T}},\ \boldsymbol{\alpha}_2=(0,\ 1,\ 2,\ 1)^{\mathrm{T}},\ \boldsymbol{\alpha}_3=(-2,\ 1,\ 0,\ 1)^{\mathrm{T}}.$$

(1) 试求出$\mathrm{L}(\boldsymbol{\alpha}_1,\boldsymbol{\alpha}_2,\boldsymbol{\alpha}_3)$的一个标准正交基.

(2) 使用Schmidt正交化过程并尽可能多地利用向量组$\boldsymbol{\alpha}_1,\boldsymbol{\alpha}_2,\boldsymbol{\alpha}_3$中的元素构造$\mathbb{R}^4$ 的一个标准正交基.

14. 试将$\mathbb{R}^4$中的向量$\boldsymbol{\alpha}_1=(1,2,3,4)^{\mathrm{T}},\boldsymbol{\alpha}_2=(1,1,1,1)^{\mathrm{T}}$扩充成$\mathbb{R}^4$ 的一个基.

15. 下列矩阵是不是正交矩阵？说明理由:

$$(1)\begin{pmatrix}\frac{\sqrt{3}}{2} & -\frac{1}{2}\\ \frac{1}{2} & \frac{\sqrt{3}}{2}\end{pmatrix},\qquad (2)\begin{pmatrix}\frac{\sqrt{2}}{2} & \frac{\sqrt{2}}{6} & \frac{\sqrt{2}}{3}\\ 0 & -\frac{2\sqrt{2}}{3} & \frac{1}{3}\\ -\frac{\sqrt{2}}{2} & \frac{\sqrt{2}}{6} & \frac{2}{3}\end{pmatrix}.$$

16. 设实方阵$\boldsymbol{A}$为正交矩阵, 则$|\boldsymbol{A}|=1$或$|\boldsymbol{A}|=-1$.

17. 设$\boldsymbol{A},\boldsymbol{B}$是两个$n$ 阶正交矩阵, 且$|\boldsymbol{A}\boldsymbol{B}|=-1$. 试证明

(1) $|\boldsymbol{A}^{\mathrm{T}}\boldsymbol{B}|=|\boldsymbol{A}\boldsymbol{B}^{\mathrm{T}}|=|\boldsymbol{A}^{\mathrm{T}}\boldsymbol{B}^{\mathrm{T}}|=-1$.

(2) $|\boldsymbol{A}+\boldsymbol{B}|=0$.

18. 设$\boldsymbol{\alpha}$为n维实列向量, $\boldsymbol{\alpha}^{\mathrm{T}}\boldsymbol{\alpha}=1$. 令$\boldsymbol{H}=\boldsymbol{E}-2\boldsymbol{\alpha}\boldsymbol{\alpha}^{\mathrm{T}}$, 试证明$\boldsymbol{H}$是对称的正交矩阵.

19. (1) 若$\boldsymbol{A},\boldsymbol{B}$都是正交矩阵, 则$\boldsymbol{AB}$也是正交矩阵.

(2) 若$\boldsymbol{A}$是正交矩阵, 则$\boldsymbol{A}^*$也是正交矩阵.

补 充 题

1. 试证明在n维欧氏空间V中, 两两成钝角的非零向量不多于$n+1$个.

2. 设$\boldsymbol{\alpha}_1,\boldsymbol{\alpha}_2,\cdots,\boldsymbol{\alpha}_n$是具有内积$(\cdot,\cdot)$的$n$维欧氏空间$V$的一个基, 试证明这个基为$V$的一个标准正交基的充分必要条件为对于$V$中任意两个向量$\boldsymbol{\alpha},\boldsymbol{\beta}$, 若
$$\boldsymbol{\alpha}=x_1\boldsymbol{\alpha}_1+\cdots+x_n\boldsymbol{\alpha}_n,\quad \boldsymbol{\beta}=y_1\boldsymbol{\alpha}_1+\cdots+y_n\boldsymbol{\alpha}_n,$$
则必有$(\boldsymbol{\alpha},\boldsymbol{\beta})=x_1y_1+\cdots+x_ny_n$.

3. 设$\boldsymbol{\alpha}_1,\boldsymbol{\alpha}_2,\cdots,\boldsymbol{\alpha}_n$是具有内积$(\cdot,\cdot)$的$n$维欧氏空间$V$的一个基, 试证明 这个基是$V$中的一个标准正交基当且仅当$\forall\boldsymbol{\alpha}\in V$, 有$\boldsymbol{\alpha}=(\boldsymbol{\alpha},\boldsymbol{\alpha}_1)\boldsymbol{\alpha}_1+(\boldsymbol{\alpha},\boldsymbol{\alpha}_2)\boldsymbol{\alpha}_2+\cdots+(\boldsymbol{\alpha},\boldsymbol{\alpha}_n)\boldsymbol{\alpha}_n$.

4. 设$\boldsymbol{\alpha}_1,\boldsymbol{\alpha}_2,\cdots,\boldsymbol{\alpha}_s\in\mathbb{R}^n$线性无关. 令$\boldsymbol{A}=(\boldsymbol{\alpha}_1,\cdots,\boldsymbol{\alpha}_s)$. 设$\boldsymbol{\beta}_1,\boldsymbol{\beta}_2,\cdots,\boldsymbol{\beta}_{n-s}$为齐次线性方程组$\boldsymbol{A}^{\mathrm{T}}\boldsymbol{X}=\boldsymbol{\theta}$的一个基础解系. 试证明
$$\boldsymbol{\alpha}_1,\boldsymbol{\alpha}_2,\cdots,\boldsymbol{\alpha}_s,\boldsymbol{\beta}_1,\boldsymbol{\beta}_2,\cdots,\boldsymbol{\beta}_{n-s}$$
为$\mathbb{R}^n$的一个基.

5*. 设$\boldsymbol{\alpha},\boldsymbol{\beta}$是具有内积$(\cdot,\cdot)$的$n$维欧氏空间$V$中的两个不同的向量且$|\boldsymbol{\alpha}|=|\boldsymbol{\beta}|=1$, 试证明$(\boldsymbol{\alpha},\boldsymbol{\beta})\neq 1$.

6. 设V为n维欧氏空间, 试证明

(1) V中任意两个标准正交基之间的过渡矩阵一定是正交矩阵

(2) 从V的一个标准正交基(Ⅰ)到基(Ⅱ)间的过渡矩阵是正交矩阵, 那么基(Ⅱ)也是一个标准正交基.

(3) 一个n阶实方阵是一个正交矩阵当且仅当它是V中某两个标准正交基间的过渡矩阵.

(4) 一个n阶实矩阵$\boldsymbol{A}$为正交矩阵的充分必要条件是$\boldsymbol{A}$的列(行)向量组是$\mathbb{R}^n$上的一个标准正交基.

7. 设$\boldsymbol{A}$为n阶实矩阵, 试证明 $\boldsymbol{A}$可以分解成
$$\boldsymbol{A}=\boldsymbol{QR},$$

其中$\boldsymbol{Q}$ 为正交矩阵, $\boldsymbol{R}$ 是一个对角线上全为非负实数的上三角矩阵. 特别地, 当$\boldsymbol{A}$ 为n 阶非奇异实矩阵时, $\boldsymbol{R}$的对角线上的元素恒正且这种分解是唯一的.

8. 试证明酉空间中的Cauchy-Schwarz不等式.

9*. 设$\boldsymbol{U}$是n阶正交矩阵, 则对于任意的$1 \le k \le n$, 由任取的$\boldsymbol{U}$中的k个行(列)的元素所形成的所有k阶子式的平方和恒等于1.

第 6 章　方阵的特征值理论与相似对角化

方阵的特征值与特征向量是矩阵理论的重要组成部分, 在航空航天、人口模型、金融领域、互联网的搜索等领域有着广泛的应用. 本章, 我们将讨论矩阵特征值与特征向量的概念、计算及其与矩阵可相似对角化的关系.

§6.1　特征值与特征向量的定义及计算

在本章中, 我们总设$\mathbb{P}$ 是一个给定的数域, $\boldsymbol{A} \in \mathbb{P}^{n\times n}$. 在本章及以后, 如同第四章那样, 我们约定: 当$\mathbb{P}^n$中的零元素$\boldsymbol{\theta}$出现在线性方程组中时, 我们总用矩阵$\boldsymbol{O}$表示它.

定义 1　对于数域$\mathbb{P}$中的数λ_0, 若存在非零向量$\boldsymbol{\xi} \in \mathbb{P}^n$使得

$$\boldsymbol{A\xi} = \lambda_0\boldsymbol{\xi}, \tag{1}$$

则称λ_0 为$\boldsymbol{A}$ 在$\mathbb{P}$中的一个**特征值**, 称非零向量$\boldsymbol{\xi}$ 为$\boldsymbol{A}$在$\mathbb{P}^n$中属于λ_0 的**特征向量**.

若有$\mathbb{P}^n$ 中的非零向量$\boldsymbol{\xi}$ 使得$\boldsymbol{A\xi} = \lambda_1\boldsymbol{\xi}$, $\boldsymbol{A\xi} = \lambda_2\boldsymbol{\xi}$, 这里$\lambda_1, \lambda_2 \in \mathbb{P}$, 则$(\lambda_2 - \lambda_1)\boldsymbol{\xi} = \boldsymbol{\theta}$, 从而$\lambda_1 = \lambda_2$. 因此, **$\mathbb{P}^n$中的一个非零的向量不可能同时成为属于 $\boldsymbol{A}$ 的两个不同特征值的特征向量**.

依(1)知, $\lambda_0 \in \mathbb{P}$是$\boldsymbol{A}$的一个特征值的充分必要条件是$\mathbb{P}$上的齐次线性方程组$(\lambda_0\boldsymbol{E} - \boldsymbol{A})\boldsymbol{X} = \boldsymbol{O}$有非零解向量, 依第2章的相应结论有

$$\lambda_0 \in \mathbb{P}\text{是}\boldsymbol{A}\text{的一个特征值} \iff |\lambda_0\boldsymbol{E} - \boldsymbol{A}| = 0 \text{ 或 } r(\lambda_0\boldsymbol{E} - \boldsymbol{A}) < n. \tag{2}$$

由于行列式$|\lambda\boldsymbol{E} - \boldsymbol{A}|(\lambda \in \mathbb{P})$ 是关于λ 的一元n 次多项式函数. 通常, 我们称之为$\boldsymbol{A}$的**特征多项式**并记作$f_{\boldsymbol{A}}(\lambda)$, 也简记为$f(\lambda)$. 于是, $\lambda_0 \in \mathbb{P}$ 是$\boldsymbol{A}$ 的一个特征值的充分必要条件为λ_0是$\boldsymbol{A}$ 的特征多项式在$\mathbb{P}$中的零点. $\boldsymbol{A}$ 在$\mathbb{P}$中的所有特征值即是特征多项式在$\mathbb{P}$中的所有零点. 数域$\mathbb{P}$上的一个n阶方阵在$\mathbb{P}$中不一定有n个特征值(见例2). 由于数域$\mathbb{P}$上的任意一个n阶方阵$\boldsymbol{A}$也是复数域上的方阵, 依据附录中定理3所描述的多项式函数的性质, 我们有$\boldsymbol{A}$在复数域中一定有n个特征值(重根按重数计).

依(1)知, 当λ_0 是$\boldsymbol{A}$ 的一个特征值时, $\boldsymbol{\xi} \in \mathbb{P}^n$是$\boldsymbol{A}$属于特征值$\lambda_0$ 的特征向量的充分必要条件是$\boldsymbol{\xi}$是齐次线性方程组$(\lambda_0\boldsymbol{E} - \boldsymbol{A})\boldsymbol{X} = \boldsymbol{O}$的非零解向量. $\mathbb{P}^n$中属于λ_0 的特征向量有无数多个. 令

$$V_{\lambda_0} = \{\boldsymbol{A}\text{在}\mathbb{P}^n\text{中属于}\lambda_0\text{的特征向量全体}\} \cup \{\boldsymbol{\theta}\},$$

则V_{λ_0} 实际上就是$\mathbb{P}$上的齐次线性方程组$(\lambda_0\boldsymbol{E} - \boldsymbol{A})\boldsymbol{X} = \boldsymbol{O}$ 的解空间.我们称V_{λ_0} 为$\boldsymbol{A}$在$\mathbb{P}^n$中属于特征值λ_0 的**特征子空间**, 称$\mathbb{P}$上的齐次线性方程组$(\lambda_0\boldsymbol{E} - \boldsymbol{A})\boldsymbol{X} = \boldsymbol{O}$为特

征值λ_0的**特征线性方程组**.

以上述分析可得计算$\boldsymbol{A}$的所有特征值及特征向量的步骤:

第一步 求出$|\lambda_0\boldsymbol{E}-\boldsymbol{A}|=0$在$\mathbb{P}$中的所有互异根$\lambda_1,\lambda_2,\cdots,\lambda_s$ $(1\leq s\leq n)$.

第二步 针对每一个$\lambda_i(1\leq i\leq s)$, 求出$(\lambda_i\boldsymbol{E}-\boldsymbol{A})\boldsymbol{X}=\boldsymbol{O}$的通解的表达式:

$$\boldsymbol{X}^i=t_1\boldsymbol{\eta}_1^i+t_2\boldsymbol{\eta}_2^i+\cdots+t_{n-r_i}\boldsymbol{\eta}_{n-r_i}^i,\qquad r_i=r(\lambda_i\boldsymbol{E}-\boldsymbol{A}),$$

这里$t_1,t_2,\cdots,t_{n-r_i}$为$\mathbb{P}$中任意数, $\boldsymbol{\eta}_1^i,\boldsymbol{\eta}_2^i,\cdots,\boldsymbol{\eta}_{n-r_i}^i$为$(\lambda_i\boldsymbol{E}-\boldsymbol{A})\boldsymbol{X}=\boldsymbol{O}$在$\mathbb{P}^n$中的一个基础解系$\boldsymbol{\eta}_1^i,\boldsymbol{\eta}_2^i,\cdots,\boldsymbol{\eta}_{n-r_i}^i$.

第三步 于是, $\boldsymbol{A}$在$\mathbb{P}^n$中的属于特征值λ_i的所有的特征向量便可表达为

$$\boldsymbol{\xi}_i=t_1\boldsymbol{\eta}_1^i+t_2\boldsymbol{\eta}_2^i+\cdots+t_{n-r_i}\boldsymbol{\eta}_{n-r_i}^i,\quad 1\leq i\leq s,$$

其中$t_1,t_2,\cdots,t_{n-r_i}$是$\mathbb{P}$中不全为零的数, $i=1,2,\cdots s$.

例 1 求$\boldsymbol{A}=\begin{pmatrix}6&2&4\\2&3&2\\4&2&6\end{pmatrix}$在实数域及复数域中的所有特征值及特征向量.

解 由

$$|\lambda\boldsymbol{E}-\boldsymbol{A}|=\begin{vmatrix}\lambda-6&-2&-4\\-2&\lambda-3&-2\\-4&-2&\lambda-6\end{vmatrix}=(\lambda-2)^2(\lambda-11)=0$$

得$\boldsymbol{A}$在实数域及复数域中的所有特征值

$$\lambda_1=\lambda_2=2,\quad \lambda_3=11.$$

将$\lambda=\lambda_1=\lambda_2=2$代入$(\lambda\boldsymbol{E}-\boldsymbol{A})\boldsymbol{X}=\boldsymbol{O}$中得

$$\begin{cases}-4x_1-2x_2-4x_3=0,\\-2x_1-x_2-2x_3=0,\\-4x_1-2x_2-4x_3=0.\end{cases}$$

它在实数域中及复数域中具有一个共同的基础解系$\begin{pmatrix}1\\-2\\0\end{pmatrix},\begin{pmatrix}0\\-2\\1\end{pmatrix}$. 故矩阵$\boldsymbol{A}$在实数域中属于$\lambda_1$或$\lambda_2$的全部特征向量为$t_1\begin{pmatrix}1\\-2\\0\end{pmatrix}+t_2\begin{pmatrix}0\\-2\\1\end{pmatrix}$, 其中$t_1,t_2$为不全为零的实数, 而矩阵$\boldsymbol{A}$在复数域中属于$\lambda_1$或$\lambda_2$的全部特征向量为$t_1\begin{pmatrix}1\\-2\\0\end{pmatrix}+$

$t_2\begin{pmatrix}0\\-2\\1\end{pmatrix}$, 其中$t_1, t_2$ 为不全为零的复数.

将$\lambda=\lambda_3=11$ 代入$(\lambda \boldsymbol{E}-\boldsymbol{A})\boldsymbol{X}=\boldsymbol{O}$ 中得

$$\begin{cases}5x_1-2x_2-4x_3=0,\\-2x_1+8x_2-2x_3=0,\\-4x_1-2x_2+5x_3=0.\end{cases}$$

它在实数域及复数域中有一个共同的基础解系$\begin{pmatrix}2\\1\\2\end{pmatrix}$, 故矩阵$\boldsymbol{A}$ 在实数域中属于λ_3 的全部特征向量是$t\begin{pmatrix}2\\1\\2\end{pmatrix}$, 其中$t$ 为任意非零实数, 而矩阵$\boldsymbol{A}$ 在复数域中属于λ_3 的全部特征向量是$t\begin{pmatrix}2\\1\\2\end{pmatrix}$, 其中$t$ 为任意非零复数. □

例 2 求$\boldsymbol{A}=\begin{pmatrix}0 & a\\-a & 0\end{pmatrix}$ $(a\neq 0, a\in\mathbb{R})$ 的全部特征值.

解 因为$\boldsymbol{A}$的特征多项式

$$|\lambda \boldsymbol{E}-\boldsymbol{A}|=\begin{vmatrix}\lambda & -a\\a & \lambda\end{vmatrix}=\lambda^2+a^2$$

在实数域内无零点而在复数域内有两个零点$a\boldsymbol{i}, -a\boldsymbol{i}$, 所以$\boldsymbol{A}$ 在实数域中无特征值, 在复数域中有两个特征值$a\boldsymbol{i}, -a\boldsymbol{i}$. □

上例说明矩阵$\boldsymbol{A}$的特征值与特征向量的讨论与数域的确定紧密相关. 以下, 若无特别的声明, 矩阵$\boldsymbol{A}\in\mathbb{P}^{n\times n}$的特征值及特征向量的讨论分别在$\mathbb{P}$及$\mathbb{P}^n$中进行.

§6.2 特征值与特征向量的性质

性质 1 若n阶方阵$\boldsymbol{A}$ 在$\mathbb{P}$ 中有n 个特征值$\lambda_1, \lambda_2, \cdots, \lambda_n$(含重数), 则

$$|\boldsymbol{A}|=\prod_{i=1}^{n}\lambda_i, \quad \mathrm{tr}(\boldsymbol{A})=\sum_{i=1}^{n}\lambda_i. \tag{3}$$

证明 设$\boldsymbol{A}=(a_{ij})_{n\times n}$, $a_{ij}\in\mathbb{P}\ (i,j=1,2,\cdots,n)$, 则$\boldsymbol{A}$ 的特征多项式为

$$|\lambda \boldsymbol{E} - \boldsymbol{A}| = \begin{vmatrix} \lambda - a_{11} & -a_{12} & \cdots & -a_{1n} \\ -a_{21} & \lambda - a_{22} & \cdots & -a_{2n} \\ \vdots & \vdots & \ddots & \vdots \\ -a_{n1} & -a_{n2} & \cdots & \lambda - a_{nn} \end{vmatrix} \tag{4}$$

$$= \lambda^n - (a_{11} + a_{22} + \cdots + a_{nn})\lambda^{n-1} + \cdots + |-\boldsymbol{A}|.$$

依描述多项式函数根与系数关系的韦达定理(见附录定理5), 我们有

$$\lambda_1 + \lambda_2 + \cdots + \lambda_n = a_{11} + a_{22} + \cdots + a_{nn}, \quad (-1)^n \lambda_1 \lambda_2 \cdots \lambda_n = |-\boldsymbol{A}|.$$

即(3)成立. □

性质 2 方阵$\boldsymbol{A}$的属于不同特征值的特征向量线性无关.

证明 设$\lambda_1, \lambda_2, \cdots, \lambda_s$为$\boldsymbol{A}$的在$\mathbb{P}$中的$s$个两两互不相同的特征值, $\boldsymbol{\xi}_1, \boldsymbol{\xi}_2, \cdots, \boldsymbol{\xi}_s$为$\boldsymbol{A}$在$\mathbb{P}^n$中的分别属于特征值$\lambda_1, \lambda_2, \cdots, \lambda_s$的特征向量. 显然$\boldsymbol{\xi}_1$本身是一个线性无关的向量. 假设已推知$\boldsymbol{\xi}_1, \boldsymbol{\xi}_2, \cdots, \boldsymbol{\xi}_{k-1} (1 < k \leq s)$线性无关, 若存在$\mathbb{P}$中的$k$个数$c_1, c_2, \cdots, c_k$使得

$$c_1\boldsymbol{\xi}_1 + c_2\boldsymbol{\xi}_2 + \cdots + c_k\boldsymbol{\xi}_k = \boldsymbol{\theta}. \tag{5}$$

矩阵$\boldsymbol{A}$左乘(5):

$$c_1\lambda_1\boldsymbol{\xi}_1 + c_2\lambda_2\boldsymbol{\xi}_2 + \cdots + c_k\lambda_k\boldsymbol{\xi}_k = \boldsymbol{\theta}. \tag{6}$$

(6)-$\lambda_k \times$(5):

$$c_1(\lambda_1 - \lambda_k)\boldsymbol{\xi}_1 + \cdots + c_{k-1}(\lambda_{k-1} - \lambda_k)\boldsymbol{\xi}_{k-1} = \boldsymbol{\theta}. \tag{7}$$

依假设有

$$c_1(\lambda_1 - \lambda_k) = c_2(\lambda_2 - \lambda_k) = \cdots = c_{k-1}(\lambda_{k-1} - \lambda_k) = 0.$$

但$\lambda_1, \lambda_2, \cdots, \lambda_k$两两互不相等, 故$c_1 = c_2 = \cdots = c_{k-1} = 0$. 将此代入(5), 得$c_k = 0$. 故(5)仅当$c_1 = c_2 = \cdots = c_{k-1} = c_k = 0$时成立, 即$\boldsymbol{\xi}_1, \boldsymbol{\xi}_2, \cdots, \boldsymbol{\xi}_k$线性无关. 由于$k \leq s$, 上述递推过程$s$步后终止, 从而得$\boldsymbol{\xi}_1, \boldsymbol{\xi}_2, \cdots, \boldsymbol{\xi}_s$线性无关. □

请同学们仿照性质2的证明过程自行证明如下重要性质.

推论 1 设$\lambda_1, \lambda_2, \cdots, \lambda_s$为$\boldsymbol{A}$在$\mathbb{P}$中的部分两两互异的特征值, $\boldsymbol{\xi}_{i1}, \boldsymbol{\xi}_{i2}, \cdots, \boldsymbol{\xi}_{it_i}$为$V_{\lambda_i}$中的一个线性无关向量组, 这里$0 \leq t_i \leq \dim V_{\lambda_i} (i = 1, 2, \cdots, s)$, 则向量组

$$\boldsymbol{\xi}_{11}, \boldsymbol{\xi}_{12}, \cdots, \boldsymbol{\xi}_{1t_1}, \boldsymbol{\xi}_{21}, \boldsymbol{\xi}_{22}, \cdots, \boldsymbol{\xi}_{2t_2}, \cdots, \boldsymbol{\xi}_{s1}, \boldsymbol{\xi}_{s2}, \cdots, \boldsymbol{\xi}_{st_s}$$

是V中的一个线性无关组.

关于特征子空间的维数有如下估计式.

性质 3 $\dim V_{\lambda_0} \leq \lambda_0$的重数, 这里$\lambda_0$的重数是指$\lambda_0$作为特征多项式零点的重

数.

证明 设$\dim V_{\lambda_0}=r$, $\boldsymbol{\xi}_1,\boldsymbol{\xi}_2,\cdots,\boldsymbol{\xi}_r$ 是V_{λ_0} 的一个基, 则$\boldsymbol{\xi}_1,\boldsymbol{\xi}_2,\cdots,\boldsymbol{\xi}_r$ 是$\mathbb{P}^n$ 的一线性无关向量组, 将它们扩充成为$\mathbb{P}^n$ 的一个基$\boldsymbol{\xi}_1,\boldsymbol{\xi}_2,\cdots,\boldsymbol{\xi}_r,\boldsymbol{\xi}_{r+1},\cdots,\boldsymbol{\xi}_n$. 令$\boldsymbol{Q}=(\boldsymbol{\xi}_1\ \boldsymbol{\xi}_2\ \cdots\ \boldsymbol{\xi}_n)$, 则$\boldsymbol{Q}$ 为一个n阶方阵且因其列向量组满秩而可逆. 利用分块矩阵的运算得

$$\boldsymbol{AQ}=\boldsymbol{Q}\begin{pmatrix}\lambda_0\boldsymbol{E}_r & *\\ \boldsymbol{O} & \boldsymbol{D}\end{pmatrix} \text{或} \ \boldsymbol{A}=\boldsymbol{Q}\left(\begin{array}{c:c}\lambda_0\boldsymbol{E}_r & *\\ \boldsymbol{O} & \boldsymbol{D}\end{array}\right)\boldsymbol{Q}^{-1},$$

这里$\boldsymbol{D}\in\mathbb{P}^{(n-r)\times(n-r)}$. 于是

$$\begin{aligned}|\lambda\boldsymbol{E}-\boldsymbol{A}| &= \left|\lambda\boldsymbol{E}-\boldsymbol{Q}\begin{pmatrix}\lambda_0\boldsymbol{E}_r & *\\ \boldsymbol{O} & \boldsymbol{D}\end{pmatrix}\boldsymbol{Q}^{-1}\right|\\ &= \left|\boldsymbol{Q}\right|\left|\lambda\boldsymbol{E}-\begin{pmatrix}\lambda_0\boldsymbol{E}_r & *\\ \boldsymbol{O} & \boldsymbol{D}\end{pmatrix}\right|\left|\boldsymbol{Q}^{-1}\right|\\ &= \begin{vmatrix}(\lambda-\lambda_0)\boldsymbol{E}_r & (-1)*\\ \boldsymbol{O} & \lambda\boldsymbol{E}_{n-r}-\boldsymbol{D}\end{vmatrix}\\ &= (\lambda-\lambda_0)^r|\lambda\boldsymbol{E}_{n-r}-\boldsymbol{D}|,\end{aligned}$$

这说明λ_0至少是r重的, 即 $r\le\lambda_0$ 的重数. □

定理 1 (Hamilton-Caylay 定理) 设$\boldsymbol{A}$为数域$\mathbb{P}$上的n阶方阵, $f(\lambda)=|\lambda\boldsymbol{E}-\boldsymbol{A}|$为$\boldsymbol{A}$ 的特征多项式, 则$f(\boldsymbol{A})=\boldsymbol{O}$.

证明 不妨设

$$f(\lambda)=\lambda^n+a_{n-1}\lambda^{n-1}+\cdots+a_0,$$

若$\boldsymbol{B}(\lambda)$ 为$\lambda\boldsymbol{E}-\boldsymbol{A}$ 的伴随矩阵, 则

$$\begin{aligned}\boldsymbol{B}(\lambda)(\lambda\boldsymbol{E}-\boldsymbol{A})=|\lambda\boldsymbol{E}-\boldsymbol{A}|\boldsymbol{E}=f(\lambda)\boldsymbol{E}\\ =\lambda^n\boldsymbol{E}+a_{n-1}\lambda^{n-1}\boldsymbol{E}+\cdots+a_0\boldsymbol{E}.\end{aligned}\tag{8}$$

由于$\boldsymbol{B}(\lambda)$ 的元素是$\lambda\boldsymbol{E}-\boldsymbol{A}$ 的$n-1$ 阶子式, 故其每个元素为λ 的不超过$n-1$ 次的多项式, 从而$\boldsymbol{B}(\lambda)$ 可写成

$$\boldsymbol{B}(\lambda)=\lambda^{n-1}\boldsymbol{B}_{n-1}+\lambda^{n-2}\boldsymbol{B}_{n-2}+\cdots+\lambda\boldsymbol{B}_1+\boldsymbol{B}_0,$$

这里$\boldsymbol{B}_0,\boldsymbol{B}_1,\cdots,\boldsymbol{B}_{n-1}$ 是$\mathbb{P}$ 上的n 阶方阵. 将上式代入(8)的第一个式子得

$$\begin{aligned}\boldsymbol{B}(\lambda)(\lambda\boldsymbol{E}-\boldsymbol{A}) &= (\lambda^{n-1}\boldsymbol{B}_{n-1}+\lambda^{n-2}\boldsymbol{B}_{n-2}+\cdots+\lambda\boldsymbol{B}_1+\boldsymbol{B}_0)(\lambda\boldsymbol{E}-\boldsymbol{A})\\ &= \lambda^n\boldsymbol{B}_{n-1}+\lambda^{n-1}(\boldsymbol{B}_{n-2}-\boldsymbol{B}_{n-1}\boldsymbol{A})+\lambda^{n-2}(\boldsymbol{B}_{n-3}-\boldsymbol{B}_{n-2}\boldsymbol{A})\\ &\quad +\cdots+\lambda(\boldsymbol{B}_0-\boldsymbol{B}_1\boldsymbol{A})-\boldsymbol{B}_0\boldsymbol{A}\\ &= \lambda^n\boldsymbol{E}+a_{n-1}\lambda^{n-1}\boldsymbol{E}+a_{n-2}\lambda^{n-2}\boldsymbol{E}+\cdots+a_1\lambda\boldsymbol{E}+a_0\boldsymbol{E}.\end{aligned}$$

比较上式最后一个等式两端, 得

$$\begin{cases} \boldsymbol{B}_{n-1}=\boldsymbol{E}, \\ \boldsymbol{B}_{n-2}-\boldsymbol{B}_{n-1}\boldsymbol{A}=a_{n-1}\boldsymbol{E}, \\ \boldsymbol{B}_{n-3}-\boldsymbol{B}_{n-2}\boldsymbol{A}=a_{n-2}\boldsymbol{E}, \\ \qquad\vdots \\ \boldsymbol{B}_0-\boldsymbol{B}_1\boldsymbol{A}=a_1\boldsymbol{E}, \\ -\boldsymbol{B}_0\boldsymbol{A}=a_0\boldsymbol{E}. \end{cases}$$

将上式的第1 式, 第2 式, $\cdots$, 第n 式, 第$n+1$ 式分别右乘$\boldsymbol{A}^n, \boldsymbol{A}^{n-1}, \cdots, \boldsymbol{A}, \boldsymbol{E}$ 后相加, 即得$f(\boldsymbol{A})=\boldsymbol{O}$. □

最后我们不加证明地给出

定理 2 设$\boldsymbol{A}\boldsymbol{\xi}=\lambda\boldsymbol{\xi}$, 这里$\boldsymbol{A}\in\mathbb{P}^{n\times n}, \boldsymbol{\xi}\in\mathbb{P}^n$ 且$\boldsymbol{\xi}\neq\boldsymbol{\theta}$,

1)若$g(x)$ 是数域$\mathbb{P}$上的一个多项式函数, 则$g(\boldsymbol{A})\boldsymbol{\xi}=g(\lambda)\boldsymbol{\xi}$.

2)若$\boldsymbol{A}$ 可逆, 则$\lambda\neq 0$ 且$\boldsymbol{A}^{-1}\boldsymbol{\xi}=\dfrac{1}{\lambda}\boldsymbol{\xi}$.

请读者自行证明该定理.

§6.3 矩阵的相似及其性质

矩阵的相似理论是矩阵理论的重要组成部分, 利用相似性, 我们可以分析某些线性变换(第7章)的结构, 还可以解释解析几何中立体旋转的特征.

定义 2 称$\mathbb{P}^{n\times n}$ 中的两个矩阵$\boldsymbol{A}$与$\boldsymbol{B}$是**相似**的或是在$\mathbb{P}$上相似的, 若存在$\mathbb{P}^{n\times n}$ 中的可逆阵$\boldsymbol{M}$ 使得

$$\boldsymbol{B}=\boldsymbol{M}^{-1}\boldsymbol{A}\boldsymbol{M}, \qquad \text{或} \qquad \boldsymbol{M}\boldsymbol{B}=\boldsymbol{A}\boldsymbol{M}.$$

当$\boldsymbol{A}$ 与$\boldsymbol{B}$ 相似时, 我们记作$\boldsymbol{A}\overset{S}{\sim}\boldsymbol{B}$.

依据定义, 我们有

性质 4 相似矩阵的秩相同.相似矩阵是相抵的. 相似矩阵具有相同的行列式.

关于相似矩阵的特征值和特征向量, 我们有

性质 5 设$\mathbb{P}^{n\times n}$ 中的三个矩阵$\boldsymbol{A}, \boldsymbol{B}$与$\boldsymbol{M}$满足$\boldsymbol{B}=\boldsymbol{M}^{-1}\boldsymbol{A}\boldsymbol{M}$,

1) 则$\boldsymbol{A}$与$\boldsymbol{B}$具有相同的特征多项式, 从而具有相同的特征值.

2) 若λ为$\boldsymbol{A}$与$\boldsymbol{B}$的一个特征值, $V_\lambda^{\boldsymbol{A}}$和$V_\lambda^{\boldsymbol{B}}$分别表示$\boldsymbol{A}$与$\boldsymbol{B}$的属于$\lambda$的特征子空间, 那么

$$V_\lambda^{\boldsymbol{A}}=\boldsymbol{M}V_\lambda^{\boldsymbol{B}}, \tag{9}$$

这里$\boldsymbol{M}V_\lambda^{\boldsymbol{B}}=\{\boldsymbol{M}\boldsymbol{\zeta}\mid\boldsymbol{\zeta}\in V_\lambda^{\boldsymbol{B}}\}$.

证明 1) 依假设

$$|\lambda\boldsymbol{E}-\boldsymbol{B}|=|\lambda\boldsymbol{E}-\boldsymbol{M}^{-1}\boldsymbol{A}\boldsymbol{M}|=|\boldsymbol{M}^{-1}||\lambda\boldsymbol{E}-\boldsymbol{A}||\boldsymbol{M}|=|\lambda\boldsymbol{E}-\boldsymbol{A}|.$$

2) $\forall\boldsymbol{\zeta}\in V_\lambda^{\boldsymbol{B}}$，由

$$\boldsymbol{A}(\boldsymbol{M}\boldsymbol{\zeta})=(\boldsymbol{A}\boldsymbol{M})\boldsymbol{\zeta}=(\boldsymbol{M}\boldsymbol{B})\boldsymbol{\zeta}=\boldsymbol{M}(\boldsymbol{B}\boldsymbol{\zeta})=\lambda(\boldsymbol{M}\boldsymbol{\zeta})$$

得$\boldsymbol{M}\boldsymbol{\zeta}\in V_\lambda^{\boldsymbol{A}}$，从而,

$$\boldsymbol{M}V_\lambda^{\boldsymbol{B}}\subset V_\lambda^{\boldsymbol{A}}. \tag{10}$$

又$\forall\boldsymbol{\eta}\in V_\lambda^{\boldsymbol{A}}$, 依

$$\boldsymbol{B}(\boldsymbol{M}^{-1}\boldsymbol{\eta})=(\boldsymbol{B}\boldsymbol{M}^{-1})\boldsymbol{\eta}=(\boldsymbol{M}^{-1}\boldsymbol{A})\boldsymbol{\eta}=\boldsymbol{M}^{-1}(\boldsymbol{A}\boldsymbol{\eta})=\lambda(\boldsymbol{M}^{-1}\boldsymbol{\eta})$$

有$\boldsymbol{M}^{-1}\boldsymbol{\eta}\in V_\lambda^{\boldsymbol{B}}$, 故$\boldsymbol{\eta}=\boldsymbol{M}(\boldsymbol{M}^{-1}\boldsymbol{\eta})\in\boldsymbol{M}V_\lambda^{\boldsymbol{B}}$, 因此

$$V_\lambda^{\boldsymbol{A}}\subset\boldsymbol{M}V_\lambda^{\boldsymbol{B}}. \tag{11}$$

由(10)和(11), (9)得证. □

事实上, 在上一节的性质3的证明中, 我们已经使用过该性质的1). , 读者容易验证如下与矩阵的相抵类似的结果: 若$\boldsymbol{A},\boldsymbol{B},\boldsymbol{C}\in\mathbb{P}^{n\times n}$, 则

自反性 $\boldsymbol{A}\overset{S}{\sim}\boldsymbol{A}$.

对称性 $\boldsymbol{A}\overset{S}{\sim}\boldsymbol{B}\Rightarrow\boldsymbol{B}\overset{S}{\sim}\boldsymbol{A}$.

传递性 $\boldsymbol{A}\overset{S}{\sim}\boldsymbol{B},\boldsymbol{B}\overset{S}{\sim}\boldsymbol{C}\Rightarrow\boldsymbol{A}\overset{S}{\sim}\boldsymbol{C}$.

因此, 矩阵的相似也确定了一个等价关系. 通常, 我们称之为矩阵的**相似关系**.

如同矩阵依相抵等价关系可以分成若干相抵等价类那样, 我们也可以将$\mathbb{P}^{n\times n}$按照相似关系分划为不同的类—**相似(等价)类**, 使得$\mathbb{P}^{n\times n}$中的每一个方阵属于且只属于其中的一个相似(等价)类. 我们知道, 等秩是数域$\mathbb{P}$上的两个同阶矩阵相抵的特征(即充分必要条件), 自然地, 我们要问数域$\mathbb{P}$上的两个同阶方阵相似的特征是什么?

在矩阵相抵等价类的讨论中, 我们在每个类中都找到了类的一个代表—等价标准形. 该标准形是同类矩阵中结构最为清晰的, 它是对角阵, 是具有“相对简单”构造的矩阵. 自然地, 我们又要问同一个相似类中能否也能找到一个代表, 它具有“相对简单”的结构?

对这两个问题的回答, 需要用到更加深刻的矩阵理论, 我们将在下册中给予回答. 在那里, 我们将证明当数域为复数域时, 相似类中的“相对简单”矩阵是**若当阵**.

§6.4 矩阵的相似对角化

上节谈到, 与给定复矩阵相似的“相对简单”矩阵是若当阵. 这个结论的获取, 需要更深刻的理论分析作为依据. 在本节中, 我们仅研究相似理论中的一个特殊情形: 数域$\mathbb{P}$上的方阵何时才能与同一个数域中的一个对角阵相似? 即数域$\mathbb{P}$上的方阵何时

可以在$\mathbb{P}$上**相似对角化**？在不引起混淆时，我们也说数域$\mathbb{P}$上的方阵何时可以对角化？

定理 3 设$\boldsymbol{A}$是数域$\mathbb{P}$上的一个n阶方阵，则下列命题等价.

1) $\boldsymbol{A}$与$\mathbb{P}$上的某个对角阵相似.

2) $\boldsymbol{A}$有n个线性无关的特征向量.

3) $\mathbb{P}^n$中存在一个由$\boldsymbol{A}$的特征向量所形成的基.

4) $\boldsymbol{A}$的所有两两互异的特征子空间的维数之和等于n.

5) $\boldsymbol{A}$在$\mathbb{P}$上有n个特征值(重根按重数计)，且对于每个特征值λ，$\dim V_\lambda = \lambda$的重数.

证明 由于

"$\boldsymbol{A}$有n个线性无关的特征向量 $\Longleftrightarrow$ $\mathbb{P}^n$中存在一个由$\boldsymbol{A}$的特征向量所形成的基"，

因此2) 与3)等价. 我们只要证明1)与2)，3)与4)，4)与5)等价就可以了.

1) 与2)等价的证明

"1) $\Longrightarrow$ 2)" 设$\boldsymbol{A}$与对角矩阵$\boldsymbol{\Lambda} = \mathrm{diag}(\lambda_1, \lambda_2, \cdots, \lambda_n) \in \mathbb{P}^{n\times n}$相似，则依据矩阵相似的定义，存在可逆矩阵$\boldsymbol{M} = (\boldsymbol{\beta}_1\ \ \boldsymbol{\beta}_2\ \ \cdots\ \ \boldsymbol{\beta}_n) \in \mathbb{P}^{n\times n}$满足

$$\boldsymbol{\Lambda} = \boldsymbol{M}^{-1}\boldsymbol{A}\boldsymbol{M}.$$

这里$\boldsymbol{\beta}_1, \boldsymbol{\beta}_2, \cdots, \boldsymbol{\beta}_n$为$\boldsymbol{M}$的$n$个列向量. 由于上式意味着

$$\boldsymbol{A}(\boldsymbol{\beta}_1\ \ \boldsymbol{\beta}_2\ \ \cdots\ \ \boldsymbol{\beta}_n) = (\boldsymbol{\beta}_1\ \ \boldsymbol{\beta}_2\ \ \cdots\ \ \boldsymbol{\beta}_n)\begin{pmatrix} \lambda_1 & & & \\ & \lambda_2 & & \\ & & \ddots & \\ & & & \lambda_n \end{pmatrix} \tag{12}$$

或者

$$\boldsymbol{A}\boldsymbol{\beta}_i = \lambda_i \boldsymbol{\beta}_i, \qquad i = 1, 2, \cdots, n).$$

因此，$\boldsymbol{A}$以$\lambda_1, \lambda_2, \cdots, \lambda_n$作为其$n$个特征值，以$\boldsymbol{\beta}_1, \boldsymbol{\beta}_2, \cdots, \boldsymbol{\beta}_n$作为其$n$个特征向量. 又由$\boldsymbol{M}$的可逆性知$\boldsymbol{\beta}_1, \boldsymbol{\beta}_2, \cdots, \boldsymbol{\beta}_n$线性无关. "1) $\Longrightarrow$ 2)" 得证.

"1) $\Longleftarrow$ 2)" 不妨设$\boldsymbol{A}$的n个线性无关的特征向量分别是$\boldsymbol{\beta}_1, \boldsymbol{\beta}_2, \cdots, \boldsymbol{\beta}_n$，它们分别属于$\boldsymbol{A}$的$n$个特征值$\lambda_1, \lambda_2, \cdots, \lambda_n$，若令

$$\boldsymbol{M} = (\boldsymbol{\beta}_1\ \ \boldsymbol{\beta}_2\ \ \cdots\ \ \boldsymbol{\beta}_n),\ \ \boldsymbol{\Lambda} = \begin{pmatrix} \lambda_1 & & & \\ & \lambda_2 & & \\ & & \ddots & \\ & & & \lambda_n \end{pmatrix},$$

则$\boldsymbol{M} \in \mathbb{P}^n$为可逆矩阵，$\boldsymbol{\Lambda} \in \mathbb{P}^{n\times n}$且

$$\boldsymbol{A}\boldsymbol{M} \ \ = \ \ \boldsymbol{A}(\boldsymbol{\beta}_1\ \ \boldsymbol{\beta}_2\ \ \cdots\ \ \boldsymbol{\beta}_n)$$

$$= \quad (\boldsymbol{\beta}_1\ \boldsymbol{\beta}_2\ \cdots\ \boldsymbol{\beta}_n)\begin{pmatrix} \lambda_1 & & & \\ & \lambda_2 & & \\ & & \ddots & \\ & & & \lambda_n \end{pmatrix} \tag{13}$$

$$= \quad \boldsymbol{M\Lambda}$$

或着$\boldsymbol{M}^{-1}\boldsymbol{AM}=\boldsymbol{\Lambda}$. 即$\boldsymbol{A}$与对角阵$\boldsymbol{\Lambda}$相似. "1) $\Longleftarrow$ 2)" 得证.

3)与4)等价的证明

"3) $\Longrightarrow$ 4)" 设$\lambda_1,\lambda_2,\cdots,\lambda_s\ (1\le s\le n)$ 是$\boldsymbol{A}$ 在$\mathbb{P}$ 上的所有s 个互不相同的特征值, 则依据附录中定理3(多项式函数根的性质), 其重数之和不超过n. 依性质3有

$$\dim V_{\lambda_1}+\cdots+\dim V_{\lambda_s}\le n. \tag{14}$$

分别取出$V_{\lambda_i}(i=1,2,\cdots,n)$的一个基, 则这些基中的所有向量一共有$\dim V_{\lambda_1}+\cdots+\dim V_{\lambda_s}$个, 由推论1知, 这些向量形成$\mathbb{P}^n$中的一个线性无关的向量组, 且$\boldsymbol{A}$的任意一个特征向量均可经它们线性表出. 于是, 任意一个由多于$\dim V_{\lambda_1}+\cdots+\dim V_{\lambda_s}$个$\boldsymbol{A}$的特征向量所形成的向量组必线性相关, 上述讨论说明由$\boldsymbol{A}$的所有特征向量所形成的向量组的秩为$\dim V_{\lambda_1}+\cdots+\dim V_{\lambda_s}$. 但$\mathbb{P}^n$ 中存在一个由$\boldsymbol{A}$的特征向量所形成的基意味着$\boldsymbol{A}$有n个线性无关的特征向量, 因此,

$$n\le\dim V_{\lambda_1}+\cdots+\dim V_{\lambda_s}.$$

由上式及(14). "3) $\Longrightarrow$ 4)" 得证.

"3) $\Longleftarrow$ 4)" 此时, 如果我们分别取出$V_{\lambda_i}(i=1,2,\cdots,n)$的一个基, 则这些基中的所有向量一共有$\dim V_{\lambda_1}+\cdots+\dim V_{\lambda_s}=n$个, 由推论1知, 这$n$个向量形成$\mathbb{P}^n$中一个线性无关的向量组, 因此, 它们作成$\mathbb{P}^n$的一个基. "3) $\Longleftarrow$ 4)" 得证.

4)与5)等价的证明

"4) $\Longrightarrow$ 5)" 设$\lambda_1,\lambda_2,\cdots,\lambda_s\ (1\le s\le n)$ 是$\boldsymbol{A}$ 在$\mathbb{P}$ 上的所有s 个互不相同的特征值, 它们分别为$r_1,r_2,\cdots,r_s$重, 则同3)$\Longrightarrow$ 4) 的证明中一样, 依性质3及附录中的定理3有

$$n=\dim V_{\lambda_1}+\cdots+\dim V_{\lambda_s}\le r_1+r_2+\cdots+r_s\le n.$$

因此必有$r_1+r_2+\cdots+r_s=n$且$\dim V_{\lambda_i}=r_i(i=1,2,\cdots,s)$. "4) $\Longrightarrow$ 5)" 得证.

"4) $\Longleftarrow$ 5)" 这是显然的.依附录中的定理3即可得. □

依(12)或者(13), 我们知, 若n阶方阵$\boldsymbol{A}$ 与同阶对角阵$\boldsymbol{\Lambda}$ 相似, 则$\boldsymbol{\Lambda}$ 对角线上的n个元素恰好是$\boldsymbol{A}$ 的所有特征值(重根按重数计).

依据定理3, 判定$\boldsymbol{A}$是否与某个对角阵$\boldsymbol{\Lambda}$相似(即判定$\boldsymbol{A}$可否相似对角化)并在相似时求出该对角阵及可逆阵$\boldsymbol{M}$的步骤如下:

第一步 求出$\boldsymbol{A}$在$\mathbb{P}$中的所有两两互异的特征值$\lambda_1, \lambda_2, \cdots, \lambda_s$以及它们的重数$t_1, t_2, \cdots, t_s$. 若$t_1 + t_2 + \cdots + t_s = n$, 转第二步; 否则, 依定理3之5)知$\boldsymbol{A}$不可相似对角化.

第二步 1) 取$i = 1$.

2) 针对特征线性方程组$(\lambda_i \boldsymbol{E} - \boldsymbol{A})\boldsymbol{X} = \boldsymbol{O}$, 求值$\dim V_{\lambda_i} = n - r(\lambda_i \boldsymbol{E} - \boldsymbol{A})$. 记$r_i \triangleq \dim V_{\lambda_i}$, 若$r_i = t_i$, 则求出上述特征线性方程组的一个基础解系$\boldsymbol{\eta}_{i_1}, \boldsymbol{\eta}_{i_2}, \cdots, \boldsymbol{\eta}_{i_{r_i}}$后转3); 否则转4).

3) 令$i = i + 1$后转2).

4) 若$i < s$, 则并非每一个特征值的重数与属于它的特征子空间的维数都相等, 因此, $\boldsymbol{A}$不可相似对角化; 若$i = s$, 则每一个特征值的重数均与属于它的特征子空间的维数相等, 因此, $\boldsymbol{A}$可相似对角化, 转第三步.

第三步 令

$$\boldsymbol{\Lambda} = \begin{pmatrix} \lambda_1 \boldsymbol{E}_{r_1} & & & \\ & \lambda_2 \boldsymbol{E}_{r_2} & & \\ & & \ddots & \\ & & & \lambda_s \boldsymbol{E}_{r_s} \end{pmatrix},$$

$$\boldsymbol{M} = (\underbrace{\boldsymbol{\eta}_{11}\ \boldsymbol{\eta}_{12}\ \cdots\ \boldsymbol{\eta}_{1r_1}}_{r_1}\ \underbrace{\boldsymbol{\eta}_{21}\ \boldsymbol{\eta}_{22}\ \cdots\ \boldsymbol{\eta}_{2r_2}}_{r_2} \cdots \underbrace{\boldsymbol{\eta}_{s1}\ \boldsymbol{\eta}_{s2}\ \cdots\ \boldsymbol{\eta}_{sr_s}}_{r_s})$$

则$\boldsymbol{M}$可逆, 且依(12)或(13)有

$$\boldsymbol{M}^{-1}\boldsymbol{A}\boldsymbol{M} = \boldsymbol{\Lambda}.$$

注 请注意$\boldsymbol{M}$与$\boldsymbol{\Lambda}$结构之间的关系, 即特征值与其特征向量在$\boldsymbol{\Lambda}$与$\boldsymbol{M}$中的位置是相对应的.

例 3 判断$\boldsymbol{A} = \begin{pmatrix} 6 & 2 & 4 \\ 2 & 3 & 2 \\ 4 & 2 & 6 \end{pmatrix} \in \mathbb{R}^{3\times 3}$是否可相似对角化, 若可, 则请将$\boldsymbol{A}$相似对角化.

解 由§6.1中的例1知$\boldsymbol{A}$的特征值的重数之和等于3(即等于矩阵的阶)且每一个特征值的重数与其特征子空间的维数均相等, 依定理3, $\boldsymbol{A}$可相似对角化. 若令

$$\boldsymbol{M} = \begin{pmatrix} 1 & 0 & 2 \\ -2 & -2 & 1 \\ 0 & 1 & 2 \end{pmatrix},$$

则

$$M^{-1}AM = \begin{pmatrix} 2 & 0 & 0 \\ 0 & 2 & 0 \\ 0 & 0 & 11 \end{pmatrix}.$$

□

例 4 试确定本章例2 中的矩阵$\boldsymbol{A}$在实数域$\mathbb{R}$和复数域$\mathbb{C}$中是否可相似对角化.

解 由例2 知, $\boldsymbol{A}$在$\mathbb{R}$中没有特征值, 故$\boldsymbol{A}$在$\mathbb{R}$中不可相似对角化. 下面证明$\boldsymbol{A}$在复数域$\mathbb{C}$中可相似对角化. 由

$$|\lambda \boldsymbol{E} - \boldsymbol{A}| = \begin{vmatrix} \lambda & -a \\ a & \lambda \end{vmatrix} = \lambda^2 + a^2 = (\lambda - a\boldsymbol{i})(\lambda + a\boldsymbol{i}) = 0$$

得$\boldsymbol{A}$的所有特征值为$\lambda_1 = a\boldsymbol{i}$, $\lambda_2 = -a\boldsymbol{i}$, 且$r_1 = r_2 = 1$.

将$\lambda = \lambda_1 = a\boldsymbol{i}$代入$(\lambda \boldsymbol{E} - \boldsymbol{A})\boldsymbol{X} = \boldsymbol{O}$得

$$\begin{cases} a\boldsymbol{i}x_1 - ax_2 = 0, \\ ax_1 + a\boldsymbol{i}x_2 = 0, \end{cases}$$

它有一个基础解系$\begin{pmatrix} 1 \\ \boldsymbol{i} \end{pmatrix}$, 故矩阵$\boldsymbol{A}$属于$\lambda_1$的全部特征向量是$k\begin{pmatrix} 1 \\ \boldsymbol{i} \end{pmatrix}$($k$为非零复数), 且$r_1 = \dim V_{\lambda_1} = 1$.

将$\lambda = \lambda_2 = -a\boldsymbol{i}$代入$(\lambda \boldsymbol{E} - \boldsymbol{A})\boldsymbol{X} = \boldsymbol{O}$得

$$\begin{cases} -a\boldsymbol{i}x_1 - ax_2 = 0, \\ ax_1 - a\boldsymbol{i}x_2 = 0, \end{cases}$$

它有一个基础解系$\begin{pmatrix} 1 \\ -\boldsymbol{i} \end{pmatrix}$, 故矩阵$\boldsymbol{A}$属于$\lambda_2$的全部特征向量是$t\begin{pmatrix} 1 \\ \boldsymbol{i} \end{pmatrix}$($t$为非零复数), 且$r_2 = \dim V_{\lambda_2} = 1$.

依定理3, $\boldsymbol{A}$可相似对角化. 令

$$\boldsymbol{M} = \begin{pmatrix} 1 & 1 \\ \boldsymbol{i} & -\boldsymbol{i} \end{pmatrix},$$

则

$$\boldsymbol{M}^{-1}\boldsymbol{A}\boldsymbol{M} = \begin{pmatrix} a\boldsymbol{i} & 0 \\ 0 & -a\boldsymbol{i} \end{pmatrix}.$$

□

例 5 设$\boldsymbol{A} = \begin{pmatrix} 1 & 4 & 2 \\ 0 & -3 & 4 \\ 0 & 4 & 3 \end{pmatrix} \in \mathbb{R}^3$, 求

1) $\boldsymbol{A}^{1000}$.

2) $g(\boldsymbol{A})$，这里$g(x) = 3x^{10} + 5x^7 + 4x^6 + 2x^4 + 1$.

解 1) 由

$$|\lambda \boldsymbol{E} - \boldsymbol{A}| = \begin{vmatrix} \lambda - 1 & -4 & -2 \\ 0 & \lambda + 3 & -4 \\ 0 & -4 & \lambda - 3 \end{vmatrix} = (\lambda - 1)(\lambda^2 - 25) = 0$$

得$\boldsymbol{A}$的所有特征值为 $\lambda_1 = 1$, $\lambda_2 = 5$, $\lambda_3 = -5$, $r_1 = r_2 = r_3 = 1$.

将$\lambda = \lambda_1 = 1$ 代入$(\lambda \boldsymbol{E} - \boldsymbol{A})\boldsymbol{X} = \boldsymbol{O}$ 得

$$\begin{cases} -4x_2 - 2x_3 = 0, \\ 4x_2 - 4x_3 = 0, \\ -4x_2 - 2x_3 = 0, \end{cases}$$

它有一个基础解系$\begin{pmatrix} 1 \\ 0 \\ 0 \end{pmatrix}$. 故矩阵$\boldsymbol{A}$ 属于λ_1 的全部特征向量为 $t_1 \begin{pmatrix} 1 \\ 0 \\ 0 \end{pmatrix}$ $(t_1 \neq 0)$, 且$r_1 = \dim V_{\lambda_1} = 1$.

将$\lambda = \lambda_2 = 5$ 代入$(\lambda \boldsymbol{E} - \boldsymbol{A})\boldsymbol{X} = \boldsymbol{O}$ 得

$$\begin{cases} 4x_1 - 4x_2 - 2x_3 = 0, \\ 8x_2 - 4x_3 = 0, \\ -4x_2 + 2x_3 = 0, \end{cases}$$

它有一个基础解系$\begin{pmatrix} 2 \\ 1 \\ 2 \end{pmatrix}$. 故矩阵$\boldsymbol{A}$ 属于λ_2 的全部特征向量为 $t_2 \begin{pmatrix} 2 \\ 1 \\ 2 \end{pmatrix}$ $(t_2 \neq 0)$, 且$r_2 = \dim V_{\lambda_2} = 1$.

将$\lambda = \lambda_3 = -5$ 代入$(\lambda \boldsymbol{E} - \boldsymbol{A})\boldsymbol{X} = \boldsymbol{O}$ 得

$$\begin{cases} -6x_1 - 4x_2 - 2x_3 = 0, \\ -2x_2 - 4x_3 = 0, \\ -4x_2 - 8x_3 = 0, \end{cases}$$

它有一个基础解系$\begin{pmatrix} 1 \\ -2 \\ 1 \end{pmatrix}$. 故矩阵$\boldsymbol{A}$ 属于λ_3 的全部特征向量为 $t_3 \begin{pmatrix} 1 \\ -2 \\ 1 \end{pmatrix}$ $(t_3 \neq 0)$, 且$r_3 = \dim V_{\lambda_3} = 1$.

依定理3, $\boldsymbol{A}$可相似对角化. 令

$$\boldsymbol{M}=\begin{pmatrix}1&2&1\\0&1&-2\\0&2&1\end{pmatrix},\quad \Lambda=\begin{pmatrix}1&0&0\\0&5&0\\0&0&-5\end{pmatrix},$$

则

$$\boldsymbol{M}^{-1}\boldsymbol{A}\boldsymbol{M}=\boldsymbol{\Lambda},$$

即

$$\boldsymbol{A}=\boldsymbol{M}\boldsymbol{\Lambda}\boldsymbol{M}^{-1}$$

因此,

$$\boldsymbol{A}^k=\boldsymbol{M}\boldsymbol{\Lambda}^k\boldsymbol{M}^{-1}=\boldsymbol{M}\begin{pmatrix}1&0&0\\0&5^k&0\\0&0&(-5)^k\end{pmatrix}\boldsymbol{M}^{-1},\qquad \forall k\geq 0. \tag{15}$$

从而

$$\begin{aligned}\boldsymbol{A}^{1000}&=\boldsymbol{M}\begin{pmatrix}1&0&0\\0&5^{1000}&0\\0&0&(-5)^{1000}\end{pmatrix}\boldsymbol{M}^{-1}\\&=\begin{pmatrix}1&2&1\\0&1&-2\\0&2&1\end{pmatrix}\begin{pmatrix}1&0&0\\0&5^{1000}&0\\0&0&(-5)^{1000}\end{pmatrix}\begin{pmatrix}1&2&1\\0&1&-2\\0&2&1\end{pmatrix}^{-1}\\&=5^{-1}\begin{pmatrix}1&2&1\\0&1&-2\\0&2&1\end{pmatrix}\begin{pmatrix}1&0&0\\0&5^{1000}&0\\0&0&(-5)^{1000}\end{pmatrix}\begin{pmatrix}5&0&-5\\0&1&2\\0&-2&1\end{pmatrix}\\&=\begin{pmatrix}1&0&5^{1000}-1\\0&5^{1000}&0\\0&0&5^{1000}\end{pmatrix}.\end{aligned}$$

2) 由(15),

$$\begin{aligned}g(\boldsymbol{A})&=\boldsymbol{M}g(\boldsymbol{\Lambda})\boldsymbol{M}^{-1}\\&=\begin{pmatrix}1&2&1\\0&1&-2\\0&2&1\end{pmatrix}\begin{pmatrix}g(1)&0&0\\0&g(5)&0\\0&0&g(-5)\end{pmatrix}\begin{pmatrix}1&2&1\\0&1&-2\\0&2&1\end{pmatrix}^{-1}\end{aligned}$$

$$= \begin{pmatrix} 15 & 20\cdot 5^6 & 3\cdot 5^{10}+19\cdot 5^6+2\cdot 5^4-14 \\ 0 & 3\cdot 5^{10}-11\cdot 5^6+2\cdot 5^4+1 & 20\cdot 5^6 \\ 0 & 20\cdot 5^6 & 3\cdot 5^{10}+19\cdot 5^6+2\cdot 5^4+1 \end{pmatrix}.$$

□

§6.5 实对称矩阵的相似对角化

尽管数域$\mathbb{P}$上的矩阵未必可相似对角化, 但是在本节中, 我们将证明任何一个实对称矩阵均可相似对角化. 首先我们有

性质 6 n 阶实对称矩阵有n 个实特征值(重根按重数计).

证明 设$\boldsymbol{A} \in \mathbb{R}^{n\times n}$且$\boldsymbol{A}^{\mathrm{T}} = \boldsymbol{A}$. 若$\lambda$为$\boldsymbol{A}$ 在$\mathbb{C}$ 中的一个特征值, $\boldsymbol{\xi} = \begin{pmatrix} a_1 \\ a_2 \\ \vdots \\ a_n \end{pmatrix} \in \mathbb{C}^n$为$\boldsymbol{A}$ 的属于λ 的特征向量, 即$\boldsymbol{A\xi} = \lambda\boldsymbol{\xi}(\boldsymbol{\xi} \neq 0)$, 令$|\boldsymbol{\xi}|^2 \triangleq \sum\limits_{i=1}^{n} |a_i|^2$, 这里$|\cdot|$表示复数的模长, 则

$$\overline{\boldsymbol{\xi}}^{\mathrm{T}}\boldsymbol{A\xi} = \lambda\overline{\boldsymbol{\xi}}^{\mathrm{T}}\boldsymbol{\xi} = \lambda|\boldsymbol{\xi}|^2. \tag{16}$$

但

$$\overline{\boldsymbol{\xi}}^{\mathrm{T}}\boldsymbol{A\xi} = (\boldsymbol{A}^{\mathrm{T}}\overline{\boldsymbol{\xi}})^{\mathrm{T}}\boldsymbol{\xi} = (\boldsymbol{A}\overline{\boldsymbol{\xi}})^{\mathrm{T}}\boldsymbol{\xi} = (\overline{\boldsymbol{A\xi}})^{\mathrm{T}}\boldsymbol{\xi} = (\overline{\lambda\boldsymbol{\xi}})^{\mathrm{T}}\boldsymbol{\xi} = \overline{\lambda}\,\overline{\boldsymbol{\xi}}^{\mathrm{T}}\boldsymbol{\xi} = \overline{\lambda}|\boldsymbol{\xi}|^2, \tag{17}$$

比较(16) 和(17), 得

$$(\lambda - \overline{\lambda})|\boldsymbol{\xi}|^2 = 0.$$

但$\boldsymbol{\xi}$ 为非零向量, 故$|\boldsymbol{\xi}| \neq 0$, 从而$\lambda - \overline{\lambda} = 0$或$\lambda = \overline{\lambda}$, 即$\lambda$ 为实数. 因此有$\boldsymbol{A}$在$\mathbb{C}$中的n个特征值(重根按重数计)均为实数. □

性质6所刻画的结论有时也称为**实对称矩阵的所有特征值均为实数**. 由于$\mathbb{R}^n$ 关于内积$(\boldsymbol{\alpha}, \boldsymbol{\beta}) \triangleq \boldsymbol{\alpha}^{\mathrm{T}}\boldsymbol{\beta}$ 构成欧氏空间, 我们有

性质 7 实对称矩阵的属于不同特征值的实特征向量必正交.

证明 设λ_1, λ_2 是实对称阵$\boldsymbol{A}$ 的两个互异的特征值, $\boldsymbol{\xi}_1, \boldsymbol{\xi}_2$ 为$\boldsymbol{A}$ 的分别属于λ_1与λ_2 的实特征向量, 即

$$\boldsymbol{A\xi}_1 = \lambda_1\boldsymbol{\xi}_1, \quad \boldsymbol{A\xi}_2 = \lambda_2\boldsymbol{\xi}_2,$$

则

$$\lambda_1(\boldsymbol{\xi}_1, \boldsymbol{\xi}_2) = (\lambda_1\boldsymbol{\xi}_1, \boldsymbol{\xi}_2) = (\lambda_1\boldsymbol{\xi}_1)^{\mathrm{T}}\boldsymbol{\xi}_2 = (\boldsymbol{A\xi}_1)^{\mathrm{T}}\boldsymbol{\xi}_2 = \boldsymbol{\xi}_1^{\mathrm{T}}(\boldsymbol{A\xi}_2) = \boldsymbol{\xi}_1^{\mathrm{T}}(\lambda_2\boldsymbol{\xi}_2) = \lambda_2(\boldsymbol{\xi}_1, \boldsymbol{\xi}_2),$$

即

$$(\lambda_2 - \lambda_1)(\boldsymbol{\xi}_1, \boldsymbol{\xi}_2) = 0.$$

由于$\lambda_1 \neq \lambda_2$, 故必有$(\boldsymbol{\xi}_1, \boldsymbol{\xi}_2) = 0$, 即$\boldsymbol{\xi}_1$与$\boldsymbol{\xi}_2$ 正交. □

正交矩阵在实对称阵的相似对角化中有着重要的作用.

定理 4 任何一个n阶的实对称阵均可在$\mathbb{R}$上相似对角化, 且存在n 阶的正交矩阵$\boldsymbol{U}$使得$\boldsymbol{U}^{\mathrm{T}}\boldsymbol{A}\boldsymbol{U}$ 为对角阵.

证明 我们只要证明存在n 阶的正交矩阵$\boldsymbol{U}$使得$\boldsymbol{U}^{\mathrm{T}}\boldsymbol{A}\boldsymbol{U}$为对角阵即可. 为此, 我们对矩阵的阶作归纳. 若$\boldsymbol{A}$ 为1阶方阵, 它已经相似对角化. 令$\boldsymbol{U} = (1)_{1\times 1}$即得证.

设已证明任何一个$n-1$ 阶实对称阵都存在相应的正交矩阵$\boldsymbol{U}_1$使得$\boldsymbol{U}_1^{\mathrm{T}}\boldsymbol{A}\boldsymbol{U}_1$为对角阵, 则对于任意一个$n$ 阶实对称阵$\boldsymbol{A}$, 依性质6, $\boldsymbol{A}$ 有n 个实特征值(重根按重数计). 设λ_1为其中的一个特征值, $\boldsymbol{\xi}_1$ 为$\boldsymbol{A}$ 的属于λ_1 的一个实特征向量且$|\boldsymbol{\xi}_1| = 1$, 用Schmidt 正交化方法将$\boldsymbol{\xi}_1$ 扩充成为$\mathbb{R}^n$ 中的一个标准正交基$\boldsymbol{\xi}_1, \boldsymbol{\xi}_2, \cdots, \boldsymbol{\xi}_n$, 则$\boldsymbol{A}\boldsymbol{\xi}_1, \boldsymbol{A}\boldsymbol{\xi}_2, \cdots, \boldsymbol{A}\boldsymbol{\xi}_n$均可经$\boldsymbol{\xi}_1, \boldsymbol{\xi}_2, \cdots, \boldsymbol{\xi}_n$线性表示. 不难验证

$$\boldsymbol{A}(\boldsymbol{\xi}_1 \ \boldsymbol{\xi}_2 \ \cdots \ \boldsymbol{\xi}_n) = (\boldsymbol{A}\boldsymbol{\xi}_1 \ \boldsymbol{A}\boldsymbol{\xi}_2 \ \cdots \ \boldsymbol{A}\boldsymbol{\xi}_n) = (\boldsymbol{\xi}_1 \ \boldsymbol{\xi}_2 \ \cdots \ \boldsymbol{\xi}_n)\begin{pmatrix} \lambda_1 & \boldsymbol{\alpha} \\ \boldsymbol{O} & \boldsymbol{A}_1 \end{pmatrix}, \tag{18}$$

这里$\boldsymbol{\alpha}$ 为$n-1$ 维实行向量, $\boldsymbol{A}_1$ 为$n-1$ 阶实方阵. 令$\boldsymbol{U}_0 = (\boldsymbol{\xi}_1 \ \boldsymbol{\xi}_2 \ \cdots \ \boldsymbol{\xi}_n)$, 则依$\boldsymbol{\xi}_1 \ \boldsymbol{\xi}_2 \ \cdots \ \boldsymbol{\xi}_n$为$\mathbb{R}^n$的一个标准正交基知$\boldsymbol{U}_0$ 为正交矩阵. 故(18) 等价于

$$\boldsymbol{U}_0^{\mathrm{T}}\boldsymbol{A}\boldsymbol{U}_0 = \begin{pmatrix} \lambda_1 & \boldsymbol{\alpha} \\ \boldsymbol{O} & \boldsymbol{A}_1 \end{pmatrix}. \tag{19}$$

由于(19) 等式左端为实对称阵, 故其等式右端的矩阵也是实对称的, 从而$\boldsymbol{\alpha}$为$n-1$维的零向量, $\boldsymbol{A}_1$ 为$n-1$ 阶的实对称阵. 依归纳假设知, 存在$n-1$ 阶正交矩阵$\boldsymbol{U}_1$ 及$n-1$阶对角阵$\boldsymbol{\Lambda}_1$使得 $\boldsymbol{U}_1^{\mathrm{T}}\boldsymbol{A}_1\boldsymbol{U}_1 = \boldsymbol{\Lambda}_1$. 令

$$\boldsymbol{U} = \boldsymbol{U}_0\begin{pmatrix} 1 & \\ & \boldsymbol{U}_1 \end{pmatrix},$$

则$\boldsymbol{U}$ 为正交矩阵, 且

$$\begin{aligned} \boldsymbol{U}^{\mathrm{T}}\boldsymbol{A}\boldsymbol{U} &= \begin{pmatrix} 1 & \\ & \boldsymbol{U}_1^{\mathrm{T}} \end{pmatrix}\begin{pmatrix} \lambda_1 & \\ & \boldsymbol{A}_1 \end{pmatrix}\begin{pmatrix} 1 & \\ & \boldsymbol{U}_1 \end{pmatrix} \\ &= \begin{pmatrix} \lambda_1 & \\ & \boldsymbol{\Lambda}_1 \end{pmatrix}. \end{aligned}$$

这说明所要证明的结论对于n 阶实对称$\boldsymbol{A}$也成立. 依数学归纳法, 任意一个n阶的实对称矩阵$\boldsymbol{A}$, 均存在一个n阶的正交矩阵$\boldsymbol{U}$使得$\boldsymbol{U}^{\mathrm{T}}\boldsymbol{A}\boldsymbol{U}$为对角阵, 定理得证. □

我们依然可以用上节中的步骤来求与所给实对称阵相似的实对角阵$\boldsymbol{\Lambda}$及相应的实

的可逆矩阵 $\boldsymbol{M}$ (未必一定为正交矩阵), 所不同的是判断矩阵是否可相似对角化的过程在这里不再需要了.

对于n阶实对称矩阵$\boldsymbol{A}$来说, 有时候需要我们计算正交矩阵$\boldsymbol{U}$, 使得$\boldsymbol{U}^{\mathrm{T}}\boldsymbol{A}\boldsymbol{U}$ 为对角阵. 诚然, 如果我们按照定理4中数学归纳法的证明过程来构造正交矩阵U,那是麻烦和费时间的. 为此, 我们给出构造正交矩阵U以及相应的对角阵$\boldsymbol{\Lambda}$的步骤如下.

第一步 求出$\boldsymbol{A}$ 的所有两两互异的特征值$\lambda_1, \lambda_2, \cdots, \lambda_s$, 它们均为实数. 依次求出特征线性方程组

$$(\lambda_i \boldsymbol{E} - \boldsymbol{A})\boldsymbol{X} = \boldsymbol{O}, \quad i = 1, 2, \cdots, s$$

在$\mathbb{R}^n$中的一个基础解系$\boldsymbol{\xi}_{i1}, \boldsymbol{\xi}_{i2}, \cdots, \boldsymbol{\xi}_{ir_i}$, 这里$r_i = n - r(\lambda_i \boldsymbol{E} - \boldsymbol{A})$. 则$\boldsymbol{\xi}_{i1}, \boldsymbol{\xi}_{i2}, \cdots, \boldsymbol{\xi}_{ir_i}$构成$V_{\lambda_i}$的一个基, $i = 1,\ 2,\ \cdots,\ s$.

第二步 用Schmidt正交化方法改造$\boldsymbol{\xi}_{i1}, \boldsymbol{\xi}_{i2}, \cdots, \boldsymbol{\xi}_{ir_i}$成$V_{\lambda_i}$ 的一个标准正交基

$$\boldsymbol{\eta}_{i1},\ \boldsymbol{\eta}_{i2},\ \cdots,\ \boldsymbol{\eta}_{ir_i}, \quad i = 1,\ 2,\ \cdots,\ s.$$

则依定理3及性质7,

$$\underbrace{\boldsymbol{\eta}_{11}, \boldsymbol{\eta}_{12}, \cdots, \boldsymbol{\eta}_{1r_1}}_{r_1\text{个}}, \underbrace{\boldsymbol{\eta}_{21}, \boldsymbol{\eta}_{22}, \cdots, \boldsymbol{\eta}_{2r_2}}_{r_2\text{个}}, \cdots, \underbrace{\boldsymbol{\eta}_{s1}, \boldsymbol{\eta}_{s2}, \cdots, \boldsymbol{\eta}_{sr_s}}_{r_s\text{个}}$$

构成$\mathbb{R}^n$ 的一个标准正交基.

第三步 令

$$\boldsymbol{\Lambda} = \begin{pmatrix} \lambda_1 \boldsymbol{E}_{r_1} & & & \\ & \lambda_2 \boldsymbol{E}_{r_2} & & \\ & & \ddots & \\ & & & \lambda_s \boldsymbol{E}_{r_s} \end{pmatrix}$$

$$\boldsymbol{U} = (\boldsymbol{\eta}_{11}\ \ \boldsymbol{\eta}_{12}\ \ \cdots\ \ \boldsymbol{\eta}_{1r_1}\ \ \boldsymbol{\eta}_{21}\ \ \boldsymbol{\eta}_{22}\ \ \cdots\ \ \boldsymbol{\eta}_{2r_2}\ \ \cdots\ \ \boldsymbol{\eta}_{s1}\ \ \boldsymbol{\eta}_{s2}\ \ \cdots\ \ \boldsymbol{\eta}_{sr_s}),$$

则$\boldsymbol{U}$ 为正交矩阵且$\boldsymbol{U}^{\mathrm{T}}\boldsymbol{A}\boldsymbol{U} = \boldsymbol{\Lambda}$.

注 请注意$\boldsymbol{U}$ 与$\boldsymbol{\Lambda}$ 结构之间的关系, 即特征值与其特征向量在$\boldsymbol{\Lambda}$ 与$\boldsymbol{U}$ 中的位置是相呼应的.

例 6 设$\boldsymbol{A} = \begin{pmatrix} 0 & -1 & 1 \\ -1 & 0 & 1 \\ 1 & 1 & 0 \end{pmatrix}$为一实对称矩阵, 求一个正交矩阵$\boldsymbol{U}$及对角阵$\boldsymbol{\Lambda}$使得$\boldsymbol{U}^{\mathrm{T}}\boldsymbol{A}\boldsymbol{U} = \boldsymbol{\Lambda}$.

解 由

$$|\lambda \boldsymbol{E} - \boldsymbol{A}| = \begin{vmatrix} \lambda & 1 & -1 \\ 1 & \lambda & -1 \\ -1 & -1 & \lambda \end{vmatrix} = (\lambda - 1)^2(\lambda + 2)$$

得 $\boldsymbol{A}$ 的所有特征值 $\lambda_1=-2,\ \lambda_2=\lambda_3=1$.

将$\lambda=-2$代入$(\lambda\boldsymbol{E}-\boldsymbol{A})\boldsymbol{X}=\boldsymbol{O}$得其一个基础解系 $\boldsymbol{\xi}_1=\begin{pmatrix}-1\\-1\\1\end{pmatrix}$, 将$\boldsymbol{\xi}_1$ 单位化, 得

$$\boldsymbol{\eta}_1=\begin{pmatrix}-\frac{1}{\sqrt{3}}\\-\frac{1}{\sqrt{3}}\\\frac{1}{\sqrt{3}}\end{pmatrix}.$$

将$\lambda=\lambda_2=\lambda_3=1$ 代入$(\lambda\boldsymbol{E}-\boldsymbol{A})\boldsymbol{X}=\boldsymbol{O}$得其一个基础解系

$$\boldsymbol{\xi}_2=\begin{pmatrix}-1\\1\\0\end{pmatrix},\ \boldsymbol{\xi}_3=\begin{pmatrix}1\\0\\1\end{pmatrix}.$$

令

$$\boldsymbol{\beta}_2=\boldsymbol{\xi}_2,$$

$$\boldsymbol{\beta}_3=\boldsymbol{\xi}_3-\frac{(\boldsymbol{\xi}_3,\boldsymbol{\beta}_2)}{(\boldsymbol{\beta}_2,\boldsymbol{\beta}_2)}\boldsymbol{\beta}_2=\begin{pmatrix}\frac{1}{2}\\\frac{1}{2}\\1\end{pmatrix},$$

再将$\boldsymbol{\beta}_2,\boldsymbol{\beta}_3$ 单位化, 得

$$\boldsymbol{\eta}_2=\frac{1}{|\boldsymbol{\beta}_2|}\boldsymbol{\beta}_2=\begin{pmatrix}-\frac{1}{\sqrt{2}}\\\frac{1}{\sqrt{2}}\\0\end{pmatrix},\quad \boldsymbol{\eta}_3=\frac{1}{|\boldsymbol{\beta}_3|}\boldsymbol{\beta}_3=\begin{pmatrix}\frac{1}{\sqrt{6}}\\\frac{1}{\sqrt{6}}\\\frac{2}{\sqrt{6}}\end{pmatrix}.$$

则$\boldsymbol{\eta}_1\perp\boldsymbol{\eta}_2,\ \boldsymbol{\eta}_1\perp\boldsymbol{\eta}_3,\ \boldsymbol{\eta}_2\perp\boldsymbol{\eta}_3$. 令

$$\boldsymbol{U}=(\boldsymbol{\eta}_1\ \ \boldsymbol{\eta}_2\ \ \boldsymbol{\eta}_3)=\begin{pmatrix}-\frac{1}{\sqrt{3}}&-\frac{1}{\sqrt{2}}&\frac{1}{\sqrt{6}}\\-\frac{1}{\sqrt{3}}&\frac{1}{\sqrt{2}}&\frac{1}{\sqrt{6}}\\\frac{1}{\sqrt{3}}&0&\frac{2}{\sqrt{6}}\end{pmatrix},$$

则$\boldsymbol{U}$ 是正交矩阵. 因为$\boldsymbol{A}$是实对称矩阵, 故

$$\boldsymbol{U}^{\mathrm{T}}\boldsymbol{A}\boldsymbol{U}=\begin{pmatrix}-2&0&0\\0&1&0\\0&0&1\end{pmatrix}.$$

□

在第8章中我们还将看到定理4在解析几何中的重要应用.

习 题

若无特别申明, 所讨论的矩阵是指数域$\mathbb{P}$上的矩阵.

1. 试分别求出下列矩阵在实数域及复数域上所有特征值和特征向量:

(1) $\begin{pmatrix} 3 & 4 \\ 1 & 2 \end{pmatrix}$. (2) $\begin{pmatrix} 2 & -1 & 2 \\ 5 & -3 & 3 \\ -1 & 0 & -2 \end{pmatrix}$. (3) $\begin{pmatrix} 1 & -2 & 2 \\ -2 & -2 & 4 \\ 2 & 4 & -2 \end{pmatrix}$.

(4) $\begin{pmatrix} 0 & 2 & 1 \\ -2 & 0 & 3 \\ -1 & -3 & 0 \end{pmatrix}$. (5) $\begin{pmatrix} 0 & 0 & 0 & 1 \\ 0 & 0 & 1 & 0 \\ 0 & 1 & 0 & 0 \\ 1 & 0 & 0 & 0 \end{pmatrix}$. (6) $\begin{pmatrix} -5 & 3 & 1 & 1 \\ -3 & -1 & 1 & -1 \\ 0 & 0 & 1 & 0 \\ 0 & 0 & 2 & 2 \end{pmatrix}$.

2. 设n阶方阵$\boldsymbol{A}$的秩小于$n-1$. 试证明 $\boldsymbol{A}$的伴随矩阵$\boldsymbol{A}^*$的特征值只能是0.

3. 设$\boldsymbol{\xi} = \begin{pmatrix} 1 \\ -2 \\ 3 \end{pmatrix}$为$\boldsymbol{A} = \begin{pmatrix} 3 & 2 & -1 \\ a & -2 & 2 \\ 3 & b & -1 \end{pmatrix}$的属于特征值$\lambda$的一个特征向量. 试求$a$, b和λ的值.

4. 设$\boldsymbol{\xi}_1$, $\boldsymbol{\xi}_2$ 分别是方阵$\boldsymbol{A}$ 的属于λ_1, λ_2 的特征向量. 若$\lambda_1 \neq \lambda_2$, 试证明$\boldsymbol{\xi}_1 + \boldsymbol{\xi}_2$ 不可能是$\boldsymbol{A}$ 的特征向量. 进一步, 若c_1, c_2 为数, 试问$c_1\boldsymbol{\xi}_1 + c_2\boldsymbol{\xi}_2$ 何时不是$\boldsymbol{A}$ 的特征向量.

5. 设$\boldsymbol{A}$ 为n 阶矩阵, 试证明$\boldsymbol{A}^{\mathrm{T}}$ 与$\boldsymbol{A}$ 的特征值相同.

6. 如果n 阶方阵$\boldsymbol{A}$ 满足$\boldsymbol{A}^2 = \boldsymbol{A}$, 则称$\boldsymbol{A}$ 是**幂等矩阵**. 试证幂等矩阵的特征值只能是0或1.

7. 试证明复矩阵$\boldsymbol{A}$ 可逆的充分必要条件是$\boldsymbol{A}$ 的特征值均非零.

8. 已知n 阶矩阵$\boldsymbol{A}$ 的一个特征值为λ_0,

(1) 试求$c\boldsymbol{A}$ 的一个特征值(c 为任意数).

(2) 试求$\boldsymbol{E} + \boldsymbol{A}$ 的一个特征向量.

(3) 如果$\boldsymbol{A}$可逆, 则$\dfrac{1}{\lambda_0}$是$\boldsymbol{A}^{-1}$的一个特征值.

9. 设向量$\boldsymbol{\alpha} = \begin{pmatrix} 1 \\ c \\ 1 \end{pmatrix}$是$\boldsymbol{A} = \begin{pmatrix} 2 & 1 & 1 \\ 1 & 2 & 1 \\ 1 & 1 & 2 \end{pmatrix}$的逆矩阵的一个特征向量, 试求$c$的值.

10. 设$\boldsymbol{A}$为n阶复矩阵, $\boldsymbol{M}$为n阶可逆复矩阵, 则$\mathrm{tr}(\boldsymbol{M}^{-1}\boldsymbol{A}\boldsymbol{M})=\mathrm{tr}(\boldsymbol{A})$.

11. 设n 阶方阵$\boldsymbol{A}$ 的n 个特征值为1, 2, $\cdots$, n, 试求$|\boldsymbol{A}+\boldsymbol{E}|$.

12. 试问本章习题第1题中哪些矩阵在实数域及复数域能与对角阵相似, 并求使$\boldsymbol{M}^{-1}\boldsymbol{A}\boldsymbol{M}$ 为对角阵的可逆阵$\boldsymbol{M}$.

13. 设$\boldsymbol{A}$ 为非零方阵, $m\geq 2$ 为正整数. 试证明若$\boldsymbol{A}^m=\boldsymbol{O}$, 则$\boldsymbol{A}$ 不能与对角阵相似.

14. 设 $\boldsymbol{A}=\begin{pmatrix}1&2&2\\2&1&-2\\-2&-2&1\end{pmatrix}$.

(1) 试计算 $\boldsymbol{A}^k(k>1)$.

(2) 试求$\boldsymbol{A}^3+3\boldsymbol{A}^2-24\boldsymbol{A}+28\boldsymbol{E}$ 的所有特征值.

(3) 求$|\boldsymbol{A}^3+3\boldsymbol{A}^2-24\boldsymbol{A}+28\boldsymbol{E}|$.

(4) 试求$\boldsymbol{A}^3+3\boldsymbol{A}^2-24\boldsymbol{A}+28\boldsymbol{E}$.

15. 设3阶方阵$\boldsymbol{A}$的特征值为$\lambda_1=1$, $\lambda_2=-1$, $\lambda_3=0$且

$$\boldsymbol{\xi}_1=\begin{pmatrix}1\\2\\1\end{pmatrix}, \boldsymbol{\xi}_2=\begin{pmatrix}0\\-2\\1\end{pmatrix}, \boldsymbol{\xi}_3=\begin{pmatrix}1\\1\\2\end{pmatrix}$$

分别为$\boldsymbol{A}$属于特征值λ_1, λ_2, λ_3的特征向量, 试求$\boldsymbol{A}$.

16. 设矩阵$\boldsymbol{A}=\begin{pmatrix}a&-1&c\\5&b&3\\1-c&0&-a\end{pmatrix}$, $|\boldsymbol{A}|=-1$. 又设λ_0是$\boldsymbol{A}^*$的一个特征值, 属于λ_0 的一个特征向量为$\boldsymbol{\xi}=(-1,-1,1)^{\mathrm{T}}$, 试求$a,b,c$和$\lambda_0$ 的值.

17. 设矩阵$\boldsymbol{A}$的所有特征值为λ_1, λ_2, $\cdots$, λ_n(重根按重数计)且$\boldsymbol{A}$可相似对角化. 试证明 对任意的多项式$f(x)$, 矩阵$f(\boldsymbol{A})$的所有特征值为$f(\lambda_1)$, $f(\lambda_2)$, $\cdots$, $f(\lambda_n)$(重根按重数计)且$f(\boldsymbol{A})$可相似对角化.

18. 已知三阶矩阵$\boldsymbol{A}$ 的特征值为1, 2, -3, 试求$|\boldsymbol{A}^*+3\boldsymbol{A}+2\boldsymbol{E}|$.

19. 数域$\mathbb{P}$ 上n阶矩阵$\boldsymbol{A}$满足$\boldsymbol{A}^2=\boldsymbol{E}$的充分必要条件是$r(\boldsymbol{E}+\boldsymbol{A})+r(\boldsymbol{E}-\boldsymbol{A})=n$.

20. 若数域$\mathbb{P}$ 上n 阶方阵$\boldsymbol{A}$ 满足$\boldsymbol{A}^2=\boldsymbol{E}$, 则$\boldsymbol{A}$ 必相似于形如

$$\begin{pmatrix}1&&&&&\\&\ddots&&&&\\&&1&&&\\&&&-1&&\\&&&&\ddots&\\&&&&&-1\end{pmatrix}$$

的矩阵, 其中1的个数为$n-r(\boldsymbol{E}-\boldsymbol{A})$, 而$-1$的个数为$r(\boldsymbol{E}-\boldsymbol{A})$.

21. 设$\boldsymbol{A}$ 是数域$\mathbb{P}$ 上的n 阶方阵, 试证明

(1) (不用哈密顿一凯莱定理)存在$\mathbb{P}$上的一个次数小于或者等于n^2 的多项式函数$g(x)$使得$g(\boldsymbol{A})=\boldsymbol{O}$.

(2) $\boldsymbol{A}$ 可逆的充分必要条件是有一常数项不为零的$\mathbb{P}$上的多项式函数$g(x)$使得$g(\boldsymbol{A})=\boldsymbol{O}$.

22. 设矩阵$\boldsymbol{A}=\begin{pmatrix}1&0&1\\0&2&0\\1&0&1\end{pmatrix}$, 矩阵$\boldsymbol{B}=(k\boldsymbol{E}+\boldsymbol{A})^2$, 其中$k\in\mathbb{R}$. 试证明$\boldsymbol{B}$ 可相似对角化.

23. 设$\boldsymbol{A}=(a_{ij})$ 是一个n 阶下三角阵, 试证明

(1) 若$a_{ii}\neq a_{jj}\ (i\neq j;i,j=1,2,\cdots,n)$, 则$\boldsymbol{A}$ 相似于对角阵.

(2) 若$a_{11}=a_{22}=\cdots=a_{nn}$, 而至少有一个$a_{i_0j_0}\neq 0\ (i_0>j_0)$, 则$\boldsymbol{A}$ 不与对角阵相似.

24. 试证明本章习题第1题中的(3)和(5) 的矩阵在实数域上能与对角阵正交相似, 并求使得$\boldsymbol{U}^{\mathrm{T}}\boldsymbol{A}\boldsymbol{U}$ 为对角阵的正交矩阵$\boldsymbol{U}$.

25. 设x,y 为实数, 矩阵$\boldsymbol{A}=\begin{pmatrix}1&-2&-4\\-2&x&-2\\-4&-2&1\end{pmatrix}$ 与$\boldsymbol{\Lambda}=\begin{pmatrix}5&&\\&-4&\\&&y\end{pmatrix}$ 相似, 求正交矩阵$\boldsymbol{U}$, 使$\boldsymbol{U}^{\mathrm{T}}\boldsymbol{A}\boldsymbol{U}=\boldsymbol{\Lambda}$.

26. 已知3阶实对称矩阵$\boldsymbol{A}$ 的特征值为$\lambda_1=1,\ \lambda_2=-1,\ \lambda_3=0$; 属于$\lambda_1,\lambda_2$ 的特征向量分别为$\boldsymbol{\alpha}_1=\begin{pmatrix}1\\2\\2\end{pmatrix}$, $\boldsymbol{\alpha}_2=\begin{pmatrix}2\\1\\-2\end{pmatrix}$, 试求$\boldsymbol{A}$ 及$\boldsymbol{A}^{1000}$.

27. 设$\boldsymbol{A}$ 为3阶实对称矩阵, $\lambda_1,\ \lambda_2,\ \lambda_3$ 为已知的特征值. 如果$\boldsymbol{\xi}_1,\ \boldsymbol{\xi}_2$ 分别为$\boldsymbol{A}$ 的属于$\lambda_1,\ \lambda_2$ 的线性无关的特征向量.

(1) 试给出求$\boldsymbol{A}$ 的属于λ_3特征向量的一个方法.

(2) 试判断$c_1\boldsymbol{\xi}_1+c_2\boldsymbol{\xi}_2$ （c_1,c_2 为实数）是否为$\boldsymbol{A}$ 的属于λ_3 的特征向量.

28. 试证明 如果n阶实矩阵$\boldsymbol{A}$有n个正交的特征向量, 则$\boldsymbol{A}$是一个对称阵.

29. 设$\boldsymbol{A}$, $\boldsymbol{B}$均可相似对角化. 试证明 $\boldsymbol{A}$, $\boldsymbol{B}$乘法可交换当且仅当存在可逆矩阵$\boldsymbol{P}$使得$\boldsymbol{P}\boldsymbol{A}\boldsymbol{P}^{-1}$ 和$\boldsymbol{P}\boldsymbol{B}\boldsymbol{P}^{-1}$均为对角阵.

30. 设$\boldsymbol{A}$, $\boldsymbol{B}$均为实对称矩阵. 试证明 $\boldsymbol{A}, \boldsymbol{B}$乘法可交换当且仅当存在正交矩阵$\boldsymbol{U}$使得$\boldsymbol{U}\boldsymbol{A}\boldsymbol{U}^{-1}$ 和$\boldsymbol{U}\boldsymbol{B}\boldsymbol{U}^{-1}$均为对角阵.

补充题

1. 设$\boldsymbol{\alpha} \in \mathbb{C}^n$. 试求矩阵$\boldsymbol{A} = \begin{pmatrix} 0 & \bar{\boldsymbol{\alpha}}^{\mathrm{T}} \\ \boldsymbol{\alpha} & \boldsymbol{O} \end{pmatrix}$的特征值和特征向量, 其中$\bar{\boldsymbol{\alpha}}$表示向量$\boldsymbol{\alpha}$的共轭向量.

2. 设$\boldsymbol{A}, \boldsymbol{B}$ 为任意两个n 阶方阵. 试证明 $\boldsymbol{AB}$ 与$\boldsymbol{BA}$ 有相同特征多项式.

3. 设$\boldsymbol{A}, \boldsymbol{B}$ 是数域$\mathbb{P}$ 上的两个n 阶方阵, 且$\boldsymbol{A}$ 在$\mathbb{P}$ 中的n 个特征值互异, 试证$\boldsymbol{A}$ 的特征向量恒为$\boldsymbol{B}$ 的特征向量当且仅当$\boldsymbol{AB} = \boldsymbol{BA}$.

4*. 设n阶方阵$\boldsymbol{A}$的主对角线上的元素全是a, 其中$a \geq 0$. 试证明 如果$\boldsymbol{A}$的n个特征值全部大于等于零, 则$|\boldsymbol{A}| \leq a^n$.

5. 设矩阵$\boldsymbol{A} = (a_{ij})_{n\times n}$满足下述条件:

$$\text{对任意的}1 \leq i \leq n,\ \text{有}\sum_{j=1}^{n} a_{ij} = b,$$

这里b为常数. 试证明

(1) $\lambda = b$是$\boldsymbol{A}$的一个特征值.

(2*) 如果对任意的$1 \leq i,\ j \leq n$ 有$a_{ij} \geq 0$, 则$\boldsymbol{A}$的任一个实特征值λ满足$|\lambda| \leq b$.

6*. 设n阶方阵$\boldsymbol{A}$的秩等于$n-1$, 其特征多项式

$$|\lambda \boldsymbol{E} - \boldsymbol{A}| = \lambda^n + a_1\lambda^{n-1} + \cdots + a_{n-1}\lambda + a_n.$$

试证明

(1) $(-1)^{n-1}a_{n-1}$等于$\boldsymbol{A}$的所有$n-1$阶主子式之和.

(2) $\boldsymbol{A}$的伴随矩阵$\boldsymbol{A}^*$的非零特征值(如果存在)只能是$(-1)^{n-1}a_{n-1}$.

7*. 假设数域$\mathbb{P}$上的n阶矩阵$\boldsymbol{A}$的特征多项式为

$$|\lambda \boldsymbol{E} - \boldsymbol{A}| = \lambda^n + a_1\lambda^{n-1} + \cdots + a_{n-1}\lambda + a_n.$$

试利用$|\boldsymbol{A}|$的子式表达$a_i, i = 1, 2, \cdots, n$.

8. 设n 阶方阵$\boldsymbol{A}$ 有n 个互异的特征值, $\boldsymbol{B}$ 与$\boldsymbol{A}$ 有完全相同的特征值, 试证明存在n阶非奇异矩阵$\boldsymbol{Q}$ 及另一矩阵$\boldsymbol{R}$, 使$\boldsymbol{A} = \boldsymbol{QR}$, $\boldsymbol{B} = \boldsymbol{RQ}$.

9. 设$\boldsymbol{A}$是一个可逆矩阵. 试证明 存在多项式$f(x)$使得$\boldsymbol{A}^{-1} = f(\boldsymbol{A})$.

10. 设$\boldsymbol{A}, \boldsymbol{B} \in \mathbb{P}^{n\times n}$. 试证明 $\lambda\boldsymbol{E} - \boldsymbol{A}$与$\lambda\boldsymbol{E} - \boldsymbol{B}$相似的充要条件是: 存在$\boldsymbol{C}$, $\boldsymbol{D} \in \mathbb{P}^{n\times n}$使得$\boldsymbol{A} = \boldsymbol{CD}$, $\boldsymbol{B} = \boldsymbol{DC}$, 而且$\boldsymbol{C}$, $\boldsymbol{D}$中至少有一个可逆.

11. 设n 阶复方阵$\boldsymbol{A}$ 满足$\boldsymbol{A}^2-3\boldsymbol{A}-4\boldsymbol{E}=\boldsymbol{O}$. 试问$\boldsymbol{A}$ 是否与某个复对角阵相似?

12. 试证明任意一个 Hermite矩阵的特征值均为实数, 且其属于不同特征值的特征向量是酉正交的.

13. 试证明任意一个n阶的 Hermite矩阵$\boldsymbol{A}$均可相似对角化, 且存在一个n阶的酉矩阵$\boldsymbol{U}$使得$\overline{\boldsymbol{U}}^{\mathrm{T}}\boldsymbol{A}\boldsymbol{U}$为对角阵.

第 7 章　线性映射与线性变换初步

线性映射在数学的基本概念之一, 线性变换是它的一个重要特例. 在本章中, 我们仅讨论线性映射以及线性变换的基本性质, 更深刻的相关理论请见下册.

§7.1　线性映射的定义及运算

定义 1　设V和W 是数域$\mathbb{P}$ 上的线性空间, $\varphi: V \longrightarrow W$ 是从V 到W 中的映射, 若

1)　$\varphi(\boldsymbol{\alpha}+\boldsymbol{\beta}) = \varphi(\boldsymbol{\alpha}) + \varphi(\boldsymbol{\beta}), \qquad \forall \boldsymbol{\alpha}, \boldsymbol{\beta} \in V,$

2)　$\varphi(c\boldsymbol{\alpha}) = c\varphi(\boldsymbol{\alpha}), \qquad \forall c \in \mathbb{P}, \forall \boldsymbol{\alpha} \in V,$

则称φ 是一个定义在V 上取值于W 中的**线性映射**, 或简称φ是一个线性映射.

显然1), 2) 与下述关系式等价.

3)　$\varphi(c_1\boldsymbol{\alpha}+c_2\boldsymbol{\beta}) = c_1\varphi(\boldsymbol{\alpha}) + c_2\varphi(\boldsymbol{\beta}), \qquad \forall c_1, c_2 \in \mathbb{P}, \forall \boldsymbol{\alpha}, \boldsymbol{\beta} \in V.$

例 1　1) 设

$$\varphi_1: \mathbb{R}^3 \longrightarrow \mathbb{R}^2,$$

$$\begin{pmatrix} x \\ y \\ z \end{pmatrix} \mapsto \begin{pmatrix} x \\ y \end{pmatrix}, \qquad \forall x, y, z \in \mathbb{R},$$

则φ_1 是定义在$\mathbb{R}^3$ 上取值于$\mathbb{R}^2$ 中的一个线性映射.

2) 设

$$\varphi_2: \mathbb{R}^3 \longrightarrow \mathbb{R}^3.$$

$$\begin{pmatrix} x \\ y \\ z \end{pmatrix} \mapsto \begin{pmatrix} x \\ y \\ 0 \end{pmatrix}, \qquad \forall x, y, z \in \mathbb{R},$$

则φ_2 是定义在$\mathbb{R}^3$ 上取值于$\mathbb{R}^3$ 中的一个线性映射.

例 2　设$\mathbb{P}[x]$ 为数域$\mathbb{P}$ 上的多项式函数所成的线性空间,

$$\mathcal{D}: \ \mathbb{P}[x] \longrightarrow \mathbb{P}[x]$$

$$f(x) \mapsto f'(x), \qquad \forall f(x) \in \mathbb{P}[x],$$

则$\mathcal{D}$ 是定义在$\mathbb{P}[x]$ 上的一个线性映射. 通常, 我们称之为**微分 映射**.

例 3 设V是一个具有内积$(\cdot,\cdot)$的欧氏空间, $\boldsymbol{\alpha}_0 \in V$为一取定的向量, 令

$$\varphi: V \longrightarrow \mathbb{R},$$

$$\boldsymbol{\alpha} \mapsto (\boldsymbol{\alpha}_0, \boldsymbol{\alpha}), \qquad \forall \boldsymbol{\alpha} \in V,$$

则φ是定义在V上取值于$\mathbb{R}$中的一个线性映射.

依据定义1, 对于线性映射$\varphi: V \to W$来说, $\varphi(\boldsymbol{\theta}) = \boldsymbol{\theta}$, 这里等号左端的$\boldsymbol{\theta}$为$V$中的零元素, 而等号右端的$\boldsymbol{\theta}$为$W$中的零元素; 若向量组$\boldsymbol{\alpha}_1$, $\boldsymbol{\alpha}_2$, $\cdots$, $\boldsymbol{\alpha}_s$在V中线性相关, 则向量组$\varphi(\boldsymbol{\alpha}_1)$, $\varphi(\boldsymbol{\alpha}_2)$, $\cdots$, $\varphi(\boldsymbol{\alpha}_s)$在$W$中也线性相关(请思考: 若向量组$\boldsymbol{\alpha}_1$, $\boldsymbol{\alpha}_2$, $\cdots$, $\boldsymbol{\alpha}_s$在V中线性无关, 则向量组$\varphi(\boldsymbol{\alpha}_1)$, $\varphi(\boldsymbol{\alpha}_2)$, $\cdots$, $\varphi(\boldsymbol{\alpha}_s)$在$W$中也线性无关吗?).

记$\mathrm{Hom}_{\mathbb{P}}(V,W)$为定义在$V$上取值于$W$中的线性映射全体所形成的集合. 让我们来探讨$\mathrm{Hom}_{\mathbb{P}}(V,W)$中的线性映射的运算理论.

设$\varphi \in \mathrm{Hom}_{\mathbb{P}}(V,W)$, $\sigma \in \mathrm{Hom}_{\mathbb{P}}(V,W)$, 即它们是定义在$V$上取值于$W$中的线性映射. 构造$V$与$W$中元素的对应规则如下:

$$\begin{aligned} &\varphi_1 : V \longrightarrow W, \qquad \varphi_1(\boldsymbol{\alpha}) = \varphi(\boldsymbol{\alpha}) + \sigma(\boldsymbol{\alpha}), \quad \forall \boldsymbol{\alpha} \in V. \\ &\varphi_2 : V \longrightarrow W, \qquad \varphi_2(\boldsymbol{\alpha}) = c\varphi(\boldsymbol{\alpha}), \quad \forall \boldsymbol{\alpha} \in V, \ \text{这里}c\text{为}\mathbb{P}\text{上取定的数}. \end{aligned} \tag{1}$$

则不难验证φ_1, φ_2均是定义在V上取值于W中的线性映射, 即$\varphi_1 \in \mathrm{Hom}_{\mathbb{P}}(V,W)$, $\varphi_2 \in \mathrm{Hom}_{\mathbb{P}}(V,W)$. 请读者自行验证

$$\vartheta_1 : \mathrm{Hom}_{\mathbb{P}}(V,W) \times \mathrm{Hom}_{\mathbb{P}}(V,W) \to \mathrm{Hom}_{\mathbb{P}}(V,W),$$

$$\vartheta_1(\varphi,\sigma) = \varphi_1, \text{如果}\ \varphi,\sigma,\varphi_1\ \text{满足(1)}$$

及

$$\vartheta_2 : \mathbb{P} \times \mathrm{Hom}_{\mathbb{P}}(V,W) \to \mathrm{Hom}_{\mathbb{P}}(V,W),$$

$$\vartheta_2(c,\varphi) = \varphi_2, \text{如果}\ c,\varphi,\varphi_2\ \text{满足(1)}$$

必为$\mathrm{Hom}_{\mathbb{P}}(V,W)$上的运算. 通常, 我们分别称它们为$\mathrm{Hom}_{\mathbb{P}}(V,W)$上的**加法运算**和**数乘运算**并记作$\varphi + \sigma \triangleq \vartheta_1(\varphi,\sigma)$及$c\varphi \triangleq \vartheta_2(c,\varphi)$.

请读者自行验证, $\mathrm{Hom}_{\mathbb{P}}(V,W)$关于上述所定义的加法运算以及数乘运算构成数域$\mathbb{P}$上的线性空间.

设$\varphi \in \mathrm{Hom}_{\mathbb{P}}(V,W)$. 若$U$也是数域$\mathbb{P}$上的线性空间且$\psi \in \mathrm{Hom}_{\mathbb{P}}(W,U)$, 即$\psi$是定义在$W$上取值于$U$中的线性映射, 则不难验证线性映射的复合$\varphi_3 \triangleq \psi\varphi \in \mathrm{Hom}_{\mathbb{P}}(V,U)$. 习惯上, 我们称$\varphi_3$是线性映射$\varphi$与$\psi$的**积**, 记作$\psi \circ \varphi \triangleq \varphi_3$. 依据§4.2中例8之1), 所定义的求积过程实际上确定了从$\mathrm{Hom}_{\mathbb{P}}(V,W)$, $\mathrm{Hom}_{\mathbb{P}}(W,U)$到$\mathrm{Hom}_{\mathbb{P}}(V,U)$中的一个二元运算, 通常我们称这个运算为**线性映射的乘法运算**.

下例说明线性映射的乘法如同矩阵的乘法一样不具备交换律.

例 4 设$V=\mathbb{R}^3$, $\varphi\in \mathrm{Hom}_{\mathbb{P}}(V,V)$, $\psi\in \mathrm{Hom}_{\mathbb{P}}(V,V)$, 其中对于$V$中的任一个$\boldsymbol{\alpha}$, $\varphi(\boldsymbol{\alpha})$为将$\boldsymbol{\alpha}$绕$x$轴旋转$90^\circ$所得. $\psi(\boldsymbol{\alpha})$为将$\boldsymbol{\alpha}$绕$y$轴旋转$90^\circ$所得.我们假定旋转均符合右手螺旋法则, 则$\varphi\psi(\boldsymbol{e}_3)=\boldsymbol{e}_1$, 而$\psi\varphi(\boldsymbol{e}_3)=-\boldsymbol{e}_2$.

可以验证, 线性映射的乘法满足结合律, 也满足对线性映射加法的左(右)分配律.

当线性映射$\varphi\in \mathrm{Hom}_{\mathbb{P}}(V,W)$是双射时, 我们称之为**同构映射**.同构映射在代数学中有着重要的地位, 我们将在下册中做详细讨论, 本章暂不予以论及.

§7.2 线性映射的矩阵

在本节中, 我们仅研究有限维线性空间之间线性映射的表示方式. 我们知道线性空间中一个基可以线性表示空间中的所有向量, 有限维欧氏空间中由基中的向量之间的内积所形成的度量矩阵确定内积计算的一种方式, 自然要问有限维线性空间之间的线性映射的确定是否也与基相关?

设V与W都是数域$\mathbb{P}$上的有限维线性空间, $\dim V=n$, $\dim W=m$, $\boldsymbol{\alpha}_1,\boldsymbol{\alpha}_2,\cdots,\boldsymbol{\alpha}_n$与$\boldsymbol{\beta}_1,\boldsymbol{\beta}_2,\cdots,\boldsymbol{\beta}_m$分别为$V$与$W$的一个基, $\varphi\in \mathrm{Hom}_{\mathbb{P}}(V,W)$, 则

$$\varphi(V)\triangleq\{x_1\varphi(\boldsymbol{\alpha}_1)+x_2\varphi(\boldsymbol{\alpha}_2)+\cdots+x_n\varphi(\boldsymbol{\alpha}_n)\mid \forall x_i\in\mathbb{P}, i=1,2,\cdots,n\} \tag{2}$$

是W的一个子空间. 从(2)可以推出, $\forall\boldsymbol{\alpha}\in V,\varphi(\boldsymbol{\alpha})$可以经$V$中所给定的基$\boldsymbol{\alpha}_1,\boldsymbol{\alpha}_2,\cdots,\boldsymbol{\alpha}_n$中的向量在线性映射$\varphi$作用下的像$\varphi(\boldsymbol{\alpha}_1),\varphi(\boldsymbol{\alpha}_2),\cdots,\varphi(\boldsymbol{\alpha}_n)$线性表示. 由于$\varphi(\boldsymbol{\alpha}_i)$ $(i=1,2,\cdots,n)$是W中的元素, 故它们可经$\boldsymbol{\beta}_1,\boldsymbol{\beta}_2,\cdots,\boldsymbol{\beta}_m$线性表示, 即成立下列关系式:

$$\begin{cases}\varphi(\boldsymbol{\alpha}_1)=a_{11}\boldsymbol{\beta}_1+a_{21}\boldsymbol{\beta}_2+\cdots+a_{m1}\boldsymbol{\beta}_m,\\ \varphi(\boldsymbol{\alpha}_2)=a_{12}\boldsymbol{\beta}_1+a_{22}\boldsymbol{\beta}_2+\cdots+a_{m2}\boldsymbol{\beta}_m,\\ \qquad\vdots\\ \varphi(\boldsymbol{\alpha}_n)=a_{1n}\boldsymbol{\beta}_1+a_{2n}\boldsymbol{\beta}_2+\cdots+a_{mn}\boldsymbol{\beta}_m,\end{cases} \tag{3}$$

这里$a_{ij}\in\mathbb{P}$ $(i=1,2,\cdots,m;\ j=1,2,\cdots,n)$. (3)常写成如下形式矩阵的乘法关系:

$$\varphi(\boldsymbol{\alpha}_1,\boldsymbol{\alpha}_2,\cdots,\boldsymbol{\alpha}_n)\triangleq(\varphi(\boldsymbol{\alpha}_1),\varphi(\boldsymbol{\alpha}_2),\cdots,\varphi(\boldsymbol{\alpha}_n))=(\boldsymbol{\beta}_1,\boldsymbol{\beta}_2,\cdots,\boldsymbol{\beta}_m)\boldsymbol{A}, \tag{4}$$

这里$\boldsymbol{A}=(a_{ij})_{m\times n}$, 其第$j$个列向量即是$\varphi(\boldsymbol{\alpha}_j)$在基$\boldsymbol{\beta}_1,\boldsymbol{\beta}_2,\cdots,\boldsymbol{\beta}_m$下的坐标($j=1,2,\cdots,n$). 由于线性空间中任意一个向量在某个基下的坐标是唯一的, 故上述分析过程实际上论述了如下事实:

性质 1 设V和W分别是数域$\mathbb{P}$上的n维和m维线性空间, $\boldsymbol{\alpha}_1,\boldsymbol{\alpha}_2,\cdots,\boldsymbol{\alpha}_n$及$\boldsymbol{\beta}_1,\boldsymbol{\beta}_2,\cdots,\boldsymbol{\beta}_m$分别为$V$和$W$上的一个取定的基, $\varphi\in \mathrm{Hom}_{\mathbb{P}}(V,W)$, 则存在$\mathbb{P}$中的唯一一个矩阵$\boldsymbol{A}$满足(4).

反之, 我们有

性质 2 设$\boldsymbol{\alpha}_1, \boldsymbol{\alpha}_2, \cdots, \boldsymbol{\alpha}_n$及$\boldsymbol{\beta}_1, \boldsymbol{\beta}_2, \cdots, \boldsymbol{\beta}_m$ 分别是数域$\mathbb{P}$ 上的有限维线性空间V 和W 中的一个基, $\boldsymbol{A} = (a_{ij})_{m\times n} \in \mathbb{P}^{m\times n}$, 则存在$\mathrm{Hom}_{\mathbb{P}}(V, W)$中唯一的线性映射$\varphi$ 使得(4)成立, 或者等价地有

$$\varphi(\boldsymbol{\alpha}_j) = \boldsymbol{\gamma}_j, \quad j = 1, 2, \cdots, n,$$

这里

$$\begin{aligned}\boldsymbol{\gamma}_j &= a_{1j}\boldsymbol{\beta}_1 + a_{2j}\boldsymbol{\beta}_2 + \cdots + a_{mj}\boldsymbol{\beta}_m \\ &= (\boldsymbol{\beta}_1,\ \boldsymbol{\beta}_2,\ \cdots,\ \boldsymbol{\beta}_m)\begin{pmatrix} a_{1j} \\ a_{2j} \\ \vdots \\ a_{mj} \end{pmatrix}, \quad j = 1, 2, \cdots, n.\end{aligned}$$

证明 构造V 和W 之间元素的对应规则$\varphi : V \longrightarrow W$ 如下:

$$\varphi(\boldsymbol{\alpha}) = x_1\boldsymbol{\gamma}_1 + x_2\boldsymbol{\gamma}_2 + \cdots + x_n\boldsymbol{\gamma}_n \iff \boldsymbol{\alpha} = x_1\boldsymbol{\alpha}_1 + x_2\boldsymbol{\alpha}_2 + \cdots + x_n\boldsymbol{\alpha}_n,\ \forall \boldsymbol{\alpha} \in V, \quad (5)$$

这里$x_1, x_2, \cdots, x_n$为$\mathbb{P}$中的数, 则显然$\varphi(\boldsymbol{\alpha}_j) = \boldsymbol{\gamma}_j$ $(j = 1, 2, \cdots, n)$ 即(4)成立. 以下说明所定义的$\varphi : V \longrightarrow W$ 是定义在V 上取值于W 中的一个线性映射. 首先, 依(5), $\forall\ \boldsymbol{\alpha} \in V$, $\varphi(\boldsymbol{\alpha})$ 均有意义. 又若$\boldsymbol{\alpha}, \boldsymbol{\beta} \in V$ 且$\boldsymbol{\alpha} = \boldsymbol{\beta}$, 则由于$V$中任意一个向量在基$\boldsymbol{\alpha}_1, \boldsymbol{\alpha}_2, \cdots, \boldsymbol{\alpha}_n$ 下的坐标唯一, 故依(5), $\varphi(\boldsymbol{\alpha}) = \varphi(\boldsymbol{\beta})$. 上述分析说明所定义的规则$\varphi : V \longrightarrow W$ 是从V到W中的一个映射. 其次, $\forall \boldsymbol{\alpha}, \boldsymbol{\beta} \in V$, 若$\boldsymbol{\alpha}, \boldsymbol{\beta}$ 在基$\boldsymbol{\alpha}_1, \boldsymbol{\alpha}_2, \cdots, \boldsymbol{\alpha}_n$ 下的坐标分别是$(x_1, x_2, \cdots, x_n)^{\mathrm{T}}$ 及$(y_1, y_2, \cdots, y_n)^{\mathrm{T}}$, 则$\forall c_1, c_2 \in \mathbb{P}$, $c_1\boldsymbol{\alpha} + c_2\boldsymbol{\beta}$ 在$\boldsymbol{\alpha}_1, \boldsymbol{\alpha}_2, \cdots, \boldsymbol{\alpha}_n$ 下的坐标为$(c_1x_1 + c_2y_1,\ c_1x_2 + c_2y_2,\ \cdots,\ c_1x_n + c_2y_n)^{\mathrm{T}}$, 因此,

$$\begin{aligned}\varphi(c_1\boldsymbol{\alpha} + c_2\boldsymbol{\beta}) &= (c_1x_1 + c_2y_1)\boldsymbol{\gamma}_1 + (c_1x_2 + c_2y_2)\boldsymbol{\gamma}_2 + \cdots + (c_1x_n + c_2y_n)\boldsymbol{\gamma}_n \\ &= c_1(x_1\boldsymbol{\gamma}_1 + x_2\boldsymbol{\gamma}_2 + \cdots + x_n\boldsymbol{\gamma}_n) + c_2(y_1\boldsymbol{\gamma}_1 + y_2\boldsymbol{\gamma}_2 + \cdots + y_n\boldsymbol{\gamma}_n) \\ &= c_1\varphi(\boldsymbol{\alpha}) + c_2\varphi(\boldsymbol{\beta}).\end{aligned}$$

依定义1, 由(5)所确定的映射φ 是一个定义在V 上取值于W 中的线性映射, 即$\varphi \in \mathrm{Hom}_{\mathbb{P}}(V, W)$.

假设$\psi \in \mathrm{Hom}_{\mathbb{P}}(V, W)$ 也满足(4), 则有

$$\varphi(\boldsymbol{\alpha}_i) = \boldsymbol{\gamma}_i = \psi(\boldsymbol{\alpha}_i), \quad i = 1,\ 2,\ \cdots,\ n,$$

于是, $\forall \boldsymbol{\alpha} \in V$, 由于存在$\mathbb{P}$中的数$x_1, x_2, \cdots, x_n$使得$\boldsymbol{\alpha} = x_1\boldsymbol{\alpha}_1 + x_2\boldsymbol{\alpha}_2 + \cdots + x_n\boldsymbol{\alpha}_n$, 我们有

$$\begin{aligned}\varphi(\boldsymbol{\alpha}) &= x_1\varphi(\boldsymbol{\alpha}_1) + x_2\varphi(\boldsymbol{\alpha}_2) + \cdots + x_n\varphi(\boldsymbol{\alpha}_n) \\ &= x_1\psi(\boldsymbol{\alpha}_1) + x_2\psi(\boldsymbol{\alpha}_2) + \cdots + x_n\psi(\boldsymbol{\alpha}_n) \\ &= \psi(\boldsymbol{\alpha}).\end{aligned}$$

由$\boldsymbol{\alpha}$的任意性, $\varphi = \psi$, 这说明所定义的线性映射$\varphi \in \mathrm{Hom}_{\mathbb{P}}(V, W)$ 是唯一的. □

注 1 当W不是有限维的时候, 性质1和性质2 将被弱化, 请读者见习题1及习题2.

引理 1 设$\boldsymbol{\alpha}_1, \boldsymbol{\alpha}_2, \cdots, \boldsymbol{\alpha}_n$ 与 $\boldsymbol{\beta}_1, \boldsymbol{\beta}_2, \cdots, \boldsymbol{\beta}_m$ 分别是数域$\mathbb{P}$ 上的有限维线性空间V与W 中的一个基, 则$\mathrm{Hom}_{\mathbb{P}}(V, W)$中的线性映射与$\mathbb{P}^{m\times n}$ 中的矩阵在关系(4) 下一一对应.

证明 令

$$\Omega: \mathrm{Hom}_{\mathbb{P}}(V, W) \to \mathbb{P}^{m\times n}, \ \Omega(\varphi) = \boldsymbol{A} \Longleftrightarrow \boldsymbol{A}\text{与}\varphi\text{满足(4)},$$

这里(4)中的两个基为所给定的基$\boldsymbol{\alpha}_1, \boldsymbol{\alpha}_2, \cdots, \boldsymbol{\alpha}_n$ 与 $\boldsymbol{\beta}_1, \boldsymbol{\beta}_2, \cdots, \boldsymbol{\beta}_m$. 由性质1得$\Omega$为一个映射, 由性质2得它是既满又单. 因此, Ω为从$\mathrm{Hom}_{\mathbb{P}}(V, W)$到$\mathbb{P}^{m\times n}$上的双射, 引理得证. □

通常我们称(4) 中的矩阵$\boldsymbol{A}$ 为线性映射φ **在基对**$\boldsymbol{\alpha}_1, \boldsymbol{\alpha}_2, \cdots, \boldsymbol{\alpha}_n$ **及**$\boldsymbol{\beta}_1, \boldsymbol{\beta}_2, \cdots, \boldsymbol{\beta}_m$ **下的矩阵**.

引理 2 设V和W 是数域$\mathbb{P}$ 上的有限维线性空间, φ和ψ 是定义在V 上取值于W中的线性映射, $\boldsymbol{\alpha}_1, \boldsymbol{\alpha}_2, \cdots, \boldsymbol{\alpha}_n$ 与$\boldsymbol{\beta}_1, \boldsymbol{\beta}_2, \cdots, \boldsymbol{\beta}_m$ 分别是V 与W 的一个基. $\boldsymbol{A}, \boldsymbol{B} \in \mathbb{P}^{m\times n}$ 分别是φ 与ψ 在基对$\boldsymbol{\alpha}_1, \boldsymbol{\alpha}_2, \cdots, \boldsymbol{\alpha}_n$及$\boldsymbol{\beta}_1, \boldsymbol{\beta}_2, \cdots, \boldsymbol{\beta}_m$ 下的矩阵, 则

1) $\varphi+\psi$在基对$\boldsymbol{\alpha}_1, \boldsymbol{\alpha}_2, \cdots, \boldsymbol{\alpha}_n$及 $\boldsymbol{\beta}_1, \boldsymbol{\beta}_2, \cdots, \boldsymbol{\beta}_m$下的矩阵是$\boldsymbol{A}+\boldsymbol{B}$.

2) $c\varphi$(c为$\mathbb{P}$中常数)在基对$\boldsymbol{\alpha}_1, \boldsymbol{\alpha}_2, \cdots, \boldsymbol{\alpha}_n$及 $\boldsymbol{\beta}_1, \boldsymbol{\beta}_2, \cdots, \boldsymbol{\beta}_m$下的矩阵是$c\boldsymbol{A}$.

引理 3 设V, W, U 分别是数域$\mathbb{P}$ 上的有限维线性空间, $\boldsymbol{\alpha}_1, \boldsymbol{\alpha}_2, \cdots, \boldsymbol{\alpha}_n$; $\boldsymbol{\beta}_1, \boldsymbol{\beta}_2, \cdots, \boldsymbol{\beta}_m$ 及$\gamma_1, \gamma_2, \cdots, \gamma_s$ 分别是V, W及U的一个基, $\varphi \in \mathrm{Hom}_{\mathbb{P}}(V, W)$, $\psi \in \mathrm{Hom}_{\mathbb{P}}(W, U)$, 若$\varphi$ 在基对$\boldsymbol{\alpha}_1, \boldsymbol{\alpha}_2, \cdots, \boldsymbol{\alpha}_n$及 $\boldsymbol{\beta}_1, \boldsymbol{\beta}_2, \cdots, \boldsymbol{\beta}_m$ 下的矩阵为$\boldsymbol{A}$, ψ 在基对$\boldsymbol{\beta}_1, \boldsymbol{\beta}_2, \cdots, \boldsymbol{\beta}_m$ 及$\gamma_1, \gamma_2, \cdots, \gamma_s$ 下的矩阵为$\boldsymbol{B}$. 则$\psi\varphi$ 在基对$\boldsymbol{\alpha}_1, \boldsymbol{\alpha}_2, \cdots, \boldsymbol{\alpha}_n$及 $\gamma_1, \gamma_2, \cdots, \gamma_s$ 下的矩阵为$\boldsymbol{BA}$.

请读者自行完成引理2和引理3的证明(习题4). 根据引理1, 引理2及线性映射的定义, 我们有

定理 1 设$\boldsymbol{\alpha}_1, \boldsymbol{\alpha}_2, \cdots, \boldsymbol{\alpha}_n$ 与 $\boldsymbol{\beta}_1, \boldsymbol{\beta}_2, \cdots, \boldsymbol{\beta}_m$ 分别是数域$\mathbb{P}$ 上的有限维线性空间V与W 上的一个基, 则映射

$$\Omega: \mathrm{Hom}_{\mathbb{P}}(V, W) \to \mathbb{P}^{m\times n}, \ \Omega(\varphi) = \boldsymbol{A} \Longleftrightarrow \boldsymbol{A} \in \mathbb{P}^{m\times n}\text{与}\varphi\text{满足(4)}$$

是从线性空间$\mathrm{Hom}_{\mathbb{P}}(V, W)$到线性空间$\mathbb{P}^{m\times n}$上的一个$1-1$的线性映射(即同构).

例 5 设V 是具有内积$(\cdot,\cdot)$的n 维欧氏空间, $\boldsymbol{\alpha}_0 \in V$ 为取定的向量, 则

$$\varphi: V \longrightarrow \mathbb{R}, \quad \varphi(\boldsymbol{\alpha}) = (\boldsymbol{\alpha}, \boldsymbol{\alpha}_0)$$

为定义在V上取值于$\mathbb{R}$ 中的一个线性映射. 取V的一个基为$\boldsymbol{\alpha}_1, \boldsymbol{\alpha}_2, \cdots, \boldsymbol{\alpha}_n$, 取 $r \in \mathbb{R}$ 为非零常数, 则 r 是$\mathbb{R}$ 的一个基. 由于

$$\varphi(\boldsymbol{\alpha}_i) = (\boldsymbol{\alpha}_i, \boldsymbol{\alpha}_0) = (\frac{1}{r}\boldsymbol{\alpha}_i, \boldsymbol{\alpha}_0)r, \quad i = 1, 2, \cdots, n,$$

因此相应的(4)式为:

$$(\varphi(\boldsymbol{\alpha}_1), \varphi(\boldsymbol{\alpha}_2), \cdots, \varphi(\boldsymbol{\alpha}_n)) = (r)_{1\times 1}((\frac{1}{r}\boldsymbol{\alpha}_1, \boldsymbol{\alpha}_0), (\frac{1}{r}\boldsymbol{\alpha}_2, \boldsymbol{\alpha}_0), \cdots, (\frac{1}{r}\boldsymbol{\alpha}_n, \boldsymbol{\alpha}_0))$$

故φ在基对$\boldsymbol{\alpha}_1,\boldsymbol{\alpha}_2,\cdots,\boldsymbol{\alpha}_n$及$r$下的矩阵为

$$\begin{aligned}\boldsymbol{A}&=((\frac{1}{r}\boldsymbol{\alpha}_1,\boldsymbol{\alpha}_0),\ (\frac{1}{r}\boldsymbol{\alpha}_2,\boldsymbol{\alpha}_0),\cdots,\ (\frac{1}{r}\boldsymbol{\alpha}_n,\boldsymbol{\alpha}_0))\\&=\frac{1}{r}((\boldsymbol{\alpha}_1,\boldsymbol{\alpha}_0),(\boldsymbol{\alpha}_2,\boldsymbol{\alpha}_0),\cdots,(\boldsymbol{\alpha}_n,\boldsymbol{\alpha}_0)).\end{aligned}$$

§7.3 线性变换及其矩阵

设V是数域$\mathbb{P}$上的线性空间，称$\varphi\in \mathrm{Hom}_{\mathbb{P}}(V,V)$是$V$上的**线性变换**. 通常，我们用花体的大写英文字母如$\mathcal{A},\mathcal{B},\mathcal{C}$来表示线性空间上的线性变换. 我们也用$\mathrm{End}_{\mathbb{P}}(V)$表示线性空间$V$上的线性变换全体所形成的集合. $\mathrm{End}_{\mathbb{P}}(V)$关于线性变换的加法和数乘运算构成数域$\mathbb{P}$上的线性空间.

§7.1之例1中的φ_2及例2中的$\mathcal{D}$均是相应空间上的线性变换.

例 6 设V是数域$\mathbb{P}$上的线性空间，令

$$\mathcal{A}:V\longrightarrow V,$$

$$\mathcal{A}(\boldsymbol{\alpha})=\boldsymbol{\theta},\quad \forall\boldsymbol{\alpha}\in V,$$

则$\mathcal{A}\in \mathrm{End}_{\mathbb{P}}(V)$. 通常，我们称之为零变换并记作$\mathcal{O}$.

例 7 设V是数域$\mathbb{P}$上的有限维线性空间，$\boldsymbol{\alpha}_1,\boldsymbol{\alpha}_2,\cdots,\boldsymbol{\alpha}_n$与$\boldsymbol{\beta}_1,\boldsymbol{\beta}_2,\cdots,\boldsymbol{\beta}_n$为其两个基，定义对应规则如下:

$$\mathcal{A}:V\longrightarrow V,$$

$$\mathcal{A}(\boldsymbol{\alpha})=(\boldsymbol{\beta}_1,\boldsymbol{\beta}_2,\cdots,\boldsymbol{\beta}_n)\boldsymbol{X},\ \forall\boldsymbol{\alpha}\in V\Longleftrightarrow\boldsymbol{\alpha}=(\boldsymbol{\alpha}_1,\boldsymbol{\alpha}_2,\cdots,\boldsymbol{\alpha}_n)\boldsymbol{X},\ \boldsymbol{X}\in\mathbb{P}^n,$$

则$\mathcal{A}\in \mathrm{End}_{\mathbb{P}}(V)$.

例 8 设$\boldsymbol{\eta}$为具有内积$(\cdot,\cdot)$的欧氏空间V中的一个单位向量. 令

$$\mathcal{A}:V\longrightarrow V,$$

$$\mathcal{A}(\boldsymbol{\alpha})=\boldsymbol{\alpha}-2(\boldsymbol{\eta},\boldsymbol{\alpha})\boldsymbol{\eta},\quad\forall\boldsymbol{\alpha}\in V,$$

则$\mathcal{A}\in \mathrm{End}_{\mathbb{P}}(V)$. 通常我们称之为$V$上的一个**镜面反射**.

可以验证线性变换的乘法既满足结合律，也满足对线性变换加法的左(右)分配律.

如果$\mathcal{A}\in \mathrm{End}_{\mathbb{P}}(V)$是$V$上的一个双射，则其逆$\mathcal{A}^{-1}\in \mathrm{End}_{\mathbb{P}}(V)$，且

$$\mathcal{A}\mathcal{A}^{-1}=\mathcal{A}^{-1}\mathcal{A}=\mathcal{I},$$

这里$\mathcal{I}$表示V上的单位映射. V上的单位映射是V上的一个线性变换，通常，称之为**恒等变换**.

以下，我们讨论线性变换的表示方式. 为此，我们总假定线性空间V是有限维的，或者说总假定$\dim V=n<\infty$. 对于线性变换$\mathcal{A}\in \mathrm{End}_{\mathbb{P}}(V)$来说，由于其所定义的空间与其取值的空间是一样的，所以，如果将§7.2的(4)中所涉及的两个基取成一样，比

如, 取成 $\alpha_1, \alpha_2, \cdots, \alpha_n$, 则(4) 可简写为

$$\mathcal{A}(\alpha_1, \alpha_2, \cdots, \alpha_n) \triangleq (\mathcal{A}(\alpha_1), \mathcal{A}(\alpha_2), \cdots, \mathcal{A}(\alpha_n)) = (\alpha_1, \alpha_2, \cdots, \alpha_n) A, \quad (6)$$

这里 $A \in \mathbb{P}^{n\times n}$, 通常, 我们称之为**线性变换$\mathcal{A}$在基 $\alpha_1, \alpha_2, \cdots, \alpha_n$ 下的矩阵**.

对于线性变换来说, 与§7.2 中性质1和性质2相应的分别是如下的性质3和性质4.

性质 3 设$\alpha_1, \alpha_2, \cdots, \alpha_n$ 为数域$\mathbb{P}$ 上的n 维线性空间V 中的一个取定的基, $\mathcal{A} \in \mathrm{End}_{\mathbb{P}}(V)$, 则存在唯一的数域$\mathbb{P}$ 上的n 阶矩阵A 满足(6).

性质 4 设$\alpha_1, \alpha_2, \cdots, \alpha_n$ 是数域$\mathbb{P}$ 上的n 维线性空间V 中的一个基, $A = (a_{ij})_{n\times n} \in \mathbb{P}^{n\times n}$, 则存在$\mathrm{End}_{\mathbb{P}}(V)$中唯一的线性变换$\mathcal{A}$ 使得(6)成立, 或者等价地有

$$\mathcal{A}(\alpha_1) = \beta_1, \ \mathcal{A}(\alpha_2) = \beta_2, \ \cdots, \ \mathcal{A}(\alpha_n) = \beta_n,$$

其中

$$\beta_i = a_{1i}\alpha_1 + a_{2i}\alpha_2 + \cdots + a_{ni}\alpha_n, \quad i = 1, 2, \cdots, n.$$

与§7.2中引理1, 引理2与引理3相应的是如下的引理4和引理5中的1)–3).

引理 4 设$\alpha_1, \alpha_2, \cdots, \alpha_n$ 是数域$\mathbb{P}$ 上的n 维线性空间V 上的一个基, 则线性空间$\mathrm{End}_{\mathbb{P}}(V)$ 中的线性变换与线性空间$\mathbb{P}^{n\times n}$ 中的矩阵在关系(6) 下一一对应.

引理 5 设数域$\mathbb{P}$ 上线性空间V 上的线性变换$\mathcal{A}, \mathcal{B}$在基$\alpha_1, \alpha_2, \cdots, \alpha_n$ 下的矩阵分别为A 与B , 则

1) $\mathcal{A} + \mathcal{B}$在基$\alpha_1, \alpha_2, \cdots, \alpha_n$下的矩阵是$A + B$.

2) $\mathcal{A}\mathcal{B}$在基$\alpha_1, \alpha_2, \cdots, \alpha_n$下的矩阵是$AB$.

3) $c\mathcal{A}$(c为$\mathbb{P}$中常数)在基$\alpha_1, \alpha_2, \cdots, \alpha_n$下的矩阵是$cA$.

4) 若$\mathcal{A}$ 可逆, 则$\mathcal{A}^{-1}$ 在基$\alpha_1, \alpha_2, \cdots, \alpha_n$ 下的矩阵为A^{-1}.

与§7.2中定理1相应的是如下的定理2.

定理 2 设$\alpha_1, \alpha_2, \cdots, \alpha_n$是数域$\mathbb{P}$ 上的有限维线性空间V的一个基, 则映射

$$\Omega : \mathrm{End}_{\mathbb{P}}(V) \to \mathbb{P}^{n\times n}, \ \Omega(\varphi) = A \Longleftrightarrow A \in \mathbb{P}^{n\times n}\text{与}\varphi\text{满足(6)}$$

是从线性空间$\mathrm{End}_{\mathbb{P}}(V)$到线性空间$\mathbb{P}^{n\times n}$上的一个$1-1$ 的线性映射.

例 9 设$\mathcal{A} \in \mathrm{End}_{\mathbb{P}}(\mathbb{P}^n)$满足

$\mathcal{A}(\alpha) = (x_1 + x_2 + \cdots + x_n, \ x_2 + x_3 + \cdots + x_n, \ \cdots, \ x_n)^{\mathrm{T}}, \ \forall \alpha = (x_1, \cdots, x_n)^{\mathrm{T}} \in \mathbb{P}^n$,

试分别求出$\mathcal{A}$在常用基和基

$$\beta_1 = (1, 1, \cdots, 1)^{\mathrm{T}}, \ \beta_2 = (0, 1, 1, \cdots, 1)^{\mathrm{T}}, \ \cdots, \ \beta_n = (0, 0, \cdots, 0, 1)^{\mathrm{T}}$$

下的矩阵.

解 由于$\mathbb{P}^n$的常用基为

$$e_1 = (1, 0, \cdots, 0)^{\mathrm{T}}, \ e_2 = (0, 1, 0, \cdots, 0)^{\mathrm{T}}, \ \cdots, \ e_n = (0, 0, \cdots, 1)^{\mathrm{T}},$$

故

$$\mathcal{A}(e_1) = (1, 0, \cdots, 0)^{\mathrm{T}} = e_1 + 0e_2 + \cdots + 0e_n,$$

$$\mathcal{A}(\boldsymbol{e}_2)=(1,1,0,\cdots,0)^{\mathrm{T}}=\boldsymbol{e}_1+\boldsymbol{e}_2+0\boldsymbol{e}_3+\cdots+0\boldsymbol{e}_n,$$
$$\mathcal{A}(\boldsymbol{e}_3)=(1,1,1,0,\cdots,0)^{\mathrm{T}}=\boldsymbol{e}_1+\boldsymbol{e}_2+\boldsymbol{e}_3+0\boldsymbol{e}_4+\cdots+0\boldsymbol{e}_n,$$
$$\vdots$$
$$\mathcal{A}(\boldsymbol{e}_n)=(1,1,1,\cdots,1)^{\mathrm{T}}=\boldsymbol{e}_1+\boldsymbol{e}_2+\cdots+\boldsymbol{e}_n,$$

所以，$\mathcal{A}$ 在基$\boldsymbol{e}_1,\boldsymbol{e}_2,\cdots,\boldsymbol{e}_n$下的矩阵为

$$\boldsymbol{A}=\begin{pmatrix}1&1&\cdots&1\\0&1&\cdots&1\\\vdots&\vdots&\ddots&\vdots\\0&0&\cdots&1\end{pmatrix}.$$

因为

$$\mathcal{A}(\boldsymbol{\beta}_1)=(n,n-1,\cdots,1)^{\mathrm{T}}=n\boldsymbol{\beta}_1-\boldsymbol{\beta}_2-\boldsymbol{\beta}_3-\cdots-\boldsymbol{\beta}_n,$$
$$\mathcal{A}(\boldsymbol{\beta}_2)=(n-1,n-1,n-2,\cdots,1)^{\mathrm{T}}=(n-1)\boldsymbol{\beta}_1+0\boldsymbol{\beta}_2-\boldsymbol{\beta}_3-\cdots-\boldsymbol{\beta}_n,$$
$$\vdots$$
$$\mathcal{A}(\boldsymbol{\beta}_n)=(1,1,1,\cdots,1)^{\mathrm{T}}=\boldsymbol{\beta}_1+0\boldsymbol{\beta}_2+\cdots+0\boldsymbol{\beta}_n,$$

所以, $\mathcal{A}$ 在基$\boldsymbol{\beta}_1,\cdots,\boldsymbol{\beta}_n$ 下的矩阵为

$$\boldsymbol{B}=\begin{pmatrix}n&n-1&\cdots&2&1\\-1&0&\cdots&0&0\\-1&-1&\cdots&0&0\\\vdots&\vdots&\ddots&\vdots&\vdots\\-1&-1&\cdots&-1&0\end{pmatrix}.$$

□

下述性质告诉我们说例9中的矩阵$\boldsymbol{A}$ 与$\boldsymbol{B}$ 是相似的.

性质 5 设$\mathcal{A}\in\mathrm{End}_{\mathbb{P}}(V)$, 数域$\mathbb{P}$ 上的n 阶矩阵$\boldsymbol{A}$ 与$\boldsymbol{B}$ 分别是$\mathcal{A}$ 在基$\boldsymbol{\alpha}_1,\boldsymbol{\alpha}_2,\cdots,\boldsymbol{\alpha}_n$ 与基$\boldsymbol{\beta}_1,\boldsymbol{\beta}_2,\cdots,\boldsymbol{\beta}_n$ 下的矩阵, 则$\boldsymbol{A}$ 与$\boldsymbol{B}$ 相似.

证明 依假设有

$$(\mathcal{A}(\boldsymbol{\alpha}_1),\mathcal{A}(\boldsymbol{\alpha}_2),\cdots,\mathcal{A}(\boldsymbol{\alpha}_n))=(\boldsymbol{\alpha}_1,\boldsymbol{\alpha}_2,\cdots,\boldsymbol{\alpha}_n)\boldsymbol{A},\tag{7}$$

及

$$(\mathcal{A}(\boldsymbol{\beta}_1),\mathcal{A}(\boldsymbol{\beta}_2),\cdots,\mathcal{A}(\boldsymbol{\beta}_n))=(\boldsymbol{\beta}_1,\boldsymbol{\beta}_2,\cdots,\boldsymbol{\beta}_n)\boldsymbol{B}.\tag{8}$$

设

$$(\boldsymbol{\alpha}_1,\boldsymbol{\alpha}_2,\cdots,\boldsymbol{\alpha}_n)=(\boldsymbol{\beta}_1,\boldsymbol{\beta}_2,\cdots,\boldsymbol{\beta}_n)\boldsymbol{M},$$

这里$\boldsymbol{M}\in\mathbb{P}^{n\times n}$ 为从基$\boldsymbol{\beta}_1,\boldsymbol{\beta}_2,\cdots,\boldsymbol{\beta}_n$ 到基$\boldsymbol{\alpha}_1,\boldsymbol{\alpha}_2,\cdots,\boldsymbol{\alpha}_n$ 的过渡矩阵, 则

$$(\mathcal{A}(\boldsymbol{\alpha}_1),\mathcal{A}(\boldsymbol{\alpha}_2),\cdots,\mathcal{A}(\boldsymbol{\alpha}_n))=(\mathcal{A}(\boldsymbol{\beta}_1),\mathcal{A}(\boldsymbol{\beta}_2),\cdots,\mathcal{A}(\boldsymbol{\beta}_n))\boldsymbol{M}.$$

由(7)及(8) 得

$$\begin{aligned}(\mathcal{A}(\boldsymbol{\alpha}_1),\mathcal{A}(\boldsymbol{\alpha}_2),\cdots,\mathcal{A}(\boldsymbol{\alpha}_n))&=(\mathcal{A}(\boldsymbol{\beta}_1),\mathcal{A}(\boldsymbol{\beta}_2),\cdots,\mathcal{A}(\boldsymbol{\beta}_n))\boldsymbol{M}\\&=(\boldsymbol{\beta}_1,\boldsymbol{\beta}_2,\cdots,\boldsymbol{\beta}_n)\boldsymbol{B}\boldsymbol{M}\end{aligned}$$

$$= \quad (\boldsymbol{\alpha}_1, \boldsymbol{\alpha}_2, \cdots, \boldsymbol{\alpha}_n)\boldsymbol{M}^{-1}\boldsymbol{B}\boldsymbol{M}. \tag{9}$$

比较(7) 和(9) 得

$$\boldsymbol{A} = \boldsymbol{M}^{-1}\boldsymbol{B}\boldsymbol{M} \quad 或 \quad \boldsymbol{B} = \boldsymbol{M}\boldsymbol{A}\boldsymbol{M}^{-1}.$$

即$\boldsymbol{A}$ 与$\boldsymbol{B}$ 相似. □

进一步, 我们还有

性质 6　设V 是数域$\mathbb{P}$ 上的n维线性空间, $\mathbb{P}$ 上的两个n 阶矩阵$\boldsymbol{A}$ 与$\boldsymbol{B}$ 相似, 则$\boldsymbol{A}$ 与$\boldsymbol{B}$一定是定义在V 上的某个线性变换在不同基下的矩阵.

证明　因为$\boldsymbol{A}$ 与$\boldsymbol{B}$ 相似, 所以存在可逆矩阵$\boldsymbol{M}$ 使得$\boldsymbol{B} = \boldsymbol{M}^{-1}\boldsymbol{A}\boldsymbol{M}$. 任取$V$ 的一个基$\boldsymbol{\alpha}_1, \boldsymbol{\alpha}_2, \cdots, \boldsymbol{\alpha}_n$, 则依性质4, 可定义一个$V$ 上的线性变换$\mathcal{A} : V \longrightarrow V$, 使得$\boldsymbol{A}$ 为$\mathcal{A}$ 在基$\boldsymbol{\alpha}_1, \boldsymbol{\alpha}_2, \cdots, \boldsymbol{\alpha}_n$ 下的矩阵, 即

$$(\mathcal{A}(\boldsymbol{\alpha}_1), \mathcal{A}(\boldsymbol{\alpha}_2), \cdots, \mathcal{A}(\boldsymbol{\alpha}_n)) = (\boldsymbol{\alpha}_1, \boldsymbol{\alpha}_2, \cdots, \boldsymbol{\alpha}_n)\boldsymbol{A}. \tag{10}$$

令$\boldsymbol{\beta}_1, \boldsymbol{\beta}_2, \cdots, \boldsymbol{\beta}_n$ 为如下确定的向量组

$$(\boldsymbol{\beta}_1, \boldsymbol{\beta}_2, \cdots, \boldsymbol{\beta}_n) = (\boldsymbol{\alpha}_1, \boldsymbol{\alpha}_2, \cdots, \boldsymbol{\alpha}_n)\boldsymbol{M}, \tag{11}$$

则$\boldsymbol{\beta}_i$ 在$\boldsymbol{\alpha}_1, \boldsymbol{\alpha}_2, \cdots, \boldsymbol{\alpha}_n$ 下的坐标是$\boldsymbol{M}$ 的第i 列$(i = 1, 2, \cdots, n)$, 因此, $\boldsymbol{\beta}_1, \boldsymbol{\beta}_2, \cdots, \boldsymbol{\beta}_n$ 线性无关, 从而它也是V 上的一个基. 由(10)和(11)得

$$\begin{aligned}
(\mathcal{A}(\boldsymbol{\beta}_1), \mathcal{A}(\boldsymbol{\beta}_2), \cdots, \mathcal{A}(\boldsymbol{\beta}_n)) &= \mathcal{A}(\boldsymbol{\alpha}_1, \boldsymbol{\alpha}_2, \cdots, \boldsymbol{\alpha}_n)\boldsymbol{M} \\
&= (\mathcal{A}(\boldsymbol{\alpha}_1), \mathcal{A}(\boldsymbol{\alpha}_2), \cdots, \mathcal{A}(\boldsymbol{\alpha}_n))\boldsymbol{M} \\
&= (\boldsymbol{\alpha}_1, \boldsymbol{\alpha}_2, \cdots, \boldsymbol{\alpha}_n)\boldsymbol{A}\boldsymbol{M} \\
&= (\boldsymbol{\beta}_1, \boldsymbol{\beta}_2, \cdots, \boldsymbol{\beta}_n)\boldsymbol{M}^{-1}\boldsymbol{A}\boldsymbol{M} \\
&= (\boldsymbol{\beta}_1, \boldsymbol{\beta}_2, \cdots, \boldsymbol{\beta}_n)\boldsymbol{B}.
\end{aligned}$$

故$\boldsymbol{B}$ 即是$\mathcal{A}$ 在基$\boldsymbol{\beta}_1, \boldsymbol{\beta}_2, \cdots, \boldsymbol{\beta}_n$ 下的矩阵, 得证. □

综合性质5 与性质6, 有

定理 3　设V 为数域$\mathbb{P}$ 上的n 维线性空间, $\boldsymbol{A}, \boldsymbol{B}$ 为$\mathbb{P}^{n\times n}$中的n 阶方阵, 则$\boldsymbol{A}$ 与$\boldsymbol{B}$ 相似的充分必要条件为$\boldsymbol{A}$ 与$\boldsymbol{B}$ 是V 上的同一个线性变换在不同基下的矩阵.

基于定理3, 我们认为线性变换所对应的矩阵在相似意义下是唯一的. 有兴趣的读者可以考虑有限维线性空间之间的线性映射由于基的变换所带来的矩阵的变化情况.

定义 2　设$\mathcal{A}$是具有内积$(\cdot, \cdot)$ 的欧氏空间V上的一个线性变换, 如果

$$(\mathcal{A}(\boldsymbol{\alpha}), \mathcal{A}(\boldsymbol{\beta})) = (\boldsymbol{\alpha}, \boldsymbol{\beta}), \quad \forall \boldsymbol{\alpha}, \boldsymbol{\beta} \in V,$$

则我们称线性变换$\mathcal{A}$是V上的一个**正交变换**或**保(内)积变换**.

正交变换保持变换前后向量的长度以及夹角不变(更详细的理论请见下册).

当V是一个有限维的欧氏空间时, 则可以证明任意一个V上的正交变换$\mathcal{A}$在V中任何一个标准正交基下的矩阵$\boldsymbol{A}$是一个正交矩阵. 此时, $|\boldsymbol{A}| = \pm 1$. 当$|\boldsymbol{A}| = 1$时, 我们称此正交变换为**旋转或第一类的**, 当$|\boldsymbol{A}| = -1$时, 我们称该正交变换是**第二类的**.

例 10　设ε_1, ε_2, $\cdots$, ε_n 是n维欧氏空间V中的一个标准正交基, 定义$\mathcal{A} : V \longrightarrow$

V 使得

$$\mathcal{A}(\boldsymbol{\varepsilon}_1) = -\boldsymbol{\varepsilon}_1,\ \mathcal{A}(\boldsymbol{\varepsilon}_i) = \boldsymbol{\varepsilon}_i\ (i = 2,\ \cdots,\ n).$$

则

$$\mathcal{A}(\boldsymbol{\varepsilon}_1, \boldsymbol{\varepsilon}_2, \cdots, \boldsymbol{\varepsilon}_n) = (\boldsymbol{\varepsilon}_1, \boldsymbol{\varepsilon}_2, \cdots, \boldsymbol{\varepsilon}_n)\boldsymbol{A}$$

其中

$$\boldsymbol{A} = \begin{pmatrix} -1 & & & \\ & 1 & & \\ & & \ddots & \\ & & & 1 \end{pmatrix}.$$

$\mathcal{A}$是正交变换. 由$|\boldsymbol{A}| = -1$得$\mathcal{A}$是第二类的. 事实上, 这是一个镜面反射(可参见例8).

§7.4 线性变换的特征值与特征向量

当有限维线性空间上的线性变换给定时, 一般地, 其在基下的矩阵随着基的不同而变化, 自然要问, 能否找到线性空间的一个基, 使得线性变换在该基下的矩阵"最简单"? 对这个问题的彻底回答与对第6章中能否化一个方阵为"最简单"的相似矩阵的回答一样需要用到更深刻的理论. 本节中, 我们仅讨论能否找到一个基使得给定的线性变换在该基下的矩阵是对角阵. 若能, 则称$\mathcal{A}$**可(相似)对角化**. 为此, 我们引入

定义 3 设V 是数域$\mathbb{P}$ 上的线性空间, $\mathcal{A} \in \mathrm{End}_{\mathbb{P}}(V)$, 设$\lambda \in \mathbb{P}$, 若存在$\boldsymbol{\xi} \in V$ $(\boldsymbol{\xi} \neq \boldsymbol{\theta})$满足

$$\mathcal{A}(\boldsymbol{\xi}) = \lambda\boldsymbol{\xi},$$

则称λ 为$\mathcal{A}$ 的一个**特征值**, 称$\boldsymbol{\xi}$为$\mathcal{A}$ 的属于λ 的**特征向量**.

与矩阵的特征向量类似, 当V 是数域$\mathbb{P}$ 上的线性空间时, 对于每一个$\mathcal{A} \in \mathrm{End}_{\mathbb{P}}(V)$, 我们有

1) V 中的任意一个非零向量不可能同时成为$\mathcal{A}$ 的属于不同特征值的特征向量.
2) $\mathcal{A}$ 的属于不同特征值的特征向量必线性无关.
3) $V_\lambda \triangleq \{\mathcal{A}$ 的属于λ 的特征向量全体$\} \cup \{\boldsymbol{\theta}\}$ 是V 的一个子空间(称作$\mathcal{A}$的属于特征值λ的**特征子空间**).

定理 4 设V 是数域$\mathbb{P}$ 上的有限维线性空间, V 上的线性变换$\mathcal{A}$ 在基$\boldsymbol{\alpha}_1, \boldsymbol{\alpha}_2, \cdots, \boldsymbol{\alpha}_n$ 下的矩阵为$\boldsymbol{A}$, $\lambda \in \mathbb{P}$, V 中非零向量$\boldsymbol{\xi}$ 在基$\boldsymbol{\alpha}_1, \boldsymbol{\alpha}_2, \cdots, \boldsymbol{\alpha}_n$ 下的坐标是$\boldsymbol{X} \in \mathbb{P}^n$, 则

$$\mathcal{A}(\boldsymbol{\xi}) = \lambda\boldsymbol{\xi} \Longleftrightarrow \boldsymbol{AX} = \lambda\boldsymbol{X}.$$

证明 依定理的条件有

$$\boldsymbol{\xi} = (\boldsymbol{\alpha}_1, \boldsymbol{\alpha}_2, \cdots, \boldsymbol{\alpha}_n)\boldsymbol{X}$$

且

$$\mathcal{A}(\boldsymbol{\alpha}_1, \boldsymbol{\alpha}_2, \cdots, \boldsymbol{\alpha}_n) = (\boldsymbol{\alpha}_1, \boldsymbol{\alpha}_2, \cdots, \boldsymbol{\alpha}_n)\boldsymbol{A}.$$

由于

$$\mathcal{A}(\boldsymbol{\xi}) = \mathcal{A}(\boldsymbol{\alpha}_1, \boldsymbol{\alpha}_2, \cdots, \boldsymbol{\alpha}_n)\boldsymbol{X} = (\boldsymbol{\alpha}_1, \boldsymbol{\alpha}_2, \cdots, \boldsymbol{\alpha}_n)\boldsymbol{A}\boldsymbol{X}$$

而

$$\lambda\boldsymbol{\xi} = (\boldsymbol{\alpha}_1, \boldsymbol{\alpha}_2, \cdots, \boldsymbol{\alpha}_n)(\lambda\boldsymbol{X}),$$

故

$$\mathcal{A}(\boldsymbol{\xi}) = \lambda\boldsymbol{\xi} \Longleftrightarrow (\boldsymbol{\alpha}_1, \boldsymbol{\alpha}_2, \cdots, \boldsymbol{\alpha}_n)\boldsymbol{A}\boldsymbol{X} = (\boldsymbol{\alpha}_1, \boldsymbol{\alpha}_2, \cdots, \boldsymbol{\alpha}_n)\lambda\boldsymbol{X} \Longleftrightarrow \boldsymbol{A}\boldsymbol{X} = \lambda\boldsymbol{X}.$$

□

定理4 说明, 有限维线性空间上线性变换的特征值与特征向量的讨论完全可以经由该线性变换在空间的某个基下的矩阵的特征值与特征向量的讨论来完成, 反之亦然.

由于在有限维线性空间V中, 一个线性变换在V的任何一个基下的矩阵都是相似的, 因而这些矩阵的特征多项式均相同. 通常, 我们称这个特征多项式为该**线性变换的特征多项式**.

接下来, 我们来回答本节开头所提出的问题. 如果在n 维线性空间V 中, 定义在其上的线性变换$\mathcal{A}$ 在某个基$\boldsymbol{\alpha}_1, \boldsymbol{\alpha}_2, \cdots, \boldsymbol{\alpha}_n$ 下的矩阵为对角阵$\mathrm{diag}(\lambda_1, \lambda_2, \cdots, \lambda_n)$, 即

$$(\mathcal{A}(\boldsymbol{\alpha}_1), \mathcal{A}(\boldsymbol{\alpha}_2), \cdots, \mathcal{A}(\boldsymbol{\alpha}_n)) = (\boldsymbol{\alpha}_1, \boldsymbol{\alpha}_2, \cdots, \boldsymbol{\alpha}_n)\begin{pmatrix} \lambda_1 & & & \\ & \lambda_2 & & \\ & & \ddots & \\ & & & \lambda_n \end{pmatrix},$$

则

$$\mathcal{A}(\boldsymbol{\alpha}_i) = \lambda_i\boldsymbol{\alpha}_i, \qquad i = 1, 2, \cdots, n,$$

即$\boldsymbol{\alpha}_1, \boldsymbol{\alpha}_2, \cdots, \boldsymbol{\alpha}_n$ 为$\mathcal{A}$ 的一个由特征向量所组成的基. 反之亦然. 故依定理4 得

定理 5 设V 是数域$\mathbb{P}$ 上的有限维线性空间, $\mathcal{A} \in \mathrm{End}_{\mathbb{P}}(V)$, 则

$\mathcal{A}$ 在某个基下的矩阵为对角阵 $\Longleftrightarrow$ 该基应由$\mathcal{A}$的特征向量所组成

$\Longleftrightarrow$ $\mathcal{A}$在任一个基下的矩阵均与对角阵相似

$\Longleftrightarrow$ $\mathcal{A}$的所有两两互异的特征子空间维数之和等于V的维数.

例 11 设V 是数域$\mathbb{P}$ 上的3 维线性空间, V 上的线性变换$\mathcal{A}$ 在基ε_1, ε_2, ε_3 下的矩阵是

$$\boldsymbol{A} = \begin{pmatrix} 6 & 2 & 4 \\ 2 & 3 & 2 \\ 4 & 2 & 6 \end{pmatrix},$$

试判定能否存在V中的一个基, 使得$\mathcal{A}$在该基下的矩阵是对角阵.

解 由§6.1的例1 知, 线性变换$\mathcal{A}$ 的特征值是2, 2, 11, 而属于2, 2, 11 的特征向量分别是

$$\boldsymbol{\xi}_1 = (\boldsymbol{\varepsilon}_1, \boldsymbol{\varepsilon}_2, \boldsymbol{\varepsilon}_3)\begin{pmatrix} 1 \\ -2 \\ 0 \end{pmatrix}, \quad \boldsymbol{\xi}_2 = (\boldsymbol{\varepsilon}_1, \boldsymbol{\varepsilon}_2, \boldsymbol{\varepsilon}_3)\begin{pmatrix} 0 \\ -2 \\ 1 \end{pmatrix}, \quad \boldsymbol{\xi}_3 = (\boldsymbol{\varepsilon}_1, \boldsymbol{\varepsilon}_2, \boldsymbol{\varepsilon}_3)\begin{pmatrix} 2 \\ 1 \\ 2 \end{pmatrix},$$

又由§6.4的例3, 存在$\boldsymbol{M} = \begin{pmatrix} 1 & 0 & 2 \\ -2 & -2 & 1 \\ 0 & 1 & 2 \end{pmatrix}$ 满足

$$\boldsymbol{M}^{-1}\boldsymbol{A}\boldsymbol{M} = \begin{pmatrix} 2 & 0 & 0 \\ 0 & 2 & 0 \\ 0 & 0 & 11 \end{pmatrix},$$

故 $\mathcal{A}$ 在其$\boldsymbol{\xi}_1, \boldsymbol{\xi}_2, \boldsymbol{\xi}_3$ 下的矩阵为

$$\boldsymbol{M}^{-1}\boldsymbol{A}\boldsymbol{M} = \begin{pmatrix} 2 & 0 & 0 \\ 0 & 2 & 0 \\ 0 & 0 & 11 \end{pmatrix}.$$

□

习 题

1. 设V, W是数域$\mathbb{P}$ 上线性空间且$\varphi \in \mathrm{Hom}_{\mathbb{P}}(V, W)$. 试证明若$V$是有限维线性空间, 则$\varphi$ 由V的一个基在φ 作用下的像所唯一确定.

2. 设V, W是数域$\mathbb{P}$上的线性空间, $\dim V = n < +\infty$. 试证明: 如果$\boldsymbol{\alpha}_1, \boldsymbol{\alpha}_2, \cdots, \boldsymbol{\alpha}_n$为$V$ 的一个基, $\boldsymbol{\gamma}_1, \boldsymbol{\gamma}_2, \cdots, \boldsymbol{\gamma}_n$ 为W 中的任意n个向量(可以重复), 那么存在唯一$\varphi \in \mathrm{Hom}_{\mathbb{P}}(V, W)$ 使得$\varphi(\boldsymbol{\alpha}_1) = \boldsymbol{\gamma}_1$, $\varphi(\boldsymbol{\alpha}_2) = \boldsymbol{\gamma}_2$, $\cdots$, $\varphi(\boldsymbol{\alpha}_n) = \boldsymbol{\gamma}_n$.

3. 试判别下面所定义的映射中, 哪些是线性映射, 哪些是不是线性映射, 哪些是线性变换.

   (1) 在线性空间V 中, $\varphi(\boldsymbol{v}) = \boldsymbol{v} + \boldsymbol{\alpha}$, $\forall \boldsymbol{v} \in V$, 其中$\boldsymbol{\alpha} \in V$ 是一固定向量.

   (2) 在$\mathbb{P}[x]$ 中, $\varphi(f(x)) = f(x_0)$, $\forall f(x) \in \mathbb{P}[x]$, 其中$x_0 \in \mathbb{P}$ 是一固定的数.

   (3) 在$\mathbb{P}^2$ 中, $\varphi\big((a, b)\big) = (a^2, a - b)$, $\forall (a, b) \in \mathbb{P}^2$.

   (4) 在$\mathbb{P}^{m\times n}$ 中, $\varphi(\boldsymbol{X}) = \boldsymbol{A}\boldsymbol{X}\boldsymbol{B} + \boldsymbol{C}$, $\forall \boldsymbol{X} \in \mathbb{P}^{m\times n}$, 这里$\boldsymbol{A}, \boldsymbol{B}$和$\boldsymbol{C}$ 分别是取定的$\mathbb{P}$上的m 阶方阵, n 阶方阵和$m \times n$ 矩阵.

   (5) 把复数域$\mathbb{C}$看作自身上的线性空间, 定义$\varphi(k) = \overline{k}$, $\forall k \in \mathbb{C}$.

4. 试详细证明引理2, 引理3与定理1.

5. 试求线性空间$\mathbb{P}^3$的一个线性变换, 满足

$$\mathcal{A}((1,-1,-3)^{\mathrm{T}})=(1,0,-1)^{\mathrm{T}},$$
$$\mathcal{A}((2,1,1)^{\mathrm{T}})=(2,-1,1)^{\mathrm{T}},$$
$$\mathcal{A}((1,0,-1)^{\mathrm{T}})=(1,0,-1)^{\mathrm{T}}.$$

6. 设$\mathcal{A}$是数域$\mathbb{P}$上的线性空间V上的线性变换. 试证明: 如果对$\boldsymbol{\alpha}\in V$有$\mathcal{A}^{k-1}(\boldsymbol{\alpha})\neq\boldsymbol{\theta}$但$\mathcal{A}^k(\boldsymbol{\alpha})=\boldsymbol{\theta}$, 这里$k>1$为正整数, 则$\boldsymbol{\alpha},\mathcal{A}(\boldsymbol{\alpha}),\cdots,\mathcal{A}^{k-1}(\boldsymbol{\alpha})$线性无关.

7. 试求下列线性变换在指定基下的矩阵.

(1) 在$\mathbb{P}^3$中, $\mathcal{A}\big((a,b,c)\big)=(2b+c,a-4b,3a)$, 基为$\boldsymbol{\alpha}_1=(1,1,1)$, $\boldsymbol{\alpha}_2=(1,1,0)$, $\boldsymbol{\alpha}_3=(1,0,0)$.

(2) 在$\mathbb{P}[x]_n$中, 线性变换$\mathcal{A}$为: $f(x)\longrightarrow f(x+1)-f(x)$, 基为

$$\boldsymbol{\varepsilon}_0=1,\quad \boldsymbol{\varepsilon}_i=\frac{x(x-1)\cdots(x-i+1)}{i!}\quad(i=1,\ 2,\ \cdots,\ n-1).$$

(3) 在$\mathbb{P}^{2\times2}$中, 定义$\mathcal{A}(\boldsymbol{X})=\begin{pmatrix} a & b\\ c & d\end{pmatrix}\boldsymbol{X}\begin{pmatrix} a & b\\ c & d\end{pmatrix}$, 基取作$\boldsymbol{E}_{11}$, $\boldsymbol{E}_{12}$, $\boldsymbol{E}_{21}$, $\boldsymbol{E}_{22}$.

(4) 在$\mathbb{P}^{2\times2}$中, $\mathcal{A}(\boldsymbol{X})=\boldsymbol{X}\boldsymbol{N}$, $\mathcal{B}(\boldsymbol{X})=\boldsymbol{M}\boldsymbol{X}$, 其中

$$\boldsymbol{M}=\begin{pmatrix} 1 & 0\\ -2 & 0\end{pmatrix},\ \boldsymbol{N}=\begin{pmatrix} 1 & 1\\ 1 & -1\end{pmatrix},$$

试求$\mathcal{AB}$与$\mathcal{A}+\mathcal{B}$在基$\boldsymbol{E}_{11}$, $\boldsymbol{E}_{12}$, $\boldsymbol{E}_{21}$, $\boldsymbol{E}_{22}$下的矩阵.

8. 设数域$\mathbb{P}$上的三维线性空间V上的线性变换$\mathcal{A}$在基$\boldsymbol{\varepsilon}_1$, $\boldsymbol{\varepsilon}_2$, $\boldsymbol{\varepsilon}_3$下的矩阵为

$$\begin{pmatrix} a_{11} & a_{12} & a_{13}\\ a_{21} & a_{22} & a_{23}\\ a_{31} & a_{32} & a_{33}\end{pmatrix}\in\mathbb{P}^{3\times3},$$

试求$\mathcal{A}$在

(1) 基$\boldsymbol{\varepsilon}_3$, $\boldsymbol{\varepsilon}_2$, $\boldsymbol{\varepsilon}_1$下的矩阵.

(2) 基$\boldsymbol{\varepsilon}_1$, $k\boldsymbol{\varepsilon}_2$ $(k\neq0)$, $\boldsymbol{\varepsilon}_3$下的矩阵.

(3) 基$\boldsymbol{\varepsilon}_1+\boldsymbol{\varepsilon}_2$, $\boldsymbol{\varepsilon}_2$, $\boldsymbol{\varepsilon}_3$下的矩阵.

9. 设线性空间$\mathbb{R}^3$的线性变换$\mathcal{A}$定义如下:

$$\mathcal{A}((a_1,a_2,a_3)^{\mathrm{T}})=(2a_1-a_2,a_2-a_3,a_2+a_3)^{\mathrm{T}}.$$

(1) 试求$\mathcal{A}$在基$\boldsymbol{\varepsilon}_1=(1,0,0)^{\mathrm{T}}$, $\boldsymbol{\varepsilon}_2=(0,1,0)^{\mathrm{T}}$, $\boldsymbol{\varepsilon}_3=(0,0,1)^{\mathrm{T}}$下的矩阵$\boldsymbol{A}$.

(2) 试求$\mathcal{A}$ 在基$\boldsymbol{\eta}_1=(1,1,0)^{\mathrm{T}}$, $\boldsymbol{\eta}_2=(0,1,1)^{\mathrm{T}}$, $\boldsymbol{\eta}_3=(0,0,1)^{\mathrm{T}}$ 下的矩阵$\boldsymbol{B}$.

(3) 试求由基$\boldsymbol{\varepsilon}_1,\boldsymbol{\varepsilon}_2$, $\boldsymbol{\varepsilon}_3$到$\boldsymbol{\eta}_1,\boldsymbol{\eta}_2,\boldsymbol{\eta}_3$的过渡矩阵$M$, 并验证$\boldsymbol{B}=\boldsymbol{M}^{-1}\boldsymbol{A}\boldsymbol{M}$.

10. 在线性空间$\mathbb{R}^3$ 中, 给定两个基

$$(\text{I}):\ \boldsymbol{\varepsilon}_1=(1,0,1)^{\mathrm{T}},\ \boldsymbol{\varepsilon}_2=(2,1,0)^{\mathrm{T}},\ \boldsymbol{\varepsilon}_3=(1,1,1)^{\mathrm{T}}.$$

$$(\text{II}):\ \boldsymbol{\eta}_1=(1,2,-1)^{\mathrm{T}},\ \boldsymbol{\eta}_2=(2,2,-1)^{\mathrm{T}},\ \boldsymbol{\eta}_3=(2,-1,-1)^{\mathrm{T}}.$$

设线性变换$\mathcal{A}$ 满足$\mathcal{A}(\boldsymbol{\varepsilon}_i)=\boldsymbol{\eta}_i$, $i=1,2,3$. 试写出

(1) 从基(I) 到基(II) 的过渡矩阵.

(2) $\mathcal{A}$ 在基(I) 下的矩阵.

(3) $\mathcal{A}$ 在基(II) 下的矩阵.

11. 在线性空间$\mathbb{R}^3$ 中, 已知线性变换$\mathcal{A}$ 在基

$$\boldsymbol{\varepsilon}_1=(8,-1,7)^{\mathrm{T}};\ \boldsymbol{\varepsilon}_2=(16,7,13)^{\mathrm{T}},\ \boldsymbol{\varepsilon}_3=(9,-3,7)^{\mathrm{T}}$$

下的矩阵为

$$\boldsymbol{A}=\begin{pmatrix}-1&-18&15\\-1&-22&20\\1&-25&22\end{pmatrix},$$

试求$\mathcal{A}$ 在基

$$\boldsymbol{\eta}_1=(1,-2,1)^{\mathrm{T}},\ \boldsymbol{\eta}_2=(3,-1,2)^{\mathrm{T}},\ \boldsymbol{\eta}_3=(2,1,2)^{\mathrm{T}}$$

下的矩阵.

12. 试求实线性空间V 上的线性变换$\mathcal{A}$ 的所有特征值与特征向量, 已知$\mathcal{A}$ 在某一个基下的矩阵为

$$(1)\ \begin{pmatrix}0&0&1\\0&1&0\\1&0&0\end{pmatrix}.\quad (2)\ \begin{pmatrix}3&1&0\\-4&-1&0\\4&-8&-2\end{pmatrix}.\quad (3)\ \begin{pmatrix}1&1&1&1\\1&1&-1&-1\\1&-1&1&-1\\1&-1&-1&1\end{pmatrix}.$$

13. 上题中哪些线性变换在适当的基下的矩阵为对角阵？可以的话, 试写出相应基的过渡矩阵$\boldsymbol{M}$, 并验算$\boldsymbol{M}^{-1}\boldsymbol{A}\boldsymbol{M}$为对角阵.

14. 设$\mathcal{A}$ 是数域$\mathbb{P}$ 上的n 维线性空间V 上的一个线性变换. 试证明如果$\mathcal{A}$ 在V 的任意一个基下矩阵都相同, 那么$\mathcal{A}$ 是V 上的数乘变换.

15. 在$\mathbb{P}[x]_n(n>0)$ 中, 试求微分变换$\mathcal{D}$ 的特征多项式, 并证明$\mathcal{D}$ 在任意一个基下的矩阵都不可能是对角矩阵.

16. 设$\varepsilon_1, \varepsilon_2, \varepsilon_3, \varepsilon_4$是复四维线性空间$V$的一个基, V上的线性变换$\mathcal{A}$在这个基下的矩阵为

$$\boldsymbol{A}=\begin{pmatrix} 5 & -2 & -4 & 3 \\ 3 & -1 & -3 & 2 \\ -3 & \frac{1}{2} & \frac{9}{2} & -\frac{5}{2} \\ -10 & 3 & 11 & -7 \end{pmatrix},$$

(1) 试求$\mathcal{A}$在基 $\boldsymbol{\eta}_1=\varepsilon_1+2\varepsilon_2+\varepsilon_3+\varepsilon_4$, $\boldsymbol{\eta}_2=2\varepsilon_1+3\varepsilon_2+\varepsilon_3$, $\boldsymbol{\eta}_3=\varepsilon_3$, $\boldsymbol{\eta}_4=\varepsilon_4$下的矩阵.

(2) 试求$\mathcal{A}$的特征值与特征向量.

(3) 试求一个可逆矩阵$\boldsymbol{M}$, 使$\boldsymbol{M}^{-1}\boldsymbol{A}\boldsymbol{M}$成对角形.

补 充 题

1. 设V是数域$\mathbb{P}$上的线性空间, $\mathcal{A}$, $\mathcal{B}$是V上的线性变换, $\mathcal{A}^2=\mathcal{A}$, $\mathcal{B}^2=\mathcal{B}$, 试证明

(1) 如果$(\mathcal{A}+\mathcal{B})^2=\mathcal{A}+\mathcal{B}$, 那么$\mathcal{A}\mathcal{B}=\mathcal{O}$.

(2) 如果$\mathcal{A}\mathcal{B}=\mathcal{B}\mathcal{A}$, 那么$(\mathcal{A}+\mathcal{B}-\mathcal{A}\mathcal{B})^2=\mathcal{A}+\mathcal{B}-\mathcal{A}\mathcal{B}$.

2. 设V是数域$\mathbb{P}$上的无限维线性空间, $\mathcal{A}$, $\mathcal{B}$是V上的线性变换, 如果$\mathcal{A}\mathcal{B}-\mathcal{B}\mathcal{A}=\mathcal{I}$, 试证明对任意的正整数$k$都有

$$\mathcal{A}^k\mathcal{B}-\mathcal{B}\mathcal{A}^k=k\mathcal{A}^{k-1}.$$

3. 设$\varepsilon_1, \varepsilon_2, \cdots, \varepsilon_n$是线性空间$V$的一个基, $\mathcal{A}$是V上的线性变换, 则$\mathcal{A}$可逆当且仅当$\mathcal{A}(\varepsilon_1), \mathcal{A}(\varepsilon_2), \cdots, \mathcal{A}(\varepsilon_n)$线性无关.

4. 设V, W分别是数域$\mathbb{P}$上的m维和n线性空间, 试证明$\dim \mathrm{Hom}_{\mathbb{P}}(V, W)=mn$.

5. 设V为数域$\mathbb{P}$上n维线性空间, 试证明V上的任意一个线性变换均可表示为一个可逆变换和一个**幂等变换**(即V上满足$\mathcal{A}^2=\mathcal{A}$的线性变换$\mathcal{A}$)的乘积.

6. 设$\mathcal{A}$是数域$\mathbb{P}$上n维空间V上的线性变换,

(1) 试利用哈密顿—凯莱定理证明, 如果$f(\lambda)$是$\mathcal{A}$的特征多项式, 那么$f(\mathcal{A})=\mathcal{O}$.

(2) 不用哈密顿—凯莱定理, 试证明在$\mathbb{P}[x]$中有一次数小于或者等于n^2的多项式$g(x)$使得$g(\mathcal{A})=\mathcal{O}$.

(3)试证明$\mathcal{A}$可逆的充要条件是存在$\mathbb{P}$上的一个常数项不为零的多项式$g(x)$使得$g(\mathcal{A})=\mathcal{O}$.

第8章　二次型

二次型的研究在几何上的解释可以认为是齐次二次(有心)曲面(线) 的类型判别及标准方程的寻找. 二次型理论在优化、工程计算等领域有着重要的应用.

§8.1　二次型的定义及标准形

数域$\mathbb{P}$上关于变元$x_1, x_2, \cdots, x_n (x_i \in \mathbb{P}, i = 1, 2, \cdots, n)$ 的**n 元二次型** 定义为

$$\begin{aligned} f(x_1, x_2, \cdots, x_n) &= a_{11}x_1^2 + 2a_{12}x_1x_2 + 2a_{13}x_1x_3 + \cdots + 2a_{1n}x_1x_n \\ &\quad + a_{22}x_2^2 + 2a_{23}x_2x_3 + \cdots + 2a_{2n}x_2x_n \\ &\quad + \cdots\cdots\cdots\cdots \\ &\quad + a_{nn}x_n^2 \\ &= \sum_{i=1}^{n} a_{ii}x_i^2 + 2\sum_{1 \le i < j \le n} a_{ij}x_ix_j \end{aligned} \tag{1}$$

这里$a_{ij} \in \mathbb{P}(i, j = 1, 2, \cdots, n)$. 通常, 我们称$a_{ii}$ 或$2a_{ij}$ 分别为(1) 的**项** $a_{ii}x_i^2$ 及$2a_{ij}x_ix_j$ 的**系数**. 当(1)的各项系数都是实数时, 我们称(1)为**实二次型**, 当我们在复数域$\mathbb{C}$内考查(1)时, 我们称(1)是**复二次型**. 我们约定: (1)中系数为零的项可以不用写出来. 当(1)的各项系数全为零时, 我们称(1)为n元**零二次型**并记为0.

我们称

$$\begin{cases} x_1 = c_{11}y_1 + c_{12}y_2 + \cdots + c_{1n}y_n, \\ x_2 = c_{21}y_1 + c_{22}y_2 + \cdots + c_{2n}y_n, \\ \qquad \vdots \\ x_n = c_{n1}y_1 + c_{n2}y_2 + \cdots + c_{nn}y_n, \end{cases} \tag{2}$$

为数域$\mathbb{P}$上的一个**线性替换**, 这里$x_1, x_2, \cdots, x_n$与$y_1, y_2, \cdots, y_n$ 为$\mathbb{P}$中的变元, $c_{ij} \in \mathbb{P}(i, j = 1, 2, \cdots, n)$. 若$|c_{ij}|_n \neq 0$, 则称(2) 是**非退化的**, 否则称(2) 是**退化的**. 当$c_{ij}(i, j = 1, 2, \cdots, n)$ 都是实数时, 我们称线性替换(2)是**实**的, 当我们在复数域$\mathbb{C}$内考虑线性替换(2)时, 称(2)是$\mathbb{C}$上的或是**复**的.

我们的目标就是寻找一个非退化的线性替换(2), 使之代入(1) 后, 将(1)化为如下仅有二次平方项的和的形式:

$$f(x_1, x_2, \cdots, x_n) = d_1y_1^2 + d_2y_2^2 + \cdots + d_ny_n^2, \tag{3}$$

如果(1)经线性替换(2)的代换后化为(3) , 我们就称(3) 为(1) 的一个**标准形**. 我们也说(1)可经(2)标准化. 如果(1)以及化标准形过程中所涉及的(2) 和(3)中的所有量都是实数, 则称标准形(3)是$\mathbb{R}$上的或是**实**的, 当我们在复数域$\mathbb{C}$内考查标准形(3)时, 称(3)是$\mathbb{C}$上的或是**复**的.

定理 1 数域$\mathbb{P}$上的任何一个形如(1)的关于变元$x_1, x_2, \cdots, x_n$的n元二次型均可经$\mathbb{P}$上的某个非退化的线性替换化为标准形.

证明 我们用数学归纳法证明. 当$n=1$时, (1) 本身就是标准形.

假设定理的结论对数域$\mathbb{P}$上的任意一个$n-1$元二次型均成立. 对于数域$\mathbb{P}$上任取的一个形如(1)的n元二次型, 我们分两种情形来讨论.

第一种情形: (1)中平方项的系数不全为零. 我们先讨论$a_{11} \neq 0$的情形, 此时, 我们对(1)实施配方得

$$\begin{aligned} f(x_1, x_2, \cdots, x_n) &= a_{11}[x_1^2 + 2(\frac{a_{12}}{a_{11}}x_2 + \frac{a_{13}}{a_{11}}x_3 + \cdots + \frac{a_{1n}}{a_{11}}x_n)x_1] \\ &\quad + \sum_{i=2}^{n} a_{ii}x_i^2 + 2\sum_{2 \le i < j \le n} a_{ij}x_ix_j \\ &= a_{11}(x_1 + \frac{a_{12}}{a_{11}}x_2 + \cdots + \frac{a_{1n}}{a_{11}}x_n)^2 + \sum_{i=2}^{n} a_{ii}x_i^2 \\ &\quad + 2\sum_{2 \le i < j \le n} a_{ij}x_ix_j - a_{11}(\frac{a_{12}}{a_{11}}x_2 + \cdots + \frac{a_{1n}}{a_{11}}x_n)^2. \end{aligned} \tag{4}$$

令

$$\begin{cases} z_1 = x_1 + \frac{a_{12}}{a_{11}}x_2 + \cdots + \frac{a_{1n}}{a_{11}}x_n, \\ z_2 = x_2, \\ \quad \vdots \\ z_n = x_n, \end{cases}$$

或

$$\begin{cases} x_1 = z_1 - \frac{a_{12}}{a_{11}}z_2 - \cdots - \frac{a_{1n}}{a_{11}}z_n, \\ x_2 = z_2, \\ \quad \vdots \\ x_n = z_n, \end{cases} \tag{5}$$

则(5) 是数域$\mathbb{P}$上的一个非退化的线性替换, 将之代入(4) 得

$$f(x_1, x_2, \cdots, x_n) = a_{11}z_1^2 + g(z_2, \cdots, z_n), \tag{6}$$

这里

$$g(z_2, \cdots, z_n) = \sum_{i=2}^{n} a_{ii}z_i^2 + 2\sum_{2 \le i < j \le n} a_{ij}z_iz_j - a_{11}(\frac{a_{12}}{a_{11}}z_2 + \cdots + \frac{a_{1n}}{a_{11}}z_n)^2 \tag{7}$$

是数域$\mathbb{P}$上关于变元$z_2, z_3, \cdots, z_n$ 的一个$n-1$元二次型, 依归纳假设, 存在数域$\mathbb{P}$上的非退化线性替换

$$\begin{cases} z_2 = d_{22}y_2 + \cdots + d_{2n}y_n, \\ z_3 = d_{32}y_2 + \cdots + d_{3n}y_n, \\ \quad \vdots \\ z_n = d_{n2}y_2 + \cdots + d_{nn}y_n, \end{cases}$$

当我们将它代入(7) 后, (7) 化为

$$g(z_2, z_3, \cdots, z_n) = d_2y_2^2 + d_3y_3^2 + \cdots + d_ry_r^2,$$

这里$d_i \in \mathbb{P}, i = 2, 3, \cdots, r$, $2 \le r \le n$. 于是, 若令

$$\begin{cases} z_1 = y_1, \\ z_2 = d_{22}y_2 + \cdots + d_{2n}y_n, \\ \quad\vdots \\ z_n = d_{n2}y_2 + \cdots + d_{nn}y_n, \end{cases} \tag{8}$$

则(8) 也是$\mathbb{P}$上的一个非退化的线性替换. 代入(6) 得

$$f(x_1, x_2, \cdots, x_n) = a_{11}y_1^2 + d_2y_2^2 + \cdots + d_ny_n^2. \tag{9}$$

令

$$\begin{cases} x_1 = c_{11}y_1 + c_{12}y_2 + \cdots + c_{1n}y_n, \\ x_2 = c_{21}y_1 + c_{22}y_2 + \cdots + c_{2n}y_n, \\ \quad\vdots \\ x_n = c_{n1}y_1 + c_{n2}y_2 + \cdots + c_{nn}y_n, \end{cases} \tag{10}$$

为(8) 代入(5) 所得的线性替换, 由于(10)是非退化的线性替换的复合, 因而依§3.1 中的例5及其定理1知, 它也是$\mathbb{P}$上的非退化的线性替换. 又(9) 实际上就是(10) 代入(1) 所得, 故我们证明了定理的结论此时是正确的.

当$a_{11} = 0$时, 则总存在某个变元的平方项的系数不为零, 交换该变元和x_1的位置, 然后重新对变元进行编号形成新的二次型(实际上就是作了一次$\mathbb{P}$上非退化的线性替换!), 这个新二次型的第一个变元的平方项的系数不为零, 这就是$a_{11} \neq 0$的情形. 因此, 依据刚才所证明的结果以及非退化的线性替换的复合依然是非退化的这样一个事实, 定理的结论依然正确.

第二种情形：所有平方项的系数全为零, 即$a_{ii} = 0, i = 1, 2, \cdots, n$. 此时,

(a) 若(1)的非平方项的系数全为零, 则(1)是零二次型. 任取变元$y_1, y_2, \cdots, y_n$, 则(1) 经$\mathbb{P}$ 上的非退化的线性替换

$$x_i = y_i, \qquad i = 1, 2, \cdots, n$$

化为标准形

$$0y_1^2 + 0y_2^2 + \cdots + 0y_n^2. \tag{11}$$

(b) 若(1)的非平方项的系数不全为零, 不妨设$x_{i_0}x_{j_0}$ 所在项的系数$a_{i_0j_0} \neq 0$, 这里$1 \le i_0, j_0 \le n$. 令

$$\begin{cases} x_i = z_i, \quad i \neq i_0, j \neq j_0, \\ x_{i_0} = z_{i_0} + z_{j_0}, \\ x_{j_0} = z_{i_0} - z_{j_0}, \end{cases} \tag{12}$$

则(12) 是数域$\mathbb{P}$上的一个非退化的线性替换. 代入(1)便可将(1) 化为一个平方项不全为零的n 元二次型, 此为第一种情形. 依据第一种情形的结论以及非退化的线性替换的复合依然是非退化的这样一个事实, (1)可经$\mathbb{P}$上的某个非退化的线性替换化为形如(3)的标准形. 从而, 此时定理的结论也正确.

综上所述, 定理的结论对于n 元二次型也正确. 依归纳法理论, 定理对所有n恒真.□

通常, 我们称定理1的证明中所用的方法为**配方法**.

例 1 用配方法化二次型

$$f(x_1,x_2,x_3,x_4)=x_1^2+2x_2^2+x_4^2+4x_1x_2+4x_1x_3+2x_1x_4+2x_2x_3+2x_2x_4+2x_3x_4$$

为标准形, 并写出所用的非退化线性替换.

解

$$\begin{aligned}f(x_1,x_2,x_3,x_4)&=x_1^2+2x_1(2x_2+2x_3+x_4)+(2x_2+2x_3+x_4)^2\\&\quad-(2x_2+2x_3+x_4)^2+2x_2^2+x_4^2+2x_2x_3+2x_2x_4+2x_3x_4\\&=(x_1+2x_2+2x_3+x_4)^2-2x_2^2-2x_2(3x_3+x_4)-4x_3^2-2x_3x_4\\&=(x_1+2x_2+2x_3+x_4)^2-2\big[x_2^2+x_2(3x_3+x_4)+\frac{1}{4}(3x_3+x_4)^2\big]\\&\quad+\frac{1}{2}(3x_3+x_4)^2-4x_3^2-2x_3x_4\\&=(x_1+2x_2+2x_3+x_4)^2-2(x_2+\frac{3}{2}x_3+\frac{1}{2}x_4)^2+\frac{1}{2}(x_3+x_4)^2,\end{aligned}$$

令

$$\begin{cases}y_1=x_1+2x_2+2x_3+x_4,\\y_2=x_2+\dfrac{3}{2}x_3+\dfrac{1}{2}x_4,\\y_3=x_3+x_4,\\y_4=x_4,\end{cases}$$

即

$$\begin{cases}x_1=y_1-2y_2+y_3-y_4,\\x_2=y_2-\dfrac{3}{2}y_3+y_4,\\x_3=y_3-y_4,\\x_4=y_4.\end{cases}$$

不难验证, 此为非退化的线性替换, 且二次型在该线性替换下的标准形为

$$f(x_1,x_2,x_3,x_4)=y_1^2-2y_2^2+\frac{1}{2}y_3^2.$$

□

例 2 用配方法化二次型

$$f(x_1,x_2,x_3,x_4)=2x_1x_2-x_1x_3+x_1x_4-x_2x_3+x_2x_4-2x_3x_4$$

为标准形, 并写出所用的非退化的线性替换.

解 令

$$\begin{cases}x_1=y_1+y_2,\\x_2=y_1-y_2,\\x_3=y_3,\\x_4=y_4,\end{cases}$$

则可以验证它是非退化的, 将它代入$f(x_1,x_2,x_3,x_4)$ 并实施配方:

$$
\begin{aligned}
f(x_1,x_2,x_3,x_4) &= 2(y_1+y_2)(y_1-y_2)-(y_1+y_2)y_3+(y_1+y_2)y_4 \\
&\quad -(y_1-y_2)y_3+(y_1-y_2)y_4-2y_3y_4 \\
&= 2y_1^2-2y_2^2-2y_1y_3+2y_1y_4-2y_3y_4 \\
&= 2(y_1-\frac{1}{2}y_3+\frac{1}{2}y_4)^2-2y_2^2-\frac{1}{2}(y_3+y_4)^2.
\end{aligned} \tag{13}
$$

令

$$
\begin{cases}
z_1 = y_1-\frac{1}{2}y_3+\frac{1}{2}y_4,\\
z_2 = y_2,\\
z_3 = y_3+y_4,\\
z_4 = y_4,
\end{cases}
$$

即

$$
\begin{cases}
y_1 = z_1+\frac{1}{2}z_3-z_4,\\
y_2 = z_2,\\
y_3 = z_3-z_4,\\
y_4 = z_4,
\end{cases}
$$

则它也是非退化的. 将它代入(13), 即得$f(x_1,x_2,x_3,x_4)$的一个标准形

$$f(x_1,x_2,x_3,x_4)=2z_1^2-2z_2^2-\frac{1}{2}z_3^2.$$

不难验证, 所用的非退化线性替换为

$$
\begin{cases}
x_1 = z_1+z_2+\frac{1}{2}z_3-z_4,\\
x_2 = z_1-z_2+\frac{1}{2}z_3-z_4,\\
x_3 = z_3-z_4,\\
x_4 = z_4.
\end{cases}
$$

□

§8.2 二次型的矩阵形式与矩阵的合同

若令

$$a_{ij}=a_{ji},\quad 1\le j<i\le n. \tag{14}$$

这里a_{ji} $(1\le j<i\le n)$ 由(1) 所定义. 则(1) 可以写为

$$f(x_1,x_2,\cdots,x_n)=\boldsymbol{X}^{\mathrm{T}}\boldsymbol{A}\boldsymbol{X}, \tag{15}$$

这里$\boldsymbol{X}=(x_1,x_2,\cdots,x_n)^{\mathrm{T}}\in\mathbb{P}^n$, $\boldsymbol{A}=(a_{ij})_{n\times n}\in\mathbb{P}^{n\times n}$. 通常, 我们称(15) 为二次型的**矩阵表达式**. 称$\boldsymbol{A}$ 为二次型(1) 的**矩阵**. 依(14), $\boldsymbol{A}=\boldsymbol{A}^{\mathrm{T}}$(或$\boldsymbol{A}=\boldsymbol{A}'$), 即二次型的矩阵是对称的. 请读者验证

性质 1 数域$\mathbb{P}$上的n元的二次型与$\mathbb{P}$上的n 阶对称阵是一一对应的.

我们称数域$\mathbb{P}$上的对称矩阵$\boldsymbol{A}$ 经由(15) 所定义的n元二次型为**矩阵 $\boldsymbol{A}$ 的二次型**.

非退化线性替换(2) 可写成

$$\boldsymbol{X}=\boldsymbol{C}\boldsymbol{Y},\qquad |\boldsymbol{C}|\ne 0, \tag{16}$$

这里

$$X=\begin{pmatrix}x_1\\x_2\\\vdots\\x_n\end{pmatrix}\in\mathbb{P}^n,\quad Y=\begin{pmatrix}y_1\\y_2\\\vdots\\y_n\end{pmatrix}\in\mathbb{P}^n,\quad C=\begin{pmatrix}c_{11}&c_{12}&\cdots&c_{1n}\\c_{21}&c_{22}&\cdots&c_{2n}\\\vdots&\vdots&\ddots&\vdots\\c_{n1}&c_{n2}&\cdots&c_{nn}\end{pmatrix}_{n\times n}\in\mathbb{P}^{n\times n}.$$

依(15)及(16), 定理1 的矩阵形式为

定理 2 设$\boldsymbol{A}$为数域$\mathbb{P}$上的一个n阶对称矩阵, 则存在$\mathbb{P}$上的n阶对角阵$\boldsymbol{D}$及n阶可逆矩阵$\boldsymbol{C}$使得二次型$f(x_1,x_2,\cdots,x_n)=\boldsymbol{X}^{\mathrm T}\boldsymbol{A}\boldsymbol{X}$经过非退化线性替换$\boldsymbol{X}=\boldsymbol{C}\boldsymbol{Y}$化为$\boldsymbol{Y}^{\mathrm T}\boldsymbol{D}\boldsymbol{Y}$, 或

$$f(x_1,x_2,\cdots,x_n)=\boldsymbol{X}^{\mathrm T}\boldsymbol{A}\boldsymbol{X}\xlongequal{\boldsymbol{X}=\boldsymbol{C}\boldsymbol{Y}}\boldsymbol{Y}^{\mathrm T}\boldsymbol{C}^{\mathrm T}\boldsymbol{A}\boldsymbol{C}\boldsymbol{Y}=\boldsymbol{Y}^{\mathrm T}\boldsymbol{D}\boldsymbol{Y},\tag{17}$$

这里

$$\boldsymbol{D}=\begin{pmatrix}d_1&&&\\&d_2&&\\&&\ddots&\\&&&d_n\end{pmatrix}\in\mathbb{P}^{n\times n}.$$

例 3 试写出例1 和例2中配方过程的矩阵形式.

解 令

$$\boldsymbol{A}=\begin{pmatrix}1&2&2&1\\2&2&1&1\\2&1&0&1\\1&1&1&1\end{pmatrix}.$$

$$\boldsymbol{X}=\begin{pmatrix}x_1\\x_2\\x_3\\x_4\end{pmatrix},\quad \boldsymbol{C}=\begin{pmatrix}1&-2&1&-1\\0&1&-\frac{3}{2}&1\\0&0&1&-1\\0&0&0&1\end{pmatrix},\quad \boldsymbol{Y}=\begin{pmatrix}y_1\\y_2\\y_3\\y_4\end{pmatrix},$$

则例1配方过程的矩阵形式为

$$f(x_1,x_2,x_3,x_4)=\boldsymbol{X}^{\mathrm T}\boldsymbol{A}\boldsymbol{X}\xlongequal{\boldsymbol{X}=\boldsymbol{C}\boldsymbol{Y}}\boldsymbol{Y}^{\mathrm T}\boldsymbol{C}^{\mathrm T}\boldsymbol{A}\boldsymbol{C}\boldsymbol{Y}=\boldsymbol{Y}^{\mathrm T}\begin{pmatrix}1&0&0&0\\0&-2&0&0\\0&0&\frac{1}{2}&0\\0&0&0&0\end{pmatrix}\boldsymbol{Y}.$$

令

$$\boldsymbol{A}=\begin{pmatrix}0&1&-\frac{1}{2}&\frac{1}{2}\\1&0&-\frac{1}{2}&\frac{1}{2}\\-\frac{1}{2}&-\frac{1}{2}&0&-1\\\frac{1}{2}&\frac{1}{2}&-1&0\end{pmatrix}.$$

$$\boldsymbol{X}=\begin{pmatrix}x_1\\x_2\\x_3\\x_4\end{pmatrix},\ \boldsymbol{Y}=\begin{pmatrix}y_1\\y_2\\y_3\\y_4\end{pmatrix},\ \boldsymbol{Z}=\begin{pmatrix}z_1\\z_2\\z_3\\z_4\end{pmatrix},$$

$$\boldsymbol{C}_1=\begin{pmatrix}1&1&0&0\\1&-1&0&0\\0&0&1&0\\0&0&0&1\end{pmatrix},\boldsymbol{C}_2=\begin{pmatrix}1&0&\frac{1}{2}&-1\\0&1&0&0\\0&0&1&-1\\0&0&0&1\end{pmatrix},$$

$$\boldsymbol{C}=\boldsymbol{C}_1\boldsymbol{C}_2=\begin{pmatrix}1&1&\frac{1}{2}&-1\\1&-1&\frac{1}{2}&-1\\0&0&1&-1\\0&0&0&1\end{pmatrix},$$

则例2配方过程的矩阵形式为

$$f(x_1,x_2,x_3,x_4)=\boldsymbol{X}^{\mathrm{T}}\boldsymbol{A}\boldsymbol{X}\xlongequal{\boldsymbol{X}=\boldsymbol{C}\boldsymbol{Z}}\boldsymbol{Z}^{\mathrm{T}}\boldsymbol{C}^{\mathrm{T}}\boldsymbol{A}\boldsymbol{C}\boldsymbol{Z}=\boldsymbol{Z}^{\mathrm{T}}\begin{pmatrix}2&0&0&0\\0&-2&0&0\\0&0&\frac{1}{2}&0\\0&0&0&0\end{pmatrix}\boldsymbol{Z}.$$

□

定义 1 设$\boldsymbol{A}, \boldsymbol{B}$为数域$\mathbb{P}$上的一个$n$阶方阵, 若存在$\mathbb{P}$上的$n$阶可逆阵$\boldsymbol{C}$使得

$$\boldsymbol{B}=\boldsymbol{C}^{\mathrm{T}}\boldsymbol{A}\boldsymbol{C},$$

则称$\boldsymbol{A}$与$\boldsymbol{B}$**合同**, 并记做$\boldsymbol{A}\overset{T}{\sim}\boldsymbol{B}$.

容易验证如下与矩阵的相似、矩阵的相抵类似的结果: 若$\boldsymbol{A},\boldsymbol{B},\boldsymbol{C}\in\mathbb{P}^{n\times n}$, 则

反身性 $\boldsymbol{A}\overset{T}{\sim}\boldsymbol{A}$.

对称性 若$\boldsymbol{A}\overset{T}{\sim}\boldsymbol{B}$, 则$\boldsymbol{B}\overset{T}{\sim}\boldsymbol{A}$.

传递性 若$\boldsymbol{A}\overset{T}{\sim}\boldsymbol{B}$, $\boldsymbol{B}\overset{T}{\sim}\boldsymbol{C}$, 则$\boldsymbol{A}\overset{T}{\sim}\boldsymbol{C}$.

因而, 矩阵的合同也是一个等价关系, 通常, 我们称之为矩阵的**合同关系**. 仿照矩阵的相似关系和矩阵的相抵关系, 我们也可以将$\mathbb{P}^{n\times n}$按照合同关系分成若干**合同(等价)类**, 使得$\mathbb{P}^{n\times n}$中的每一个矩阵在而且只在其中的一个类中.

当(17)成立时, 由$\boldsymbol{X}$与$\boldsymbol{Y}$的任意性以及矩阵$\boldsymbol{C}$的非奇异性, 我们可推得

$$\boldsymbol{C}^{\mathrm{T}}\boldsymbol{A}\boldsymbol{C}=\begin{pmatrix}d_1&&&\\&d_2&&\\&&\ddots&\\&&&d_n\end{pmatrix}.\tag{18}$$

上述说明数域$\mathbb{P}$上的二次型的矩阵必合同于数域$\mathbb{P}$上的一个对角阵. 读者可以进一步证明(很容易!)与定理2等价的矩阵语言:

数域$\mathbb{P}$上的任何一个 n 阶对称矩阵均与 $\mathbb{P}$ 上的某个对角阵合同.

二次型的标准形(3)中等式右端的非零系数项的个数与(17) 或(18)中$\boldsymbol{D}$的主对角线上非零数的个数是相同的. 它实际上就是二次型的矩阵$\boldsymbol{A}$ 的秩. 因此, 它既与非退化线性替换的选取无关也与可逆矩阵$\boldsymbol{C}$的选取无关. 这说明一旦二次型给定, 那么其任意一个标准型中非零系数项的个数也就确定了. 这是一个非退化线性替换的不变量. 通常, 我们称这个非退化线性替换的不变量(即二次型矩阵的秩)为**二次型的秩**.

§8.3 二次型的规范形

我们不难发现, 一般情况下, 二次型(1) 的标准形是不唯一的. 在本节中, 我们讨论能否将标准形的形式进行适当的变化, 使得变化后的标准形具有某种唯一的形态. 我们仅对复二次型和实二次型分别讨论.

一、复二次型的规范形

当形如(1)的二次型为复二次型时, 若其秩$r \neq 0$, 则不妨假设它经过非退化的线性替换(2) 后得标准形$\boldsymbol{X}=\boldsymbol{C}\boldsymbol{Y}(|\boldsymbol{C}|\neq 0)$后化为如下标准形

$$f(x_1,x_2,\cdots,x_n)\overset{\boldsymbol{X}=\boldsymbol{C}\boldsymbol{Y}}{\underset{|\boldsymbol{C}|\neq 0}{=\!=\!=}}d_1y_1^2+d_2y_2^2+\cdots+d_ry_r^2, \tag{19}$$

其中$d_i\neq 0, i=1,2,\cdots,r$).

(19) 可视为对该二次型的一个标准形通过改变变元的位置(实际上是实施了一次非退化线性替换)所得.

令

$$\begin{cases} y_i=\dfrac{1}{\sqrt{d_i}}z_i, & 1\leq i\leq r,\\ y_i=z_i, & r+1\leq i\leq n. \end{cases} \tag{20}$$

则(20) 是$\mathbb{C}$上的一个非退化的线性替换, 其矩阵形式为$\boldsymbol{Y}=\boldsymbol{D}_{\mathbb{C}}\boldsymbol{Z}$, 其中

$$\boldsymbol{D}_{\mathbb{C}}=\begin{pmatrix} \frac{1}{\sqrt{d_1}} & & & & & & \\ & \frac{1}{\sqrt{d_2}} & & & & & \\ & & \ddots & & & & \\ & & & \frac{1}{\sqrt{d_r}} & & & \\ & & & & 1 & & \\ & & & & & \ddots & \\ & & & & & & 1 \end{pmatrix},\quad \boldsymbol{Y}=\begin{pmatrix} y_1\\ y_2\\ \vdots\\ y_n \end{pmatrix},\quad \boldsymbol{Z}=\begin{pmatrix} z_1\\ z_2\\ \vdots\\ z_n \end{pmatrix}.$$

于是, (1)经非退化的线性替换$\boldsymbol{X}=\boldsymbol{C}\boldsymbol{D}_{\mathbb{C}}\boldsymbol{Z}$化为

$$f(x_1,x_2,\cdots,x_n)=z_1^2+z_2^2+\cdots+z_r^2. \tag{21}$$

如果我们将零二次型的标准形(11)看成为(21)当$r=0$时的退化情形, 那么, (21)具

有一般性. (21) 除了变元$z_1, z_2, \cdots, z_r$ 的次序及其变元的表达形式(比如可用ω_i 代替$z_i(i=1,2,\cdots,r)$) 外是唯一的, 通常, 我们称(21) 为复二次型(1) 的**规范形**.

如(21) 所示的化复二次型(1)为规范形的矩阵语言的描述是:

$$\textbf{任一秩为 } r \textbf{ 的 } n \textbf{ 阶的复对称阵均与} \begin{pmatrix} \boldsymbol{E}_r & \\ & \boldsymbol{O}_{n-r} \end{pmatrix} \textbf{合同}.$$

这里当$r=0$时, $\begin{pmatrix} \boldsymbol{E}_r & \\ & \boldsymbol{O}_{n-r} \end{pmatrix} = \boldsymbol{O}$.

二、实二次型的规范形

当(1)为实二次型时, 我们有

定理 3 (惯性定理) 实二次型的标准形中的正系数项的个数、负系数项的个数以及零系数项的个数与非退化的线性替换的选取无关.

证明 当形如(1)的实n元二次型的秩$r \neq 0$时, 标准形中的零系数项的个数为$n-r$, 因而它是非退化线性替换的不变量. 我们不妨假设经过非退化线性替换$\boldsymbol{X}=\boldsymbol{C}\boldsymbol{Y}\,(|\boldsymbol{C}| \neq 0)$后化为如下标准形

$$f(x_1, x_2, \cdots, x_n) \xlongequal[|\boldsymbol{C}|\neq 0]{\boldsymbol{X}=\boldsymbol{C}\boldsymbol{Y}} d_1 y_1^2 + \cdots + d_p y_p^2 - d_{p+1} y_{p+1}^2 - \cdots - d_r y_r^2, \tag{22}$$

其中$d_i > 0 (i=1,2,\cdots,r), 0 \leq p \leq r$.

(22) 可视为对其标准形通过改变变元的位置(实际上是实施了一次非退化线性替换)所得.

若该二次型还经过非退化的线性替换$\boldsymbol{X}=\boldsymbol{G}\boldsymbol{Z}$ 化为

$$f(x_1, x_2, \cdots, x_n) = l_1 z_1^2 + \cdots + l_q z_q^2 - l_{q+1} z_{q+1}^2 - \cdots - l_r z_r^2,$$

这里

$$\boldsymbol{G} \in \mathbb{R}^{n \times n},\ \boldsymbol{Z} = \begin{pmatrix} z_1 \\ z_2 \\ \vdots \\ z_n \end{pmatrix},\ 0 \leq q \leq r,\ l_i > 0,\ i=1,2,\cdots,r.$$

则依(22)有

$$d_1 y_1^2 + \cdots + d_p y_p^2 - d_{p+1} y_{p+1}^2 - \cdots - d_r y_r^2 = l_1 z_1^2 + \cdots + l_q z_q^2 - l_{q+1} z_{q+1}^2 - \cdots - l_r z_r^2, \tag{23}$$

且

$$\boldsymbol{Y} = \boldsymbol{C}^{-1} \boldsymbol{G} \boldsymbol{Z}. \tag{24}$$

不妨设(24) 的分量形式为

$$\begin{cases} y_1 = b_{11} z_1 + \cdots + b_{1n} z_n, \\ \quad\vdots \\ y_i = b_{i1} z_1 + \cdots + b_{in} z_n, \\ \quad\vdots \\ y_n = b_{n1} z_1 + \cdots + b_{nn} z_n. \end{cases}$$

若$p < q$, 则构造线性方程组(当$p = 0$时, 线性方程组仅由后$n - q$个方程组成):

$$\begin{cases} b_{11}z_1 + \cdots + b_{1\,q+1}z_{q+1} + \cdots + b_{1n}z_n = 0, \\ \qquad \vdots \\ b_{p1}z_1 + \cdots + b_{p\,q+1}z_{q+1} + \cdots + b_{pn}z_n = 0, \\ \qquad z_{q+1} = 0, \\ \qquad \ddots \\ \qquad z_n = 0. \end{cases} \tag{25}$$

(25) 是由$(n-q)+p = n-(q-p) > 0$ 个方程所组成的n 个未知量的线性方程组, 其系数矩阵的秩$\leq n-q+p < n$, 故它有非零解存在, 将这组非零解代入(23), 得到(23)等式左边为非正值, 右边为正值. 矛盾！故$p \geq q$. 同理得可得$q \geq p$. 从而$p = q$. 即非零二次型的标准形中正系数项的个数与非退化的线性替换的选取无关.

同理, 非零二次型的标准形中的负系数项的个数亦与非退化的线性替换的选取无关.

当二次型的秩$r = 0$时, 其标准形中的任一项的系数均为零, 因此它亦与非退化的线性替换无关.证毕. □

通常, 我们分别称实二次型的标准形中与非退化线性替换选择无关的正系数项的个数p, 负系数项的个数$r-p$以及$2p-r$为该实二次型或其矩阵的**正惯性指数**, **负惯性指数**及**符号差**. 定理3说明二次型的正负惯性指数均是非退化的线性替换的不变量.

在(22) 中, 令

$$\begin{cases} y_i = \dfrac{1}{\sqrt{d_i}}z_i, & 1 \leq i \leq r, \\ y_i = z_i, & r+1 \leq i \leq n. \end{cases} \tag{26}$$

则(26)是非退化的线性替换, 其矩阵形式为$\boldsymbol{Y} = \boldsymbol{D}_{\mathbb{R}}\boldsymbol{Z}$, 其中

$$\boldsymbol{D}_{\mathbb{R}} = \begin{pmatrix} \frac{1}{\sqrt{d_1}} & & & & & & \\ & \frac{1}{\sqrt{d_2}} & & & & & \\ & & \ddots & & & & \\ & & & \frac{1}{\sqrt{d_r}} & & & \\ & & & & 1 & & \\ & & & & & \ddots & \\ & & & & & & 1 \end{pmatrix}, \quad \boldsymbol{Y} = \begin{pmatrix} y_1 \\ y_2 \\ \vdots \\ y_n \end{pmatrix}, \quad \boldsymbol{Z} = \begin{pmatrix} z_1 \\ z_2 \\ \vdots \\ z_n \end{pmatrix}.$$

于是, (1)经非退化的线性替换$\boldsymbol{X} = \boldsymbol{C}\boldsymbol{D}_{\mathbb{R}}\boldsymbol{Z}$ 化为

$$f(x_1, x_2, \cdots, x_n) = z_1^2 + z_2^2 + \cdots + z_p^2 - z_{p+1}^2 - \cdots - z_r^2. \tag{27}$$

如果我们将零二次型的标准形(11)看成为(21)当$r = 0$ (此时, $p = q = 0$)时的退化情形, 那么, (27)具有一般性. 依定理3, (27) 除了变元的次序及变元的表示形式(如用ω_i代替z_i 等) 外, 表达式是唯一的. 通常, 我们称(27) 为实二次型的**规范形**.

实二次型(1) 的规范形为(27) 所对应的矩阵语言描述为:

任一秩为r正惯性指数为p的n阶的实对称矩阵均与 $\begin{pmatrix} \boldsymbol{E}_p & & \\ & -\boldsymbol{E}_{r-p} & \\ & & \boldsymbol{O}_{n-r} \end{pmatrix}$ **合同**.

这里当二次型的秩$r=0$时, $\begin{pmatrix} \boldsymbol{E}_p & & \\ & -\boldsymbol{E}_{r-p} & \\ & & \boldsymbol{O}_{n-r} \end{pmatrix} = \boldsymbol{O}$.

例 4 分别在复数域及实数域中求例1中的二次型的规范形.

解 例1中, $f(x_1,x_2,x_3,x_4)$ 经非退化的线性替换化为标准形

$$y_1^2 - 2y_2^2 + \frac{1}{2}y_3^2.$$

令

$$\begin{cases} z_1 = y_1, \\ z_2 = \sqrt{-2}y_2, \\ z_3 = \dfrac{\sqrt{2}}{2}y_3, \\ z_4 = y_4, \end{cases}$$

则$f(x_1,x_2,x_3,x_4)$ 的复规范形为

$$z_1^2 + z_2^2 + z_3^2.$$

接下来, 我们计算例1的实规范形. 令

$$\begin{cases} y_1 = w_1, \\ y_2 = \dfrac{\sqrt{2}}{2}w_3, \\ y_3 = \sqrt{2}w_2, \\ y_4 = w_4, \end{cases}$$

则该二次型所对应的实规范形为

$$w_1^2 + w_2^2 - w_3^2.$$

□

请读者自行写出化例1中的二次型为规范形的矩阵运算过程.

§8.4 实二次型的正交替换

当(1) 是实数域上的n 元二次型时, 该二次型的矩阵$\boldsymbol{A}$ 是实对称的, 从而$\boldsymbol{A}$ 的特征值均是实数. 依第6章之定理4, 存在n 阶正交阵$\boldsymbol{U}$ 使得

$$\boldsymbol{U}^{\mathrm{T}}\boldsymbol{A}\boldsymbol{U} = \begin{pmatrix} \lambda_1 & & & \\ & \lambda_2 & & \\ & & \ddots & \\ & & & \lambda_n \end{pmatrix},$$

这里$\lambda_1,\lambda_2,\cdots,\lambda_n$ 是$\boldsymbol{A}$ 的所有n个实特征值(包含其重数). 此时$\boldsymbol{A}$ 既与对角阵diag$(\lambda_1,\lambda_2,$

$\cdots, \lambda_n)$ 相似又与其合同. 令

$$X = UY, \tag{28}$$

则对于二次型(1),

$$\begin{aligned} f(x_1, x_2, \cdots, x_n) &= X^{\mathrm{T}}AX = Y^{\mathrm{T}}(U^{\mathrm{T}}AU)Y \\ &= Y^{\mathrm{T}}\begin{pmatrix} \lambda_1 & & & \\ & \lambda_2 & & \\ & & \ddots & \\ & & & \lambda_n \end{pmatrix}Y \qquad (29) \\ &= \lambda_1 y_1^2 + \lambda_2 y_2^2 + \cdots + \lambda_n y_n^2. \end{aligned}$$

通常, 我们称由正交矩阵所构成的非退化线性替换(28) 为**正交(线性)替换**.

综合上述分析, 我们有

定理 4 任何一个n 元的实二次型均可经正交替换标准化, 且其标准形中平方项的所有系数恰为实二次型所对应的实对称矩阵的所有特征值.

例 5 用正交替换化实二次型

$$f(x_1, x_2, x_3) = -2x_1x_2 + 2x_1x_3 + 2x_2x_3$$

为标准形, 并写出所用的正交替换.

解 该二次型的矩阵为

$$A = \begin{pmatrix} 0 & -1 & 1 \\ -1 & 0 & 1 \\ 1 & 1 & 0 \end{pmatrix}.$$

由§6.5 中的例6 知, 存在正交阵

$$U = \begin{pmatrix} -\frac{1}{\sqrt{3}} & -\frac{1}{\sqrt{2}} & \frac{1}{\sqrt{6}} \\ -\frac{1}{\sqrt{3}} & \frac{1}{\sqrt{2}} & \frac{1}{\sqrt{6}} \\ \frac{1}{\sqrt{3}} & 0 & \frac{2}{\sqrt{6}} \end{pmatrix}$$

使得

$$U^{\mathrm{T}}AU = \begin{pmatrix} -2 & 0 & 0 \\ 0 & 1 & 0 \\ 0 & 0 & 1 \end{pmatrix}.$$

利用此结果, 作正交替换$X = UY$, 则二次型化为标准形 $-2y_1^2 + y_2^2 + y_3^2$. □

例 6 用正交替换化实二次型$f(x, y) = 2x^2 + 2xy + 2y^2$ 为标准形, 并写出所用的正交替换.

解 该二次型的矩阵为$A = \begin{pmatrix} 2 & 1 \\ 1 & 2 \end{pmatrix}$, 由于$A$ 的特征多项式为

$$|\lambda E - A| = \begin{vmatrix} \lambda - 2 & -1 \\ -1 & \lambda - 2 \end{vmatrix} = (\lambda - 2)^2 - 1 = (\lambda - 3)(\lambda - 1).$$

故$\boldsymbol{A}$ 的特征值为$\lambda_1=1$, $\lambda_2=3$.

以$\lambda_1=1$ 代入$(\lambda_1\boldsymbol{E}-\boldsymbol{A})\boldsymbol{X}=\boldsymbol{O}$, 解得一个基础解系为$\begin{pmatrix}-1\\1\end{pmatrix}$, 单位化得$\dfrac{1}{\sqrt{2}}\begin{pmatrix}-1\\1\end{pmatrix}$.

以$\lambda_2=3$ 代入$(\lambda_2\boldsymbol{E}-\boldsymbol{A})\boldsymbol{X}=\boldsymbol{O}$, 解得一个基础解系为$\begin{pmatrix}1\\1\end{pmatrix}$, 单位化得$\dfrac{1}{\sqrt{2}}\begin{pmatrix}1\\1\end{pmatrix}$.

令

$$\boldsymbol{U}=\begin{pmatrix}-\dfrac{1}{\sqrt{2}} & \dfrac{1}{\sqrt{2}}\\ \dfrac{1}{\sqrt{2}} & \dfrac{1}{\sqrt{2}}\end{pmatrix},$$

则$\boldsymbol{U}$ 为正交矩阵且

$$\boldsymbol{U}^{\mathrm{T}}\boldsymbol{A}\boldsymbol{U}=\begin{pmatrix}1 & 0\\ 0 & 3\end{pmatrix}.$$

于是, 二次型经正交替换

$$\begin{pmatrix}x\\y\end{pmatrix}=\begin{pmatrix}-\dfrac{1}{\sqrt{2}} & \dfrac{1}{\sqrt{2}}\\ \dfrac{1}{\sqrt{2}} & \dfrac{1}{\sqrt{2}}\end{pmatrix}\begin{pmatrix}x'\\y'\end{pmatrix}$$

化为标准形

$$x'^2+3y'^2.$$

□

定理4实际上是定理1 的一个特殊情形, 尽管定理4 所论及的正交线性替换与其他非退化的线性替换一样都化二次型化为一个标准形. 但它具有非常特殊的几何性质. 它与$\mathbb{R}^n$ 中二次有心齐次曲面(线)标准方程的获取紧密相关.

我们从线性空间的角度来分析(28). 设$\boldsymbol{e}_1,\boldsymbol{e}_2,\cdots,\boldsymbol{e}_n$ 为$\mathbb{R}^n$ 的常用基, 则它是$\mathbb{R}^n$ 中的一个标准正交基. 令

$$\boldsymbol{U}=(\boldsymbol{\beta}_1\ \boldsymbol{\beta}_2\ \cdots\ \boldsymbol{\beta}_n)=(\boldsymbol{e}_1\ \boldsymbol{e}_2\ \cdots\ \boldsymbol{e}_n)\boldsymbol{U} \tag{30}$$

则由于$\boldsymbol{U}$ 是正交矩阵, $\boldsymbol{\beta}_1,\boldsymbol{\beta}_2,\cdots,\boldsymbol{\beta}_n$也是$\mathbb{R}^n$ 的一(个)组标准正交基. 如果$\mathbb{R}^n$ 中的向量在$\boldsymbol{e}_1,\boldsymbol{e}_2,\cdots,\boldsymbol{e}_n$ 下的坐标为$\boldsymbol{X}$, 则它在基$\boldsymbol{\beta}_1,\boldsymbol{\beta}_2,\cdots,\boldsymbol{\beta}_n$下的坐标就是$\boldsymbol{Y}$, 这里$\boldsymbol{X}=\boldsymbol{U}\boldsymbol{Y}$由(28)确定.于是, 对于任意一对$\mathbb{R}^n$中的向量$\boldsymbol{\alpha},\boldsymbol{\beta}$, 如果它们在常用基$\boldsymbol{e}_1,\boldsymbol{e}_2,\cdots,\boldsymbol{e}_n$ 及基$\boldsymbol{\beta}_1,\boldsymbol{\beta}_2,\cdots,\boldsymbol{\beta}_n$下的坐标分别是$\boldsymbol{X}_1,\boldsymbol{X}_2,\boldsymbol{Y}_1,\boldsymbol{Y}_2$, 其中

$$\boldsymbol{X}_1=\boldsymbol{U}\boldsymbol{Y}_1,\quad \boldsymbol{X}_2=\boldsymbol{U}\boldsymbol{Y}_2,$$

则

$$(\boldsymbol{\alpha},\boldsymbol{\beta})=\boldsymbol{X}_1^{\mathrm{T}}\boldsymbol{X}_2=\boldsymbol{Y}_1^{\mathrm{T}}\boldsymbol{Y}_2.$$

上式说明在$\mathbb{R}^n$中, 由向量在常用基下的坐标的分量作为变量的二次型函数所满足的方程所刻画的几何体与用向量的满足关系(28)的在基$\boldsymbol{\beta}_1\ \boldsymbol{\beta}_2\ \cdots\ \boldsymbol{\beta}_n$下的坐标的坐标的

分量作为变量的二次型函数所满足的方程是相同的.

解析几何中, 我们常利用(28)的正交替换来简化二次(有心)曲面(线)的方程形式, 进而判别曲面(线)的形状.

例 7 设欧氏空间xOy平面上一条有心二次曲线的方程为

$$3=2x^2+2xy+2y^2, \tag{31}$$

求该二次曲线的标准方程.

解 由本章例6 知, 在作正交线性替换

$$\begin{pmatrix} x \\ y \end{pmatrix}=\begin{pmatrix} -\frac{1}{\sqrt{2}} & \frac{1}{\sqrt{2}} \\ \frac{1}{\sqrt{2}} & \frac{1}{\sqrt{2}} \end{pmatrix}\begin{pmatrix} x' \\ y' \end{pmatrix}$$

后, (31) 的右端化为标准形$x'^2+3y'^2$. 在新的坐标系$x'Oy'$(相当于取$\boldsymbol{\beta}_1=\begin{pmatrix} -\frac{1}{\sqrt{2}} \\ \frac{1}{\sqrt{2}} \end{pmatrix}$, $\boldsymbol{\beta}_2=\begin{pmatrix} \frac{1}{\sqrt{2}} \\ \frac{1}{\sqrt{2}} \end{pmatrix}$)下, (31)所示的二次曲线方程为$\frac{x'^2}{3}+y'^2=1$. 此即为椭圆的标准方程, 故(31) 所示的曲线为椭圆. □

这就是以坐标原点为中心的二次齐次有心曲线经过适当正交替换化为标准形的例子. 例7说明, 二次型所对应的矩阵$\boldsymbol{A}$ 的特征值与确定有心对称几何体的轴的长短大小紧密相连.

我们还可以进一步从线性变换的角度来分析(28). 当$\mathbb{R}^n$ 中的向量在$\boldsymbol{e}_1,\boldsymbol{e}_2,\cdots,\boldsymbol{e}_n$下的坐标为$\boldsymbol{X}$时, 它在基$\boldsymbol{\beta}_1,\boldsymbol{\beta}_2,\cdots,\boldsymbol{\beta}_n$(由(30)确定)下的坐标就是$\boldsymbol{Y}$, 这里$\boldsymbol{X}=\boldsymbol{UY}$由(28)确定. 令

$$\boldsymbol{\beta}=(\boldsymbol{e}_1\ \ \boldsymbol{e}_2\ \ \cdots\ \ \boldsymbol{e}_n)\boldsymbol{Y}=(\boldsymbol{e}_1\ \ \boldsymbol{e}_2\ \ \cdots\ \ \boldsymbol{e}_n)\boldsymbol{U}^{\mathrm{T}}\boldsymbol{X}, \tag{32}$$

则对应规则

$$\begin{aligned} &\varphi:\ \ \mathbb{R}^n\to\mathbb{R}^n, \\ &\varphi(\boldsymbol{\alpha})=\boldsymbol{\beta},\ \forall\boldsymbol{\alpha}\in\mathbb{R}^n \Longleftrightarrow \boldsymbol{\alpha}\text{与}\boldsymbol{\beta}\text{的坐标满足(32)} \end{aligned} \tag{33}$$

是从$\mathbb{R}^n$ 到$\mathbb{R}^n$ 中的一个线性映射, 因而它是$\mathbb{R}^n$ 上的一个线性变换. 我们有

性质 2 设欧氏空间$\mathbb{R}^n$ 中的内积为常用内积, 即

$$(\boldsymbol{\alpha}_1,\boldsymbol{\alpha}_2)=\boldsymbol{\alpha}_1^{\mathrm{T}}\boldsymbol{\alpha}_2,\qquad \forall\boldsymbol{\alpha}_1,\boldsymbol{\alpha}_2\in\mathbb{R}^n,$$

则

$$(\varphi(\boldsymbol{\alpha}_1),\varphi(\boldsymbol{\alpha}_2))=(\boldsymbol{\alpha}_1,\boldsymbol{\alpha}_2),\qquad \forall\boldsymbol{\alpha}_1,\boldsymbol{\alpha}_2\in\mathbb{R}^n.$$

证明 $\forall\boldsymbol{\alpha}_1,\boldsymbol{\alpha}_2\in\mathbb{R}^n$, 设 $\boldsymbol{\alpha}_1,\boldsymbol{\alpha}_2$ 在基 $\boldsymbol{e}_1,\boldsymbol{e}_2,\cdots,\boldsymbol{e}_n$ 下的坐标分别为$\boldsymbol{X}_1,\boldsymbol{X}_2$, 则$\varphi(\boldsymbol{\alpha}_1)=\boldsymbol{U}^{\mathrm{T}}\boldsymbol{X}_1,\varphi(\boldsymbol{\alpha}_2)=\boldsymbol{U}^{\mathrm{T}}\boldsymbol{X}_2$, 因此,

$$(\varphi(\boldsymbol{\alpha}_1),\varphi(\boldsymbol{\alpha}_2))=(\boldsymbol{U}^{\mathrm{T}}\boldsymbol{X}_1)^{\mathrm{T}}\boldsymbol{U}^{\mathrm{T}}\boldsymbol{X}_2=\boldsymbol{X}_1^{\mathrm{T}}\boldsymbol{X}_2=(\boldsymbol{\alpha}_1,\boldsymbol{\alpha}_2).$$

□

性质2 说明(33)所定义的线性变换保持向量之间的内积不变, 因而, 它保持向量的长度不变, 保持向量之间的夹角不变. 因此, 在上述所定义的φ的作用下, 空间的几何体保持原来的形状完全不变. 相应的正交替换恰恰就是建立了像与原像坐标之间的联系. 这正是我们使用正交替换的好处.

§8.5 二次型的正定性

定义 2 设$\boldsymbol{A}$为n阶实对称阵, 若

$$\boldsymbol{X}^{\mathrm{T}}\boldsymbol{A}\boldsymbol{X} \geq 0(\leq 0), \quad \forall \boldsymbol{X} \neq \boldsymbol{O}, \boldsymbol{X} \in \mathbb{R}^n, \tag{34}$$

则称实二次型$f(x_1, x_2, \cdots, x_n) = \boldsymbol{X}^{\mathrm{T}}\boldsymbol{A}\boldsymbol{X}$及矩阵$\boldsymbol{A}$是**半正定的(半负定)**, 若(34) 中的不等号严格成立, 则称二次型及矩阵$\boldsymbol{A}$是**正定的(负定的)**.

依定理1, 定理3 及对称矩阵与二次型的$1-1$对应关系, 不难验证

定理 5 设$\boldsymbol{A}$为n阶实对称阵, 则如下结论等价.

1) 实二次型$f(x_1, x_2, \cdots, x_n) = \boldsymbol{X}^{\mathrm{T}}\boldsymbol{A}\boldsymbol{X}$ 正定(或者说$\boldsymbol{A}$ 正定).

2) $f(x_1, x_2, \cdots, x_n)$ 的正惯性指数等于n.

3) $\boldsymbol{A}$ 的所有特征值恒正.

4) $\boldsymbol{A}$ 与单位阵合同.

5) 存在n阶可逆实矩阵$\boldsymbol{B}$, 使得$\boldsymbol{A} = \boldsymbol{B}^{\mathrm{T}}\boldsymbol{B}$.

设$\boldsymbol{A}$为n阶方阵, 任取$1 \leq k \leq n$, 将$\boldsymbol{A}$分块为

$$\boldsymbol{A} = \begin{pmatrix} \boldsymbol{A}_k & * \\ * & * \end{pmatrix}$$

其中$\boldsymbol{A}_k$ 为k阶子块, 则称$\boldsymbol{A}_k$ 即为$\boldsymbol{A}$的$\boldsymbol{k}$ **阶顺序主子块**, $|\boldsymbol{A}_k|$ 即为$\boldsymbol{A}$的$\boldsymbol{k}$ **阶顺序主子式**.

以下定理说明$\boldsymbol{A}$的正定性与其顺序主子式的符号紧密相关.

定理 6 n阶实对称阵$\boldsymbol{A}$正定$\Longleftrightarrow \boldsymbol{A}$的所有$k$阶$(1 \leq k \leq n)$顺序主子式恒正.

证明 "$\Longrightarrow$" $\forall\, 1 \leq k \leq n$, 由于$\boldsymbol{A}$正定, 故取$\boldsymbol{X} = \begin{pmatrix} \boldsymbol{X}_k \\ \boldsymbol{O} \end{pmatrix}$, 其中$\boldsymbol{X}_k$为$\mathbb{R}^k$中的任意一个非零向量, 从而$\boldsymbol{X} \neq \boldsymbol{O}$, 且

$$\boldsymbol{X}_k^{\mathrm{T}}\boldsymbol{A}_k\boldsymbol{X}_k = \boldsymbol{X}^{\mathrm{T}}\boldsymbol{A}\boldsymbol{X} > 0. \qquad \forall \boldsymbol{X}_k \neq \boldsymbol{O},$$

即$\boldsymbol{A}_k$也为正定阵, 由定理4, 其特征值恒正, 故$|\boldsymbol{A}_k| > 0\ (1 \leq k \leq n)$. 必要条件得证.

"$\Longleftarrow$" 对n用数学归纳法. 显然当$n=1$时, 若$a_{11} > 0$, 则$\boldsymbol{A} = (a_{11})$ 正定.

假设充分性对任何阶数不超过$n-1$的实对称阵均成立. 则当$\boldsymbol{A}$为n阶实对称矩阵时, 设

$$\boldsymbol{A} = \begin{pmatrix} \boldsymbol{A}_{n-1} & \boldsymbol{b} \\ \boldsymbol{b}^{\mathrm{T}} & a_{nn} \end{pmatrix},$$

这里$\boldsymbol{A}_{n-1}$为$n-1$阶方阵, $\boldsymbol{b}$为$n-1$维向量, 由条件知$\boldsymbol{A}_{n-1}$的所有顺序主子式恒大

于零. 依归纳假设, $\boldsymbol{A}_{n-1}$ 是正定的, 从而存在$n-1$ 阶的可逆阵$\boldsymbol{P}_1$, 使得$\boldsymbol{P}_1^{\mathrm{T}}\boldsymbol{A}_{n-1}\boldsymbol{P}_1=\boldsymbol{E}_{n-1}$. 令

$$\boldsymbol{P}_2=\begin{pmatrix}\boldsymbol{P}_1 & \\ & 1\end{pmatrix},\quad \boldsymbol{P}_3=\begin{pmatrix}\boldsymbol{E}_{n-1} & -\boldsymbol{P}_1^{\mathrm{T}}\boldsymbol{b}\\ & 1\end{pmatrix},$$

则

$$\boldsymbol{P}_3^{\mathrm{T}}\boldsymbol{P}_2^{\mathrm{T}}\boldsymbol{A}\boldsymbol{P}_2\boldsymbol{P}_3=\boldsymbol{P}_3^{\mathrm{T}}\begin{pmatrix}\boldsymbol{E}_{n-1} & \boldsymbol{P}_1^{\mathrm{T}}\boldsymbol{b}\\ \boldsymbol{b}^{\mathrm{T}}\boldsymbol{P}_1 & a_{nn}\end{pmatrix}\boldsymbol{P}_3=\begin{pmatrix}\boldsymbol{E}_{n-1} & \\ & a_{nn}-\boldsymbol{b}^{\mathrm{T}}\boldsymbol{P}_1\boldsymbol{P}_1^{\mathrm{T}}\boldsymbol{b}\end{pmatrix}. \tag{35}$$

依乘积矩阵行列式的性质我们有

$$a_{nn}-\boldsymbol{b}^{\mathrm{T}}\boldsymbol{P}_1\boldsymbol{P}_1^{\mathrm{T}}\boldsymbol{b}=|\boldsymbol{A}||\boldsymbol{P}_2|^2|\boldsymbol{P}_3|^2>0,$$

于是令

$$\boldsymbol{P}=\boldsymbol{P}_2\boldsymbol{P}_3\begin{pmatrix}\boldsymbol{E}_{n-1} & \\ & \dfrac{1}{\sqrt{a_{nn}-\boldsymbol{b}^{\mathrm{T}}\boldsymbol{P}_1\boldsymbol{P}_1^{\mathrm{T}}\boldsymbol{b}}}\end{pmatrix},$$

则$\boldsymbol{P}$ 可逆且由(35)知

$$\boldsymbol{P}^{\mathrm{T}}\boldsymbol{A}\boldsymbol{P}=\boldsymbol{E}.$$

依定理5, $\boldsymbol{A}$ 正定. 故充分性对n 阶实对称阵也成立. 依归纳法, 充分性恒成立. □

推论 1 n 阶实对称阵$\boldsymbol{A}$ 负定$\Longleftrightarrow$ $\boldsymbol{A}$ 的k 阶顺序主子式$|\boldsymbol{A}_k|$ 的符号与$(-1)^k$ 的符号一致$(1\le k\le n)$.

例 8 请判断$\boldsymbol{A}=\begin{pmatrix}3 & 0 & 3\\ 0 & 1 & -2\\ 3 & -2 & 8\end{pmatrix}$是否为正定阵.

解 由于$|\boldsymbol{A}_1|=3>0$, $|\boldsymbol{A}_2|=\begin{vmatrix}3 & 0\\ 0 & 1\end{vmatrix}=3>0$, $|\boldsymbol{A}_3|=|\boldsymbol{A}|=3>0$, 故$\boldsymbol{A}$ 为正定阵. □

请读者自行证明以下定理及推论.

定理 7 设$\boldsymbol{A}$ 为n 阶实对称阵矩阵, $r=r(\boldsymbol{A})$, 则如下结论等价.

1) 实二次型$f(x_1,x_2,\cdots,x_n)=\boldsymbol{X}^{\mathrm{T}}\boldsymbol{A}\boldsymbol{X}$ 半正定(或者说$\boldsymbol{A}$ 半正定).

2) $f(x_1,x_2,\cdots,x_n)$ 的负惯性指数等于零(或者说正惯性指数$p=r$).

3) $\boldsymbol{A}$ 的所有特征值非负.

4) $\boldsymbol{A}$ 与其等价标准形合同.

5) 存在n 阶实矩阵$\boldsymbol{B}$, 使得$\boldsymbol{A}=\boldsymbol{B}^{\mathrm{T}}\boldsymbol{B}$.

6) $\boldsymbol{A}$的所有k阶$(1\le k\le n)$主子式大于等于零.

推论 2 n 阶实对称阵$\boldsymbol{A}$ 半负定$\Longleftrightarrow$ $\boldsymbol{A}$ 的所有k 阶主子式$|\boldsymbol{A}_k|$ 的值为零或者其符号与$(-1)^k$ 的符号一致$(1\le k\le n)$.

上述所论及的矩阵的一个**k阶主子式**是指取该矩阵的第$i_1,i_2,\cdots,i_k$行与第$i_1,i_2,\cdots,i_k$列交叉位置处的元素保持相对位置关系不变所形成的k阶子式$(1\le k\le n)$.

习 题

1. 试用配方法化下列二次型为标准形, 并写出所用的非退化线性替换.

(1) $f(x_1,x_2,x_3)=x_1^2+2x_1x_2+2x_2^2+4x_2x_3+x_3^2$.

(2) $f(x_1,x_2,x_3)=-2x_1x_2+2x_1x_3+2x_2x_3$.

(3) $f(x_1,x_2,x_3)=2x_1^2-4x_1x_2+x_2^2-4x_2x_3$.

2. 设矩阵$\boldsymbol{A}=\begin{pmatrix} a_{11} & a_{12} & \cdots & a_{1n} \\ a_{21} & a_{22} & \cdots & a_{2n} \\ \vdots & \vdots & & \vdots \\ a_{n1} & a_{n2} & \cdots & a_{nn} \end{pmatrix}$. 试求二次型$f(\boldsymbol{X})=\boldsymbol{X}^{\mathrm{T}}\boldsymbol{A}\boldsymbol{X}$的矩阵.

3. 试证明$\begin{pmatrix} \lambda_1 & & & \\ & \lambda_2 & & \\ & & \ddots & \\ & & & \lambda_n \end{pmatrix}$与$\begin{pmatrix} \lambda_{i_1} & & & \\ & \lambda_{i_2} & & \\ & & \ddots & \\ & & & \lambda_{i_n} \end{pmatrix}$合同, 其中$i_1i_2\cdots i_n$是一个$n-$排列.

4. 试在复数域及实数域中求本章习题第1题中二次型的规范型.

5. 试证明$\boldsymbol{E}$与$-\boldsymbol{E}$在复数域上合同, 但在实数域上不合同.

6. 试求二次型$f(\boldsymbol{X})=\sum\limits_{1\le i<j\le n} x_ix_j$的规范形.

7. 如果把n阶实对称矩阵按合同关系分类(即两个n阶实对称矩阵属于同一类, 当且仅当它们是合同的), 试问共有几类?

8. 设$f(x_1,\ x_2,\ \cdots,\ x_n)$是一个实二次型, 其秩为$r$. 试证明: 在$\mathbb{R}^n$中存在$n-r$维子空间$V$使得对任意的$(x_1^0,\ x_2^0,\ \cdots,\ x_n^0)^{\mathrm{T}}\in V$, 均有

$$f(x_1^0,\ x_2^0,\ \cdots,\ x_n^0)=0.$$

9. 试用正交替换将本章习题第1题中的二次型化成标准形.

10. 已知实二次型$f(x_1,x_2,x_3)=5x_1^2+5x_2^2+cx_3^2-2x_1x_2+6x_1x_3-6x_2x_3$ 的秩为2,

(1) 试求参数c及该二次型的矩阵$\boldsymbol{A}$的特征值.

(2) 试指出方程$f(x_1,x_2,x_3)=1$表示何种曲面.

11. 已知二次曲面方程$x^2+ay^2+z^2+2bxy+2xz+2yz=4$可经过正交替换

$$\begin{pmatrix} x \\ y \\ z \end{pmatrix}=\boldsymbol{U}\begin{pmatrix} \xi \\ \eta \\ \zeta \end{pmatrix}$$

化为椭圆柱面方程$\boldsymbol{\eta}^2+4\boldsymbol{\zeta}^2=4$, 试求$a,b$的值和正交阵$\boldsymbol{U}$.

12. 试判断本章习题第1题的二次型所对应的矩阵是否正定并说明理由.

13. 已知二次型$f(x_1,x_2,x_3)=2x_1^2+3x_2^2+3x_3^2+2ax_2x_3$ $(a>0)$ 通过正交替换化为标准形$y_1^2+2y_2^2+5y_3^2$，试求参数a 及所用的正交替换阵.

14. 试问当t 取何值时下列二次型正定.

(1) $x_1^2+x_2^2+x_3^2+2x_1x_2+2tx_2x_3$.

(2) $t(x_1^2+x_2^2+x_3^2)+2x_1x_2-2x_2x_3+2x_1x_3+x_4^2$.

15. 试证明n阶矩阵

$$\boldsymbol{A}=\begin{pmatrix} 1 & \frac{1}{n} & \cdots & \frac{1}{n} \\ \frac{1}{n} & 1 & \cdots & \frac{1}{n} \\ \vdots & \vdots & \ddots & \vdots \\ \frac{1}{n} & \frac{1}{n} & \cdots & 1 \end{pmatrix},$$

是一个正定矩阵.

16. 已知$\boldsymbol{A}=(a_{ij})_{n\times n}$ 是正定阵，求证$a_{ii}>0,\quad i=1,2,\cdots,n.$

17. 设$\boldsymbol{A}=(a_{ij})$是一个实对称矩阵. 试证明:

(1) 矩阵$\boldsymbol{A}$正定当且仅当$\boldsymbol{A}$的任一个主子式都大于零.

(2) 当$\boldsymbol{A}$正定时, 对任意的$i\neq j, 1\leq i,j\leq n$, 有$|a_{ij}|<\sqrt{a_{ii}a_{jj}}$.

(3) 当$\boldsymbol{A}$正定时, $\boldsymbol{A}$的所有元素中绝对值最大的元素一定在对角线上.

18. 已知$\boldsymbol{A}_{m\times n}$ 是一个实矩阵, 求证$\boldsymbol{A}^{\mathrm{T}}\boldsymbol{A}$ 为正定阵$\Longleftrightarrow$ $r(\boldsymbol{A})=n$.

19. 设$\boldsymbol{A}$ 是n 阶正定阵, $\boldsymbol{E}$ 是n 阶单位阵, 试证明$\boldsymbol{A}+\boldsymbol{E}$ 的行列式大于1.

20. 设$\boldsymbol{A},\boldsymbol{B}$ 为n 阶正定阵, 且$\boldsymbol{AB}=\boldsymbol{BA}$. 求证$\boldsymbol{AB}$ 也是正定阵.

21. 设$\boldsymbol{A},\boldsymbol{B}$ 是实对称矩阵, 试证明

(1) 当实数t 充分大时, $t\boldsymbol{E}+\boldsymbol{A}$ 正定. (2) 若$\boldsymbol{A}$ 正定, 则$\boldsymbol{A}^{-1}$ 正定.

(3) 若$\boldsymbol{A},\boldsymbol{B}$ 正定, 则$\boldsymbol{A}+\boldsymbol{B}$ 正定. (4) 若$\boldsymbol{A}$ 正定, 则$\boldsymbol{A}^*$ 正定.

22. 设$\boldsymbol{A}=(a_{ij})_{n\times n}$是一个实矩阵, 且对任意的$1\leq i\leq n$, 有$2a_{ii}>\sum\limits_{j=1}^{n}|a_{ij}|$. 试证明:

(1) $|\boldsymbol{A}|>0$.

(2) 如果$\boldsymbol{A}$对称, 则$\boldsymbol{A}$正定.

23. 设$\boldsymbol{A}_{n\times n}$是一个正定矩阵. 试证明: 实矩阵$\boldsymbol{B}_{m\times n}$行满秩当且仅当$\boldsymbol{BAB}^{\mathrm{T}}$正定.

24. 设$\boldsymbol{A}_{n\times n}$是一个实对称矩阵, 且$|\boldsymbol{A}|<0$. 试证明: 必存在非零向量$\boldsymbol{\alpha}\in\mathbb{R}^n$使得$\boldsymbol{\alpha}^{\mathrm{T}}\boldsymbol{A}\boldsymbol{\alpha}<0$.

25. 试证明: $\boldsymbol{A}$正定的充要条件是存在实数$a<0$使得$\boldsymbol{B}=a\boldsymbol{E}+\boldsymbol{A}$正定.

26. 试证明: $\boldsymbol{A}$半正定的充要条件是对任意的实数$a>0$有$\boldsymbol{B}=a\boldsymbol{E}+\boldsymbol{A}$正定.

27. 设$\boldsymbol{A}$是一个可逆矩阵. 试证明: $\boldsymbol{A}$正定当且仅当$\boldsymbol{A}^{-1}$正定. 问当且仅当$\boldsymbol{A}^*$正定吗?

28. 设$\boldsymbol{A}$是一个正定矩阵, $\boldsymbol{B}=\begin{pmatrix}\boldsymbol{A} & \boldsymbol{\alpha}\\ \boldsymbol{\alpha}^{\mathrm{T}} & b\end{pmatrix}$, 其中$b\in\mathbb{R}$. 试证明:

    (1) $\boldsymbol{B}$正定当且仅当$b-\boldsymbol{\alpha}^{\mathrm{T}}\boldsymbol{A}^{-1}\boldsymbol{\alpha}>0$.

    (2) $\boldsymbol{B}$半正定当且仅当$b-\boldsymbol{\alpha}^{\mathrm{T}}\boldsymbol{A}^{-1}\boldsymbol{\alpha}\geq 0$.

29. 设$\boldsymbol{A}$是一个实对称矩阵, $\boldsymbol{B}$是一个半正定矩阵. 试证明: $\boldsymbol{AB}$的特征值全为实数.

30. 设$\boldsymbol{A}_{n\times n}$是一个实对称矩阵, 其最小与最大的特征值分别为$a$, b. 试证明: 对任意的向量$\boldsymbol{X}\in\mathbb{R}^n$, 有
$$a\boldsymbol{X}^{\mathrm{T}}\boldsymbol{X}\leq\boldsymbol{X}^{\mathrm{T}}\boldsymbol{AX}\leq b\boldsymbol{X}^{\mathrm{T}}\boldsymbol{X}.$$

31. 设$f(\boldsymbol{X})=\boldsymbol{X}^{\mathrm{T}}\boldsymbol{AX}$是一个实二次型, 有$n$维向量$\boldsymbol{X}_1$与$\boldsymbol{X}_2$, 使得
$$\boldsymbol{X}_1^{\mathrm{T}}\boldsymbol{AX}_1>0,\ \boldsymbol{X}_2^{\mathrm{T}}\boldsymbol{AX}_2<0.$$
求证: 必存在实n维向量$\boldsymbol{X}_0\neq 0$, 使$\boldsymbol{X}_0^{\mathrm{T}}\boldsymbol{AX}_0=0$.

32. 设$\boldsymbol{A}$是一个n阶实对称矩阵. 试证明: $r(\boldsymbol{A})=n$的充要条件为存在实对称矩阵$\boldsymbol{B}$使得$\boldsymbol{AB}+\boldsymbol{BA}$正定.

33. 设分块矩阵$\boldsymbol{A}=\begin{pmatrix}\boldsymbol{A}_{11} & \boldsymbol{A}_{12}\\ \boldsymbol{A}_{21} & \boldsymbol{A}_{22}\end{pmatrix}$是一个正定矩阵. 试证明:

    (1) 矩阵$\boldsymbol{A}_{11}$, $\boldsymbol{A}_{22}$, $\boldsymbol{A}_{22}-\boldsymbol{A}_{21}\boldsymbol{A}_{11}^{-1}\boldsymbol{A}_{12}$也正定.

    (2) $|\boldsymbol{A}|\leq|\boldsymbol{A}_{11}|\,|\boldsymbol{A}_{22}|$.

34. 设$\boldsymbol{A}$, $\boldsymbol{B}$是两个实对称矩阵. 试证明: 如果矩阵$\boldsymbol{A}$的特征值在区间$[a,\ b]$上, 矩阵$\boldsymbol{B}$的特征值在区间$[c,\ d]$上, 则矩阵$\boldsymbol{A}+\boldsymbol{B}$的特征值在区间$[a+c,\ b+d]$上.

35. 设n元实二次型$f(X)$是半正定的且其秩为r. 试证明: 方程$f(X)=0$的所有解向量所构成的集合W是$\mathbb{R}^n$的一个子空间并求该子空间的维数.

36. 设$x_1,x_2,\cdots,x_n$ 是n 个实数, 令$s_k=x_1^k+x_2^k+\cdots+x_n^k$,
$$\boldsymbol{S}=\begin{pmatrix}s_0 & s_1 & \cdots & s_{n-1}\\ s_1 & s_2 & \cdots & s_n\\ \vdots & \vdots & \ddots & \vdots\\ s_{n-1} & s_n & \cdots & s_{2n-2}\end{pmatrix},$$
试证明$r(\boldsymbol{S})$ 等于$x_1,x_2,\cdots,x_n$ 中互异数的个数.

37. 设矩阵$\boldsymbol{A}$, $\boldsymbol{B}$均为正定矩阵. 试证明: $\boldsymbol{AB}$是正定矩阵当且仅当矩阵$\boldsymbol{A}$与$\boldsymbol{B}$可交换.

补 充 题

1. 试证明一个实二次型可以分解成两个实系数的一次齐次多项式的乘积的充要条件是它的秩为2 且符号差为0, 或者秩等于1.

2. 设$f(x_1,x_2,\cdots,x_n)=l_1^2+l_2^2+\cdots+l_p^2-l_{p+1}^2-\cdots-l_{p+q}^2$, 其中$l_i\,(i=1,2,\cdots,p+q)$是$x_1,x_2,\cdots,x_n$ 的实一次齐次式. 试证明$f(x_1,x_2,\cdots,x_n)$ 的正惯性指数$\le p$, 负惯性指数$\le q$.

3. 设分块实矩阵$\boldsymbol{A}=\begin{pmatrix}\boldsymbol{B} & \boldsymbol{C}\\ \boldsymbol{C}^{\mathrm{T}} & \boldsymbol{O}\end{pmatrix}$, 其中$\boldsymbol{B}_{m\times m}$正定, $\boldsymbol{C}_{m\times n}$列满秩. 试证明: 二次型$f(\boldsymbol{X})=\boldsymbol{X}^{\mathrm{T}}\boldsymbol{A}\boldsymbol{X}$的正惯性指数和负惯性指数分别为$m$和$n$.

4. 试证明: 任一个可逆实矩阵可表示成一个正交矩阵和一个正定矩阵的乘积.

5. 试证明: $\boldsymbol{A}$半负定的充要条件是对任意的实数$a<0$有$\boldsymbol{B}=a\boldsymbol{E}+\boldsymbol{A}$负定.

6. 设$\boldsymbol{A}$, $\boldsymbol{B}$是两个实对称矩阵, 其中$\boldsymbol{A}$是正定的. 试证明: 存在可逆矩阵$\boldsymbol{P}$使得$\boldsymbol{P}^{\mathrm{T}}\boldsymbol{A}\boldsymbol{P}=\boldsymbol{E}$且$\boldsymbol{P}^{\mathrm{T}}\boldsymbol{B}\boldsymbol{P}$是一个对角阵.

7* 设$\boldsymbol{A}$是一个正定矩阵, $\boldsymbol{B}$是一个半正定矩阵. 试证明: 如果$\boldsymbol{A}-\boldsymbol{B}$半正定, 则$|\boldsymbol{A}|\ge|\boldsymbol{B}|$. (提示: 利用上题结论.)

8. 设$\boldsymbol{A}$是n阶正定矩阵, $\boldsymbol{\alpha}_1$, $\boldsymbol{\alpha}_2$, $\cdots$, $\boldsymbol{\alpha}_n$ 均为实的非零的n元列向量, 且当$i\ne j$时, $\boldsymbol{\alpha}_i^{\mathrm{T}}\boldsymbol{A}\boldsymbol{\alpha}_j=0\ (i,j=1,2,\cdots,n)$, 试证明$\boldsymbol{\alpha}_1$, $\boldsymbol{\alpha}_2$, $\cdots$, $\boldsymbol{\alpha}_n$ 线性无关.

9* 设$\boldsymbol{A}$ 是反对称矩阵, 试证明$\boldsymbol{A}$ 合同于矩阵

$$\begin{pmatrix}0 & 1 & & & & & & & & \\ -1 & 0 & & & & & & & & \\ & & 0 & 1 & & & & & & \\ & & -1 & 0 & & & & & & \\ & & & & \ddots & & & & & \\ & & & & & 0 & 1 & & & \\ & & & & & -1 & 0 & & & \\ & & & & & & & 0 & & \\ & & & & & & & & \ddots & \\ & & & & & & & & & 0\end{pmatrix}.$$

10* 主对角线上全是1 的上三角形, 称为**特殊上三角形矩阵**.

(1) 设$\boldsymbol{A}$ 为对称阵, $\boldsymbol{S}$ 为特殊上三角阵, 而$\boldsymbol{B}=\boldsymbol{S}^{\mathrm{T}}\boldsymbol{A}\boldsymbol{S}$, 试证明$\boldsymbol{A}$ 和$\boldsymbol{B}$ 对应的顺序主子式有相同的值.

(2) 设$\boldsymbol{A}$ 为n阶实对称阵. 试证明当且仅当$\boldsymbol{A}$ 的顺序主子式$|\boldsymbol{A}_1|,|\boldsymbol{A}_2|,\cdots,|\boldsymbol{A}_n|$全不为零时, 存在特殊上三角阵$\boldsymbol{S}$, 使得$\boldsymbol{S}^{\mathrm{T}}\boldsymbol{A}\boldsymbol{S}$ 为对角阵, 其对角线上元素都不为零, 且自上而下依次为$|\boldsymbol{A}_1|,\dfrac{|\boldsymbol{A}_2|}{|\boldsymbol{A}_1|},\cdots,\dfrac{|\boldsymbol{A}_k|}{|\boldsymbol{A}_{k-1}|},\cdots,\dfrac{|\boldsymbol{A}_n|}{|\boldsymbol{A}_{n-1}|}$.

11. 试证明实对称阵$\boldsymbol{A}$ 正定的充要条件是存在非奇异上三角矩阵$\boldsymbol{S}$使得$\boldsymbol{A}=\boldsymbol{S}^{\mathrm{T}}\boldsymbol{S}$.

12. 设$\boldsymbol{A}=(a_{ij})_{n\times n}$ 正定, $\boldsymbol{T}=(t_{ij})_{n\times n}$ 是n 阶实可逆阵, 那么

    (1) $|\boldsymbol{A}|\leq a_{nn}|\boldsymbol{A}_{n-1}|$, 这里$|\boldsymbol{A}_{n-1}|$ 是$\boldsymbol{A}$ 的$n-1$ 阶顺序主子式, 且等号成立的充要条件是$a_{1n}=a_{2n}=\cdots=a_{n-1,n}=0$.

    (2) $|\boldsymbol{A}|\leq a_{11}a_{22}\cdots a_{nn}$, 且等式成立的充分必要条件是$\boldsymbol{A}$为对角阵.

    (3) $|\boldsymbol{T}|^2\leq\min\left\{\prod\limits_{j=1}^{n}\left(\sum\limits_{i=1}^{n}t_{ij}^2\right),\prod\limits_{i=1}^{n}\left(\sum\limits_{j=1}^{n}t_{ij}^2\right)\right\}$.

13. 设$\boldsymbol{A}$ 为m 阶正定阵, $\boldsymbol{B}$ 为$m\times n$ 实矩阵. 试证明$\boldsymbol{B}^{\mathrm{T}}\boldsymbol{A}\boldsymbol{B}$ 正定的充要条件是秩$(\boldsymbol{B})=n$.

14* 试证明对于任意一个非零的$m\times n$实矩阵$\boldsymbol{A}$, 均存在m阶的正交阵$\boldsymbol{U}_1$及n阶的正交阵$\boldsymbol{U}_2$使得

$$\boldsymbol{U}_1\boldsymbol{A}\boldsymbol{U}_2=\begin{pmatrix}\boldsymbol{\Lambda}_{r\times r} & \boldsymbol{O}_{r\times(n-r)}\\ \boldsymbol{O}_{(m-r)\times r} & \boldsymbol{O}_{(m-r)\times(n-r)}\end{pmatrix},$$

其中$\boldsymbol{O}_{r\times(n-r)},\boldsymbol{O}_{(m-r)\times r},\boldsymbol{O}_{(m-r)\times(n-r)}$均为零矩阵, $\boldsymbol{\Lambda}_{r\times r}=\mathrm{diag}(\lambda_1,\lambda_2,\cdots,\lambda_r)$, $\lambda_1\geq\lambda_2\geq\cdots\geq\lambda_r>0$.

附录A

在本章中，我们仅罗列与本课程相关的基本内容.

§A.1　复数及其运算

令

$$\mathbb{C} = \{a + b\boldsymbol{i} | a,\ b \in \mathbb{R}\},$$

其中$\boldsymbol{i} \triangleq \sqrt{-1} \notin \mathbb{R}$. 我们称$\mathbb{C}$为**复数集**，称$\mathbb{C}$中的元素为**复数**，称$\boldsymbol{i}$为**虚根单位**. 通常，我们用小写英文字母表示$\mathbb{C}$中的元素.

若$z = a + b\boldsymbol{i}$,其中$a, b \in \mathbb{R}$，则我们称a,b分别是z的 **实部** 与 **虚部** 并分别记作$\mathrm{Re}(z) \triangleq a$, $\mathrm{Im}(z) \triangleq b$. 实部与虚部均为零的复数称为**零**复数并记之为0.

我们称两个复数是**相等** 的，如果它们具有相同的实部和虚部. 当复数z_1 与z_2相等时，我们记作$z_1 = z_2$. 我们约定**实数即是虚部为零的复数**. 即若$a \in \mathbb{R}$，则$a = a + 0\boldsymbol{i}$.

复数之间的运算定义如下.

定义 1　若$z_1 = a + b\boldsymbol{i}, z_2 = c + d\boldsymbol{i}$均为$\mathbb{C}$中的元素，则

1) z_1与z_2的**和** $z \triangleq z_1 + z_2$为一个新的复数

$$z = (a + c) + (b + d)\boldsymbol{i}.$$

并称上述求和的过程为一个**加法** 运算过程，简称加法运算.

2) z_1与z_2的**差** $z \triangleq z_1 - z_2$为一个新的复数

$$z = (a - c) + (b - d)\boldsymbol{i}.$$

并称上述求差的过程为一个**减法** 运算过程，简称减法运算.

3) z_1与z_2的**积** $z \triangleq z_1 z_2$为一个新的复数

$$z = (ac - bd) + (ad + bc)\boldsymbol{i}.$$

并称上述求积的过程为一个**乘法** 运算过程. 简称乘法运算.

4) 若$z_2 \neq 0$. 则z_1除以z_2的**商** $z \triangleq \dfrac{z_1}{z_2}$或$z \triangleq z_1 \div z_2$为一个新的复数

$$z = \frac{z_1}{z_2} = \frac{ac + bd}{c^2 + d^2} + \frac{-ad + bc}{c^2 + d^2}\boldsymbol{i}.$$

并称上述求商过程为一个**除法**运算过程，简称除法运算.

可以验证

$$z = z_1 \div z_2 \ \text{当且仅当}\ z_1 = z z_2.$$

复数的加法和乘法运算具有如下性质:

交换律　　$z_1 + z_2 = z_2 + z_1,\qquad \forall z_1, z_2 \in \mathbb{C}.$

结合律 $(z_1z_2)z_3 = z_1(z_2z_3), \quad \forall z_1, z_2, z_3 \in \mathbb{C}.$

分配律 $z_1(z_2 \pm z_3) = z_1z_2 \pm z_1z_3, \quad \forall z_1, z_2, z_3 \in \mathbb{C}.$

依据复数的运算, 读者可以很容易验证: 零复数与任一复数之和还是这个复数, 零复数与任一复数之积仍为零复数.

请读者自行验证, 除非是两个实数之间, 否则任意两个复数之间无法比较大小.

我们可以在几何上表示一个复数. 在平面上画两条刻度相同的相互垂直的数轴(如图2), 交点记为O. 称横向的数轴为**实轴**, 纵向的数轴为**虚轴**, 那么任何一个复数z与这个平面上的点P一一对应.

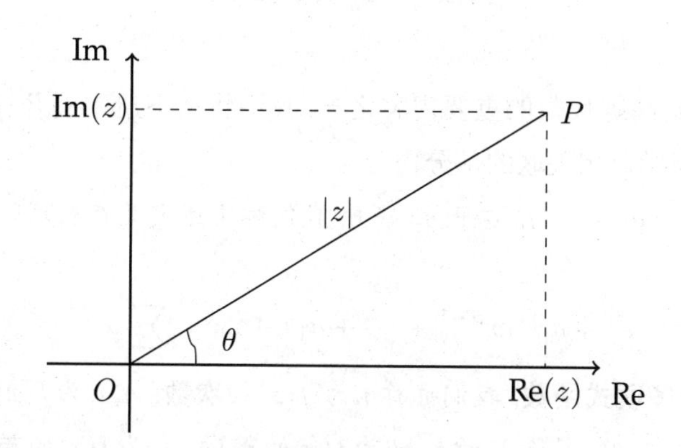

图2 复数的几何表示

我们称$\sqrt{[\mathrm{Re}(z)]^2+[\mathrm{Im}(z)]^2}$为复数$z$的**模长**, 图示的夹角$\theta$为$z$的**幅角**, 并分别记为

$$|z| \triangleq \sqrt{[\mathrm{Re}(z)]^2+[\mathrm{Im}(z)]^2}, \quad arg z \triangleq \theta. \tag{1}$$

从图2及复数的运算规律可知

$$z = |z|(\cos\theta + \boldsymbol{i}\sin\theta)^{①}, \tag{2}$$

依 (1), 若

$$z_1 = |z_1|(\cos\theta_1 + \boldsymbol{i}\sin\theta_1), \ \ z_2 = |z_2|(\cos\theta_2 + \boldsymbol{i}\sin\theta_2),$$

则

$$z_1z_2 = |z_1||z_2|(\cos(\theta_1+\theta_2) + \boldsymbol{i}\sin(\theta_1+\theta_2)),$$
$$\frac{z_1}{z_2} = \frac{|z_1|}{|z_2|}(\cos(\theta_1-\theta_2) + \boldsymbol{i}\sin(\theta_1-\theta_2)), \quad z_2 \neq 0,$$

即

两个复数相乘时, 模相乘, 幅角相加. 两个复数相除时, 模相除, 幅角相减.

进一步有

定理 1 (棣莫弗公式) *若* $z = |z|(\cos\theta + \boldsymbol{i}\sin\theta) \in \mathbb{C}$, 则

$$z^k = |z|^k(\cos k\theta + \boldsymbol{i}\sin k\theta), \qquad \forall k \in \mathbb{N}.$$

依复分析还可得

①写成三角函数形式时候, 一般采取(2)中的形式.

定理 2 (欧拉公式) 若 $z = |z|(\cos\theta + \boldsymbol{i}\sin\theta) \in \mathbb{C}$, 则

$$z = |z|e^{\boldsymbol{i}\theta}.$$

若$z = a + b\boldsymbol{i} \in \mathbb{C}, a, b \in \mathbb{R}$,则称$\bar{z} = a - b\boldsymbol{i}$为$z$的**共轭复数**, 显然, z与$\bar{z}$关于实轴对称且

$$z\bar{z} = |z|^2.$$

有关复数的更深一些的内容, 请读者参见其他参考书.

§A.2 多项式函数

多项式 理论是高等代数的重要内容之一, 我们将在下册中展开详细的讨论. 本节仅涉及其中与本册学习相关联的部分内容.

定义 2 设$a_0, a_1, \cdots, a_n \in \mathbb{P}, a_n \neq 0$, 我们称下述定义在数域$\mathbb{P}$上, 取值也在$\mathbb{P}$中的函数

$$f(x) = a_n x^n + a_{n-1}x^{n-1} + \cdots + a_1 x + a_0 = \sum_{i=0}^{n} a_i x^i, \quad \forall x \in \mathbb{P}$$

为数域$\mathbb{P}$上的一个**多项式函数**. 我们也称 n为 $f(x)$的**次数**, $a_i x^i$为$f(x)$的**第$\boldsymbol{i}$次项**, a_i为该项的**系数**$(i = 0, 1, 2, \cdots, n)$. 称$a_n x^n$为$f(x)$的**首项**, a_n为$f(x)$的**首项系数**, x 为**变元**.

称恒零值多项式函数为**零多项式函数**, 零多项式函数的次数定义为$-\infty$.

不难验证, 两个多项式函数相等当且仅当同次幂的项所对应的系数全部相等. 当$f(x)$的系数全为实数时, 我们称$f(x)$是**实系数**多项式函数, 当我们在$\mathbb{C}$中考虑$f(x)$的时候, 我们称$f(x)$是**复系数**多项式函数.

我们约定, 本册中凡是我们说到数域$\mathbb{P}$上的一个多项式均指定义在数域$\mathbb{P}$上的一个多项式函数.

两个多项式函数相加以及相乘得到一个新的多项式函数, 其系数的确定是读者在中学阶段所熟知的.

设$f(x)$为数域$\mathbb{P}$上的一个多项式函数, $z \in \mathbb{P}$ 满足$f(z) = 0$, 则称z为$f(x)$的一个**根或者零点**. 如果对于z还存在$k \in \mathbb{N}$以及$\mathbb{P}$上的多项式函数$g(x)$使得

$$f(x) = (x - z)^k g(x), \quad g(z) \neq 0,$$

则我们称z为$f(x)$的一个**$\boldsymbol{k}$重根**或**$\boldsymbol{k}$重零点**. 当$k > 1$时, 称z为**重根**, 当$k = 1$时, 称z为**单根**.

关于多项式函数根的存在性, 我们不加证明地给出

定理 3 复数域上任意一个 n次多项式在复数域中必有n 个根(重根按重数计).

依据定理3以及Taylor公式, 我们可得如下的因式分解定理.

定理 4 1) 设$f(x)$为一个首项系数为1的n 次复系数多项式函数, $\alpha_1, \alpha_2, \cdots,$

α_n为 $f(x)$的 n个复根(重根按重数计), 则

$$f(x)=(x-\alpha_1)(x-\alpha_2)\cdots(x-\alpha_n).$$

2) 设 $f(x)$为实系数多项式，则若 $\alpha\in\mathbb{C}$为 $f(x)$在$\mathbb{C}$中的根, 则 $\bar{\alpha}$也是 $f(x)$在$\mathbb{C}$中的根.

3) 任一个实系数多项式均可分解为若干个实系数的一次多项式与若干个实系数的二次多项式的乘积.

定理 5 (韦达(Vieta)定理) 设$f(x)=x^n+a_1x^{n-1}+a_2x^{n-2}+\cdots+a_{n-1}x+a_n$为一个首项系数为 1的复系数多项式函数，$\alpha_1,\alpha_2,\cdots,\alpha_n$为 $f(x)$的 n个复根(重根按重数计), 则

$$\sum_{1\le i_1<i_2<\cdots<i_k\le n}\prod_{j=1}^{k}\alpha_{i_j}=(-1)^k a_k,\quad k=1,2,\cdots,n. \tag{3}$$

Vieta定理刻画了多项式函数的根与系数之间的关系. 其$n=2$时的情形已为读者在初中阶段所熟知.

例 1 求多项式函数$f(x)=x^3+px+q$在$\mathbb{C}$中的所有根.

解 对于$y,z\in\mathbb{C}$, 若$y+z$为$f(x)$的一个根, 则

$$f(y+z)=y^3+z^3+(3yz+p)(y+z)+q=0.$$

于是, 若满足

$$3yz+p=0,\quad y^3+z^3=-q \tag{4}$$

的y,z可求, 那么$f(x)$的根$y+z$求得.

由(4)得

$$\begin{aligned}y^3z^3&=-\frac{1}{27}p^3,\\ y^3+z^3&=-q.\end{aligned} \tag{5}$$

又y^3和z^3满足(5)的充分必要条件为它们是一元二次多项式函数

$$t^2+qt-\frac{1}{27}p^3$$

的两个根, 因此, 它们分别为

$$-\frac{q}{2}+\sqrt{\frac{q^2}{4}+\frac{p^3}{27}},\ -\frac{q}{2}-\sqrt{\frac{q^2}{4}+\frac{p^3}{27}}.$$

由于y与z是对称的, 我们不妨设

$$\begin{aligned}y^3&=-\frac{q}{2}+\sqrt{\frac{q^2}{4}+\frac{p^3}{27}},\\ z^3&=-\frac{q}{2}-\sqrt{\frac{q^2}{4}+\frac{p^3}{27}}.\end{aligned}$$

考虑到y,z必须满足(4)中的第一个方程, 由上式得如下三组y与z的值:

$$y=\sqrt[3]{-\frac{q}{2}+\sqrt{\frac{q^2}{4}+\frac{p^3}{27}}},\quad z=\sqrt[3]{-\frac{q}{2}-\sqrt{\frac{q^2}{4}+\frac{p^3}{27}}},$$

或

$$y=\omega\sqrt[3]{-\frac{q}{2}+\sqrt{\frac{q^2}{4}+\frac{p^3}{27}}},\quad z=\omega^2\sqrt[3]{-\frac{q}{2}-\sqrt{\frac{q^2}{4}+\frac{p^3}{27}}},$$

或

$$y=\omega^2\sqrt[3]{-\frac{q}{2}+\sqrt{\frac{q^2}{4}+\frac{p^3}{27}}},\quad z=\omega\sqrt[3]{-\frac{q}{2}-\sqrt{\frac{q^2}{4}+\frac{p^3}{27}}},$$

其中$\omega=-\frac{1}{2}+\frac{\sqrt{3}}{2}i$. 据此得$f(x)$的三个根:

$$\begin{cases} x_1=\sqrt[3]{-\frac{q}{2}+\sqrt{\frac{q^2}{4}+\frac{p^3}{27}}}+\sqrt[3]{-\frac{q}{2}-\sqrt{\frac{q^2}{4}+\frac{p^3}{27}}},\\ x_2=\omega\sqrt[3]{-\frac{q}{2}+\sqrt{\frac{q^2}{4}+\frac{p^3}{27}}}+\omega^2\sqrt[3]{-\frac{q}{2}-\sqrt{\frac{q^2}{4}+\frac{p^3}{27}}},\\ x_3=\omega^2\sqrt[3]{-\frac{q}{2}+\sqrt{\frac{q^2}{4}+\frac{p^3}{27}}}+\omega\sqrt[3]{-\frac{q}{2}-\sqrt{\frac{q^2}{4}+\frac{p^3}{27}}}. \end{cases} \tag{6}$$

通常, 我们称(6)为**Cardan(卡当)公式**. □

注 对于一般的三次多项式函数x^3+bx^2+cx+d的求根问题, 通常我们通过引入变量替换$x=y-\frac{b}{3}$化多项式为例1所示的多项式函数形式后求解.

例 2 求多项式$f(x)=x^4+ax^3+bx^2+cx+d$在$\mathbb{C}$中的所有根.

证明 考虑多项式函数所形成的方程

$$x^4+ax^3+bx^2+cx+d=0,$$

引入参数t, 经配方可以化为等价的方程

$$(x^2+\frac{ax}{2}+\frac{t}{2})^2=(\frac{a^2}{4}-b+t)x^2+(\frac{at}{2}-c)x+(\frac{t^2}{4}-d). \tag{7}$$

(7)的等式右端是关于x的一个二次多项式函数. 为了保证其为完全平方形式, 我们令它的判别式为零, 即令

$$(\frac{at}{2}-c)^2-4(\frac{a^2}{4}-b+t)(\frac{t^2}{4}-d)=0.$$

由此得t是三次方程

$$t^3-bt^2+(ac-4d)t-a^2d+4bd-c^2=0$$

的一个根. 取t为其任意一个根, 代入(7)得

$$(x^2+\frac{ax}{2}+\frac{t}{2})^2=\left(x\sqrt{\frac{a^2}{4}-b+t}+\sqrt{\frac{t^2}{4}-d}\right)^2.$$

把上式中等式右端的项移到等式左边, 并分解因式得到两个二次方程

$$x^2+\left(\frac{a}{2}-\sqrt{\frac{a^2}{4}-b+t}\right)x+\frac{t}{2}-\sqrt{\frac{t^2}{4}-d}=0,$$

$$x^2+\left(\frac{a}{2}+\sqrt{\frac{a^2}{4}-b+t}\right)x+\frac{t}{2}+\sqrt{\frac{t^2}{4}-d}=0.$$

这样，我们就把求四次多项式函数的根的问题转化为求一个三次多项式函数的根和两个二次多项式函数的根的问题. 通常, 我们称本例的解法为**Ferrari(费拉里)方法**. □

请读者注意的是, 上述关于t的三次多项式函数的根的选取不影响原多项式根的值, 最多只是所得解的表达方式会有所不同. □

上述两个例子显示3次及4次复多项式函数的根均可经过其系数通过有限次的加减乘除及开根运算表示出来, 多项式函数的根的这样的表达式被称为是多项式函数的**根式根**. 自然地, 我们要问: 5次及以上次数的多项式函数是否也存在根式根, 即其根是否可经其系数通过有限次的加减乘除及开根运算来表示? 1829年前后, 伽罗华首次利用群的理论证明

定理 6 5次及以上次数的复系数多项式函数不存在根式根.

定理6表明: 通常, 5次及5次以上的复多项式函数的根无法用其系数经过有限次的加减乘除及开方运算表示.

最后, 我们以单位原根的计算来结束我们的讨论.

例 3 求 x^n-1在$\mathbb{C}$中的所有根 $(n>1)$.

解 设

$$z=r(\cos\theta+\boldsymbol{i}\sin\theta)=r\mathrm{e}^{\boldsymbol{i}\theta}$$

为 $x^n-1=0$的根, 则

$$r^n(\cos n\theta+\boldsymbol{i}\sin n\theta)=1$$

故

$$r^n\cos n\theta=1,\quad r^n\sin n\theta=0$$

从而

$$r^n=1,\ \ n\theta=2k\pi,\quad k=0,\pm1,\pm2,\cdots$$

或

$$r=1,\ \ \theta=\frac{2k\pi}{n},\quad k=0,\ \pm1,\ \pm2,\ \cdots$$

因此, $z=\mathrm{e}^{\frac{2k\pi}{n}\boldsymbol{i}}(k=0,\ \pm1,\ \pm2,\ \cdots)$ 均为 $x^n-1=0$的根.

不难验证, 所有这些根中, 仅

$$z_1=\mathrm{e}^{\frac{2\pi}{n}\boldsymbol{i}},\ z_2=\mathrm{e}^{2\frac{2\pi}{n}\boldsymbol{i}},\ \cdots,\ z_{n-1}=\mathrm{e}^{(n-1)\frac{2\pi}{n}\boldsymbol{i}},\ z_n=1$$

为 x^n-1的所有n个不同的根, 其余的 $\mathrm{e}^{\frac{2k\pi}{n}\boldsymbol{i}}(k=0,\ \pm1,\ \pm2,\ \cdots)$均与上式中的某一个$z_i$重合 $(1\le i\le n)$.

令 $\omega=\mathrm{e}^{\frac{2\pi}{n}\boldsymbol{i}}$, 则$x^n-1$的根有如下表达式

$$z_i=\omega^i\ ,\quad i=1,2,\cdots,n.$$

ω有如下性质, 它本身是 x^n-1的一个根, 其任一次幂均是 x^n-1的根, 且 x^n-1的任一根均为其的某次幂. 习惯上, 我们称具有这样性质的根为 x^n-1的一个**n次单位原根**. □

记所有m次和n次的原根集合分别记作S和T, 依据例3所得到的原根表示方式, 读者可以不难推得如下事实: 如果m与n互素, 那么$S\cap T=\{1\}$.

索引

基本符号

$\mathbb{N}$	自然数集
$\mathbb{Q}$	有理数域
$\mathbb{R}$	实数域
$\mathbb{R}^+$	非负实数集
$\mathbb{C}$	复数域
$\mathbb{P}$	数域
$\mathbb{P}^{m\times n}$	数域$\mathbb{P}$上的$m\times n$矩阵的全体所形成的集合
$\mathbb{P}[x]$	数域$\mathbb{P}$上关于变量x的多项式函数全体所形成的集合
$\forall$	对所有的, 任取
$\in$	属于
$\exists$	存在
$\exists!$	存在且唯一
$\Longleftrightarrow$	当且仅当
$\triangleq$	记为
$\perp$	向量正交
$\sum$	多个量求和
$\prod$	多个量求积
$\Box$	证明或求解结束符
$\cap$	交
$\subseteq$	包含于
$\cup$	并
$\mathrm{End}_{\mathbb{P}}(V)$	定义在线性空间V上取值于线性空间V中的线性变换全体所形成的集合, 其中V是数域$\mathbb{P}$上的线性空间
$\mathrm{Hom}_{\mathbb{P}}(U,V)$	定义在线性空间U上取值于线性空间V中的线性映射全体所形成的集合, 其中U,V均是数域$\mathbb{P}$上的线性空间
$\dim V$	线性空间V的维数
$r(\boldsymbol{A})$	方阵$\boldsymbol{A}$的秩
$r(\boldsymbol{\alpha_1},\boldsymbol{\alpha_2},\cdots,\boldsymbol{\alpha_s})$	向量组$\boldsymbol{\alpha_1},\boldsymbol{\alpha_2},\cdots,\boldsymbol{\alpha_s}$的秩
$s.t.$	使得
∞	无穷大量

参考文献

[1] 杨子胥. 高等代数习题解. 山东: 山东科学技术出版社, 1991.

[2] 萧树铁, 居余马. 大学数学—代数与几何. 北京: 高等教育出版社, 2002.

[3] 姚慕生. 高等代数. 上海: 复旦大学出版社, 2002.

[4] 北京大学数学系几何代数教研室前代数小组编(王萼芳, 石生明修订). 高等代数(第3版). 北京: 高等教育出版社, 2003.

[5] 郭聿琦, 岑嘉评, 徐贵桐. 线性代数导引. 北京: 科学出版社, 2003.

[6] 刘仲奎, 杨永保, 程辉等. 高等代数. 北京: 高等教育出版社, 2003.

[7] A.И.柯斯特利金. 基础代数(第2版)//代数学引论(第一卷). 张英伯译. 北京: 高等教育出版社, 2006.

[8] 陈维新. 线性代数(第2版), 北京: 科学出版社, 2007.

[9] David C. Lay. 线性代数及其应用(第3版修订版). 沈复兴等译. 北京:人民邮电出版社, 2007.

[10] 李尚志. 线性代数(数学专业用). 北京: 高等教育出版社, 2007.

[11] 孟道骥. 高等代数与解析几何(上下册). 北京: 科学出版社, 2007.

[12] 许以超. 线性代数与矩阵论(第二版). 北京：高等教育出版社, 2008.

[13] 李慧陵. 高等代数. 北京: 高等教育出版社, 2010.

图书在版编目（CIP）数据

高等代数. 上册 / 黄正达等编著. —杭州：浙江大学出版社,2011.8(2013.9 重印)

ISBN 978-7-308-09028-5

Ⅰ.①高… Ⅱ.①黄… Ⅲ.①高等代数－高等学校－教材 Ⅳ.①O15

中国版本图书馆 CIP 数据核字（2011）第 172460 号

高等代数(上册)

黄正达　李　方　温道伟　汪国军　编著

责任编辑　徐素君(sujunxu@zju.edu.cn)
封面设计　刘依群
出版发行　浙江大学出版社
(杭州市天目山路 148 号　邮政编码 310007)
(网址:http://www.zjupress.com)
排　　版　杭州中大图文设计有限公司
印　　刷　德清县第二印刷厂
开　　本　787mm×1092mm　1/16
印　　张　13.75
字　　数　326 千
版 印 次　2011 年 8 月第 1 版　2013 年 9 月第 2 次印刷
书　　号　ISBN 978-7-308-09028-5
定　　价　27.00 元

浙江大学出版社发行部联系方式:0571－88925591;http://zjdxcbs.tmall.com